U0384897

园林工程设计与施工研究

胡雨逸　袁　蕾　徐　强　著

吉林科学技术出版社

图书在版编目(CIP)数据

园林工程设计与施工研究 / 胡雨逸，袁蕾，徐强著
. —— 长春：吉林科学技术出版社，2022.12
　ISBN 978-7-5744-0100-6

　Ⅰ.①园… Ⅱ.①胡… ②袁… ③徐… Ⅲ.①园林—
工程设计②园林—工程施工 Ⅳ.①TU986.3

中国版本图书馆 CIP 数据核字(2022)第 244350 号

园林工程设计与施工研究

著	胡雨逸　袁 蕾　徐 强
出 版 人	宛　霞
责任编辑	赵渤婷
封面设计	张啸天
制　版	济南越凡印务有限公司
幅面尺寸	170mm×240mm
开　本	16
字　数	494 千字
印　张	29.25
印　数	1—1500 册
版　次	2023年8月第1版
印　次	2023年8月第1次印刷

出　版	吉林科学技术出版社
发　行	吉林科学技术出版社
地　址	长春市南关区福祉大路5788号出版大厦A座
邮　编	130118
发行部电话/传真	0431-81629529　81629530　81629531
	81629532　81629533　81629534
储运部电话	0431-86059116
编辑部电话	0431-81629510
印　刷	廊坊市印艺阁数字科技有限公司

书　号	ISBN 978-7-5744-0100-6
定　价	70.00 元

前　言

　　随着国民经济的飞速发展和生活水平的逐步提高,人们的健康意识和环保意识也逐步增强,大大加快了改善城市环境、家居 环境以及工作环境的步伐。园林作为城市发展的象征,最能反映当前社会的环境需求和精神文化的需求,也是城市发展的重要基础。高水平、高质量的园林工程是人们高质量生活和工作的基础。通过植树造林、栽花种草,再经过一定的艺术加工所产生的园林景观,完整地构建了城市的园林绿地系统。丰富多彩的树木花草,以及各式各样的园林小品,为我们创造 出典雅舒适、清新优美的生活、工作和学习的环境,最大限度地满足了人们对现代生活的审美需求。基于此,作者编写了本书。

　　本书由胡雨逸、袁蕾、徐强著。其中,第一作者胡雨逸(临沂市园林环卫保障服务中心)编写了第一章至第八章,第十章和第十一章的内容,共约 20 万字;第二作者袁蕾(山东省临沂市园林环卫保障服务中心)编写了第九章、第十二章、第十三章和第十六章的内容,共约 8 万字;第三作者徐强[山东大学(青岛)基建处]编写了第十五章、第十七章和第十八章的内容,共约 8 万字。全书的主要内容包括:园林基础知识、园林造景与布局、园林工程特点与发展历程、园林工程设计基础、城市绿地规划设计、园林竖向地形设计、园林给排水设计、园林铺装设计、园林植物种植设计、园林建筑设计、园林景观小品设计、园林工程施工概述、园林工程流水施工原理与网络计划技术、园林石景工程施工、园林土方工程施工、园林绿化工程施工、园林给水排水工程施工、园林铺装工程施工、园林水景工程施工、园林照明工程施工。

　　本书在撰写过程中借鉴、吸收了大量著作与部分学者的理论作品,在此一一表示感谢。但由于时间限制加之精力有限,虽力求完美,但书中仍难免存在疏漏与不足之处,希望专家、学者、广大读者批评指正,以使本书更加完善。

目　录

第一章 园林与园林工程概述

第一节 园林基础知识

一、园林的概念

园林是在一定的地域内,以艺术为指导,运用工程技术手段,通过改造地形(或进一步筑山、叠石、理水)、种植树木花草、营造建筑和布置园路等途径,构成一个供人们观赏、游憩、居住的环境。

二、园林的分类

1.规则式园林

规则式园林,又称整形式、建筑式、图案式或几何式园林。这类园林,以建筑和建筑的空间布局作为园林风景表现的主要题材。在我国,北京天安门广场、大连斯大林广场、南京中山陵园林以及北京天坛公园都属于规则式园林。

规则式园林的特点,见表1—1。

表 1—1 规则式园林的特点

特点	内容
地形地貌	在平原地区,由不同标高的水平面及缓倾斜的平面组成,在山地及丘陵地,由阶梯式的大小不同的水平台地、倾斜平面及石级组成
水体设计	外形轮廓均为几何形;多采用整齐式驳岸,园林水景的类型以及整形水池、壁泉、整形瀑布及运河等为主,其中常以喷泉作为水景的主题

特点	内容
建筑布局	园林不仅个体建筑采用中轴对称均衡的设计,以至建筑群和大规模建筑组群的布局,也采取中轴对称均衡的手法,以主要建筑群和次要建筑群形式的主轴和副轴控制全园
道路广场	园林中的空旷地和广场外形轮廓均为几何形。封闭性的草坪、广场空间,以对称建筑群或规则式林带、树墙包围。道路均为直线、折线或几何曲线组成,构成方格形或环状放射形、中轴对称或不对称的几何布局
种植设计	园内花卉布置主要用以图案为主题的模纹坛和花境,有时布置成大规模的花坛群,树木配置以行列式和对称式为主,并运用大量的绿篱、绿墙以区划和组织空间。树木整形修剪以模拟建筑体形和动物形态为主,如绿柱、绿塔、绿门、绿亭和用常绿树修剪而成的鸟兽形态等
其他景物	除以建筑、花坛群、规则式水景和大量喷泉为主景以外,其余常采用盆树、盆花、瓶饰、雕像为主要景物。雕像的基座为规则式,雕像位置多配置于轴线的起点、终点或交点上

2.自然式园林

自然式园林,又被称为风景式、不规则式、山水派园林等。我国园林,从有历史记载的周秦时代开始,无论是大型的帝皇苑囿还是小型的私家园林,多以自然式山水园林为主,古典园林中以北京颐和园、"三海"园林、承德避暑山庄以及苏州拙政园、留园为代表。我国自然式山水园林,从18世纪后半期传入英国,从而引起了欧洲园林对古典形式主义的革新运动。

自然式园林的特点,见表1-2。

表1-2 自然式园林的特点

特点	内容
地形地貌	平原地带,地形为自然起伏的和缓地形与人工堆置的有若干自然起伏的土丘相结合.其断面为和缓的曲线。在山地和丘陵地,则利用自然地形地貌,除建筑和广场基地以外不进行人工阶梯形的地形改造工作,对原有被破碎割切的地形地貌也加以人工修整,使其自然
水体设计	其轮廓为自然的曲线,岸为各种自然曲线的倾斜坡度,如有驳岸也是自然山石驳岸,园林水景的类型以溪涧、河流、自然式瀑布、池沼、湖泊等为主。常以瀑布为水景主题

特点	内容
建筑布局	园林内的个体建筑为对称或不对称均衡的布局,其建筑群和大规模建筑组群多采取不对称均衡的布局。全园不以轴线控制,而以主要导游线构成的连续构图控制全园
道路广场	园林中的空旷地和广场轮廓以自然、封闭形为主,被不对称的建筑群、土山、自然式的树丛和林带所包围。道路平面和剖面由自然起伏曲折的平面线和竖曲线组成
种植设计	园林内种植不成行列式,以反映自然界植物群落的自然之美,花卉布置以花丛、花群为主,不用模纹花坛。树木配置以孤植树、树丛、树林为主,不用规则修剪的绿篱,以自然的树丛、树群、树带来区划和组织园林空间。树木整形不进行建筑、鸟兽等的体形模拟,而以模拟自然界苍老的大树为主
其他景物	除建筑、自然山水、植物群落为主景以外,其余尚采用山石、假山、桩景、盆景、雕刻为主要景物,雕像位置多配置于透视线集中的焦点

3.混合式园林

规则式与自然式比例差不多的园林,可称为混合式园林,如广州烈士陵园。在园林规划中,原有地形平坦的可规划成规则式,原有地形起伏不平,丘陵、水面多的可规划为自然式;树木少的可建成规则式,大面积园林,则以自然式为宜,小面积以规则式较经济。四周环境为规则式宜规划为规则式,四周环境为自然式则宜规划成自然式。林荫道、建筑广场的街心花园等以规则式为宜。居民区、机关、工厂、体育馆、大型建筑物前的绿地以混合式为宜。

三、园林的特征及传统园林的特点

1.园林的特征

园林是时代精神的反映,园林具有鲜明的时代特色和地域特征。一个时代的园林建设受当时社会的科学技术发展水平、人们的审美观念特别是意识形态中价值取向的影响,是社会经济、政治、文化的载体。它凝聚了当时当地人们对现在或未来生存空间的一种向往,因受自然地理、文化民俗、气候、植被等因素制约,各个地方的园林风格也各不相同。按照地域特征,中国古典园林可以分为北方园林、江南园林和岭南园林,细分还可分为中原园林、荆楚园林、云贵园林、川蜀园林及少数民族地区园林等。如苏州古典园林历史绵延 2000 余年,它以写意山水的高超艺术手法,蕴含浓厚的传统文化内涵,是展示东方文明的造园艺术典范,在世界造园史上有其独特的历史地位和价值。园林时代特色与地域特征是园林艺术中的宝贵财富,它不应当仅仅表现为旅游观赏价值和考古研究价值,在形式繁多的现代园林中,更需要设计师们着眼于当地的人文与自然历史,探索创建具有地域特异性、符合时代精神、满足与反映当代人精神需求的新园林。

2.传统园林的特点

(1)造园之始,意在笔先。意,可视为意志、意念或意境,对内足以抒己,对外足以感人,它强调了在造园之前必不可少的意匠构思,也就是明确指导思想。

(2)因地制宜,随势生机。通过相地,可以取得构园选址。然而在一块土地上,要想协调多种景观的关系,还要靠因地制宜、随势生机和随机应变的手法进行合理布局,这是中国造园艺术的又一特点,也是中国画论中的经营位置原则之一。

(3)欲扬先抑,柳暗花明。在造园时,运用影壁、假山、水景等作为障景,利用树丛作隔景,创造地形变化来组织空间的渐进发展,利用道路系统的曲折前进,园林景物的依次出现,利用虚实院墙的隔而不断,利用园中园、景中景的形式等,都可以创造引人入胜的效果。它无形中延长了游览路线,增加了空间层次,给人们带来柳暗花明、绝路逢生的无穷情趣。

(4)相地合宜,构园得体。凡营造园林,必按地形、地势、地貌的实际情况,考虑园林的性质、规模,强调园有异宜,构思其艺术特征和园景结构。只有合乎地形骨架的规律,才有构园得体的可能。

(5)巧于因借,精在体宜。"因"者,可凭借造园之地;"借"者,藉也。景不限内外,所谓"晴峦耸秀,绀宇凌空;极目所至,俗则屏之,嘉则收之,不分町疃,尽为烟景……"。这种因地、因时借景的做法,大大超越了有限的园林空间。用现代语言来说,就是汇集所有的外围环境的风景要素,拿来为我所用,取得事半功倍的艺术效果。

(6)小中见大,咫尺山林。小中见大,就是调动景观诸要素之间的关系,通过对比、反衬,造成错觉和联想,达到扩大空间感,形成咫尺山林的效果。这多用于较小园林空间的私家园林。中国园林特别是江南私家园林,往往因土地限制面积较小,故造园者运筹帷幄,小中见大,咫尺山林,巧为因借。近借毗邻,远借山川,仰借日月,俯借水中倒影,园路曲折迂回。利用廊桥花墙分隔成几个相对独立而又串连贯通的空间,此谓园中有园。

（7）起始开合，步移景异。起始开合、步移景异就是创造不同大小类型的空间，通过人们在行进中的视点、视线、视距、视野、视角等随机安排，产生审美心理的变迁，通过移步换景的处理，增加引人入胜的吸引力。风景园林是一个流动的游赏空间，善于在流动中造景，这也是中国园林的特色之一

（8）虽由人作，宛自天开。无论是寺观园林、皇家园林还是私家庭园，造园者顺应自然、利用自然和仿效自然的主导思想始终不移。认为只要"稍动天机"，即可做到"有真为假，作假成真"。无怪乎外国人称中国造园为"巧夺天工"。纵观我国古代造园的范例，巧就巧在顺应天然之理、自然之规。用现代语言描述，就是遵循客观规律，符合自然秩序，撷取天然精华，布局顺理成章。

四、园林的发展趋势

中西园林艺术风格各异，虽然分为两大系统，各有千秋、竞放异彩，但同属世界园林的组成部分，同为人类的共同财富，其园林美学思想相互交流、相互借鉴、相互包容。在相互融合的同一性基础上，共同构建、创造更完美的新型园林，世界园林发展的趋势如下：

（1）各国既保持自己优秀传统的园林艺术与特色，又互相借鉴、融合他国之长。

（2）综合运用各种新技术、新材料、新艺术的手段，对园林进行科学规划、科学施工，创造出丰富多样的新型园林。它们既有固定的，又有活动的；既有地上的，又有空中的；既有写实的，又有幻想的。

（3）园林绿化的生态效益、社会效益与经济效益的相互结合、相互作用将更为紧密，使其在经济发展、物质与精神文明建设中发挥更大、更广的作用。

（4）园林绿化的科学研究与理论建设，将综合生态学、美学、建筑学、心理学、社会学、行为学、电子学等多种学科，有新的突破与发展。

（5）在公园的规划布局上，普遍以植物造景为主，建筑的比例较小，以追求真实、朴素的自然美，最大限度地让人们在自然的气氛中自由自在地漫步，以寻求诗意，重返大自然。

（6）在园容的养护管理上广泛采用先进的技术设备和科学的管理方法，植物的园艺养护、操作一般都实现了机械化，广泛运用计算机进行监控、统计和辅助设计。

（7）随着世界性交往的日益扩大，园林界的交流也越来越多。各国纷纷举

办各种性质的园林、园艺博览会、艺术节等活动,极大地促进了园林事业的发展。如在我国昆明举办的 1999 年世界园艺博览会,就吸引了几十个国家来参展。

第二节　园林造景与布局

一、园林造景

(一)景

景是指在园林绿地中,自然的或经人为创造加工的,并以自然美为特征的那样一种供作游憩欣赏的空间环境。景的名称多以景的特征来命名、题名、传播,而使景色本身具有更深刻的表现力和强烈的感染力而闻名,如香山红叶、凤凰古城、黄鹤楼等。

景可供游览观赏,但不同的游览观赏方法,会产生不同的景观效果,产生不同的景的感受,见表1-3。

表1-3　景的观赏方法

名称	观赏方法
静态观赏与动态观赏	景的观赏可分为动态观赏和静态观赏。一般园林规划应从动与静两方面要求来考虑,园林规划平面总图设计主要是为了满足动态观赏的要求,应该安排一定的风景路线,每一条风景路线的分景安排应达到步移景异的效果,一景又一景,形成一个循序渐进的连续观赏过程。 静态观赏主要是对一些情节特别感兴趣,要进行细部观赏,为了满足这种观赏要求,可以在分景中穿插配置一些能激发人们进行细致鉴赏,具有特殊风格的近景、特写景等,如某些特殊风格的植物,某些碑、亭、假山、窗景等
观赏点与景物的视距	游人观赏的所在位置称为观赏点或视点。观赏点与景物之间的距离,称为观赏视距。观赏视距适当与否对观赏艺术效果关系很大。 一般大型景物,合适视距约为景物高度的3.3倍,小型景物约为3倍。合适视距约为景物宽度的1.2倍。如果景物高度大于宽度时,则垂直视距来考虑,如果景物宽度大于高度时,依据宽度、高度进行综合考虑,一般平视静观的情况下,以水平视角不超过45°,垂直视角不超过30°为原则

名称	观赏方法
俯视、仰视、平视的观赏	观景因视点高低不同,可分为平视、仰视、俯视
园林中的虚景	中国园林不仅重视实景,而且重视空间,光影以及声、香等虚景。 空间。由墙与门窗围合的空间其实是具有使用功能的,而园林中一些空间无实际使用功能,是为了增加空旷、透气的效果而设立的。虚实空间上的对比变化遵循着"实者虚之、虚者实之"的规律,因地而异,变化多端。有的以虚代实,用水面倒映衬托庭园。如苏州狮子林东南角的一段曲廊,廊檐下的墙壁上嵌着一块块石刻及花窗,远望长廊好像园林范围并非到此为止。现在许多园林太注重实用,在本来就不大的空间里布满实景,从而显得拥挤、堵塞。 光影。一日之中,太阳的升沉起落给人丰富的联想。而月光妩媚清丽,是阴柔之美的典型,是追求宁静境界园林的最佳配景.水无形无色而流动多变,或平静如镜,倒映万物,水给人以智慧的启迪,"智者乐水",水引发人们的从善之心,园林中水体的设立给有限的实体以无限的虚幻。 声、香。"粉墙花影自重重,帘卷残荷水殿风",古典园林中有大量对自然的风、雨、钟声、鸟鸣、花香的描绘与运用。园林中琴声悠扬,这种感觉在优美的园林环境中尤为强烈。"境生于象外","境"不仅要有"象",不仅要有景,而且要有象外之象,景外之景;不但要有形,而且要有影,要有形、影、声、光、香的交织

(二)造景

造景是人工地在园林绿地中创造一种既符合一定使用功能又有一定意境的景区。人工造景要根据园林绿地的性质、功能、规模,因地制宜地运用园林绿地构图的基本规律去规划设计。园林造景的指导思想是因借自然、效法自然而又高于自然,造景主要分以下几种:

1.主景与配景

园林中的景有主景与配景之分。在园林绿地中起到控制作用的景叫主景,主要包含两方面的含义:一是指整个园林中的主景;二是指园林中由于被园林要素分割的局部空间的主景。配景起衬托作用,可使主景突出,在同一空间范围内,许多位置、角度都可以欣赏主景,而处在主景之中,此空间范围内的一切配景,又成为欣赏的主要对象,所以主景与配景是相得益彰的。但是配景不能喧宾夺主,对主景应该起到"烘云托月"的作用,配景的存在能够与主景相得益彰时,才能对构图有积极意义,如果是对主景起扰乱作用的配景,就应该坚定抛弃。突出主景的方法见表1—4。

表1—4　园林中突出主景的方法

名称	方法
主体升高法	主景升高,相对地使视点降低,看主景要仰视,一般可取得以简洁明朗的蓝天远山为背景,使主体的造型、轮廓鲜明地突出。升高的主景由于背景是明朗简洁的蓝天,因此富于表现力的主景,能够鲜明地被衬托出来,而不受任何配景的干扰,但是升高的主景,在色彩上和明暗上,必须和明朗的蓝天取得对比。如在对园林的地形地貌处理,以及在堆山和种植的设计中,主景升高也是传统的艺术手法之一
中轴对称法	在园林或建筑布局中,在主体的前方两侧配置一对或一对以上的配体,来强调和陪衬主体。由对称群体形成的对称轴称为中轴线,主体总是布置在中轴线的终点。用中轴对称的办法来强调和陪衬主体,是规则式园林布局最常用的突出主景的综合手法中的一种。中轴对称强调主景的艺术效果是宏伟、庄严和壮丽。纪念性园林的构图中心,常常运用中轴对称的手法来突出主体
轴线与透景线相交的焦点法	规则式园林,常常把主景配置在园林纵轴线的交点上,或是放射轴线集中的焦点上,使主景突出;自然式园林,常常把主景配置在全园主要透景线集中的焦点上,来突出主景

名称	方法
对比与调和法	对比是突出主景的重要技法之一,园林中作为配景的局部,对主景要起对比作用。配景对于主景线条、体形、体量、色彩、明暗、动势、性格、空间的开朗与闭锁、布局的规则与自然等,都可以用对比作用来强调主景。园林规划时首先考虑次要局部与主要局部的对比关系,其次考虑局部设计的配体与主体的对比关系。 单纯运用对比,能把主景强调和突出,这只是构图的一方面要求,构图的另一方面要求是配景和主景的调和与统一。因此,对比和调和常是综合运用的,使配景与主景达到对立统一的最佳效果
动势向心法	一般四面环抱的空间,如水面、广场、庭院等,四周次要的景色往往具有动势,趋向于一个视线的焦点,主景宜布置在这个焦点上。自然式园林中,四周由土山和树林环抱起来的林中草地也是环抱的构图空间。四周配置的动势应该向心,在动势集中的焦点上,可以布置主景,如园林建筑、树丛、孤植树等;环拱的假山园林,主峰可以布置在四周客山奔趋的构图中心处
渐进法	在色彩中,由不饱和的浅级到饱和的深级,或由饱和的深级到不饱和的浅级,由暗色调到明色调,或由明色调到暗色调所引起的艺术上的感染,称为渐层感。园林景物,由配景到主景,在艺术处理上,级级升高,步步引人入胜,也是渐进的处理手法。把主景安置在渐层和级进的顶点,将主景步步引向高潮,是强调主景和提高主景艺术感染力的重要处理手法
重心处理法	静止和稳定的园林空间.要求景物之间取得一定的均衡关系,为了强调和突出主景,常常把主景布置在整个构图的重心上。规则式园林构图,重点常常居于构图的几何中心。自然式园林,重心就不一定居于几何中心了,而是布置在自然式园林空间的自然重心上

名称	方法
抑景法	中国园林艺术的传统,反对一览无余的景色,主张"山重水复疑无路,柳暗花明又一村"的先藏后露的构图。西方园林,其主轴常常直达入口,游人进园就可以立刻看到全园的精华所在,西方园林的构图中心和高潮,主要是采用主轴和透景线来强调,使主景一开始就"露"出来

2.前景的处理

园林规划设计在平面与断面的规划上解决了对景、透景与障景以后,在技术设计阶段,对于透入构图视域以内的对景,还需进行艺术加工,使所对的远景更富有艺术感染力。因为远景距离较远,轮廓的概括性虽强,但缺乏细部的感染力;有时远景前方没有近景、中景的陪衬,缺乏空间景深的感染力;有时由于远景视域广阔,在广阔的视域中一时很难选择最富于画意的构图。

前景的处理方法可分为以下几个方面:

(1)框景。空间景物不尽可观,或则平淡间有可取之景。利用门框、窗框、树框、山洞等,有选择地摄取空间的优美景色。

(2)夹景。远景在水平方向视界很宽,但其中又并非都很动人,因此,为了突出理想的景色,常将左右两侧以树丛、树干、土山或建筑等加以屏障,于是形成左右遮挡的狭长空间,这种手法叫夹景,夹景是运用轴线、透视线突出对景的手法之一,可增加园景的深远感。

(3)漏景。漏景是从框景发展而来的。框景景色全观,漏景若隐若现,含蓄雅致。漏景可以选用漏窗、漏墙、漏屏风、疏林等手法。

(4)添景。当风景点与远方之间没有其他中景、近景过渡时,为求主景或对景有丰富的层次感,加强远景"景深"的感染力,常做添景处理。添景可用建筑的一角或建筑小品、树木花卉。用树木作添景时,树木体型宜高大,姿态宜优美。

3.点景

创作设计园林题咏称为点景手法。我国古典园林善于抓住每一景点,根据它的性质、用途,结合空间环境的景象和历史,高度概括,常作出形象化、诗意浓、意境深的园林题咏,其形式多样,有匾额、对联、石碑、石刻等。

4.景的组织

景色就空间距离层次而言有近景、中景、全景与远景。近景是近视范围较小的单独风景;中景是目视所及范围的景致;全景是相应于一定区域范围的总景色;远景是辽阔空间伸向远处的景致,相应于一个较大范围的景色。远景可以作为园林开阔处瞭望的景色,也可以作为登高处鸟瞰全景的背景。

(1)对景。位于园林绿地轴线及风景视线端点的景叫对景。为了观赏对景,要选择最精彩的位置,设置供游人休憩逗留的场所,作为观赏点,如亭、榭、草地等与景相对。景可以正对,也可以互对,正对是为了达到雄伟、庄严、气魄宏大的效果,在轴线的端点设景点。互对是在园林绿地轴线或风景视线两端点设点,互成对景,互对景也不一定有非常严格的轴线,可以正对,也可以有所偏离。园林中弯曲的道路、长廊、河流和溪涧的转折点,宜设置各种对景,增加景点,起到移步换景的效果,尤其对以框景作为对景,更引人入胜。

(2)分景。我国园林含蓄有致,意味深长,忌"一览无余",要能引人入胜。分景常用于把园林划分为若干空间,使园中有园,景中有景,湖中有岛,岛中有湖。园景虚虚实实,景色丰富多彩,空间变化多样。分景按其划分空间的作用和艺术效果,可分为障景和隔景。

①障景。障景是园林绿地中抑制视线、引导空间、屏障景物的手法。障景有土障、山障、树障、曲障等。障景是我国造园的特色之一。

②隔景。凡将园林绿地分隔为不同空间、不同景区的手法称为隔景。隔景可以避免各景区的互相干扰,增加园景构图变化,隔断部分视线及游览路线,使空间"小中见大"。隔景有虚隔、实隔与虚实隔之分,隔景的方法和题材很多,如山冈、树丛、植篱、粉墙、漏墙、花架、长廊等。

(3)借景。将园内视线所及的园外景色组织到园内来,成为园景的一部分,称为借景。借景要达到"精"和"巧"的要求,使借来的景色同本园空间的气氛环境巧妙地结合起来,让园内、园外相互呼应融为一体。借景能扩大空间,丰富园景,增加变化,按景的距离、时间、角度等,可分为远借、近借、仰借、俯借、应时而借等。

二、园林布局

（一）园林构图的规律

1.统一与变化

园林构图的统一变化，常具体表现在对比与调和、韵律节奏、主从与重点、联系与分隔等方面。

（1）对比与调和。对比、调和是艺术构图的一个重要手法，它是运用布局中的某一因素（如体量、色彩等）中，两种程度不同的差异，取得不同艺术效果的表现形式，或者说是利用人的错觉来互相衬托的表现手法，差异程度显著的表现称对比，能彼此对照，互相衬托，更加鲜明地突出各自的特点；差异程度较小的表现称为调和，使彼此和谐，互相联系，产生完整的效果。

对比的手法有：形象的对比、体量的对比、方向的对比、开闭的对比、明暗的对比、虚实的对比、色彩的对比、质感的对比等。

（2）韵律节奏。韵律节奏就是艺术表现中某一因素做有规律的重复、有组织的变化。重复是获得韵律的必要条件，然而如果只有简单的重复而缺乏有规律的变化，就令人感到单调、枯燥，所以韵律节奏是园林艺术构图多样统一的重要手法之一。

园林绿地构图的韵律节奏方法很多，常见的有：简单韵律、交替的韵律、渐变的韵律、起伏曲折韵律、拟态韵律、交错韵律等。

（3）主从与重点。

①主与从。园林布局中的主要部分或主体与从属体，都是由功能使用要求决定的，从平面布局上看，主要部分常成为全园的主要布局中心，次要部分成为次要的布局中心，次要布局中心既有相对独立性，又要从属于主要布局中心，要能互相联系，互相呼应。

主从关系的处理方法：一是组织轴线，主体位于主要轴线上，或主体位于中心位置或最突出的位置，从而分清主次；二是运用对比手法，互相衬托，突出主体。

②重点与一般。重点处理常用于园林景物的主体和主要部分，以使其更加突出。常用的处理方法：以重点处理来突出表现园林功能和艺术内容的重要部分，使形式更有力地表达内容，如主要人口及重要的景观、道路和广场等；以重

点处理来突出园林布局中的关键部分,如主要道路交叉转折处和结束部分等;以重点处理打破单调,加强变化或取得一定的装饰效果,如在大片草地、水面部分及在边缘或地形曲折起伏处做重点处理等。

(4)联系与分隔。园林绿地都是由若干功能使用要求不同的空间或者局部组成的,它们之间都存在必要的联系与分隔。园林布局中的联系与分隔,是通过组织不同的材料、局部、体形、空间,使它们成为一个完美整体的手段,也是园林布局中取得统一与变化的手段之一。其表现在以下几个方面:

①园林景物的体形和空间组合的联系与分隔,园林景物的体形和空间组合的联系与分隔,主要决定于功能使用的要求,以及建立在这个基础上的园林艺术布局的要求,为了取得联系的效果,常在有关的园林景物与空间之间安排一定的轴线和对应的关系,形成互为对景或呼应,利用园林中的树木种植、土丘、道路、台阶、挡土墙、水面、栏杆等作为联系与分隔的构件。建筑的室内与室外之间的联系与分隔,常用门、窗、园廊、花架、水、山石等建筑处理,把建筑引入庭院,有时也把室外绿地有意识地引入室内,丰富室内景观。

②立面景观上的联系与分隔。立面景观的联系与分隔,是为了达到立面景观完整的目的。有些园林景物由于使用功能要求不同,形成风格完全不同的部分,容易造成不完整的效果。分隔就是因功能或者艺术要求将整体划分为若干局部,联系是使因功能或艺术要求划分的若干局部组成一个整体。联系与分隔是求得完美统一的园林布局整体的重要手段之一。

所有这些统一与变化的手段,在园林布局中常同时存在、相互作用,必须是综合地,而不是孤立地运用上述手段,才能取得统一而又变化的效果。此外,园林布局各部分处理手法也应保持一致性。

2.比例与尺度

园林绿地是由园林植物、园林建筑、园林道路、园林水体、山、石等组成的,它们之间都有一定的比例与尺度关系。比例包含两方面的意义:一方面是指园林景物、建筑整体或者它们的某个局部构件本身的长、宽、高之间的大小关系;另一方面是园林景物、建筑物的整体与局部或局部与局部之间的空间形体、体量大小的关系。园林绿地构图的比例与尺度都要以使用功能和自然景观为依据。

3.比拟与联想

园林艺术不能直接描写或者刻画生活中的人物与事件的具体形象,运用比拟联想的手法显得更为重要。园林构图中运用比拟联想的方法有如下几种:

（1）概括名山大川的气质，模拟自然山水风景，创造"咫尺山林"的意境，使人有"真山真水"的感受，能联想到名山大川，天然胜地，若处理得当，使人面对着园林的小山小水产生"一峰则太华千寻，一勺则江湖万里"的联想，这是以人力巧夺天工的"弄假成真"。

（2）运用植物的姿态、特征，给人以不同的感染，产生比拟联想。如"松、竹、梅"有"岁寒三友"之称，"梅、兰、竹、菊"有"四君子"之称，在园林绿地中适当运用，增加意境。

（3）运用园林建筑、雕塑造型产生的比拟联想。如蘑菇亭、月洞门、水帘洞等。

（4）遗址仿古产生的联想。

（5）风景题名题咏对联匾额、摩崖石刻所产生的比拟联想。题名、题咏、题诗能丰富人们的联想，提高风景游览的艺术效果。

4.均衡与稳定

由于园林景物是由有一定的体量的不同材料组成的实体，因而常常表现出不同的重量感，探讨均衡与稳定的原则，是为了获得园林布局的整体和安全感。稳定是指园林布局整体上下、轻重的关系而言，而均衡是指园林布局中的部分与部分的相对关系。

（1）均衡。园林布局中要求园林景物的体量关系符合人们在日常生活中形成的平衡安定的概念，所以除少数动势造景外（如悬崖、峭壁等），一般艺术构图都力求均衡。均衡可分为对称均衡和非对称均衡：

①对称均衡。对称均衡是有明确的轴线，在轴线左右完全对称。对称均衡布局常给人庄重严整的感觉，规则式的园林绿地中采用较多，如纪念性园林，公共建筑的前庭绿化等。

②不对称均衡。在园林绿地的布局中，由于受功能、组成部分、地形等各种复杂条件制约，往往很难也没有必要做到绝对对称，在这种情况下常采用不对称均衡的手法。

不对称均衡的布局要综合衡量园林绿地构成要素的虚实、色彩、质感、疏密、线条、体形、数量等给人产生的体量感觉，切忌单纯考虑平面的构图。

（2）稳定。园林布局中的稳定是指对园林建筑、山石和园林植物等上下、大小所呈现的轻重感的关系而言。在园林布局上，往往在体量上采用下面大，向上逐渐缩小的方法来取得稳定坚固感，如我国古典园林中的塔和阁等；另外在园林建筑和山石处理上也常利用材料、质地给人的不同的重量感来获得稳定感,如在建筑的基部墙面多用粗石和深色进行表面处理,而上层部分采用较光滑或色彩较浅的材料,在土山带石的土丘上,也往往把山石设置在山麓部分而给人以稳定感。

(二)园林空间的分隔联系及组织

1.园林空间的分隔联系

(1)以地形地貌分隔联系空间。只有在复杂多变的地形地貌上才能产生变幻莫测的空间形态,创造富有韵律的天际线和丰富的自然景观。如果绿地本身的地形地貌比较复杂、变化较大,宜因地制宜、因势利导地利用地形地貌划分空间,效果良好。如果是平地、低洼地,应注意改造地形,使地形有起伏变化,以利空间分隔和绿地排水,并为各种植物创造良好的生长条件,丰富植被景观。

(2)以道路分隔联系空间。在园林内以道路为界限划分成若干空间,每个空间各具景观特色,例如道路可以划分出草坪、疏林、密林、游乐区等不同空间,同时道路又成为联系空间的纽带。

(3)利用植物材料分隔联系空间。园林中,利用植物材料分隔联系空间,尤其是利用乔灌木范围的空间可不受任何几何图形的制约,随意性很大。若干个大小不同的空间通过乔木树空隙相互渗透,使空间既隔又连,欲隔不隔,层次深邃,意味无穷。

(4)以建筑物和构筑物分隔联系空间。在古典园林中习惯用云墙或龙墙、廊、花架、假山、桥、厅、堂、楼、阁、轩、榭等园林建筑以及它们的组合形式分隔空间,但同时又利用门、洞、窗等取得空间的渗透与流动。

2.园林空间的组织

园林空间组织的目的是在满足使用功能的基础上,运用各种艺术构图的规律创造既突出主题,又富于变化的园林风景。其次是根据人的视觉特性创造良好的景物观赏条件,使一定的景物在一定的空间里获得良好的观赏效果,适当处理观赏点与景物的关系。

(1)空间展示程序与导游线。风景视线是紧密联系的,要求有戏剧性的安排、音乐般的节奏,既有起景、高潮、结景空间,又有过渡空间,使空间主次分明,开、闭、聚适当,大小尺度相宜。

(2)空间的转折。空间转折有急转与缓转之分。在规则式园林空间中常用急转,如在主轴线与副轴线的交点处。在自然式园林空间中常用缓转,缓转有过渡空间,如在室内外空间之间设有空廊、花架之类的过渡。

（3）连续风景序列布局。园林绿化景观是由许多局部构图组成的，这些局部景观，经一定游览路线连贯起来时，局部与局部之间的对比、起伏曲折、反复、空间的开合、过渡、转化等连续方式与节奏是与观赏者的视点运动联系起来。这种随着游人的运动而变化的风景布局，称为风景序列布局。风景序列的布局方法如下：

①风景序列的连续方式与节奏，包括断续、起伏曲折、反复、空间的开合。

②风景序列的主调、基调与调配。

③连续序列布局的分段及其发生、发展和结束。

（4）动态景观

景观是供游览观赏的，游览方式不同，则效果各异。视距与视点的变化使所感受到的观景效果不同，同一景观能给人以众多的感受。动态景观的表现可从空中游览、园外游览、游园三方面展开。空中游览具有视野广阔、整体感强和地面分辨率高的特点，可以使游览者感受到游园中的每一个组成部分，景观组织越丰富，俯视效果越好；通过园外游览，可以观察园林绿地的体量、轮廓、天际线，连贯而有节奏，丰富而有整体感，通过在两条道路上的移动，使游览者可以观察立面景观，并可感受到连续风景序列中连续、起伏曲折的布局手法；园林风景序列的展示，主要通过导游线即游览路线，它是连接各个风景区的纽带，使游人按照风景序列的展现，游览各个风景点和景区。

风景序列、导游线和风景视线是密不可分、相互补充的关系，三者组织的好坏，关系到园林整体结构的全局及能否充分发挥园林艺术的整体效果。

第三节 园林工程特点与发展历程

一、园林工程的基本概念

1.园林工程的概念

园林绿化工程是建设风景园林绿地的工程。园林绿化是为人们提供一个良好的休息、文化娱乐、亲近大自然、满足人们回归自然愿望的场所，是保护生态环境、改善城市生活环境的重要措施。园林绿化泛指园林城市绿地和风景名胜区中涵盖园林建筑工程在内的环境建设工程，包括园林建筑工程、土方工程、园林筑山工程、园林理水工程园林铺地工程绿化工程等，它是应用工程技术来突出园林艺术，使地面上的工程构筑物和园林景观融为一体。

2.园林工程的含义

城市绿化工程是园林建设的重要组成部分，是城市主体形象和城市特色最直接的体现，是一项重要的基础设施建设。它涉及的内容多样而复杂。与土木、建筑、市政、灯光及其他工程组合在一起，涉及美学、艺术、文学等相关领域，是一门涉及土壤学、植物学、造园学、栽培学、植物保护学、生态学、美学、管理学等学科的综合科学。

环境景观要素由园林建筑、山、水、绿化植物、道路、小品等构成。它们共同组成生活、商业、游憩、生产等不同的室外空间环境。植物作为绿化工程的主体，既结合在其他要素之中不独立存在，又自成一体，为人们创造宜人、健康、优美的生活和工作环境，具有不可替代的重要作用。

绿化工程广义地说，其研究范围包括相关工程原理、种植设计、绿化工程施工技术、养护管理、施工组织和施工管理等几个部分，是使总体设计意图、设计方案转变成实际环境的一系列过程和技术。狭义地说，绿化工程是指树木、花卉、草坪、地被植物等植物的种植工程。

二、园林工程的特点与分类

1.园林工程的基本特点

园林工程实际上包含了一定的工程技术和艺术创造,是地形地物、石木花草、建筑小品、道路铺装等造园要素在特定地域内的艺术体现。因此,园林工程与其他工程相比具有其鲜明的特点。

(1)园林工程的艺术性

园林工程是一种综合景观工程,它虽然需要强大的技术支持,但又不同于一般的技术工程,是一门艺术工程,涉及建筑艺术、雕塑艺术、造型艺术、语言艺术等多门艺术。

(2)园林工程的技术性

园林工程是一门技术性很强的综合性工程,它涉及土建施工技术、园路铺装技术、苗木种植技术、假山叠造技术及装饰装修、油漆彩绘等诸多技术。

(3)园林工程的综合性

园林作为一门综合艺术,在进行园林产品的创作时,所要求的技术无疑是复杂的。随着园林工程日趋大型化,协同作业、多方配合的特点日益突出;同时,随着新材料、新技术、新工艺、新方法的广泛应用,园林各要素的施工更注重技术的综合性。

(4)园林工程的时空性

园林实际上是一种五维艺术,除了其空间特性,还有时间性以及造园人的思想情感。园林工程在不同的地域,空间性的表现形式迥异。园林工程的时间性,则主要体现于植物景观上,即常说的生物性。

(5)园林工程的安全性

"安全第一,景观第二"是园林创作的基本原则。对园林景观建设中的景石假山、水景驳岸、供电防火、设备安装、大树移植、建筑结构、索道滑道等均需格外注意。

(6)园林工程的后续性

园林工程的后续性主要表现在两个方面:一是园林工程各施工要素有着极强的顺序性;二是园林作品不是一朝一夕就可以完全体现景观设计最终理念的,必须经过较长时间才能显示其设计效果,因此项目施工结束并不等于作品已经完成。

(7)园林工程的体验性

提出园林工程的体验特点是时代要求,是欣赏主体——人的心理美感的要求,是现代园林工程以人为本最直接的体现。人的体验是一种特有的心理活动,实质上是将人融入园林作品之中,通过自身的体验得到全面的心理感受。园林工程正是给人们提供这种心理感受的场所,这种审美追求对园林工作者提出了很高的要求,即要求园林工程中的各个要素都做到完美无缺。

(8)园林工程的生态性与可持续性

园林工程与景观生态环境密切相关。如果项目能按照生态环境学理论和要求进行设计和施工,保证建成后各种设计要素对环境不造成破坏,能反映一定的生态景观,体现出可持续发展的理念,就是比较好的项目。

2.园林工程的分类

园林工程的分类多是按照工程技术要素进行的,方法也有很多,其中按园林工程概、预算定额的方法划分是比较合理的,也比较符合工程项目管理的要求。这一方法是将园林工程划分为 3 类工程:单项园林工程、单位园林工程和分部园林工程。

(1)单项园林工程是根据园林工程建设的内容来划分的,主要分为 3 类:园林建筑工程、园林构筑工程和园林绿化工程。其中园林建筑工程可分为亭、廊、榭、花架等建筑工程;园林构筑工程可分为筑山、水体、道路、小品、花池等工程;园林绿化工程可分为道路绿化、行道树移植、庭园绿化、绿化养护等工程。

(2)单位园林工程是在单项园林工程的基础上将园林的个体要素划归为相应的单项园林工程。

(3)分部园林工程通过工程技术要素划分为土方工程、基础工程、砌筑工程、混凝土工程、装饰工程、栽植工程、绿化养护工程等。

三、我国园林工程的发展进程

园林的发展历史非常悠久,早在奴隶社会殷周时期便产生了园林最早的雏形——苑囿,以满足帝王狩猎等功能方面的需求。到春秋战国时期就已出现人工造山,但主要是为治理水患和新修水利工程,而并非单纯的造园。秦汉时期的山水宫苑则发展为大规模的挖湖堆山,形成了"一池三山"的造园格局。到了唐代,工程技术方面则更为发达,特别是在各种造园材料的工艺上都有所提升,宋代以宋徽宗在汴京(今开封)命建的寿山艮岳为代表,在造园工程中达到历史上的一个高峰。明清时期的造园手法和技艺更加趋于成熟,无论是在以颐和园为代表的皇家园林还是江南私家园林都呈现了较高的造园水平和精湛的工程施工水平,达到了"虽由人作,宛自天开"的境界。

中国古代园林在漫长的发展过程中不仅积累了丰富的实践经验,还总结出了很多精辟的理论著作。如明代计成所著的《园冶》就专门总结了许多园林工程的理法;除此之外,北宋沈括所著《梦溪笔谈》、明代文震亨所著《长物志》、宋《营造法式》中也都有提及园林工程的相关内容。园林工程作为一门技术,其发展历史伴随着园林史的发展源远流长,但是真正作为一门系统而独立的学科时间却不长,主要是为了适应我国园林绿化建设发展的需求而诞生。

第二章　园林工程设计基础

第一节　园林工程设计的概念、作用和意义

一、概念

园林是在一定地段范围内,利用并改造天然山水地貌或者人为地开辟山水地貌,结合植物栽植和建筑布置,艺术地构成一个供人们观赏、游憩、居住的空间环境。而建造园林的工艺过程则称之为园林工程。园林工程设计就是研究园林工程建设的原理、设计艺术及设计方法的理论、技术和方法的一门科学。园林工程设计是进行园林工程建设的前提和基础,是一切园林工程建设的指导性技术文件。

二、作用和意义

园林能否充分发挥其生态、观赏及游憩的功能,在很大程度上取决于园林工程的质量。园林质量高低表现在多个方面,具体来说就是建筑及工程设施是否符合和满足工程质量的要求,各种构园要素的规划和设计布局是否充分发挥了其园林功能。而由于园林工程本身有其复杂性、艺术性,园林质量的高低在很大程度上就取决于园林工程设计的合理与否、水平高低,所以园林工程设计具有以下几方面的作用和意义。

(一)作用

1.园林工程建设设计是上级主管部门批准园林工程建设的依据

我国目前正处在城镇化加快的进程中,各类园林工程较多,而较大的园林

工程施工必须经上级主管部门的批准。而上级批准必须依据园林工程设计资料,组织相关专家进行分析研究和论证,只有科学的、艺术的、合理的并符合各项技术和功能要求的设计方能获得批准。

2.是园林设计企业生存及园林施工企业施工的依据

园林设计院、设计所是专门从事园林工程设计的企业,而这些企业就是通过进行园林工程建设设计获取设计费,从而求得生存和发展。园林施工企业则是依据设计资料进行施工,如果没有园林工程建设设计资料,施工企业则无从着手。而在园林快速发展的今天,无论是园林设计企业还是施工企业的数量越来越多,竞争也日趋白热化,而这些企业中的大多数则是既从事设计又进行施工的企业,高水平的园林工程设计对他们的生存和发展就显得更加重要。

3.是设计单位和建设单位进行工程概预算的依据

由于园林工程本身的复杂性和艺术性、多变性,从而导致在同样一个地段建造园林,由于设计的方案不同,其园林工程造价也有较大的差异。所以,只有园林工程设计方案确定后,设计单位和建设单位才能依据确定的方案完成工程的预算。

4.是建设单位投入建设费用及招投标的依据

大型的园林工程建设都是纳入地方城市工程建设的总体,有计划有步骤地进行,而不同的地方每年投入的园林工程费用有限,园林工程建设项目的安排有时候主要依据资金的投放量来确定的。因此只有园林工程设计方案确定后,地方政府部门才能合理安排建设资金,并依据工程预算的大小为工程注入资金。同样,也是甲乙双方进行工程招投标的依据。

5.是工程建设资金筹措、投入、合理使用及工程决算的依据

现阶段大型的园林工程多由国家或地方政府投资,而资金的筹措、来源、投入必须要有计划、有目的。同时在园林工程的实施过程中,资金能否合理使用也是保证工程质量、节约资金的关键。当工程完工后还要进行决算,所有这些都必须以工程设计技术资料为依据。

6.是建设单位及质量管理部门对工程进行检查验收和施工管理的依据

园林工程建设比起一般的建设工程要复杂得多,特别在园林建筑、园林给排水、绿地喷灌、园林供电等方面有许多地下隐蔽工程,在园林植物造景工程方面要充分表现艺术性。一旦隐蔽工程质量不合格或植物造景不能体现设计的艺术效果,就会造成难以挽回的损失。建设单位和监理技术人员必须进行全程监督管理,而监督管理的依据就是工程设计文件。

(二)意义

园林工程建设设计的目的是在一定的设计地段,满足园林各项功能的前提下,使园林工程达到经济、实用、生态、美观的目的,并保证园林工程建设施工的有序性,保障园林工程高质量的顺利建设,为人们创造一个景色秀美、环境舒适、功能齐全的游憩环境。所以只要有园林工程必然就应该有完整的园林工程设计,没有设计的园林工程就不能施工,更谈不上高质量。

第二节　园林工程设计的特点及原则

由于构成园林的要素极其复杂,既有地形、给排水、供电等工程方面的,又有植物的造景设计等生物方面的,还有各构成要素的布局、景观营造、色彩搭配等艺术方面的综合知识。所以园林工程建设设计不同于一般单纯意义上的工程设计,有其自身的特点,并应坚持其独特的原则。

一、特点

(一)园林工程建设设计是一门自然科学

由于园林工程建设设计涉及多门自然科学知识,就决定了它的自然科学属性。

(1)园林植物造景工程设计必须掌握植物学的相关知识。由于树木及其他园林植物有着不同的生物学特性和生态学特性,只有掌握它们的习性才能在景观设计中选择合理,从而才能使植物充分发挥其园林造景的作用。比如,在深圳、东莞等南方城市绿篱多以小叶榕来做,在北京、郑州等北方城市绿篱则多选用大叶黄杨,而在西北边陲的乌鲁木齐则由于气候的原因只能选用一些耐寒的树种,如榆树等。如果要造成"三季有花,四季常青,季季景异"的园林景观,设计者就必须了解和掌握哪些植物常青、何种植物落叶、当地各个季节开花的植物有哪些、秋季结果及叶色变化的植物是什么等等。

(2)园林工程、园林建筑设计等必须具备相应的工程技术的知识。园路、园林建筑工程要求设计人员必须掌握材料学、力学以及其他相关的工程知识,而这些都属于自然科学范畴。

(二)园林工程建设设计又是一门艺术

园林空间就是一个立体的艺术作品,而艺术作品的艺术水平高低,最主要就是由设计水平的高低决定的。而繁杂的园林构成要素,如何合理进行布局搭配才能表现较高的艺术水平,对于设计者来说是最难的。

(1)园林景观要素的合理利用和良好布局就决定了园林工程建设设计的艺

术性。

（2）园林工程设计中运用的园林艺术法则及园林造景方法无处不包含着艺术。

（3）园林建筑、小品本身就是艺术作品。园林建筑和普通建筑最大的区别就在于更注重其造景作用,也更讲究艺术性.而园林小品也不例外。

（4）园林工程越来越注重工程本身反映的人文历史地理艺术。我国古典园林很讲究意境,更有许多风景名胜以历史事件或历史人物而闻名于世。现代园林建设也越来越重视这一点,每一个地方的园林都特别注重反映当地的历史、人文特点,从而以达到地方特色明显的目的,也只有这样园林才更具有价值,才能焕发出持久的艺术魅力。近年来,在各类大型园林工程设计的招投标过程中,在满足园林景观的各项基本设计要求的前提下,设计方案本身是否能在挖掘和开发地方历史文化要素方面有创意,几乎成了决定成败的关键。比如:陕西省安康市地处陕西省东南部的秦巴之间、汉水之滨,当地有着厚重的汉水龙舟文化。近年来安康市在以汉江为轴的"一江两岸"园林工程建设中,始终把文化元素作为工程设计招投标的重要依据。

（三）园林工程设计的复杂性的特征

这是由园林工程本身的特点所决定的,它不仅涉及各种材料学、力学、艺术学等方面的知识,而且涉及生物学、气象学、土壤学、生态学等方面的知识。而把这些知识进行综合运用就决定了园林工程建设设计的复杂性。

二、原则

要创造一个风景优美、功能突出、特色明显的园林作品,保证工程建设的顺利实施,园林工程设计必须坚持以下原则。

（一）科学性的原则

园林工程设计的过程,必须依据有关工程项目的科学原理和技术要求进行。如在园林地形改造设计中,设计者必须掌握设计区的土壤、地形、地貌及气候条件的详细资料。只有这样才会最大程度地避免设计缺陷。再如进行植物造景工程设计,设计者必须掌握设计区的气候特点,同时详细掌握各种园林植物的生物、生态学特性,根据植物对水、光、温度、土壤等因子的不同要求进行合理选配,如果违反植物生长规律的要求,就会导致失败。比如有报道称,澳洲设计师在上海某居住区设计了热带雨林,西安某居住小区选择了香樟作为庭园树等都是错误的做法。所以园林工程设计首先必须坚持科学性的原则。

（二）适用性的原则

园林最终的目的就是能够最大限度地发挥其各种有效功能。所谓适用性是指两个方面。一个是因地制宜地进行科学设计,为特定的园林性质和功能服务,切不可贪大求洋,不切实际地搞形象工程,结果造成很多不伦不类的园林垃圾工程;另一方面就是使园林工程本身的使用功能充分发挥,即要以人为本,既要美观又要实用,还必须符合实际且有可实施性。

（三）艺术性的原则

在科学性和适用性原则的基础上,园林工程建设设计尽可能做到美观,也就是满足园林总体布局和园林造景在艺术方面的要求。比如园林建筑工程、园林供电设施、园林中的假山置石等。只有符合人们的审美要求,才能起到美化环境的功能。

（四）经济性的原则

经济条件是园林工程建设的重要依据。同样一处设计区,设计方案不同,所用建筑材料及植物材料不同,其投资差异很大。设计者应根据建设单位的经济条件,达到设计方案最佳并尽可能节省开支。事实上,现已建成的园林工程并不是投资越多越好。比如前几年园林建设大兴仿古建筑之风,这几年又大兴苗木堆集造大块图案之风、古树进城之风,这些既不科学,也不经济。

第三节　园林工程设计的知识内容及设计要求

　　园林工程构成要素的复杂性、园林景观类型的多样性、园林布局的艺术性、工程技术要求的科学性共同决定了园林工程设计的知识内容,同样对园林工程设计也提出相应的要求。

一、知识内容

　　作为一名园林工程设计者,必须掌握与工程设计密切相关的基本知识和基本原理,也要求其能在设计实践过程中必须充分运用。比如园林艺术、植物分类、水力计算、造景方法等,不同的园林建设工程设计需要掌握不同的设计原理和基本知识。

　　1.园林艺术

　　所谓园林艺术就是研究园林创作的艺术理论,其中包括园林作品的内容和形式、园林设计的艺术构思和总体布局、园林造景艺术、园林造景技巧、园林色彩构图、园林空间构图艺术、园林意境创造及各种美学规律在园林设计中的应用等。园林的产生和发展也就是园林艺术的产生与发展,园林本身就是立体的空间艺术作品。园林艺术同其他艺术的共同特点,就是艺术作品能通过典型形象表达作者的思想感情和审美情趣,同时通过作品的艺术性感染人们的情绪,影响人们的思想。园林艺术同其他艺术的不同点,是园林艺术又不是单纯的一种艺术形象,它更是一种物质环境,是艺术和功能高度结合的一种艺术;是集居、游、赏于一体的一种艺术;是具有生命的艺术;是与多学科相结合的艺术。它是园林工程设计的基础,也是提高设计者艺术修养及设计水平的必由之路。

　　2.园林植物

　　没有植物就不能称其为园林,现代园林造景中以植物造景为主已是世界园林界的共识和发展趋势,植物在园林中有着其他任何园林要素不可替代的作用。能用于园林造景的植物种类非常丰富,有高大的乔木、低矮的灌木以及种类繁多的草本,而它们又形态各异、色彩万千、生物学特性和生态学习性各不相同。设计者只有在了解和掌握了各类植物的观赏作用和生活习性后,才能在设计中应用自如。所以,园林植物知识是园林工程设计中植物造景工程设计的基础,必须牢固掌握、熟练运用。

3.相关的工程技术

一般大型的园林工程都要涉及道路、建筑、水景、供电等多方面的工程,设计者必须掌握相应的工程技术知识才能确保设计的科学性和工程上的可行性。

二、设计的要求

园林工程建设设计虽然复杂,但只要按照以下要求去做就会收到事半功倍的效果。

(1)设计者必须熟练掌握园林工程建设设计的基本知识。

(2)设计者必须以科学的观点、科学的方法、认真的态度去对待设计。

(3)园林工程设计应该充分发挥集团作战的方式,各取所长。

(4)园林工程设计必须具有可实施性。

第四节　园林工程设计程序和方法

园林工程设计程序随着工程的规模和类型的不同而繁简各异。对于大型综合性的园林工程,几乎囊括了构成园林要素的所有单项工程,其设计程序比较复杂,需要一个强有力的设计团队合作完成;对于小型的园林工程或园林中的单项工程,设计程序相对比较简单。但无论那一类,都要遵循园林工程设计的基本程序。

一、接受委托

在园林工程建设前,建设单位(俗称甲方)通常邀请一家或几家设计单位(俗称乙方)进行工程设计,或通过媒体发布公开的招标公告,进行招标。作为乙方应首先取得甲方授予的委托设计任务书或标书,方可进行正式的设计或投标。

委托设计任务书一般是由甲方制定,在实际中也可以以甲方为主、乙方参与共同编制。设计任务书是指导设计的纲领性文件,其内容一般包括工程项目的基本概况、设计的依据、设计的要求及成果的具体要求等,它集中反映了甲方的园林工程建设意图、指导思想和要求。

二、调查研究

在进行设计前,必须对设计区的现状、环境条件、设计条件以及建设单位进行实地调查和了解,并尽可能多地取得和设计有关的详细资料,然后进行分析研究,将有价值的东西整理出来,以便在后续设计中利用。

(一)设计资料的搜集

搜集工程设计所需的各种资料是做好设计的基础,一般包括文字资料和图面资料两大类。

1.文字资料

根据园林工程的不同类型和设计需要,搜集相关资料。大型综合性园林工程的设计,一般需要搜集气象、地形、土壤、水文、植被等自然要素资料,工程所在地的经济、交通、现有建筑设施、周边环境、历史、传说、风俗等社会条件资料,其他设计需要的特殊资料等;小型园林工程或园林单项设计工程,则根据工程性质有重点地搜集与工程设计有关的资料,比如绿地喷灌工程主要搜集的就是气象资料中的风向、风速、降雨等气象资料以及土壤、水源等资料,地形设计工程则侧重土壤质地组成、土壤安息角及降雨强度等资料。

2.图面资料

设计区的现状图、地形图、管线图等。如是单项设计则需搜集单项工程在园林中的平面布局图等,图纸的比例以最适合从事具体园林工程设计为标准,一般在(1∶200)～(1∶1000)之间。

(二)设计区实地调查

由于园林工程建设不是孤立的,是存在于周围环境中,而图面和文字材料有时不能全面反映设计区的实际情况,所以在设计前设计人员必须在现场对图面及文字资料有出入的地方进行修正,并搜集更多的现场资料。如在绿地灌溉设计中就必须在现场了解水源、水质的情况,园林供电设计必须掌握设计区的电源情况。

(三)建设单位调查

在完成了资料搜集及现场调查后,设计者还应认真地研究和分析领会设计任务书,在此基础上再对建设单位进行必要的调查,以便进一步详细了解设计单位的要求和想法,以便在设计方案中能最大限度地反映建设单位的期望和需求。调查的具体方法灵活多变,可以通过和建设单位的领导、群众进行座谈,也可以通过建设单位开设计前期咨询会,还可以以书面的形式征求意见。

三、资料分析

根据工程设计的要求,结合搜集的文字、图面资料以及现场调查资料、建设单位调查资料,结合设计任务书,进行全面的综合分析,为初步方案设计打好基础。

四、方案设计

(一)初步方案设计

这一过程就是在资料分析的基础上运用相应的知识和设计原理确定设计指导思想,进行方案设计,并确定初步设计方案的过程。

(二)详细设计阶段

这一过程也称为技术设计,当初步方案得到通过和确定后,根据初步设计方案的要求,做出详细的技术设计。比如一个综合性公园设计,就要设计出$(1:100)\sim(1:500)$的图面资料,确定公园的出入口设计、各分区设计及道路布局设计等。

(三)施工设计阶段

施工设计必须根据已批准的初步设计和技术设计资料和要求进行设计,在这一设计阶段一般要求做出施工总图、竖向设计图及相应的园林和建设工程分类设计图等。

五、设计成果

园林工程建设设计的成果是指设计完成的园林工程设计的文字和图面资料两大部分。

(一)文字资料

主要是设计说明书,主要内容是说明设计的意图、原理、指导思想及设计的内容。同时包括工程概预算及相关表格等。

(二)图面资料

因园林建设工程类别不同而异,但一般有总体规划图、技术设计图和施工设计图三大类。

第三章　城市绿地规划设计

第一节　城市绿地系统

一、城市绿地系统的定义

城市绿地系统在国外多定义为开放空间(open space)。国内城市绿地系统的定义是在 2002 年颁布的《园林基本术语标准》中明确规定的,定义指出"城市绿地系统由城市中各种类型和规模的绿化用地组成的整体"。该定义说明城市绿地系统是一个结构完整的系统,并承担改善城市生态环境,满足居民娱乐要求,建设城市景观,美化环境和防灾避灾等城市综合职能。根据 2002 年建设部颁布的《城市绿地分类标准》,现阶段我国将城市绿地系统中的绿地划分为公园绿地、生产绿地、防护绿地、附属绿地和其他绿地,其中公园绿地、生产绿地和防护绿地属于城市建设用地分类中的绿地,附属绿地属于除绿地之外的其他八大类建设用地,而其他绿地则完全属于城市的非建设用地,可见城市绿地系统是城市系统中最独特的一类,它的建设涉及城市所有类别的土地,存在于城市建设的各个环节之中。

二、城市绿地系统的生态功能

(一)调节小气候,减小热岛效应

在城市建设生态绿色走廊,在城市局部区域打开一个通风口,让郊区的风吹向主城区,增加城市的空气流动性,净化城市空气,夏天还可以缓解热岛效应。在城市绿地系统里布置一定量的水系,对城市空气温度、湿度产生影响,对

调节城市小气候起到积极作用。

(二)净化空气

大量的植物可以调节氧气和二氧化碳的平衡,提高城市空气的含氧量。

(三)净化水质

植物可以吸附、过滤、沉淀细菌及悬浮颗粒,从而吸收水中的溶解质,减少水中含菌量。水生植物所建立的水下生态系统,能去除水中氮、磷和悬浮颗粒。吸收重金属,在城市规划中规划生态绿带和湿地,能对城市水体能起到净化的作用,恢复生态系统,取得人与自然的和谐。使得城市更为宜居。应用实例:德国慕尼黑通过在河道两边种植大量绿植并设置防护带,既改善河流水质又改善河道景观。

(四)城市绿地能补充城市地下水

在绿地系统规划过程中充分运用海绵城市的理念。海绵城市的排水理念是将雨水截流,让水缓慢渗透,并利用湿地、公园、绿地的集蓄功能对雨水进行分流处理,将雨水进行净化之后,在旱季排出使用,以减少城市地表水的径流量。下沉式绿地是海绵城市的重要应用,由于下沉式绿地高程较低,硬化地面上的雨水会逐渐流向绿地,在绿地上汇聚,绿地上的植物、土壤会截流和净化雨水,无法容蓄的雨水会排入雨水管网,作为地下水的补充。

三、城市绿地系统的社会功能

城市绿地有以下主要社会功能:

美化环境、心理调节。城市绿地能美化城市景观,给人带来心灵上的愉悦。同时人在绿地中的活动交往能舒缓心情,减轻压力。城市绿地赋予的历史及文化内涵,可以给人带来民族认同感和宣扬正面历史文化,同时也为城市增添了文化个性,提升了城市的整体形象。

户外活动、体育健身。早在1959年联邦德国就推出了体育的黄金计划,总共修建67095个体育设施,其中包括31000个儿童游乐场,14700个中等规模的运动场,10400个体育馆,5500个学校体育馆,2420个露天游泳池,2625个教学游泳馆,50个游泳馆,最终耗资174亿马克。德国大量的露天运动场包括足球场、游泳池、儿童游乐都是深入到社区,结合城市绿地建设的。我国文体设施热衷投入大场馆,重形象,大型体育设施群众开放性不强,利用率过低。户外文体设施结合开放绿地,能最大限度地方便群众运动及户外休憩活动,使得基础文化体育设施普惠大众。为我国体育健身事业打下坚实的群众基础。

防震减灾。城市防灾绿地规划,应当在绿化带建设的基础上,完善连接大公园、河流、农田等开敞空间的避难网络系统,着重规划好城市滨水地区的减灾绿带和市区中的一、二级避灾据点与避难通道,建立起城市的避灾体系。

防洪排涝。城市绿地可以在城市的防护和排涝中起到重要作用。防洪主要体现在防护绿地,排涝主要在于下沉式绿地和增加城市地面的透水性。其主要应用在于是采用雨水花园技术,并将绿地系统与防洪体系有机结合而建设的绿色基础设施,可削弱城市洪涝致灾因子,为解决城市内涝、重建城市基底涵水功能供了新的绿色突破口。城市绿地防洪排涝体系可减少暴雨径流30%～99%,并使暴雨径流峰值延迟了5～20分钟,为市民紧急避难争取了更多的时间,也减轻了市政排水管网的压力。这是一种生态可持续的雨洪控制与雨水利用设施,也是一项多目标的综合性技术。在城市绿地系统规划过程中,为城市绿地系统赋予蓄水、渗透功能。在绿地系统标高、地面材料的选择上有意识地考虑蓄水渗水功能。应用实例:西班牙利用下沉式公园,达到对城市内涝的调节作用。

四、城市绿地系统的规划策略

(一)打造"园中建城、城中有园"的生态空间格局

在城市国土空间规划层面,打造"园中建城、城中有园"的生态空间格局,基于全国三调时点大数据分析和双评估(资源环境承载力评估和国土空间发展适应性评估)的研究结果,根据城市"山水田林湖草"等自然环境资源利用的基本本底,全面尊重自然规律,适应自然环境,确定了生态保护红线和生态空间,将城市开发建设纳入自然资源基底中,并以带状绿楔、点状公园、线状绿道为指引进行城市功能规划,建立以绿色为底、以山水为景、以绿道为脉、以人文为魂的城市大美空间形态二。

（二）形成嵌入式、组团化的城绿交融布局空间

在"十五分钟"的生活圈居住区层面上（服务 5～10 万人），形成嵌入式、组团化的城绿交融布局空间。以大跨度的生态廊道优化功能片区的空间布局，以大规模的自然绿化山体组织空间布局，以丰富多样的绿巷、慢道连接功能板块，促进了公园形态与都市建筑的相融，同时也将自然田野、农耕景观积极带入了都市，形成城乡联通的生态通廊。首先加强引绿入城，以确定辖区中生态资源、生态景观等要素较好的范围，同时加强内在绿地系统与外在生态空间之间的联系；然后，完善引水入城，以江、河、湖水为主要载体，提高片区防汛排涝能力与水网功能的有效衔接，净化美化水体周边环境，并串联居民的生活、游憩娱乐休闲等，城、绿、水环境相互融合；最后，完善引风入城，形成片区全方位、多层级的风道系统，以提高城市大气循环能力，改善环境质量，提高居民体感舒适度。

（三）营造出"开门见绿、推窗见景"的城市生活景观

在"十分钟"生活圈居住区层面（服务 1.5～2.5 万人），营造出"开门见绿、推窗见景"的城市生活景观。打造出多种社会公园，以"见缝插绿"的形式来增加点状绿地，比如微绿地、口袋公园、小游园等类型的公园，以城市道路边、港道边的防护绿地形式来增加线型绿地。需要加强精细化设计，注意掌握街坊、邻里生活空间环境街区建筑空间的尺寸，推动通透式围墙和交通桥梁绿化、楼顶绿化、首层架空道路绿化等立体型园林绿化的施工，以形成四季常青、亲近自然、全龄友好的良好景观环境，并全面提高公共开敞空间的绿地率，以有效提高市民绿化感知率，积极营造优质的宜居环境。

（四）打造以人为本、绿色、安全、有生命力的都市街区场景

在生活性、景观性的街道层面，打造以人为本、绿色、安全、有生命力的都市街区场景。加快推进将这类型的道路设计由以车辆为核心发展到以人核心设计，增强了社区内公共空间与街巷之间的联通性与透明感。通过完善街区建筑小品、井盖、垃圾箱、公交站点等元素设施，进一步提高了城市道路的绿化率指标，从而全方位改善了市民出行感受。

第二节　公园绿地规划设计

一、公园绿地的系统配置

城市内分布的类型多样、大小不一的公园绿地,都应相互联系形成一个有机整体——公园绿地系统。公园绿地系统的配置受到城市的形成时间,地理条件,大小、人口,交通,规划布局等多种因素的影响,目前公园绿地系统的配置类型主要有以下几种形式。

(一)分散式

分散式指集中成块的公园以点状分散在城市各个部分。这种形式没有充分利用街道公园绿地以及滨河,滨江等带状公园绿地,缺乏公园间的联系网络。近代的城市公园大多以此种形式存在。

(二)联络式

联络式又称为绿道式,是沿城市河岸、街道、景观通道等的带形城市公园,也包括在城市外缘或工业地区侧边防护林带形成的带状绿地,使城市生活与工作场所均能与自然连成一片。此种形式的优点是联络较好,但却缺乏较大面积的城市公园绿地。

(三)环状式

在城市内部或城市的外缘布置成环状的绿道或绿带,用以连接沿线的公园等绿地,或是以宽阔的绿环限制城市向外进一步蔓延和扩展。这在欧洲的一些旧城市中常见,其环状公园绿地为旧有的城墙遗迹或护城河。中华人民共和国成立后,梁思成对北京的规划便采用此种形式,将北京旧城墙开辟为环状城市公园。合肥的环城公园采用的也是这种配置方式。

(四)放射状式

城市公园绿地以自然的绿地空间形式自郊外楔入城区中心,以便居民接近自然,同时有利于城市与自然环境的融合,提高生态质量。这种形式可以使得放射状绿地附近的地区得以迅速地发展,而其射线间的间隔部分则保留大片的自然空间。此形式的例子有德国的 Wiesbaden 及美国的 Indianapolis。

(五)放射环状式

放射环状式为放射式和环状式的综合,结合了二者的优点,是一种理想的城市公园绿地形式。德国 Koln 的公园绿地系统便采用此形式,但是这种形式多用于新建城市中,在一般的城市中则较难实施。

(六)分离式

前五种城市公园绿地系统形式,均是在城市布局呈圆形、四边形或多边形的发展前提下采用的,如果城市沿河流水系或山脉带状发展时,便不能再采用,而是采用平行分离绿带形式,在住宅区与工商业地区之间,用公园绿带加以分离,充分发挥出其公园的功能。

在当今追求城市可持续发展,追求人与自然和谐共存的时代背景下,城市公园系统的配置模式也正在由元素单元化逐渐走向元素多元化、结构趋向网络化和功能趋向生态合理化的方向发展。通过多元化、生态化的配置,使城市形成"点上绿树成景、线上绿树成荫、面上绿树成林、环上绿树成带"的公园绿地系统格局,确保城市具有优质的人居环境。城市公园规划的发展趋势正从土地和植物两大要素向水文、大气、动物、微生物、能源、城市废弃物等要素延伸;公园绿地在城市中的布局也由集中到分散、由分散到联系、由联系到融合,呈现出逐步走向网络联结、城郊融合的发展趋势。

二、城市公园的用地选择与用地平衡

(一)公园绿地的用地选择

公园绿地的用地选择应在每个城市做城市总体规划时,结合城市的地形、地貌和河湖水系,道路系统、居住用地、商业用地等各项规划综合考虑,符合城市绿地系统规划中确定的性质和规模,与其他绿地能建立起有机联系,共同构成完整的绿地系统,有利于整个城市生态环境的改善和城市景观效果的加强。其具体位置应在城市绿地系统规划中确定。

公园绿地的用地选择应注意如下几点：

(1)公园的用地范围和性质应以批准的城市总体规划和绿地系统规划为依据。

(2)尽量充分利用城市原有的自然地形和河湖水系,选择不宜于工程建设和农业生产的地形复杂、破碎、坡度变化大的地带,如低洼地、废弃地、滨水地、坡度大的坡地等。可充分利用原有地形条件,避免大动土方,这样既可节约投资,又可形成丰富的园景。

(3)应根据公园绿地服务范围和对象,形成合理的服务半径,保证居民的方便使用,并与城市道路有密切联系。

(4)宜选择原有自然条件优越、景色优美的有自然景观可以利用的地段,如山林、水面和河湖沿岸,岩洞等,以及现有树木较多、植被丰富或有古树名木的地段,如森林树丛、花圃等,以利于减少投资、快速成景。

(5)可选择有名胜古迹、名人故居、历史遗址等有人文历史景观的地点及原有园林的地方,将原有的园林建筑、名胜古迹、革命遗址、名人故居等加以扩充改建,补充活动内容和设施形成新的公园。

(6)用地选择上还应考虑发展预留用地,以备公园内容丰富扩充之用,满足人们日益提高的生活水平需要。

(二)城市公园的用地平衡

公园用地面积包括陆地面积和水体面积,其中陆地面积应分别计算绿化用地,建筑占地,园路及铺装场地用地的面积及比例。公园用地比例应以公园陆地面积为基数进行计算,并应符合表3-1的规定。表3-1中未列出的公园类型,其用地指标按其他专类公园用地指标取值。

园路及铺装场地用地,在公园符合下列条件之一时,在保证公园绿化用地面积不小于陆地面积65%的前提下,可按表3-1的规定值增加,但增值不宜超过公园陆地面积的3%:

(1)公园平面长宽比值大于3;

(2)公园面积一半以上的地形坡度超过50%;

(3)水体岸线总长度大于公园周边长度,或水面面积占公园总面积的70%以上。

表 3-1　公园用地比例(％)

陆地面积 A1/hm²	用地类型	公园类型					
		综合公园	专类公园			社区公园	游园
			动物园	植物园	其他专类公园		
A₁<2	绿化	—	—	>65	>65	>65	>65
	管理建筑	—	—	<1.0	<1.0	<0.5	—
	游憩建筑和服务建筑	—	—	<7.0	<5.0	<2.5	<1.0
	园路及铺装场地	—	—	15～25	15～25	15～30	15～30
2≤A₁<5	绿化	>65	>65	>70	>65	>65	>65
	管理建筑	<1.5	<2.0	<1.0	<1.0	<0.5	<0.5
	游憩建筑和服务建筑	—	<12.0	<7.0	<5.0	<2.5	<1.0
	园路及铺装场地	—	10～20	10～20	10～25	15～30	15～30
5≤A₁<10	绿化	>65	>65	>70	>65	>70	>70
	管理建筑	<1.5	<1.0	<1.0	<1.0	<0.5	<0.3
	游憩建筑和服务建筑	<5.5	<14.0	<5.0	<4.0	<2.0	<1.3
	园路及铺装场地	10～25	10～20	10～20	10～25	10～25	10～25
10≤A₁<20	绿化	>70	>65	>75	>70	>70	—
	管理建筑	<1.5	<1.0	<1.0	<0.5	<0.5	
	游憩建筑和服务建筑	<4.5	<14.0	<4.0	<3.5	<1.5	—
	园路及铺装场地	10～25	10～20	10～20	10～20	10～25	—

陆地面积 A1/hm²	用地类型	公园类型					
		综合公园	专类公园			社区公园	游园
			动物园	植物园	其他专类公园		
20≤A₁＜50	绿化	＞70	＞65	＞75	＞70	—	—
	管理建筑	＜1.0	＜1.5	＜0.5	＜0.5	—	—
	游憩建筑和服务建筑	＜4.0	＜12.5	＜3.5	＜2.5	—	—
	园路及铺装场地	10～22	10～20	10～20	10～20	—	—
50≤A₁＜100	绿化	＞75	＞70	＞80	＞75	—	—
	管理建筑	＜1.0	＜1.5	＜0.5	＜0.5	—	—
	游憩建筑和服务建筑	＜3.0	＜11.5	＜2.5	＜1.5	—	—
	园路及铺装场地	8～18	5～15	5～15	8～18	—	—
100≤A₁＜300	绿化	＞80	＞70	＞80	＞75		
	管理建筑	＜0.5	＜1.0	＜0.5	＜0.5	—	—
	游憩建筑和服务建筑	＜2.0	＜10.0	＜2.5	＜1.5	—	—
	园路及铺装场地	5～18	5～15	5～15	5～15	—	—
A₁＜300	绿化	＞80	＞75	＞80	＞80	—	—
	管理建筑	＜0.5	＜1.0	＜0.5	＜0.5	—	—
	游憩建筑和服务建筑	＜1.0	＜9.0	＜2.0	＜1.0	—	—
	园路及铺装场地	5～15	5～15	5～15	5～15	—	—

三、公园规划设计基本方法论

(一)城市公园绿地构成元素

城市公园绿地一般认为有地形(含水体)、植物、园路、园林建筑与小品等四大基本构成元素。这些构成元素也是公园绿地规划设计的要素。

1.地形

地形构成园林的基底和骨架,是户外活动空间最基本的自然特征,其在户外空间设计中具有分隔空间、控制视线、影响游览线路及速度、改善小气候、组织排水等众多美学功能和使用功能。地形也是城市公园绿地规划设计最基本的要素和出发点,牵涉到公园的艺术形象、山水骨架、种植设计的合理性及土石方工程等。

水体是城市公园绿地中不可或缺的、最活跃的景观要素,它能使景园产生很多生动活泼的景观,形成开朗明净的空间和透景线。水不仅有构景和界定空间的作用,还具有游憩、改善小气候、降低噪声、防灾等多种实用功能。水体的形式和状态丰富多变,既有河、湖、涧、泉、瀑等自然式水体,又有渠、潭、池等几何形水体。此外,水体还有大小、主次之分,有静水、动水之别,水体不仅参与了地形塑造,更是空间构成的要素。水体不仅仅是被观赏的对象,更重要的是它提供了两岸对望的距离,限制了游人与景点的接触方式,控制了人与景点间的视距。

2.植物

植物是园林设计中有生命的元素,是构成公园绿地的基础材料,它占地比例最大,为公园绿地总面积的 70%,是影响公园环境和面貌的主要因素之一。植物包括乔木、灌木、竹类、藤本植物、花卉、草坪地被、水生植物等。各类植物具有各自不同的空间构成特性和景观用途,而且不同地区、不同气候条件适合生长的植物种类也有差别,因此容易体现公园的地方性。植物在公园绿地中具有建造功能,通过不同的植物配置可构成各种不同特征的空间,植物的色、香、姿、声、韵及其季相变化的观赏特性,是公园造景的主要题材和内容。

3.园路

园路是公园的脉络,是联系各应域、景点的纽带,是构成园景的重要因素。它有组织交通、引导游览、划分空间、构成景观序列、为市政工程创造条件的作用。公园园路的布局要根据公园绿地内容和游人容量来定,要求主次分明,因地制宜,和地形密切配合。园路线形设计应与地形、水体、植物、建筑物、铺装场地及其他设施结合,形成完整的风景构图,创造连续展示园林景观的空间或欣赏前方景物的透视线。

园路按功能分为主路、支路和游憩小路。主路是公园内主要环路,是连接各景区以及各主要活动建筑物的道路,要求方便游人集散,成双、通畅、蜿蜒、起伏、曲折并组织大区景观。在大型公园中宽度一般为 5~7m,中、小型公园为 2~5m,考虑经常有机动车通行的主路宽度一般在 4m 以上,纵坡 8% 以下,横坡1%~4%;支路是各景区内部道路,引导游人到各景点、专类园,自成体系,组织景观,在大型公园中宽度一般为 3.5~5m,中、小型公园为 1.2~3.5m;游憩小路是景区内通向各景点的散步、游玩小道,布置自由、行走方便、安静隐蔽、路面线形曲折,大型公园中游憩小路的宽度一般为 1.2~3m,中、小型公园中游憩小路的宽度为 0.9~2.0m。园路及铺装场地应根据不同功能要求确定结构和饰面,面层材料应与公园风格相协调,并宜与城市车行路有所区别。

4.园林建筑与小品

园林建筑与小品在公园绿地中占地比例虽小,但在公园的布局和组景中却起着重要作用,往往是游人的视觉中心,有时建筑与小品合二为一。公园的建筑主要包括科普展览建筑,音乐厅、露天剧场等文体游乐建筑,亭、榭、廊、舫、楼、阁、台等游览观光建筑,餐厅、茶室、宾馆、小卖部等服务类建筑,以及管理类建筑等。它们常常被用作园林中的点睛之笔,其设计出发点都是基于公园环境的需要,使其与地形、植物、水体等自然要素统一协调。

(二)城市公园规划布局

城市公园由若干景点、景区组成,如何根据现状基址的实际情况,合理安排公园的各个组成部分,因地制宜地组织各种类型的园林空间,即为公园的规划布局问题,中国传统造园中称之为"经营位置"。规划布局是进行公园规划设计的第一步,一个公园设计的成功与否与这一步密切相关。布局阶段的意义在于通过全面考虑、总体协调,使公园的各个组成部分得到合理的安排、综合平衡,构成有机的联系;妥善处理好公园与全市绿地系统、局部与整体之间的关系;满足环境保护、文化娱乐、休息游览、园林艺术等各方面的功能要求;合理安排近期发展与远期发展的关系,以保证公园的建设工作按计划顺利进行。

1.公园规划结构

（1）景区划分（景色分区）。景色分区是我国古典园林所特有的规划方法，在现代公园中利用自然的景色或人工创造的景色构成景点，并通过若干个景点的联系组成景区，完成规划结构构思过程。按公园的规划意图，组成一定范围的各种景色地段，形成各种风景环境和艺术境界，以此划分成不同的景区，称为景色分区。不同的景区应有不同的景观特色，而通过不同的植物搭配、不同风格的建筑小品以及不同的水体可以创造出不同的景观特色。各景区应在公园整体风格统一的前提下，突出自己的景区特点，同时还应注意景观序列的安排，通过合理的游览线路组织景观序列空间。景色分区要使公园的风景与功能使用要求相配合，增强功能要求的效果。在同一功能区中，也可形成不同的景色，使得景观能有变化、有节奏、有韵律、有趣味，以不同的景色给游人以不同情趣的艺术感观。公园的布局要有机地组织各个景区，使景区之间既有联系，又有各自的特色；全园既有景色的变化又有艺术风格的统一。

公园中构成景点主题的因素通常有山水、建筑、动物、植物、民间传说、文物古迹等。一般来说，面积小、功能比较简单的公园，其主题因素比较单一，划分的景区也少；面积大、功能比较齐全的公园，其主题因素较为复杂，规划时可设置多个景区。如杭州花港观鱼公园（1952 年建），面积为 $18hm^2$，共分为 6 个景区，即鱼池古迹区、大草坪区、红鱼池区、牡丹园区、密林区、新花港区。

（2）功能分区。任何一个公园都是一个综合体，具有多种功能，面向各种不同的使用者，有多种不同的活动形式，而这些不同的活动需要各自适合的空间载体和设施。为了避免各种活动相互的交叉干扰，在公园绿地的规划设计中应有较明确的功能分区，即对不同的功能空间进行界定划分。

由于活动性质不同，各功能空间应相对独立，同时又相互联系。根据各项活动和内容的不同，概括起来公园绿地一般可分为文化娱乐区、观赏游览区、安静休息区、儿童活动区、园务管理区及服务区等。功能分区规划体现着设计师的技巧，绝不是机械地划分，应因地、因时、因物、因人而"制宜"，有分有合，结合各功能分区本身的特殊要求，以及各区之间的联系、公园与周围环境间的关系来进行通盘考虑，合理、有机地组织游人在公园内开展各项活动。

2.公园规划布局的基本形式

公园形态的形成包含了复杂的因素，不同的自然条件和文化传统孕育了形式各异的世界园林。概括起来主要有自然型、规则型以及两种形式混用的混合型。

（1）自然型

自然型又称为风景式、不规则式。自然型园林在中国、日本和西方国家的传统园林中都曾占有重要地位。尤其在中国，不论是皇家宫苑还是私家宅园，都以自然山水园林为源流。在西方最著名的是英国的风景式园林。此类园林的设计，也有人称之为"山水法"，因为山水地形是其骨架。设计手法体现为"巧于因借""精在体宜""自成天然之趣，不烦人事之工"，等等。

自然型园林讲究"师法自然""相地合宜，构园得体"。把自然景色和人工造园艺术巧妙地结合，达到"虽由人作，宛自天开"的效果。在园林中再现自然界的峰、谷、崖、岭、峡、坞、洞、穴等地貌景观，在平原，多为自然起伏、和缓的微地形。水体也是再现自然界水景，水体的轮廓自然曲折，水岸为自然曲线，略有倾斜，主要使用自然山石驳岸。广场、道路布局多采用自然形状，避免对称，建筑也以灵巧、活泼多变为特点。植物配置力求反映自然界植物群落之美，避免成行成排栽植；树木不修剪，配植以孤植、丛植、群植、密林为主要形式。不同地域的自然园林形态有一定差别，但共同之处是模拟自然，寄情山水。自然线形在平面中占有统治地位。

（2）规则型

规则型又称作几何式、整形式、对称式、建筑式。传统的西方园林以规则型园林为主调。这类园林一般是强调轴线的统帅作用，由于强烈、明显的轴线结构，具有庄重、开敞、明确的景观感觉。平面布局时，先确定主轴线。如果基地有长短两个方向，在长向设置主轴线；如果基地在各个方向长度差别不大，也可以考虑由纵横两条相互垂直的直线组成控制全园布局构图的"十字架"。确定好主轴线后，再安排一些次轴线。可以从几何关系上找根据，如互相垂直、左右对称、上下对称、同心圆弧等。建筑由其所处位置的外部轴线确定对称主轴，植物即使不考虑几何型修剪，至少也要规则种植。

（3）混合型

所谓混合型园林，主要指自然型、规则型园林形式交错混合，或没有贯穿基地控制全园的主轴线和次轴线，只有局部景区、建筑以轴线对称方式布局；或全园没有明显的自然山水骨架，单纯的自然格局不能形成显著特色。一般情况下，多结合现状地形进行布局，在原地形平坦处，根据总体规划的需要安排规则型；在原地形较复杂，具有丘陵、山谷、洼地等地段，结合地形规划为自然型。混合型的公园布局形式现在采用较多。

混合型的园林完全是融合自然型和规则型两类的造园手法，但在二者的比例上要注意最好有主次差别,以免布局显得混乱。

3.公园空间组织

空间组织与公园绿地的规划布局关系十分密切。公园空间与建筑空间有所不同,其所涉及的空间的类型、空间的大小规模、空间的组成要素更丰富,也更加复杂。公园中每个空间都有其特定的形状、大小、构成材料、色彩、质感等,它们综合地体现空间的功能和特性。

(1)空间的基本类型

公园的多种使用功能和景观需求赋予了公园多样的空间类型,有满足游人静赏、冥思的静态空间和适于游览、嬉戏、玩乐的动态空间;有视野开阔、空旷,给人以壮阔、开朗、畅快的感觉的开敞空间和幽闭、私密的闭合空间;有沿道路、街巷、河流、林带、溪谷等线性元素形成的狭长、幽深的纵深空间和利用拱穹形顶界面及四周的竖界面组织而成的拱穹空间;有多用于宏伟的自然景观和纪念性空间,气势壮观、感染力强、令人心胸开阔的大尺度空间,较亲切怡人;适用于少数人交谈、漫步、坐憩、学习、思考等的小尺度空间等等。

(2)空间的组织

将开敞、闭合、纵深、内外等各种不同类型的空间按使用功能的要求以及静态、动态观赏的要求,在园林绿地中进行组织划分,使空间有大小、明暗、开闭、内外、纵深等变化,组成一个有节奏变化又统一的空间体系。多个空间的处理则应以空间的对比、渗透、序列等关系为主。

不同类型的公园绿地对空间的要求也各有特色,因此空间组织形式也各不相同,例如纪念性公园的空间,一般多对称严谨,较封闭,并以轴线引导前进,空间变换应少,节奏缓慢,营造严肃静穆的气氛。而对游赏性的园林空间,变换应该丰富,节奏快,较开敞自由,营造活泼的气氛。整个公园的各个空间在静观时空间层次稳定,在动观时空间层次相应地交替变换。空间的组织与导游线、风景视线的安排有密切的关系。既有空间的起景、高潮、结景,又有空间的过渡,使空间主从分明,开闭适当,大小相宜,并富有节奏和韵律,形成自然、丰富的空间序列。杭州虎跑寺的规划便是空间组合的佳例。

空间的组织中,还应注意空间的可达性,使人们在游览过程中依自然之理顺畅、安全地到达所需空间;除了着重进行公园内各种可控空间的规划设计外,也要注意公园界线外的不可控空间。如何因地制宜地利用或屏障城市环境是进行公园空间组织时必须注意的。

此外,虚空间的应用也日益受到人们的重视与喜爱,如柱廊、树干、漏窗等使空间似断仍连,水体使空间分隔但视线通透。它们既是景观,又是围合物,形成一种似有还无的虚空间,在进行空间的转折与过渡中起到较为重要的作用。

(3)空间的转折

从一个空间过渡到另一个空间即为空间的转折。空间的转折有急转、缓转之分。在规则式的公园空间中,可采用急转,如在主轴、副轴相交处的空间,可由此方向急转为另一方向,由大空间急转为小空间,注意转折关节点一般选在道路的交叉点或另一条道路的开始点。缓转常有过渡空间的设置,如在室内外空间之间,布置外廊、花架、架空层三类过渡空间,使转折比较自然、缓和,一般在自然式布局的公园中常用。缓转应注意距离相近的两空间差别不要太大,应处理好过渡空间,使人感觉到空间是自然、合理地转向另一个空间的。

(三)公园绿地规划设计的基本程序

公园绿地规划设计大致可分为调研分析、方案构思以及成果制作等三个阶段,其基本程序为:①现场踏勘和调查研究;②现状分析;③初步方案;④方案比选论证;⑤成果制作。

一般情况下,公园绿地规划设计应完成的图纸有:①分析阶段——现状分析图;②构思阶段——功能关系图、构思图、总平面草图;③成果制作阶段——总平面图、道路及竖向图、综合管网图等全系列成果。

第三节 城市广场用地规划设计

一、城市广场的分类

按照广场的主要功能、用途及在城市交通系统中所出的位置分类可分为集会游行广场(其中包括市民广场、生活广场、文化广场)、交通广场、商业广场等。

(一)游憩集会广场

游憩集会广场主要为人们提供一个集会、休息、娱乐的室外活动空间,如市政府前的广场、行政办公建筑群中的广场等,均具有集会和游憩的作用。这些广场平时可供游览及一般的活动之用,需要时可供集会游行之用。因而广场上要有足够的集会游行面积,并能合理组织交通,保证集会游行时大量人流的迅速集散。广场上应有丰富的小环境和适当的空间划分,为人们日常交往、娱乐提供尺寸适宜的室外空间。

(二)纪念性广场

纪念性广场是具有特殊纪念意义的广场,如解放纪念碑、抗洪抢险纪念碑或历史文物、烈士塑像等;此外,围绕艺术或历史价值较高的建筑、设施等形成的建筑广场也属于纪念性广场。对这些广场的比例、尺度、空间组织以及观赏时的视线、视角等要详加考虑。纪念性广场要突出纪念主题,强化其感染力与纪念意义,产生更大的社会效益。但同时应兼顾现代城市广场的多样化、复合型功能要求。

二、城市广场的特性

(一)地域性

城市广场应充分考虑城市所在地区的地域特点,这些特点包括场地、自然气候、景观植被以及历史文化等。不同的地域条件会对广场的空间的营造产生不同的影响。例如哈尔滨地区冬季寒冷,可在广场举办雪雕、冰雕等活动;海南地区气候炎热,广场多采用当地粗犷的石材衬托海景,并种植大量的椰树,既可遮阳,又能营造一派南国热带风情。

(二)功能多样性

城市广场需满足各个年龄段及不同需求的人群来广场活动,只有满足他们的需求,才能吸引多样的人进行多种多样的活动,使广场产生活力及人气,提高广场的社会效益。形式单一、功能单调的纪念广场、交通广场的行人往往寥寥无几,毫无生气。因此在广场设计中,广场分区规划及设施布置应充分考虑人群的活动,塑造多样性的有魅力的城市公共空间。

(三)整体性与艺术性

城市广场一直追求实现空间的统一性以及实现空间的整体性,主要表现在各种因素的组织与构成上,手法包括序列、轴线以及形态构成的变化等,但又不能为追求图案感而忽略城市的特色,建设只有硬质铺地和草地的形式构图。城市广场规划设计时应注意:①和谐处理广场的规模尺度和空间形式,创造丰富的广场空间。广场尺寸太大,缺乏围合感会使人感觉空旷单调,无法吸引人的驻足。②合理配置花木及建筑小品,实现广场的使用功能。无树荫庇护、无休憩设施的广场无法满足人的需求。③有机组织交通,特别注意空间距离的远近。迂回不便的道路不利于人们行走。

三、城市广场规划设计原则

(一)以人为本的原则

一个聚居地是否适宜,与公共空间以及城市肌理和人们的行为习惯是密切相关的。城市中的广场既能服务于人们的工作和生活,又能起到供人们观赏的功能。既方便人们,又对城市产生了美化的效果。人作为城市环境中的主体,因而城市广场的设计应该以人为主。生活在该城市中的人,他们的生活、休息、工作、娱乐等都对城市的广场提出了要求。人们的活动范围日益扩大,新的生活方式引发了人们对于户外活动的追求。户外的公共环境与室内的环境是截然不同的,它属于大众的公共活动空间。城市中的儿童、老人、残疾人以及青年人都有着不同的行为方式和心理状态,所以需要对他们的活动特征以及心理状态加以调查,然后才能在设施的物质方面给予满足,从而充分体现出人性化的设计。所以,城市广场的设计应该注重对人的关注,加强对人们的行为方式的尊重。

(二)整体协调的原则

城市的广场作为城市这个大系统中的一个小系统。如果不全面的把握,没有进行总体性的规划与设计,广场很难形成一个良好的城市中的景观。城市广场的设计应该使得广场与城市中的公交、隧道、设备用房、高架桥等等相协调。以及城市广场的环境应该与周围的建筑与以及街道等相互协调,共同构成城市的活动中心。广场环境的重要因素就是运用合适的处理方法,将周边的建筑物,更好地融入到城市广场环境中。从而达到城市广场的设计与周围环境在空间、比例上相统一。一般的广场的比例设计都是根据广场的性质以及规模来进行确定的。广场给人的印象应该是开放性的,否则难以留住人们,所以合适的比例和尺度设计不仅仅能够给人们带来美感还可以增添人们在城市广场中活动的舒适度。

(三)突出地方特色的原则

当前的广场建设已经呈现出文化性和地域性的发展趋势,如何结合当地的历史以及城市特色,深刻的理解广场的场所特性进行构思立意。在广场的建设过程中忌讳千人一面和一哄而上。一些建设者只是照搬别的地方的广场的成功案例,却没有结合自己实地的实际情况,对文化底蕴以及历史挖掘不深,广场的建设缺乏文化理念,而只是去追求一些缺乏理性的图案化的表面。从而使得广场失去了他应有的地方特色。

广场的主题和个性塑造都是十分重要的,它以历史沉淀作为依托,使得人们能够在闲暇的游玩中了解城市的历史文化。或者用一些特定的民俗活动进行充实,加强人们的参与性。这时候广场的地域文化就能够得到最大的体现。

四、广场的比例尺度设计

(一)广场的比例

为防止广场比例失调,城市广场的长宽比不得大于 3:1,并至少有 70% 面积位于同一高程内,以避免广场面积零散;街坊内的广场应有足够宽度,最少12m,以使阳光能直射到地坪上,产生舒适感。一般来说,小城市中心广场的面积一般在1~2公顷,大中城市中心广场面积在3~4公顷,如有必要可以再大一些。至于交通广场,面积大小取决于交通量的大小、车流运行规律和交通组织方式等;集会游行广场,取决于集会时需要容纳的最多人数;影剧院、体育馆、展览馆前的集散广场,取决于在许可的人流与车流的组织与通过。

（二）广场的尺度

广场的尺度应根据广场的功能要求、广场的规模与人们的活动要求而定。大广场中的组成部分应有较大的尺度,小广场中的组成部分应有较小的尺度。一个满足美感要求的广场,应是既足够大,能产生开阔感使人放松,又足够小,能取得封闭而使人有安全感。广场上踏步、石阶、人行道的宽度,则应根据人的活动要求确定,车行道宽度、停车场面积等要符合人和交通工具的尺度要求。作为人们休闲、交往和群体活动的文化广场,尺度是由其共享功能、视觉要求和心理因素综合考虑的,其长、宽一般应控制在20~30m左右较为适合。

五、广场的绿化与铺装

（一）广场的绿化

广场上设置绿化特别是艺术水平较高的绿化,不仅能增加广场的表现力,还具有一定的功能作用,如对环境的美化、对空气的净化、对小气候的调节、对噪声的阻隔等。在规则形广场中多采用规则式的绿化布置,在非规则形的广场中多采用自由式的绿化布置,而在靠近建筑物的地方宜采用规则式的绿化布置。绿化布置应不遮挡主要视线、不妨碍交通,并与建筑物共同组成优美的景观。

（二）广场的地面铺装

广场的地面要根据不同要求铺装,可采用石板、石块、面砖、混凝土块等镶嵌拼装成各种图案花纹,以丰富广场空间的表现力,但同时应满足排水的坡度要求,能顺利地解决场地的问题。有时因铺装材料、施工技术和艺术处理等的要求,广场地面上须划分网格或各式图案,亦可增强广场的尺度感。

第四节　附属绿地规划设计

一、概述

附属绿地是指城市建设用地中绿地之外的各类用地中的附属绿化用地。附属绿地包括居住用地、公共设施用地、工业用地、仓储用地、对外交通用地、道路广场用地、市政设施用地和特殊用地中的绿地。其中，居住绿地是指城市居住用地内社区公园以外的绿地，包括宅旁绿地、配套公建绿地、小区道路绿地等，它的主要功能是改善居住环境，供居民日常户外活动；公共设施绿地指公共设施的附属绿地，如医院、电影院、体育馆、商业中心等的附属绿地；工业绿地指工业用地范围内的绿化用地，其主要功能是减轻有害物质对工人及附近居民的危害；仓储绿地指仓储用地内的绿地；对外交通绿地指对外公路、铁路用地范围内的绿地；道路绿地指城市道路广场用地范围内的绿化用地，包括行道树绿带、分车绿带、交通岛绿地、交通广场和停车场绿地等，它的主要功能是改善城市道路环境，防止汽车尾气、噪声对城市环境的破坏，美化城市景观；市政设施绿地指市政公用设施用地内的绿地，包括水厂、污水处理厂、垃圾处理站等用地范围内的绿地；特殊绿地指特殊用地内的绿地，包括军事、外事、保安等用地范围内的绿地。

附属绿地不仅在城市绿地系统中占有重要比例，而且与城市职工和居民都是密不可分的，是城市普遍绿化的基础。因此，加强对附属绿地建设规划是十分必要的。附属绿地因所附属的用地性质不同，规划设计与建设管理上也存在较大差异，但都应符合相关规定和城市规划的要求，如"道路绿地"应参照国家现行标准《城市道路绿化规划与设计规范》（CJJ75－1997）的规定执行。附属绿地的建设管理一般由该单位负责；现有居住区的绿地，由居住区管理机构负责建设管理；新建、扩建、改建的居住区的绿地，由建设单位负责建设管理。各单位都应按标准管理好附属绿地建设，这不仅是本单位环境建设所必需的，同时也是城市景观风貌的要求。

二、工厂绿化设计

工厂绿地一般由厂前区绿地、生产区绿地、仓库区绿地和绿化美化地段绿地组成。厂前区绿地是全厂行政、技术、科研中心，是联系城市和生产区的枢纽，是连接职工居住区和厂区的纽带。厂前区一般由主要出入口、门卫、行政办公楼、科研楼、中心实验楼以及食堂、幼托、医疗机构所组成。厂前区绿地一般为广场绿地、建筑周围绿地等。厂前区面貌体现了工厂的形象特色。生产区绿地比较零碎分散，呈条带状和团状分布在道路两侧或车间周围。仓库区绿地是原料和产品堆放、保管和储运区域，分布着仓库和露天堆场，绿地与生产区基本相同，多为边角地带。除此之外，工业企业用地周围还存在着防护林、全厂性的游园、车间之间的小游园、企业内部的水源地绿化以及花圃果园等绿化美化地段。

（一）厂前区绿地设计

厂前区在一定程度上代表着工厂的形象，体现工厂的面貌，同时也是工厂文明生产的象征。因此，厂前区的绿化要美观、整齐、大方，还要方便车辆通行和人流集散。绿地一般多采用规则式或混合式。入口处的布置要富于装饰性和观赏性，强调入口空间。广场周边、道路两侧的行道树，选用冠大荫浓、耐修剪、生长快的乔木或树姿优美、高大雄伟的常绿乔木，形成外围景观或林荫道。花坛、草坪及建筑周围的基础绿带或用修剪整齐的常绿绿篱围边，点缀色彩鲜艳的花灌木、宿根花卉，或植草坪、用色叶灌木形成模纹图案。如用地宽余，厂前区绿化还可与小游园的布置相结合，设置山泉水池、建筑小品、园路小径，放置园灯、凳椅，栽植观赏花木和草坪，形成恬静、清洁、舒适、优美的环境，为职工工余班后休息、散步、交往、娱乐提供场所，这也成为城市景观的一部分。

（二）生产区绿地设计

生产车间周围的绿化要根据车间生产特点及其对环境的要求进行设计，为车间创造生产所需要的环境条件，防止和减轻车间污染物对周围环境的影响和危害，满足车间生产安全、检修、运输等方面对环境的要求，为职工提供良好的短暂休息用地。一般情况下，车间周围的绿地设计，首先要考虑有利于生产和室内通风采光，距车间 6～8m 内不宜栽植高大乔木。其次，要把车间出、入口两侧绿地作为重点绿化美化地段。各类车间生产性质不同,对环境要求也不同,必须根据车间具体情况因地制宜地进行绿化设计。

(三)工厂道路绿化设计

厂区道路是厂区绿化的重要组成部分,它反映一个工厂的绿化面貌和特色,是职工接触最多的绿地形式,是厂内绿化体系中线的体现。厂区内道路绿化应在道路设计中统一考虑和布置,与道路两侧的建筑物、构筑物、各种地上地下管线、道路、人行道协调布置。

(四)工厂小游园设计

工厂企业根据厂区内的立地条件,在对厂区进行规划需要开辟小游园时要因地制宜,满足职工工作之余休息、放松、消除疲劳、锻炼、聊天、观赏的需要。这对提高劳动生产率、保证安全生产、开展职工业余文化娱乐活动有重要意义,对美化厂容厂貌也有着重要的作用。

游园绿地应选择在职工休息时易于到达的场地,如有自然地形可以利用则更好。工厂小游园可以和职工俱乐部、阅览室、体育活动场地、大礼堂、办公楼、厂前区结合布置,也可利用厂内山丘、水面和车间之间大块空地辟建小游园,通过对各种观赏植物、园林建筑及小品、道路、铺装、水池、座椅等的合理组织与安排,形成优美自然的园林艺术空间。厂区内的休息性游园面积一般都不大,布局形式可采用规则式、自由式、混合式,根据休息性绿地的用地条件、平面形状、使用性质、职工人流来向、周围建筑布局等灵活采用。

(五)仓库、堆场绿地设计

仓库区的绿化设计,要考虑消防、交通运输和装卸方便等要求,选用防火树种,禁用易燃树种,疏植高大乔木,间距 $7\sim10m$,绿化布置宜简洁。在仓库周围要留出 $5\sim7m$ 宽的消防通道。装有易燃物的贮罐四围应以草坪为主,防护堤内不种植物。露天堆场绿化,在不影响物品堆放、车辆进出、装卸条件下,周边栽植高大、防火、隔尘效果好的落叶阔叶树,外围加以隔离。

(六)工厂防护林带设计

工厂防护林带设计是工厂绿化的重要组成部分,尤其是对那些产生有害排出物或生产要求卫生防护很高的工厂更为重要。工厂防护林带的主要作用是滤滞粉尘、净化空气、吸收有毒气体、减轻污染,保护、改善厂区乃至城镇环境。根据《工厂企业设计卫生标准》中规定,凡产生有害物质的工业企业与生活区之间应设置一定的卫生防护距离,并在此距离内进行绿化。因此,结合不同企业的特点,应该选择不同的乡土树种、树种结合形式和合理的结构形式及位置布置卫生防护林,以发挥其最佳作用。

防护林的树种应注意选择生长健壮、抗性强的乡土树种。防护林的树种配置要求为:常绿与落叶植物的比例为1∶1,快长与慢长相结合,乔木与灌木相结合,经济树种与观赏树种相结合。在一般情况下污染空气最浓点到排放点的水平距离等于烟体上升高度的 10～15 倍,所以在主风向下侧设立 2～3 条林带很有好处。

三、学校绿地规划

(一)大学校园绿地规划

大学校园的绿化与其用地规划及学校特点是密切相关的,应统一规划,全面设计。一般校园绿化面积应占全校总用地面积的 50%～70%,才能真正发挥绿化效益。根据学校各部分建筑功能的不同,在布局上,既要做好区域分割,避免相互干扰,又要相互联系,形成统一的整体。树种选择上,要注意选择那些适于本地气候和本校土壤环境的高大挺拔、生长健壮、树龄长、观赏价值高、病虫害少、易管理的乔灌木。

大学校园绿地分为教学科研区绿地、学生生活区绿地、教职工住宅绿地和校园道路绿地。教学科研区绿地主要满足全校师生教学、科研、实验和学习的需要,绿地应为师生提供一个安静、优美的环境,同时为学生提供一个课间可以进行适当活动的绿色空间。在教学科研区绿地中,校前区绿地尤为重要。它是位于大门至学校主楼之间的广阔空间,一般是由学校出入口与行政、办公区组成,与工厂厂前区一样,是学校的门面和标志,体现学校面貌。校前区绿化应以装饰观赏为主,衬托大门及主体建筑,突出安静、优美、庄重、大方的高等学府校园环境。校前区绿化设计以规则式绿地为主,以校门、办公楼入口为中心轴线,布置广场、花坛、水池、喷泉、雕塑和国旗台,两侧对称布置装饰或休息性绿地,或在开阔的草地上种植树丛,点缀灌木,自然活泼,或植绿篱、草坪、花灌木,低矮开朗,富有图案装饰性,校前区绿地常绿树应占较大比例。

对于教学楼与教学楼之间,实验室与图书馆、报告厅之间的空间场地的绿化,首先保证安静的教学环境,在不影响教学楼内通风采光的条件下,多植落叶乔灌木。为满足学生课间休息的需要,楼附近要留出小型活动场地,地面铺装。实验楼的绿化同教学楼,还要根据不同实验室的特殊要求,在选择树种时,综合考虑防火、防爆及空气洁净程度等因素。

对于学生生活区绿地的规划来说,因大学生对集体活动、互相交往的需求较强,故在校园绿地中应改善一些适于他们进行集体活动、谈心、演讲、小集体的文艺演出、静坐休息、思考的绿地环境,这就需要设置不同的园林绿地空间,空间大小应多样、类型也宜丰富变化,如草坪广场、铺装广场、疏林广场空间、庭院空间、半封闭空间、开敞空间以及只适于一两个人活动的秘密性较强的空间,通过各种空间的创造,满足其各种不同的使用要求。

在校园中为做好各分区的过渡,一般在教学区或行政管理区与生活区之间设置小游园。小游园是学校园林绿化的重要组成部分,是美化校园的精华的集中表现。小游园的设置要根据不同学校特点,充分利用自然山丘、水塘、河流、林地等自然条件,合理布局,创造特色,并力求经济、美观。小游园也可和学校的电影院、俱乐部、图书馆、人防设施等总体规划相结合,统一规划设计。其内部结构布局紧凑灵活,空间处理虚实并举,植物配置须有景可观,全园富有诗情画意。游园形式要与周围的环境相协调一致。

教职工住宅区绿地可以以校园绿化基调为前提,根据场地大小,兼顾交通、休息、活动、观赏诸功能,因地制宜进行设计。楼间距较小时,在楼梯口之间只进行基础栽植。场地较大时,可结合行道树,形成封闭式的观赏性绿地;也可以采用庭院式布置,铺装地面、花坛,基础绿带和树池结合,形成良好的学习、休息场地。

道路是连接校内各区域的纽带,其绿化布置是学校绿化的重要组成部分。道路有通直的主体干道,有区域之间的环道,有区域内部的甬道。主体干道较宽,两侧种植高大乔木形成庭荫树,构成道路绿地的主体和骨架。浓荫覆盖有利于师生们的工作、学习和生活。在行道树外侧植草坪也可以采用点缀灌木,形成色彩、层次丰富的道路侧旁景观。

(二)中小学绿地设计

中小学用地分为建筑用地(包括办公楼、教学及实验楼、广场道路及生活杂务院)、体育场地和自然科学实验用地。中小学建筑用地绿化,往往沿道路广场、建筑周边和围墙边呈条带状分布,以建筑为主体,绿化相衬托、美化。因此,绿化设计既要考虑建筑物的使用功能,如通风采光、遮荫、交通集散,又要考虑建筑物的体量、色彩等。

大门出入口、建筑门厅及庭院,可作为校园绿化的重点,结合建筑、广场及主要道路进行绿化布置,注意色彩层次的对比变化。配置四季花木、建花坛、铺草坪、植绿篱,衬托大门及建筑物入口空间和正立面景观,丰富校园景色、构筑校园文化。建筑物前后作低矮的基础栽植,5米内不植高大乔木。两山墙处植高大乔木,以防日晒。庭院中也可植乔木,设置乒乓球台、阅报栏等文体设施,供学生课余活动之用。校园道路绿化,以遮荫为主,植乔灌木。学校周围沿围墙植绿篱或乔灌木林带,与外界环境相对隔离,避免相互干扰。中小学绿化树种选择与幼儿园相同。树木应挂牌,标明树种名称,便于学生识别、学习。

体育场地主要供学生开展各种体育活动。一般小学操场较小,或以楼前后的庭院代之。中学单独设立较大的操场,可划分标准运动跑道、足球场、篮球场及其他体育活动用地。运动场周围植高大遮荫落叶乔木,少种花灌木。地面铺草坪(除跑道外),尽量不硬化。运动场要留出较大空地供活动用,空间通视,保证学生安全和体育比赛的进行。

(三)幼儿园绿地设计

幼儿园是对3～6岁幼儿进行学龄前教育的机构,在居住区规划中多布置在独立地段,也有设立在住宅底层的。它的建筑布局有分散式、集中式两类。托幼机构的总平面一般分为主体建筑区、辅助建筑区和户外活动场地三部分。其中户外活动场地又分为公共活动场地、班组活动场地、自然科学基地和休息场地。

公共活动场地是幼儿进行集体活动、游戏的场地,也是绿地的重点地区。该区绿化应根据场地大小,结合各种游戏活动器械的布置,适当设置小亭、花架、涉水池、沙坑。在活动器械附近,以种植遮荫的落叶乔木为主,角隅处适当点缀灌木,场地应开阔通畅,不能影响儿童活动。班组活动场地一般不设游乐器械,通常选择无毒无刺的植物,场地可根据面积大小,采用40％～60％铺装,图案要新颖、别致,符合不同年龄段的幼儿爱好。

有条件的托幼机构,还可设果园、花园、菜园、小动物饲养园等地,以培养儿童观察能力及热爱科学、热爱劳动的品质。自然科学基地可设置在全园一角,用篱笆隔离,里面种植少量果树和含油料或具药用价值的经济植物。整个室外活动场地应尽量铺设草坪,在周围种植成行的乔灌木,形成浓密的防护带,起防风、防尘和隔离噪音作用。

在建筑附近,特别是儿童主体建筑附近一般都设有休息场地,此类场地不宜栽高大乔木以避免使室内通风透光受影响,一般乔木应距建筑 8～10 米以外,可以做一些基础种植。主入口附近可布置儿童喜爱的色彩鲜艳、造型可爱活泼的小品、花坛等,起美观及标志性作用外,还可为接送儿童的家长提供休息场地。

幼儿园绿地植物的选择,要考虑儿童的心理特点和身心健康,要选择形态优美、色彩鲜艳、适应性强、便于管理的植物,禁用有飞毛、毒、刺及能够引起过敏的植物,如花椒、黄刺玫、漆树等。同时,建筑周围注意通风采光,5 米内不能植高大乔木。

四、医疗机构绿地设计

按医院的性质和规模,一般将其分为综合医院、专科医院及其他门诊性质的门诊部、防治所及较长时期医疗的疗养院等。现代医疗机构是一个复杂的整体,医院绿化一般分为门诊部绿化、住院部绿化和其他区域绿化。由于组成部分功能不同,绿化形式和内容也有差异。

(一)门诊部绿化设计

门诊部靠近医院主要出入口,与城市街道相邻,人流比较集中,在大门内外、门诊楼前要留出一定缓冲地带或集散广场。根据医院条件和场地大小,因地制宜布置绿化,以美化装饰、周边基础栽植为主,广场中可设置喷泉、水池、雕塑、花坛,周边疏植高大遮荫乔木。门诊部绿化要注意室内通风采光,并与街道绿化相协调。

(二)住院部绿化设计

住院部位于门诊部后,医院中部较安静地段。住院部庭院要精心布置,根据场地大小确定绿地形式和设施内容,创造安静、优美的环境,供病人室外活动及疗养。绿地应与建筑、道路结合,条件允许的可设置小型广场、花坛、草坪、树丛、水池、喷泉、雕塑、花架、座椅等,布置成花园或有起伏变化的自然式游园,并利用植物来组织空间。

植物配置要有丰富的色彩和明显的季相变化,使病人能感到自然界季节的交替,以调节情绪,提高疗效,常绿树种与花灌木应占 30％左右。

住院部庭院一般病房与传染病房要隔离。若绿地面积较大,可在绿化中设置一些室外辅助医疗场地,如日光浴场、森林浴场、体育医疗场等,绿化隔离,形成独立的活动空间。

(三)其他区域绿化设计

其他区域包括辅助医疗的药库、制剂室、解剖室、太平间等,总务部门的食堂、浴室、洗衣房及宿舍区,往往位于医院后部单独设置,相对隔离。绿化要强化隔离作用。太平间、解剖室应单独设置出入口,并处于病人视野之外,周围用常绿乔灌木密植隔离。手术室、化验室、放射科周围绿化防止东、西晒,保证通风采光,不能植有绒毛飞絮植物。总务部门的食堂、浴室及宿舍区也要和住院区有一定距离,用植物相对隔离,为医务人员创造一定的休息、活动环境。

五、机关单位绿地规划设计

机关单位绿地是指党政机关、行政事业单位、各种团体及部队管界内的环境绿地,也是城市园林绿地系统的重要组成部分。机关单位绿地主要包括入口处绿地、办公楼前绿地、附属建筑旁绿地、庭院休息绿地(小游园)、道路绿地等。

大门入口处是单位形象的缩影,入口处绿地也是单位绿化的重点之一。绿地的形式、色彩和风格要与入口空间、大门建筑统一协调,设计时应充分考虑,以形成机关单位的特色和风格。一般大门外两侧采用规则式种植,以树冠规整、耐修剪的常绿树种为主,与大门形成强烈对比,或对植于大门两侧,衬托大门建筑,强调入口空间。在大门对景位置可设计成花坛、喷泉、假山、雕塑、树丛、树坛及影壁等。其周围的绿化要突出整体效果,从色彩到形式起到衬托作用。

办公楼绿地可分为办公楼入口处绿地、楼前装饰性绿地及楼周围基础绿地。大门入口至办公楼前,根据空间和场地的大小,往往规划成广场,供人流交通集散和停车。大楼前的广场在满足人流、交通、停车等功能的条件下,可设置喷泉、假山、雕塑、花坛、树坛等,作为入口的对景,两侧可布置绿地。

附属建筑绿地指食堂、锅炉房、供变电室、车库、仓库、杂物堆放等建筑及围墙内的绿地。这些地方的绿化首先要满足使用功能,如堆放煤渣、垃圾、车辆停放、人流交通、供变电要求等。其次要对杂乱的、不卫生的、不美观之处进行遮蔽处理,用植物形成隔离带,阻挡视线,起卫生防护隔离和美化作用。

如果机关单位内有较大面积的绿地,其绿化设计可以庭园方式出现。在庭园设计中要遵循园林造园手法,并结合本机关单位的性质和功能进行立意构思,使其庭园富有个性化。园内以绿化为主,结合设计主题安放简单的水池、雕塑,增强视觉、听觉效果,并结合安排道路、广场、休息设施等,以满足人们的散步、休息活动之用。

道路绿地也是机关单位绿化的重点,它贯穿于机关单位各组成部分之间,起着交通、空间和景观的联系和分隔作用。道路绿化应根据道路及绿地的宽度,采用行道树及绿化带种植方式。在采用行道树种植的绿地形式时,由于机关单位道路较窄,建筑物之间空间较小,植物一般主要选用具有较好的观赏性、分枝点较低的乔木。种植时应注意其株距可小于城市道路的行道树种植的株距,一般在 3 米左右,同时要处理好行道树与管线之间的距离。行道树的种类不宜繁杂,以 2～3 种为宜。

第四章　园林竖向地形设计

第一节　竖向设计的相关概念

一、园林地形和园林微地形

园林地形是指园林绿地中地表面各种起伏状况的地貌。在规则式园林中，地形一般表现为不同标高的地坪、层次；在自然式园林中，往往因为地形的起伏，形成平原、丘陵、山峰、盆地等地貌。

园林微地形是指一定园林绿地范围内植物种植地的起伏状况。在造园工程中，合适的微地形处理有利于丰富造园要素、形成景观层次、达到加强园林艺术性和改善生态环境的目的。

二、园林地貌和地物

园林地貌是指园林用地范围内的峰、坡、谷、湖、潭、溪、瀑等山水地形外貌。地貌是园林的骨架，是整个园林赖以生存的基础。地物是指地表面上的固定性物体（包括自然形成和人工建造的），如居民点、道路、江河、树林和建筑物等。

三、等高线

等高线是一组垂直间距相等、平行于水平面的假想面，与自然地貌相切所得到的交点在平面上的投影。

给这组投影线标注上数值，便可用它在图样上表示地形的高低陡缓、峰峦位置、坡谷走向及溪地的深度等内容。

第二节　竖向设计的内容、步骤和原则

竖向设计又称为地形设计,是对原有地形、地貌进行工程结构和艺术造型的改造设计,最终绘制竖向设计图。在造园过程中,原地形通常不能完全满足造园的要求,所以在充分利用原地形的情况下必须进行适当的改造。

竖向设计图是根据设计平面图及原地形图绘制的地形详图,借助标注高程的方法,表示地形在竖直方向上的变化情况及各造园要素之间位置高低的相互关系,主要体现园林地形、地貌、建筑物、植物和园林道路系统的高程等内容。

竖向设计的任务就是从最大限度地发挥园林的综合能力出发,统筹安排园内各种景点、设施和地貌景观之间的关系,使地上设施和地下设施之间、山水之间、园内与园外之间在高程上有合理的关系。

一、竖向设计的内容和步骤

园林地形骨架的"塑造",山水布局,峰、峦、坡、谷、河、湖、泉、瀑等地貌小品的设置,它们之间的相对位置、高低、大小、比例、尺度、外观形态、坡度的控制和高程关系等都要通过竖向设计来解决。

(一)竖向设计内容

园林竖向设计的内容有以下几种。

1.园路、广场、桥涵和其他铺装场地的设计

图纸上应以设计等高线表示出道路(或广场)的纵横坡和坡向、道桥连接处及桥面标高。在小比例图纸中则用变坡点标高来表示园路的坡度和坡向。

在寒冷地区,冬季冰冻、多积雪。为安全起见,广场的纵坡应小于7%,横坡不大于2%;停车场的最大坡度不大于2.5%;一般园路的坡度不应超过8%。超过此值应设台阶,台阶应集中设置。为了游人行走安全,避免设置单级台阶。另外,为方便伤残人士使用轮椅和游人推童车游园,在设置台阶处应附设坡道。

2.建筑和建筑小品的设计

建筑和建筑小品(如纪念碑、雕塑等)应标出其地坪标高及其与周围环境的高程关系。例如,在水边上的建筑或建筑小品,要标明其与水体的关系。

3.植物种植在高程上的要求

在园林设计过程中,园林中可能会有些有保留价值的老树,其周围的地形设计如需增高或降低,应在图纸上标注出保护老树的范围、地面标高和适当的工程措施。

植物对地下环境会很敏感,有的耐水,有的不耐水,例如,雪松等植物应与不同树种创造不同的生活环境。不同水生植物对水深有不同要求,例如,荷花应生活于水深 0.6~1.0m 的水中。

4.排水设计

在地形设计的同时要考虑地面水的排除,一般规定无铺装地面的最小排水坡度为 1%,而铺装地面则为 5%,但这只是参考限值,具体设计还要根据土壤性质和汇水区的大小、植被情况等因素而定。

5.管道综合设计

园内各种管道(如供水、排水、供暖及煤气管道等)的布置,难免有些地方会出现交叉,在设计上就必须按一定原则,统筹安排各种管道交会时相互之间的高程关系,以及它们和地面上的构筑物或园内乔灌木的关系。

(二)竖向设计的步骤

竖向设计就是合理地选择、确定建设用地的地面形式和场地排水方案,在满足平面布局要求的同时,确定建设场地各部分的高程标高关系等,使之适应使用功能要求,达到工程量少、投资省、建设速度快、综合效益佳的效果。竖向设计的步骤包括 5 个阶段。

1.进行场地地面的竖向布置

选择场地竖向布置方式,确定是按平坡式、台阶式还是混合式,人工地合理确定各部分的标高,力求减少土方量,并满足使用功能和建筑、道路等的布置要求,使场地内外能够相互衔接,并满足场地自然排水要求的坡度。

2.确定建(构)筑物的高程

建(构)筑物与露天台、场、仓库的室内标高,一般是场地的最高点;道路、铁路、排水沟(渠)等的控制点标高,一般是场地的最低点。

3.拟定场地排水方案

为了保证地面雨水的顺利排出,需拟定场地的排水方案,一般是建筑室外四角向场地外缘排水,点应高于洪水水位 0.5m。

4.确定土方平整方案

确定土方平整方案,计算填挖土方工程量,选定弃土和取土的地点。

5.有关构筑物的设计

确定建设场地内由于挖方工程和填方工程等而必须建造的工程构筑物,如护坡、挡土墙、散水坡以及排水沟等,进行有关构筑物的具体设计。

二、竖向设计的原则

竖向设计应与园林总体设计同时进行,处理好自然地形和园林中各单项园林工程间的空间关系。竖向设计原则主要包括以下几个方面:

(1)满足建(构)筑物的使用功能要求。

(2)结合自然地形减少土方量,同时综合考虑土方平衡、边坡支护方案;边坡支护方案要考虑建筑与道路的关系。

(3)满足道路布局合理的技术要求。

(4)解决场地排水问题。

(5)满足工程建设与使用的地质、水文等要求。

(6)满足建筑基础埋深、工程管线敷设的要求。

(7)重点考虑内部重点部位,如中心区域和主入口的设计等。

(8)尽量能做到无障碍设计。

(9)兼顾实用与造景。用地的功能性质决定了用地的类型,不同类型、不同使用功能的园林用地对地形的要求各异。例如,公园中用于游人活动的区域,地形不应变化过于强烈,以便开展大量游人短期集散的活动,建筑应建在平地地形;水体用地则要调整好水底标高、水面标高和岸边标高;园路用地则应依山随势,灵活掌握,控制好最大纵坡、最小排水坡度等关键的地形要素。

(10)坚持节约原则,降低工程费用。

第三节　等高线法地形设计

一、相关知识

(一)等高线法介绍

丘陵、低山区进行园林竖向设计时,大多采用等高线法。这种方法能够比较完整地将任何一个设计用地或一条道路与原来的自然地貌做比较,随时一目了然地判别出设计的地面或路面的挖填方情况。用设计等高线和原地形的自然等高线,可以在图上表示地形被改动的情况。绘图时,设计等高线用细实线绘制,自然等高线用细虚线绘制。在竖向设计图中,设计等高线低于自然等高线之处为挖方,设计等高线高于自然等高线处为填方。

等高线法是指用相互等距的水平面切割地形,所得的平面与地形的交线按一定比例缩小,垂直投影到水平面上得到水平投影图来表示设计地形的方法。水平投影图上标注高程,称为一组等高线。

(二)等高线特点

地面上高程(或标高)相同的各点所连接成的闭合曲线称为等高线。在图上用等高线能反映出地面高低起伏变化的形态。等高线有以下特点:

(1)同一等高线上各点高程相等。

(2)每一条等高线是闭合的曲线。

(3)等高线水平间距的大小能表示地形的缓或陡,疏则缓,密则陡。等高线间距相同,表示地面坡度一致。

(4)等高线一般不相交、重叠或合并,只有在悬崖、峭壁或挡土墙、驳岸处等高线才会重合。

(5)等高线一般不能随意横穿河流、峡谷、堤岸和道路等。

二、等高线法的公式

用等高线法进行地形设计时,经常要用到两个公式:一是插入法求相邻两等高线之间任意点高程的公式;二是坡度公式。

(一)插入法求某一点的高程

相邻两等高线之间任意点的高程可用如下公式计算:

$$H_x = H_a \pm xh/L \qquad\qquad (式4-1)$$

式中:

H_x——任意点的高程,m;

H_a——低边等高线的高程,m;

x——该点距低边等高线的水平距离,m;

h——等高距,m;

L——过该点的相邻等高线间的最小距离,m。

用插入法求某点地面高程时,常有下面3种情况,如图4-1所示。

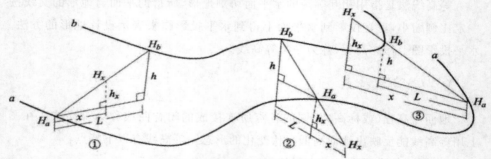

图4-1 插入法求任意点高程图示

(1)欲求点高程 H 在两等高线之间时:

$$H_x = H_a + xh/L \qquad\qquad (式4-2)$$

(2)欲求点高程 H 在低边等高线的下方时:

$$H_x = H_a - xh/L \qquad\qquad (式4-3)$$

(3)欲求点高程 H 在高边等高线的上方时:

$$H_x = H_a + xh/L \qquad\qquad (式4-4)$$

(二)坡度计算

某一坡面的坡度可用下列公式计算:

$$i = h/L \qquad\qquad （式 4-5）$$

式中：i——坡度；

　　　h——高差，m；

　　　L——水平距离，m。

以上两个公式，将在土方量的计算中得到具体应用。

三、等高线法地形设计的应用

（一）陡坡变缓或缓坡变陡

在高差不变的情况下，通过改变等高线间距可以减缓或增加地形的坡度，如图 4-2 和 2-3 所示。

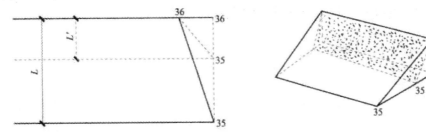

图 4-2　缩小等高线间距使地形坡度变陡

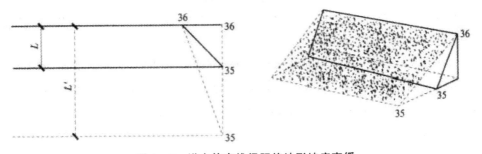

图 4-3　增大等高线间距使地形坡度变缓

（二）垫平沟谷

在园林土方工程中，有些沟谷地段须垫平。对垫平这类地段进行设计时，一般将设计等高线与拟垫平部分的同值等高线连接。其连接点就是不挖不填的点，称为"零点"；这些相邻零点的连线，称为"零点线"；其所围的区域就是垫土范围。

（三）削平山脊

将山脊削平的设计方法和垫平沟谷的设计方法相同，只是设计等高线所切割的原地形等高线方向与垫平沟谷相反。

（四）平整场地

园林中的场地主要包括铺装广场、建筑地坪、草坪、文体活动场地等。各种场地因使用功能不同，对排水坡度的要求也不同。非铺装场地对坡度要求不那么严格，其目的是垫洼平凸，使地表坡度顺其自然，排水通畅即可。铺装场地对坡度要求较严格，往往采用规则的坡面，可以是单面坡、两面坡和四面坡，坡面上纵、横坡度保持一致。

四、地形设计图的绘制要求

（一）绘制等高线

根据地形设计选定等高距，然后用细实线画出设计地形等高线，用细虚线画出原地形等高线。等高线上应标注高程，高程数字处的等高线应断开，高程数字的字头应朝向山头，数字要排列整齐。周围平整的地面（或者说相对零点）高程为±0.00；高于地面为正，其数字前的"＋"号可省略；低于地面为负，数字前应注写"－"号。高程单位为 m，要求保留两位小数。

对于水体，用特粗实线表示水体边界线（即驳岸线）。当湖底为平面时，用标高符号标注湖底高程，标高符号下面应加画短横线和 45°斜线表示湖底；当湖底为缓坡时，用细实线绘出湖底等高线，同时均需标注高程，并在标注高程数字处将等高线断开。

（二）标注建筑、山石、道路高程

将设计平面图中的建筑、山石、道路、广场等园林组成要素按水平投影轮廓绘制到地形设计图中，其中建筑用中实线，山石用粗实线，广场、道路用细实线。

具体的标注要求建筑应标注室内地坪标高，以箭头指向所在位置；山石用标高符号标注最高部位的标高；道路高程一般标注在交叉、转向、变坡处，标注位置用圆点表示，圆点上方标注高程数字。

（三）标注排水方向

根据坡度用单箭头标注雨水的排除方向。（四）绘制方格网

为了便于施工放线,地形设计图中应设置方格网。设置时尽可能使方格的某一边落在某一固定建筑设施边线上（目的是便于将方格网测设到施工现场）,方格网的边长可根据需要设置为 5m、10m、20m 等,其比例应与图中比例保持一致。方格网应按顺序编号,纵向自下而上,用拉丁字母编号,并按测量基准点的坐标,标注出纵横第一网格坐标。

（五）局部断面图

必要时,可绘制出某一剖面的断面图,以便直观地表达该剖面上竖向变化情况。

第四节　断面法地形设计

一、断面法的定义

断面法是指用许多断面表达设计地形以及原有地形状况的方法。断面法表示地形按比例在纵向和横向的变化。这种方法立体感强,层次清楚,同时还能体现地形上地物的相对位置和室内外标高的关系;特别是对植物分布及林木空间轮廓、垂直空间内地面上不同界面处理效果(如水体岸形变化等)表现得很充分。

二、断面法的表示方法

断面法的关键在于断面的取法,断面一般根据用地主要轴线方向,或地形图绘制的方格网线方向选取,其纵向坐标为地形与断面交线各点的标高,横向坐标为地形水平长度。在各式断面上也可同时表示原地形轮廓线(用虚线表示)。

三、断面法注意的问题

采用断面法设计地形竖向变化时,如对尺寸把握不准或者空间感不强,会使图面变化不能很好地反映设计效果。同时,对立面上要反映的地物,如树木、建筑物、雕塑、山石等要能表现出来;对于水体的表现要到位,如需上色时,色彩运用避免过杂不简明。

第五章　园林给排水设计

第一节　园林给排水基础知识

一、园林水源

(一)园林给排水系统的组成

园林由于其所在地区的供水情况不同,取水方式也各异。在城区的园林,可以直接从就近的城市自来水管引水。在郊区的园林绿地如果没有自来水供应,只能自行解决;附近有水质较好的江湖水的可以引用江湖水;地下水较丰富的地区可自行打井抽水。近山的园林往往有山泉,引用山泉水是最为想的。

取水的方式不同,公园中的给水系统的基本组成情况也不一样。

(二)园林水质要求及标准

园林用水的水质要求,可因其用途不同执行不同标准。养护用水只要无害于动植物不污染环境即可。但生活用水(特别是饮用水)则必须经过严格净化消毒,水质须符合国家颁布的卫生标准。

园林中水的来源不外乎地表水和地下水两种:

(1)地表水。包括江、河、湖、塘和浅井中的水,这些水由于长期暴露于地面上,容易受到污染。有的甚至受到各种污染源的污染,水质较差,必须经过净化和严格消毒,才可作为生活用水。

(2)地下水。包括泉水,以及从深井中或管井中取用的水。由于其水源不易受污染,水质较好。一般情况下除作必要的消毒外,不必再净化。

园林中除生活用水外,其他方面用水的水质要求可根据情况适当降低。但都要符合一定的水质标准。

(1)地面水标准。所有的园林用水,如湖池、喷泉瀑布、游泳池、水上游乐区、餐厅、茶室等的用水,首先都要符合国家颁布的《地面水环境质量标准》(GB 3838—2002)。在这个标准中,首先按水域功能的不同,把地面水的质量级别划分为以下五类:

Ⅰ类地面水:主要适用于源头水和国家自然保护区。

Ⅱ类地面水:适用于集中式生活饮用水水源地一级保护区、珍贵鱼类保护区和鱼虾产卵场等。

Ⅲ类地面水:适用于集中式生活饮用水水源地二级保护区、一般鱼类保护区及游泳区。

Ⅳ类地面水:主要适用于一般工业用水区及人体非直接接触的娱乐用水区。

Ⅴ类地面水:主要适用于农业用水区及一般景观要求的水域。

在该标准中,提出了对地面水环境质量的基本要求。即所有水体不应有非自然原因导致的下述物质:①凡能沉淀而形成令人厌恶的沉积物;②漂浮物,诸如碎片、浮渣、油类或其他一些能引起感官不快的物质;③产生令人厌恶的色、臭、味或浑浊度的;④对人类,动物或植物有损害;⑤易滋生令人厌恶的水生生物的。

园林生产用水,植物灌溉用水和湖池、瀑布、喷泉造景用水等,要求的水质标准可以稍低一些,上述Ⅴ类及Ⅴ类以上水质都可以使用。另外,喷泉或瀑布的用水,可考虑自设水泵循环使用。公园内游泳池、造波池、戏水池、碰碰船池、激流探险等游乐和运动项目的用水水质,应按地面水质量标准的Ⅱ类及Ⅱ类以上水质而定。

(2)生活饮用水标准。园林生活用水,如餐厅、茶室、冷热饮料厅、小卖部、内部食堂、宿舍等所需的水质要求比较高,其水质应符合国家颁布的《生活饮用水卫生标准》(GB 5749—2006)。

二、园林给排水工程相关术语

(一)用水定额

通常也称作用水量标准。水的用途不同,其用水量标准也不同。用水量标准是国家根据各地区城镇的性质、生活习惯、气候等不同情况而制定的。园林中各用水点的用水量就是根据这些用水量标准计算出来的。所以用水量标准是给水工程设计时的一项基本数据。

（二）流 量

1.沿线流量

由于每管线上各用户的用水量不尽相同,如果按其实际水量来计算确定管径,是很麻烦且不现实的,所以管网计算是用接近实际水量的简化办法。假定用水区所有干管都担负着相同的流量,由此算出每米管线长度上的流量叫作比流量。就是说,将最高时流量 Q(L/s)减去大用户(用水量相对较大的用户,如工厂、机关、学校)的用水流量 Q(L/s),再除以干管总长度 $\sum L$,得到每米管线长度的流量,即是比流量。

每条管线所负担的流量就等于此管线长度乘以比流量,一般叫它沿线流量 $Q_沿$。

2.节点流量

把沿线流量平均分到管线的两端,每端分别分到一半的沿线流量。管线的两端点我们叫它节点。一个节点上往往连接几条管线,因每条管线上都有一半沿线流量分配到该节点,所以节点流量等于该节点上所有管线的一半沿线流量之和。

3.管线计算流量

管线计算流量是用来设计确定管线的直径和水头损失的。不同的管线布置形式,其确定方法不同。

(1)树枝状管网。这种布置形式的水流方向只有一个,因此每条管线的计算流量等于该管线以后各节流量总和。

(2)环状管网。对于环状管网,要进行流量分配,满足节点流量平衡的条件。即流进任一节点的全部流量应等于从这一点流出的总流量,用式子表示为 $\sum q = 0$。

3.经济流速

管线的直径由管线的计算流量和流速来确定,它们间的关系是:

$$Q = wv \qquad (式5-1)$$

式中 Q——管线计算流量(m^3/s)或(L/s);

　　　w——水管断面积(m^2);

　　　v——流速(m/s)。

直径为 D 的圆管,它的断面积 $w = \dfrac{\pi D^2}{4}$,代入上式中可得:

$$D = \sqrt{4Q/\pi v} \qquad\qquad (式 5-2)$$

虽然有了管线的计算流量 Q,但从上式可看出,如果流速 v 未定,还不能确定管径,所以要研究流速的问题。

由上式可以看出,当管道流量不变时,如果选择管径较大时,流速则较小,此时水在管道内流动的阻力也会减少,流速低水头损失小,选择水泵扬程较低,可节省初期投资及运行费。相反,如选择管径较小,流量不变时,会加大水在管道内的阻力,此时需要提高水泵的扬程,从而加大成本。

(四)最高日用水量和最高时用水量

1.最高日用水量

园林中的用水量,在任何时间都不是固定不变的。我们把一年中用水最多的一天的用水量称为最高日用水量。最高日用水量对平均日用水量的比值,叫作日变化系数。

$$日变化系数\ K_d = \dfrac{最高日用水量}{平均日用水量} \qquad\qquad (式 5-2)$$

日变化系数 K_d 的值,在城镇一般取 $1.2\sim2.0$;在农村由于用水时间很集中,数值偏高,一般取 $1.5\sim3.0$。

2.最高时用水量

我们把最高日那天用水最多的一小时的用水量叫作最高时用水量。最高时用水量对平均时用水量的比值,称为时变化系数。

$$时变化系数\ K_h = \dfrac{最高时用水量}{平均时用水量}$$

时变化系数 K_h 的值,在城镇通常取 $1.3\sim2.5$,在农村则取 $5\sim6$。

(五)水压和水头损失

1.水压

给水系统即便在水量和水质方面能够满足用户的要求,但是如果水压不足,还是不能保证正常供水,所以管网必须有一定的压力。这里所说的水压是正常情况下,给水管网任何点应有的最低压力。管道内的水压常用压力表测定,通常以 kg/cm^2 表示,实际应用中也常以水柱高度来表示。kg/cm^2 与"水柱高度"的单位换算关系是 $1kg/cm^2$ 水压等于 $10mH_2O$,水力学上将水柱高度称为"水头"。

2.水头损失

所谓水头损失是指水在管道中流动,水和管壁发生摩擦,克服摩擦力而消耗的势能水头损失。水头损失包括两种,分别是沿程水头损失和局部水头损失。沿水流流向都有,并随长度而增加的水头损失叫沿程水头损失。用 h_y 表示。管道的连接处水流流经时有漩涡产生而消耗能量,在这一局部地区产生的水头损失称为局部水头损失。用 h_j 表示。

(1)沿程水头损失计算公式为:

$$h_y = aLQ^2$$

式中 h_y ——沿程水头损失(mH_2O);

　　a ——阻力系数(s/m^2);

　　L ——管段长度(m);

　　Q ——流量(m^3/s)。

实际工作中,可以利用现成的表格查出水头损失数值,以提高工作效率。

(2)局部水头损失 h_j 一般不需计算,而是按不同用途管道的沿程水头损失的百分比采用。

三、园林给排水工程的特点

(一)园林给水工程的特点

(1)用水点分散。园林中布设的小品、水景很多,所以它的用水点较分散。

(2)管网布置较复杂。园林用地遵循顺应自然,充分利用原有地形的原则,所以其用水点也都是就地形而布设。自然式园林地形的起伏较大,管网布置较复杂。

(3)对水质要求不同。园林中水的用途较广,可能用于游人的饮用,也可能用于绿地养护或道路喷洒,不同方面的用水对水质要求不同。

(4)水的高峰期可以错开。园林中各种用水的用水时间几乎都不是同步的,如餐厅营业时间主要在中午前后,植物的浇灌则多在清晨或傍晚。所以用水的高峰期可以错开。

(二)园林给水工程的特点

(1)主要是排除雨水和少量生活污水。

(2)园林中地形起伏多变,有利于地面水的排除。

(3)园林中大多有水体,雨水可就近排入水体。

(4)园林可采用多种方式排水,不同地段可根据其具体情况采用适当的排水方式。

(5)排水设施应尽量结合造景。

(6)排水的同时还要考虑土壤能吸收到足够的水分,以利植物生长,干旱地区尤应注意保水。

第二节　园林给水工程设计

一、园林给水的方式

根据给水性质和给水系统构成的不同,可将园林给水分成引用式、自给式和兼用式三种。

1.引用式

园林给水系统如果直接到城市给水管网系统上取水,就是直接引用式给水。采用这种给水方式,其给水系统的构成也就比较简单,只需设置园内管网、水塔、清水蓄水池即可。引水的接入点可视园林绿地具体情况及城市给水干管从附近经过的情况而决定,可以集中一点接入,也可以分散由几点接入。

2.自给式

在野外风景区或郊区的园林绿地中,如果没有直接取用城市给水水源的条件,就可考虑就近取用地下水或地表水。以地下水为水源时,因水质一般比较好,往往不用净化处理就可以直接使用,因而其给水工程的构成就要简单一些。一般可以只设水井(或管井)、泵房、消毒清水池、输配水管道等。如果是采用地表水作水源,其给水系统构成就要复杂一些。从取水到用水过程中所需布置的设施顺序是:取水口、集水井、一级泵房、加矾间与混凝池、沉淀池及其排泥阀门、滤池、清水池、二级泵房、输水管网、水塔或高位水池等等。

3.兼用式

在既有城市给水条件,又有地下水、地表水可供采用的地方,接上城市给水系统,作为园林生活用水或游泳池等对水质要求较高的项目用水水源;而园林生产用水、造景用水等,则另设一个以地下水或地表水为水源的独立给水系统。这样做所投入的工程费用稍多一些,但以后的水费却可以大大节约。

二、给水管网的布置原则

为了保证园林中各种用水的要求,使各项工作能顺利进行,布置设计给水管网时,应坚持以下原则:

（1）管网在给水区内必须满足用水点对水量和水压两个方面的要求。

（2）保证供水安全可靠，当个别管线发生故障时，断水范围应减到最少。

（3）管网造价很高，因此布置时应使管线最短。

（4）设计时还应考虑长远规划的要求，为以后给水管网的规划建设留有充分的余地。

三、园林给水管网的布置形式

园林给水管网布置形式，可分为树状网和环状网两种形式。

（1）树状网。如图 5-1 所示，就是管线布置像树枝一样，从树干至树梢越来越细。树状网的特点：①管线的长度比较短，节省管材，基建费用低；②管网中如有一条管线损坏，它之后的管线都将断水，供水安全性较差。

（2）环状网。如图 5-2 所示，管网布置成若干个闭合环流管路。环状网特点：①由于管线中的水流四通八达，当有部分管线损坏时，断水的范围较小；②环状网中管网较长，所用阀门较多，因此工程投资较大。

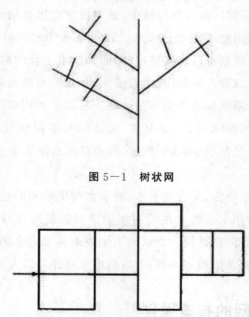

图 5-1 树状网

图 5-2 环状网

四、园林给水管网的布置要求

(一)干管的布置设计

在设计布置管网时,一般情况下只着眼于那些控制全局的主要管线——干管,并不包括全部管线。所以在布置设计时,要注意以下几点:

(1)干管应靠近主要使用单位和连接支管较多的一侧敷设。

(2)干管应靠近调节设备,如水塔或高位水池。

(3)干管要洁净牢固,安全可靠使用。在保证不受冻的情况下,干管宜随地形起伏敷设,避开复杂地形和难于施工的地段,以减少土石方工程量。

(4)干管应尽量埋于绿地下,避免穿越或设于园路下。

(5)干管与其他管道保持一定间距。

(二)管道埋深

1.管道埋深

管道在埋设时,不宜过深,埋得过深工程造价高;但也不宜过浅,过浅管道宜遭破坏。因此,管道在设计埋深时要遵循一定的原则:

(1)非冰冻地区管道的管顶埋深,主要由外部荷载、管材强度、管道交叉及土壤地基等因素确定。金属管道的覆土深度一般不小于0.7m,非金属管道的覆土深度宜不小于1.0m。

(2)冰冻地区,除考虑上述因素外,还要考虑土壤的冰冻深度,一般要求埋设于冰冻线以下40cm处。

2.管道间净距及避让

给水管道与其他管道或其他物体的相对位置、净距等在设计时都要定得适宜,并留有必要的余地。详见表5-1和表5-2。

表5-1　给水管道与其他管道(建筑物)的最小净距

序号	名称	水平净距/m		垂直单距/m
1	给水管	1.0		0.15
2	排水管	$\varphi \leqslant 200mm$	1.5	0.40
		$\varphi > 200mm$	3.0	

序号	名称	水平净距/m	垂直单距/m
3	煤气管	1.5	0.15
4	热力管道	1.5	0.15
5	电力电缆	1.0	0.50
6	通讯电缆	1.0	0.50
7	照明通讯杆柱	1.0	
8	建筑物基础外缘	3.0	

表 5—2　管道避让原则

避让	不让	理由
小管	大管	小管避让弯绕所增加造价较少
压力流管	重力流管	重力流管改变为反方向的坡度困难
冷水管	热水管	从工艺和节约两方面考虑热力管更希望短而直
给水管	排水管	排水管常为重力流且水中污染质多宜尽快排除
无毒水管	有毒水管	有毒管的造价高于无毒管
生活用水管	工业消防用水	工业消防用水量大,管径也较大,要求供水保证率更高
金属管	非金属管	金属管易弯曲、切割和连接
低压管	高压管	高压管价贵
气管	水管	水管价高,水比气流动所耗动力费用大,更希望线路短而直
阀件少的管	阀件多的管	考虑到安装、使用、拆卸、维修的条件与费用

五、园林给水管网设计与计算

(一)有关图纸、资料的搜集与研讨

首先从公园设计图纸、说明书等,了解原有的或拟建的建筑物、设施等的用途及用水要求、各用水点的高程等。然后根据公园所在地附近城市给水管网布置情况,掌握其位置、管径、水压及引用的可能性。如公园(特别是地处郊区的公园)自设设施取水,则须了解水源(如泉等)常年的流量变化、水质优劣等。

(二)布置管网

在公园设计平面图上,定出给水干管的位置、走向,并对节点进行编号,量出节点间的长度。

（三）用水量及水压的确定

1.用水量确定

（1）求某用水点的最高日用水量 Q_d：

$$Q_d = qN \qquad\qquad （式 5-1）$$

式中，Q_d——最高日用水量（L/天）；

　　　Q——用水量标准（最大日）[L/（天·人）]；

　　　N——游人数或用水设施的数目。

（2）求该点的最高时用水量 Q_h：

$$Q_h = \frac{Q_d}{24} K_h \qquad\qquad （式 5-2）$$

式中，Q_h——最高时用水量（L/h）或（m³/h）；

　　　K_h——时变化系数，常取 $4\sim6$。

（3）求该点的设计秒流量 Q_s：

$$Q_s = Q_h / 3600 \qquad\qquad （式 5-3）$$

式中，Q_s——设计秒流量（L/s）。

（4）根据求得的设计秒流量 Q_s 查相关表，以确定连接点之间的直径，并查出与该管径相应的流速和单位长度的水头损失值。

2.水压或水头的确定

水压计算的目的有两个：一是使用水点处的水量和水压都能得到满足；二是校核配水管的水压（或水泵扬程）是否能满足公园内最不利点配水水压要求。

公园给水管段所需水压可按下式计算：

$$H = H_1 + H_2 + H_3 + H_4 \qquad\qquad （式 5-4）$$

式中，H——引水管处所需的总压力（mH_2O）；

　　　H_1——引水点和用水点之间的地面高程差（m）；

　　　H_2——用水点与建筑进水管的高差（m）；

　　　H_3——用水点所需的工作水头（mH_2O）；

　　　H_4——沿程水头损失和局部水头损失之和（mH_2O）。

$H_2 + H_3$ 的值，在估算总水头时，可按建筑层数不同按下列规定采用：

平房　　　　　　　　　　　　10mH_2O；

二层楼房　　　　　　　　　　12mH_2O；

三层楼房	$16mH_2O$;
三层以上楼房每增加一层增加	$4mH_2O$;

H_4 的值为

$$H_4 = h_y + h_j (mH_2O) \qquad\qquad (式5-5)$$

通过上述水头计算后,如果引水点的自由水头高于用水点的总水压要求,说明该管段的设计是合理的。

4.干管的水力计算

在完成各用水点用水量计算和确定各点引水管的管径之后,就可以进一步计算干管各节点的总流量,据此确定干管各管段的管径。并对整个管网的总水头要求进行复核。

复核一个给水管网各点所需水压能否得到满足的方法是:找出管网中的最不利点。所谓最不利点是指处在地势高、距离引水点远、用水量大或要求工作水头特别高的用水点,因为最不利点的水压可以满足,则同一管网的其他用水点的水压也能满足。

5.树状网计算

树状网的计算过程,根据计算流量和经济流速选定管径,由流量、管径和管线长度算出水头损失,由地形标高和控制点所需水压求出各点的水压,进而计算出水压线标高。

第三节　园林排水工程设计

一、园林排水方式

根据园林排水的性质及系统可分成地面排水、明渠排水和管道排水三种。

(一)地面排水

在进行地面排水设计时,要考虑原地形情况,要防止对地表造成的冲刷。所以设计时要注意以下几点:

(1)注意控制地面坡度,使其不致过陡。

(2)同一坡度的坡面不宜过长,防止径流一冲到底。

(3)在防止冲刷的同时要结合造景。比如在地面经流汇集处可根据水流的流向,在其径流路线上布设山石,形成"谷方",若布置自然得当,可成为优美的山谷景观。

(4)通常量较大的地面应进行铺装。比如近年来国外所采用的彩色沥青路和彩色水泥路,效果较好。

地面排水的方式可以归结为五个字,即:拦、阻、蓄、分、导。

拦——把地表水拦截于园地或某局部之外。

阻——在径流流经的路线上设置障碍物挡水,达到消力降速以减少冲刷的作用。

蓄——蓄包含两方面意义:一是采取措施使土壤多蓄水;一是利用地表洼处或池塘蓄水。这对干旱地区的园林绿地尤其重要。

分——用山石建筑墙体等将大股的地表径流分成多股细流,以减少危害。

导——把多余的地表水或造成危害的地表径流利用地面、明沟、道路边沟或地下管及时排放到园内(或园外)的水体或雨水管渠中去。

(二)明渠排水

1.明渠断面

根据需要和设计区的条件,可以采用梯形或矩形明渠。梯形明渠最小底宽不得小于 0.3m。用砖石或混凝土块铺砌的明渠边坡，一般采用 1：0.75～1：1.0。无铺砌的明渠边坡可以按表 5－3 采用。

表 5－3　明渠设计边坡

土质	边坡	土质	边坡
黏质砂土	1：1.5～1：2.0	半岩性土	1：0.5～1：1.0
砂质黏土和粉土	1：1.25～1：1.5	风化岩石	1：0.25～1：0.5
砾石土和卵石土	1：1.25～1：1.15		

2.流速

(1)明渠最小设计流速一般不小于 0.04m/s。

(2)明渠最大设计流速见表 5－4。

表 5－4　明渠最大设计流速

明渠土质	水深 h 为 0.4～1.0m 时的流速/(m/s)	明渠土质	水深 h 为 0.4～1.0m 时的流速/(m/s)
粗砂及贫砂质黏土	0.8	草皮护面	1.6
砂质黏土	1.0	干砌块石	2.0
黏土	1.2	浆砌砖	3.0
石灰岩或中砂岩	4.0	浆砌块石或混凝土	4.0

3.超高

一般不宜小于 0.3m，最小于得小于 0.2m。

4.转弯

明渠就地形修建时不可避免地要发生转折。在转折处必须设置曲线。曲线的中心线半径，一般土类明渠不小于水面宽的 5 倍，铺砌明渠不小于水面宽的 2.5 倍。

(三)管道排水

1.雨水管的最小覆土深度

雨水管的最小覆土深度应根据雨水连接管的坡度，冰冻深度和外部荷载情况而定。雨水管的最小覆土深度一般不小于 0.7m。

2.最小管径和最小坡度

雨水管的最小管为 300mm；雨水管的最小设计坡度为 0.002。

3.最小流速

各种管道在满流条件下的最小设计流速一般不小于0.75m/s。

4.最大流速

管道为金属管时,最大流速10m/s;若管道为非金属管材,则其最大流速5m/s。

二、园林排水设计的主要数据

(一)设计重现期 P

设计重现期是指某一强度的降雨出现的频率,或说每隔若干年出现一次。园林中的设计重现期可在1～3年之间选择,怕水淹之处或重要的活动区域,P值可选择大些。

2 径流系数 φ

径流系数是指流入管渠中的雨水量和落到地面上的雨水量的比值。用公式表示为:

$$\varphi = \frac{径流量}{降水量} \qquad\qquad (式 5-6)$$

各种场地的径流系数 φ 见表5－5。

表5－5 各种场地的径流系数 φ 值

地面种类	φ
各种屋面、混凝土和沥青路面	0.90
大块铺砌路面和沥青表面处理的碎石路面	0.60
级配碎石路面	0.45
干砌砖石和碎石路面	0.40
半铺砌土	0.30
公园或绿地	0.15

(三)排水管道

1.污水管

(1)力求管线短直,管坡尽量接近地面自然坡度,以减少埋深和土石方量。

（2）力求少与其他管线，设备交叉，排水管与其他建筑的最小埋深见表5—6。

表5—6 排水管与其他建筑的最小埋深表

序号	名称		深距/m	
1	给水管	$D_g \leqslant 200mm$	1.5	0.15
		$D_g > 200min$	3.0	0.15
2	污水管和雨水管		1.5	0.15
3	煤气管	低压	1.0	0.15
		中压	1.5	0.15
4	热力管和压缩空气管		1.5	0.15
5	通讯电缆	直深	1.0	0.50
		管子	1.0	0.15
6	电力电缆		0.5	0.50
7	道路（路牙边）		1.5	0.70
8	乔木		1.5（小树）	2.0（大树）
9	建筑物	管之埋深浅于基础	2.5（支管<1,5）	
		管之埋深大于基础	3.0	

（3）排污水管道一般沿道路布置，并在污水出户多、流量大的一侧，尽可能地在绿地下、少在车行道下敷设，以免增加管道埋深，妨碍交通，并减少开挖与修复路面的费用。

2.雨水管

（1）尽量利用地形，力求以最短管线将雨水就近排入水体。

（2）在经济上合理技术上可能的地方，可以采用明沟。其优点是造价低，易清理，可大大提高末端出水口的标高。

（四）管道中流量计算

设计流量 Q 是排水管网中最重要的依据之一，另外在布置管网时除了保证有足够的过水断面，还要有合理的水力坡降，以保证雨水或污水在重力作用下能顺畅及时地排出管外。流量计算公式为：

$$Q = \varphi q F$$
（式5—7）

式中 Q——管段雨水设计流量（L/s）；

φ ——径流系数；

q——管段设计降雨强度$[L/(s \cdot hm^2)]$;

F——管段设计汇水面积(hm^2)

根据这一流量我们再查询钢筋混凝土圆管$[d=200 \sim 500mm($满流,$n=0.013)]$水力计算表表格就可得出与此流量相对应的管径的大小,水流的速度及埋设的坡降等。

5.暗管迟延系数 m

暗管迟延系数 m 可根据地面情况采用。

表5-7给出了不同坡度下所采用的 m。

表 5-7 不同坡度下所采用的 m 值

地面条件——地面坡度	m
<0.002	可采用
在 0.002~0.005 之间	宜采用 m=1.5
>0.005	不宜采用 m(即 m=1)

6.降雨历时 t

降雨历时是指连续降雨的时段,可以是整个降雨经历的时间,也可指降雨某个过程中的某个时段。计算公式为:

$$t = t_1 + mt_2 \qquad\qquad (式5-8)$$

式中 t——设计降雨历时(min);

t——地面集水时间(min);

t_2——雨水在管道中流动时间(min);

m——延迟系数(明渠取 1.5,暗管取 2.0)。

其中,地面集水时间 t 受汇水面积大小、地形陡缓、屋顶及地面排水方式,土壤干湿程度及地表覆盖等因素的影响,所以要准确地计算设计值是比较困难的。在实际中通常取经验数值来计算,即:

$$t = 5 \sim 15min$$

雨水在管道中流动的时间 t_2 可依下列公式来计算:

$$t_2 = \sum (L/60v) \ (min) \qquad\qquad (式5-9)$$

式中,L——各管段的长度(m);

v——各管段满流时的水流速度(m/s)。

7.汇水区面积 F

汇水区是根据地形和地物划分的,通常沿分水岭或道路进行划分。汇水面积以公顷（hm²）为单位。

8.设计降雨强度 q

降雨强度是指单位时间内的降雨量。进行雨水管渠计算时,我们要知道的是单位时间流人设计管段的雨水量,而不是某一场雨的总降雨量。我国常采用的降雨强度公式如下:

$$q = \frac{167A_i(1+c\lg P)}{(t+b)^2} \qquad\qquad (式 5-10)$$

式中,

q——降雨强度[L/(s·hm²)或 L/(s·100m²)];

P——重现期(a);

t——降雨历时(min)。

A_i、c、b、n——地方参数,根据统计方法进行计算。

三、园林排水管网布置形式

园林排水管网的布置形式见表 5-8。

表 5-8　园林排水管网的布置形式

形式	布置特点
正交式布置	当排水管网的干管总走向与地形等高线或水体方向大致呈正交时,管网的布置形式就是正交式。这种布置方式适用于排水管网总走向的坡度接近于地面坡度和地面向水体方向较均匀地倾斜时。采用这种布置,各排水区的干管以最短的距离通到排水口.管线长度短,管径较小,埋深小,造价较低。在条件允许的情况下,应尽量采用这种布置方式
截留式布置	在正交式布置的管网较低处,沿着水体方向再增设一条截流干管,将污水截流并集中引到污水处理站。这种布置形式可减少污水对于园林水体的污染,也便于对污水进行集中处理
分布式布置	当规划设计的园林地形高低差别很大时,可分别在高地形区和低地形区各设置独立的、布置形式各异的排水管网系统,这种形式就是分区式布置。低区管网可按重力自流方式直接排入水体的,则高区干管可直接与低区管网连接。如低区管网的水不能依靠重力自流排除,那么就将低区的排水集中到一处,用水泵提升到高区的管网中,由高区管网依靠重力自流方式把水排除

形式	布置特点
辐射式布置	在用地分散、排水范围较大.基本地形是向周围倾斜的和周围地区都有可供排水的水体时。为了避免管道埋设太深和降低造价,可将排水干管布置成分散的、多系统的、多出口的形式。这种形式又叫分散式布置
环绕式布置	这种方式是将辐射式布置的多个分散出水口用一条排水主干管串联起来,使主干管环绕在周围地带,并在主干管的最低点集中布置一套污水处理系统,以便污水的集中处理和再利用
扇形布置	在地势向河流湖泊方向有较大倾斜的园林中,为了避免因管道坡度和水的流速过大而造成管道被严重冲刷的现象,可将排水管网的主干管布置成与地面等高线或与园林水体流动方向相平行或夹角很小的状态。这种布置方式又可称为平行式布置

四、园林排水管的设计步骤

（1）根据公园所在地的城市名称,确定设计强度计算公式。

（2）根据公园地形图及地物情况划分汇水区,并给各汇水区编号,且求出其面积。

（3）做雨水管道布置草图。在地形图中做管道的布设,标出各管段长度、管道走向及雨水排放口等。

（4）雨水管道的水力计算。求各管段的设计流量,查钢筋混凝土圆管[$d = 200\sim500\text{mm}$(满流,$n = 0.013$)]水力计算表以确定出各管段所需的管径、坡度、流速、管底标高及管道埋深等数值。

（5）绘制雨水干管平面图。图上应标出各检查井的井口标高,各管段的管底标高、管段长度、管径、水力坡降及流速等。

（6）绘制雨水干管纵剖面图。

（7）做该管道系统排水构筑物的构造图。

五、防止地表径流冲刷地面的方式

1.竖向设计

（1）注意控制地面坡度,使其不致过陡,有些地段如较大坡度不可避免,应另采取措施以减少水土流失。

（2）同一坡度（即使坡度不太大）的坡面不宜延续过长，应该有起有伏，使地表径流不致一冲到底，形成大流速的径流。

（3）利用盘山道、谷线等拦截和组织排水。

（4）利用植被护坡，减少或防止对表土的冲蚀。

2.工程措施

在我国园林中有关防止冲刷、固坡及护岸等措施很多，现将常见的几种介绍如下：

（1）出水口。园林中利用地面或明渠排水，在排入园内水体时，为了保护岸坡结合造景，出水口应做适当处理，常见的如"水簸箕"，有如下几种方式。

"水簸箕"是一种敞口排水槽，槽身的加固可采用三合土、浆砌块石（或砖）或混凝土。排水槽上下口高差大的，可在下口前端设栅栏起消力和拦污作用；在槽底设置"消力阶"；槽底做成疆碟状；在槽底砌消力块等。

（2）"谷方"。地表径流在谷线或山洼处汇集，形成大流速径流，为了防止其对地表的冲刷，在汇水线上布置一些山石，借以减缓水流的冲力，达到降低其流速，保护地表的作用。这些山石就叫"谷方"。作为"谷方"的山石须具有一定体量，且应深埋浅露，才能抵挡径流冲激。"谷方"如布置自然得当，可成为优美的山谷景观；雨天，流水穿行于"谷方"之间，辗转跌宕又能形成生动有趣的水景。

（3）护土筋。其作用与"谷方"或挡水石相仿，一般沿山路两侧坡度较大或边沟沟底纵坡较陡的地段敷设，用砖或其他块材成行埋置土中，使之露出地面3～5cm，每隔一定距离（10～20m）设置3～4道（与道路中线成一定角度，如鱼骨状排列于道路两侧）。护土筋设置的疏密主要取决于坡度的陡缓，坡陡多设，反之则少设。在山路上为防止径流冲刷，除采用上述措施外，还可在排水沟沟底用较粗糙的材料（如卵石，砾石等）衬砌。

（4）挡水石。利用山道边沟排水，在坡度变化较大处，由于水的流速大，表土土层往往被严重冲刷甚至损坏路基，为了减少冲刷，在台阶两侧或陡坡处置石挡水，这种置石就叫作挡水石。挡水石可以本身的形体美或与植物配合形成很好的点景物。

3.埋管排水

利用路面或路两侧明沟将雨水引至濒水地段或排放点，设雨水口埋管将水排出。

4.利用地被植物

裸露地面很容易被雨水冲蚀,而有植被则不易被冲刷。这是因为:一方面植物根系深入地表将表层土壤颗粒稳固住,使之不易被地表径流带走;另一方面,植被本身阻挡了雨水对地表的直接冲激,吸收部分雨水并减缓了径流的流速。所以加强绿化,是防止地表水土流失的重要手段之一。

第四节　园林给排水系统构筑物设计

一、园林给水系统构筑物设计

(一)水塔

1.水塔的构造

水塔主要由基础、塔身、水柜和管道系统四部分组成。

(1)基础一般由混凝土浇筑而成。

(2)塔身则可采用砖砌或钢筋建造。

(3)水柜则用混凝土构成。

(4)水塔的管道系统有进水管、出水管、溢流管、放空管和水位控制系统。一般情况下,进、出水管可分别设立,也可合用。竖管上需设置伸缩接头。为防止进水时水塔晃动,进水管宜设在水柜中心或适合升高。溢水管与放空管可以合用并连接。其管径可采用与进、出水管相同,或是缩小一个规格。溢水管上不得安装阀门。为反映水柜内水位变化,可设浮标水位尺或液位控制装置。塔顶应装避雷设施。

外计算温度为−23～−8℃地区,以及冬季采暖室外计算温度为−30～24℃地区,除保温外还需采暖。

2.水塔的布置形式

水塔的一般布置,可按水柜的容量、高度、水柜及支座结构形式.保温要求、采用材料、施工方法等因素的不同布置成多种形式。

3.水塔容量 W 的计算

$$W=W_1+W_2 \qquad\qquad (式5-11)$$

式中,

W_1——消防贮量(m³);

W_2——调节容量(m³),$W_2=KQ$;

Q——最高日用水(m³/天);

K——调节容量占最高日用水量的百分率(%),城镇的水塔调节量一般可按最高日用水量的 6%～8%选定。

（二）附属设施

1.水泵及水泵站

水泵和水泵站是给水系统的重要组成部分之一。从水源取水至清水的输送，都是由水泵来完成的。泵站则是安装水泵和动力设备及有关附属设备的建筑物。给水中广泛使用的是单级离心泵。在确定水泵扬程时，应考虑水塔高度和水柜里的水位变化，使水泵能将水流充满水塔。水塔的扬程 $H_泵$ 为：

$$H_泵 = H_吸 + \sum h + H_压$$

式中，

$H_吸$——吸水的高度（m）；

$H_压$——压水高度（m）；

$\sum h$——从泵站到水塔的输水管中的水头损失（m）。泵站的布置应注意以下几点：

（1）泵房的地坪以及四周高 100～150mm 的踢脚板应做防水层，应用防水砂浆抹面并磨光，以免管道或机组出事故后水渗漏入地基中。

（2）泵房内的管道尽量明装，房内的地坪应做成不小于 0.005 的坡度、坡向不透水的集水坑，集水坑内的积水应自流排入排水管道或及时排除。

（3）泵房内地坪若低于室外地坪，设计时应采取措施，防止因室外排水管道堵塞使污、废水倒灌入泵房内。

2.管道阀门

阀门在安装时一般要注意以下几点：

（1）配水管网中的阀门布置，应能满足事故管段的切断需要。其位置可结合连接管以及重要供水支管的节点位置确定，干管上的阀门间距一般为 500～1000m。

（2）干管上的阀门可设在连接管的下游，以便使阀门关闭时，尽可能少影响支管的供水。

（3）支管和干管连接处，一般在支管上设置阀门，以使支管的检查不影响干管的供水。

3.阀门井

阀门井的作用主要是便于操作和维修。一般用砖材或钢筋混凝土建造而成。常见的阀门井构造为井下操作立式阀门井。

4.消防栓

园林中有一些珍贵古迹,为确保它们安全,使游人能正常参观,必须在附近设置消防设施。消防栓在布设时要遵循以下几点:

(1)消防栓的间距应不大于120m。

(2)消防栓连接管的直径不小于100mm。

(3)消防栓尽可能设在交叉口和醒目处。消防栓按规格应距建筑物不小于5m,距车行道边不大于2m,以便于消防车上水,不能妨碍交通。一般情况下常设在人行道边。

二、园林排水系统构筑物设计

(一)雨水口

雨水口是地面雨水收集器,布置时要求能最有效地汇集雨水并及时将雨水排入地下管道系统;同时还要防止雨水从路的一侧漫流到另一侧,避免路面发生积水而影响交通。设计时要考虑以下几点:

(1)在交叉路口处设雨水口。布设在交叉路口处的雨水口主要受道路纵坡的影响,一般应布设在纵坡较小一侧。

(2)在直路上设雨水口。布设于直路上的雨水口要在纵坡有改变处或虽然纵坡不变,但线路过久,每隔一定距离仍要设置一雨水口。

(3)由于雨水口布设于园路中,所以在设计雨水口井盖时,一定尽量使其花纹图案与周围景物相协调。

(二)检查井

检查井的功能是便于维护人员检查和清理,避免管道堵塞。检查井设置一般要注意以下几个问题:

(1)直线管段上每隔30~50m要设一个检查井。

(2管道方向变化处,直径变化处,坡度变化处,管道交汇处都应设检查井。

(3)在出户管与室外排水管连接处,检查井中心距建筑物外墙一般不小于3m。其尺寸和详细做法,有国家标准图S231可供选用。

(三)化粪池

1.位置选择

(1)为保护给水水源不受污染,池外壁距地下构筑物应不小于30m,距建筑物外墙不宜小于20m。

(2)化粪池布设在常年最多风向的下风向。

(3)地势有起伏的,则应将池设在较高处,以防降雨后灌入池内。

(4)池的进出水管应尽可能短而直,以求水流畅通和节省投资。

3.化粪池的大小

化粪池的大小依据建筑物的性质和最大使用人数来设计,见表5—9。

型号	有效面积/m³	建筑物性质及最大使用人数			
		医院、疗养院、幼儿园(有住宿)	住宅、集体宿舍、旅馆	办公楼、教学楼、工业企业生活间	公共食堂、影剧院、体育场
1	3.75	25	45	120	470
2	6.25	45	80	200	780
3	12.50	90	155	400	1600

第六章 园林铺装设计

第一节 园林铺装设计的原则

一、主题与风格适宜

园林铺装多数用作道路与广场,往往具备一定的主题、功能及局部风格。有的公园是城市内综合公园,内部铺装往往人工味道浓厚;而有的郊野公园强调回归自然的感觉,铺装设计更加自由、放松。有的广场作为集散、休憩场所,有的作为儿童活动场所,有的作为室外演艺场所等,在不同风格和使用功能的园林设计中,铺装设计从形式到内涵都需要做出相应变化。

二、稳固与安全

园林铺装的一个重要作用是支撑与承载游客活动,游人的静态、动态活动,游人的数量都对铺装的稳定性提出了高要求。在设计核心的游赏区域时,铺装的材料及结构强度都要满足使用需要,选择耐磨、坚固、抗压.防滑等特性好的材料优化公园的游赏体验。在进行桥梁、屋顶、架空栈道等铺装及基础设计时,一定要计算相应的静态、动态荷载及荷载变化,确保游赏安全。

三、经济性与景观表现力相平衡

大面积的铺装设计意味着需要大量铺装材料填充,材料不同,造价会有极大差异。所以在设计的时候,首先考虑完成预定功能究竟需要多大面积的硬质铺装,而不产生空间浪费,从根本上控制铺装的面积。另外,在铺装材料的选择上,应该多做比对、多做调研,选择更合适的铺装材料或者相对廉价的替代品。

即使使用同一种材料,由于产品规格不同也会产生成本差异,比如同样一种材料的铺装有 300mm×300mm、500mm×500mm、800mm×800mm 三种规格。首先,衡量这块场地面积与方砖的单元面积关系是否合理,场地面积小相应的单元规格也小,反之亦然。其次,大规格的石材对于厚度及基层做法要求较高,无形中增加了建设成本,而过小的规格,或者罕见的规格由于需要现场裁切制作,也增加了成本。

在保证景观表现力的前提下应尽量减少铺装建设成本,这是铺装设计中重要的原则之一。

四、气候适应性与地域特色

不可忽视的情况是,在不同的气候带或者在不同的地区、省市进行铺装设计,使用的方法与建设技术会相差很大。以纬度为例,我国北到漠河,南至海南岛,无霜期越来越长,适宜铺装施工的时间段也越来越长。在北方高纬度地区,冻土层往往很深厚,春夏回暖,铺装底层基础变松软,容易使面层松动脱落。而在江南、亚热带、热带区域,虽然适合建设的时间很长,但有的地方含水量较高,会降低铺装材料的强度。所以应该根据具体的气候环境及相应规范来设计及施工。

此外,铺装材料受到产地限制,具备强烈的地域特征。在风景园林追求近自然设计、多元化设计、乡土化设计的今天,利用本地独特的天然材料进行设计、施工也是流行趋势。

五、生态性与可持续利用

现代景观的设计趋向于摒弃繁复的铺装纹样变化,转而努力提高铺装的透水性等生态特性。在铺装施工设计环节,多数铺装基层不再使用混凝土将所有层黏合起来,而是将不同粒径的块料用物理加压的办法形成整体,这种铺装允许一定范围内产生形变,也提高了铺装的耐久性。这种铺装使雨水迅速渗到地表之下,补给地下水层,能尽可能地提高雨水的利用率,并且提高铺装排水的能力。

为了尽可能降低对不可再生资源的破坏,如对黏土、石材、木材的过度使用,现代景观提倡使用合成产品替代天然材料,一方面可以使铺装材料的肌理有更多的变化,另一方面,可以使一些废弃物重复利用,可以形成可持续利用的循环状态。

第二节　园林铺装设计的关键词

园林铺装的设计,主要集中在对地面的设计,除了重视承载力及理化性质,设计中还关注以下几方面的内容,这里称为园林铺装设计的"关键词"。

一、铺装材料的质感

园林铺装的质感主要来自两个方面:材料的自供本质及材料的单元组合方式。

1.材料的自然质感

要表现材料的质感须尽量发挥材料本身所固有的美,比如自然面花岗石的粗犷、鹅卵石的圆润、青石板的典雅、木材的自然气质、砂石的细密等。不同的铺地材料有不同的美感,这种天然的质感来自材料的纹理、色彩、孔隙等多方面因素,甚至于看到材料后使人对其产地环境产生联想,比如看到火山石多孔的表面联想到了火山喷发后形成火山石的场景。

2.材料的拼合质感

大多数铺装是由单元式的砖、石材、木材等砌筑形成,而这些材料在排列时会采用不同的对齐方式或者对齐间隔。拼缝间隔大的省材料,但看起来更显粗犷一些,比如一些碎拼石板宽大的拼缝看起来更加自然。为了保证更好的视觉效果与装饰性,有时还在拼缝内植草、镶嵌卵石等进行装饰。但宽大的缝隙造成铺装之间牢固性降低,容易被外力拱起,于是石板材、地砖等一般选择细小拼缝,这样质感更加细腻,视觉感受也更整齐、庄重。

3.质感与视距

质感与视觉二者有着密切的关系:视距远则铺装的材料特点、拼合形式不易被看到,所以倾向于大块面、大结构表达;而视距近,所有的细节都可以尽收眼底。其实,铺装在很多情况下是作为通行的道路,远景粗放的质感最终将变为近景细节化的质感,所以常见的铺装会使用有节奏的分隔带将大面积铺装分解为小块,这样既满足了远景结构的表现,又能将材料的细节在每一个小结构单元中充分展现。

4.质感与周围环境

铺装道路、广场与周围环境有着密不可分的关系:外部环境是修剪整齐的大草坪,铺地的形式往往也显得更加整齐、规则;如果外部环境有自然的种植或者溪流、滩石等,铺装也相应地选用天然材料和自由的拼合办法。

时刻关注铺装与外部环境的关系,铺装的质感在园林中才能显得更协调、更合适。

5.铺装质感变化与空间

铺装质感的变化对分割内部空间起到重要作用,不同的铺装质感暗示了场地内不同位置的属性、尺度,比如在一个儿童活动空间内,有停坐的需要,有嬉戏的需要,有运动的需要,常见的做法会用不同质感铺装的暗示不同的场地属性。

变化过于细密的铺装设计会使空间看起来狭小,反之则使空间显得大一些。

二、铺装材料的纹理与色彩

纹理与色彩相辅相成,铺装材料的纹理就是浸染了不同的色彩才呈现出变化多样的图案形式。地域性的表达和材料的种类、色彩具有一定的联系,不同的地理环境形成了不同的色彩表现。在铺装设计中,设计师通常选取当地材料或有地域性特征的材料。园林铺装的色彩主要来自两个方面:材料的自然本色、纹理和材料或产品的人工配色。

1.天然材料的色彩

石材由于形成的地质条件不同、结晶状态不同、含水量不同,有的内部还有其他金属化合物,因此石材常呈现出不同的色彩。花岗石的颜色多数是源自造岩矿物的颜色。花岗石的基本组成矿物是石英、长石、角闪石.辉石、橄榄石和黑云母。石英和长石为浅色矿物,含量多时则石材的颜色浅;当暗色矿物含量小于1%,就形成白色花岗石(如江西的"珍珠白"),石英含量高,则呈现无色,如果暗色矿物多,则花岗石呈灰白(如福建的"泉州白")或灰色(如湖北黄冈的"芝麻灰");若暗色矿物再增多,则色调更暗,花岗石呈黑绿色或黑色(如山东的"济南青"、内蒙古的"丰镇黑")。

长石的品种对花岗石的颜色影响极大,含钾钠或钙钠的斜长石呈粉红色,含钙长石呈暗灰色及灰黑色、斜长石则使石材呈白色。需要指出的是,当拉长石在花岗石中增多时,在有些情况下,拉长石晶体在其特定方向上呈现蓝、绿、紫、金黄等色的变化,经抛光后具有独特的鲜艳的装饰效果,十分漂亮(如"巴西蓝""芬兰蓝")。

石材的颜色及其所含矿物见表6—1,矿物的颜色见表6—2。

表6—1　石材的颜色及其所含矿物

石材颜色	所含矿物质
黑	黑云母、角闪石、碳
褐	褐铁矿
灰	各种矿物
绿	云母、氯化物、硅酸盐
红	赤铁矿
白	长石、方解石、白云石
黄	褐铁矿

表6—2　矿物的颜色

矿物质	矿物质颜色
辉石	褐、绿、黑、紫色
黑云母	黑、褐、绿色
方解石	珍珠色、灰白色
白云石	无色、粉红、淡褐色
长石	黄、白、粉红、绿、灰色
赤铁矿	金属灰、黑色
角闪石	绿、黄、褐、黑色
褐铁矿	黑、褐、黄色
硫黄	淡金黄色

此外,岩石干湿程度的不同也会引起颜色的变化,湿者颜色深,干者颜色浅。磨光程度不同也影响石材的颜色,光泽度越高则颜色越深,反之则色浅。石材的颜色也与岩石的新鲜程度有关,新鲜色深,风化者色浅,等等。生长于不同地区的木材的色彩是有差别的,另外,木材细胞中各种色素、树脂、单宁及其他氧化物质的沉,使木料呈现出不同的颜色。同一块木材在不同的部位有可能颜色不同。如心边混合材中心材部分颜色就很可能比边材部分颜色要深。总的来说,由于木料的表面结构,会对光线产生漫反射,所以木材反射的光要比石

材柔和得多。木材的颜色从偏红的暖色至偏暗的深色都很常见:冷杉、云杉木呈淡黄色,而椴木就要更黄一些,银杏、桦木、落叶松、桧柏、榆木、刺槐略显褐色,枣木、香樟、柳杉、核桃木、紫薇、水杉呈红褐色,檀木类的偏紫褐色。经过防腐处理的木材的颜色取决于防腐剂的种类与配比。园林常用的碳化木颜色偏暗甚而发黑。园林中有时候利用木板进行铺装,有的时候利用带树皮的原木进行铺装,色彩大相径庭。开板后的木材多展现出木质年轮的自然纹理,颜色浅而亮;而树皮则多显示斑驳的裂纹、脱落痕迹等自然肌理,有的颜色较暗且深(榆树、臭椿等),有的颜色却浅得多(白桦、青杨等)。

黏土与沙在自然界呈现伴生状态,基本上互相掺杂,所以这两种物质的组分关系决定了土壤的疏松与黏重。土壤中其他矿物质、无机盐、腐殖质、金属化合物,使泥土具有不同色泽,常见的有酸性红土、碱性黄土、腐殖质褐土至黑土。

纯的沙砾有黄色、棕色、偏褐色、偏白色等多种颜色,而园林中的沙土铺装常呈现浅棕黄色。儿童活动场地内的沙池常用浅色小粒径的河沙,河沙没有过多棱角,较为圆滑,能降低对儿童造成的伤害。

2.材料的色彩搭配

在园林铺装设计中,同一块铺装有时需要对很多材料进行拼合,有块料、粒料,也有标准规格的石板、地砖等。铺装材料本身多色杂陈,所以需要按照主题、功能设计将各种材料组合在一起,并且使各种颜色呈现出和谐的视觉效果。暖色温暖宜人,冷色现代简约;亮色活跃轻松,暗色平稳安静。色彩反映着设计师对于场地的定位。面层的材质不仅可以给人以触感,还可突显面层对色彩的表达程度。

以花岗石为例,色彩偏黄的花岗石在不同的面层处理情况下会产生不同的色彩。花岗石呈现出黄色是因为石材里含有铁,烧毛后铁被氧化,石材呈现出黄色;而机器切割后石材表面的颜色被打散,面层颜色发灰;荔枝面、斧剁面经处理后,石材的表面被打破,更多的色彩暴露出来,漏出更多的黄色;石材抛光后会对光产生更多的反射,人工味强烈。

(1)灰色系主题

灰色系主题由混凝土、沥青、灰色石材、水泥、青砖、瓦片等材料组合而成,是园林中最常见的色彩主题。中国古典园林的地面铺装部分,一般采用灰色系作为材料搭配的统一色彩主题。灰色给人以安静、稳定、洁净的视觉感受。灰色系石板(尤其是青石板、光面花岗石)的反光能力强,使得视觉效果更加整齐、端庄,所以常用在临近建筑的室外环境中;而混凝土、水泥等更适合于日常使用,看起来更简洁、亲民;青色的碎石散铺可以塑造不同的图案及肌理。

(2)黑白色主题

黑色、白色以其强烈的对比呈现出让人过目难忘的视觉效果,这种配色在国内外园林铺装设计中广受青睐。国外的规则式或图案式黑白搭配,使铺装图形纹样看起来更加清晰、严谨;国内的黑与白铺装暗合阴阳相生相克的道理,反映了一定的哲学思想。常见的黑白搭配以石材、瓦片、卵石、砾石为主要材料。

(3)彩色主题

对于色彩的理解,每个人有每个人的想法。园林色彩的搭配一般分为相似色搭配与对比色搭配。在伊登的十二色色环中,相似色即为相邻近的两个色格,对比色为色环相对的两个色格或者相邻较远的色格。相近色呈现的视觉效果于统一中有变化,一般用在特定色彩主题内,比如暖色主题使用黄、橙、红等色彩,冷色主题主要是蓝、紫、青等色彩。

一般性的停留场地色彩比较接近,而儿童活动区域或者表达某种主题的区域常使用对比强烈的色彩。

3.铺装色彩与环境

铺装在整个人的视野内处于地面部分,这在视野形成的色块面积关系中起到很重要的作用。大面积的铺装在视野中占30%以上的分量,所以单位面积铺装色彩变化越大,越应该得到重视。变化不够会显得呆板、苍白,变化过于频繁又会显得混乱。而像园路这种线型铺装,宽度很窄,在整个视野内所占色块面积较小,色彩变化不宜过于频繁。

铺装超过三种的颜色或者高纯度的色彩设计,用天然材料表达起来颇有难度,而人工染色的各类铺装成品或现浇制品有比较明显的优势。色彩纯度过高、对比度过强、变化太过频繁都会使铺装整体显得凌乱、俗气,所以在铺装的色彩搭配上应尽量还原材质的自然色彩与肌理,运用简洁、大方的材料色彩,与园林主题、周围环境更和谐地搭配起来,这样才能真正显示出铺装的色彩之美。

4.铺装色彩与游客心理

色彩的选择还要充分考虑到人的心理感受。设计铺装时如同绘画,画面的色块大小、色相对比、明暗关系、主宾关系、前后层次等都值得仔细推敲,可以参考色彩心理学的理论知识。

(1)铺装色彩的冷、暖感

色彩本身并无冷暖的温度差别,是色彩引起人们对冷暖感觉的心理联想。暖色:人们见到红、红橙、橙、黄橙、红紫等色后,马上联想到太阳、火焰、热血等物像，产生温暖、热烈、危险等感觉。冷色：见到蓝、蓝紫、蓝绿等色后，则很容易联想到太空、冰雪、海洋等物像，产生寒冷、镇定、平静等感觉。所以在铺装设计中常会考虑场地带给人的色彩感受：欢闹的节日广场使用暖色调搭配更能渲染气氛，而夏季的休闲场地最好使用蓝色、青色、白色等让人感觉冷凉的色彩搭配，同时配合高大浓荫的大型乔木，使人的户外体验更加舒适。

（2）铺装色彩的轻、重感

色彩的重量感主要与色彩的明度有关。明度高的色彩使人联想到蓝天、白云、彩霞等，产生轻柔、飘浮、上升、敏捷、灵活等感觉；明度低的色彩易使人联想到钢铁、大理石等物品，产生沉重、稳定、降落等感觉。在园林铺装设计中，表现轻盈的色彩感觉时常使用小粒径的块料作为面层，这样可以避免产生砖块拼合时的网格状缝隙，使色块更完整、统一；而表现沉稳的感觉时可以用深色的地砖来实现。

（3）铺装色彩的膨胀与收缩

通常来说，暖色、高明度色等有扩大、膨胀感，适宜使用在小面积的广场铺装设计中；冷色、低明度色等有显小、收缩感，适宜使用在面积较大的铺装设计中。

（4）铺装色彩的华丽、质朴感

色彩的三要素对华丽及质朴感都有影响，其中纯度关系最大。明度高、纯度高的色彩，以及丰富、强对比的色彩给人的感觉华丽、辉煌。明度低、纯度低的色彩，以及单纯、弱对比的色彩给人的感觉质朴、古雅。铺装的设计中除了色彩，纹样同样能带来华丽的感觉。西方巴洛克式、维多利亚时期的繁复装饰，东方细腻的地雕、汉白玉装饰都能带来无与伦比的奢华感，如果再给材料附加一些光泽，便会带来更加华丽的效果。

（5）铺装色彩的空间混合

将两种或多种颜色穿插、并置在一起，于一定的视觉空间之外，能在人眼中造成混合的效果，故称"室间混合"。其实颜色本身并没有真正混合，它们不是发光体，而只是将反射光混合。空间混合的产生须具备以下必要的条件：①对比各方的色彩比较鲜艳，对比较强烈；②色彩的面积较小，形态为小色点、小色块、细色线等，并成密集状；③色彩的位置关系为并置、穿插、交叉等；④有相当的视觉空间距离。

在铺装设计中常见的空间混合办法是利用彩色碎片、彩色马赛克进行图案拼贴，近处看是凌乱、纷繁的小色块，但在一定的距离之外便可看到独具匠心的图案设计,所以在进行这类色彩混合的铺装设计时,一定要研究视距与色块单元的关系。

人们对园林铺装色彩的理解受到观察者年龄、性别、性格、文化、职业、民族、宗教、生活环境、时代背景生活经历、游赏当时的天气情况、游赏心情等各方面因素的影响,这是一个瞬时而综合的心理反应。但铺装色彩设计的原则不会改变:要适应场地需要,要统一中有变化,色块面积大小适宜;铺装材料要搭配合理,沉稳而不沉闷,多彩而不花哨。

三、铺装材料的纹样

在铺装满足了行走、停坐等基本功能需要后,设计师开始研究铺装的装饰功能,所以从古典园林到现代园林的发展历史中,我们总可以看到铺装纹样的变化。这些纹样增加了铺装的美感、神秘感,提升了铺装的景观功能.也使得铺装施工的做法不断改进。

1.拼合纹样

拼合纹样由单元式的铺装材料拼合而成,形成比较简单的几何图案形式,常见的花岗石石板、混凝土砖、青砖等可以通过不同的砌筑形式形成某种有规律的纹样,如石材方砖拼合的方形纹、混凝土砖 90°拼合的方块纹、45°席纹、砖块立铺的纹理。一般纹样由不同的材料、不同的色彩组成,有清晰可辨的外形轮廓及不同的质感。

另外,预制的不同形态的混凝土地砖(六边形、带植草孔的 X 形),可以拼合出不同的纹样形式。

这种由单元式铺装材料拼合的纹样比较机械,图案比较单一,适宜用在普通的场地铺装上,可以作为铺装分隔带,也可以作为一种增加地面肌理变化的方式。在实际操作中,为了展示更加复杂的纹样图案,经常使用砾石、卵石、多彩的玻璃片、陶片进行复杂纹样的拼图。

2.绘制、雕刻纹样

其实绘制并不是真的在地面绘画,而是用类似绘画的方法表现铺装纹样。一种办法是用细小的块料填充使完整的图案展现出来;另一种是利用烧制的办法,直接把想表达的图案像绘画一样固定在几块铺装材料表面,最终将地砖按顺序拼好,形成完整的纹样。这种纹样的设计需要精心施工予以表现,所以设计时要考虑块料的大小与图案色块的关系,还要考虑定制纹理铺装的可能性与施工难度。

铺装纹样也可通过雕刻的办法(包括蚀刻)呈现,常见于砖、汉白玉、金属材质,皇家园林中的御道台阶中间坡面石板的雕龙刻凤就是一例。在现代园林中,在地面进行局部砖雕较常见,还有的将图案蚀刻在地面的一块金属板上,成为吸引人们低头凝视的视觉焦点。精美的雕刻,有的是花鸟鱼虫,有的是飞禽走兽,有的是抽象符号,有的是吉祥图案,有的是故事简介,都起到重要的地面装饰作用。

3.铺装纹样与文化

在西方,尤其是英国的古典园林中,曾经盛行一种"结节花园"的园林形式,其实质是使用绿篱作为边线在地面上勾勒出若干美好的纹样,绿篱中间的地面部分有的使用彩色玻璃,有的使用其他砾石填充。

中国传统园林对铺装纹样的形式更加讲究,它与生活习俗、趋利避害的美好愿望结合在一起,在中国古典园林中成为一道亮丽的风景。比如个园入口处的"春景"主题,地面铺装使用了"冰裂纹"样式,营造出春季到来冰雪消融的景象,很好地配合了此处的文化意境。

四、铺装材料的规格与尺度

由于场地的面积不同,因此铺装的纹样有大有小,多数纹样是以单元式的形式重复出现,这些纹样由模数化的材料单体组成。模数化制作是工业社会发展的必然结果,对于铺装材料来说,模数化成品的优势就是可以方便地对铺装材料进行选择与施工,能够提高设计与施工的效率,简化施工工序。

(一)不同材料的常见规格

1.花岗石

一般像花岗石这种天然石材制成石板以后在厚度上常选用的规格有30mm、60mm、80mm、100mm,甚至还有更厚的,不过一般不作铺地面层使用,而作为一些平台、路缘石使用。花岗石石板在尺寸上最常见的是500mm×500mm、600mm×600mm 大小的方砖,但也有 800mm×800mm 大小的,其通过现场裁切可以分割成 300mm×300mm、400mm×400mm 的小块。对于某些高品位、高标准的石材铺装,或者需要局部制作无缝地雕的铺装,需要更大尺度的地砖,这种情况需要和生产厂家联系定制。2m 以上长度的成材率就非常低了,再加上运费,成本很高,所以常见的地砖面积都比较小。

比如有一种常见的花岗石,园林中叫作"青石板"。青石板质地温润,色泽内敛、沉稳,是备受青睐的铺地材料。通常使用的长度尺寸有 600mm、800mm、1000mm、1100mm、1200mm、1500mm 等,宽度有 250mm、300mm、400mm 等,厚度有 30mm、40mm、50mm、60mm、75mm、80 mm、100mm、110mm、120mm、150mm 等。石板的长度往往与厚度成正比。

小料石通常指边长约为 10cm 的花岗石立方体,由于规格较小,在铺装中它几乎可以铺砌成任何设计所需的形态。小料石还经常被用于铺装分隔带或减速带,或者作为种植池壁。

碎拼的做法是设计师的常用选择,碎拼的石板面积也可大可小,铺砌碎拼铺装时处理好石材和缝隙的关系是碎拼铺装能否呈现良好效果的关键。大面积的碎拼铺装总是给人无序的观感,缺乏设计感。如果在碎拼中加入一些具有控制力的点状铺装,就能够使大面积铺装更有秩序感。小面积的碎拼铺装需要将每块石头的边缘切割整齐,这样才能体现出缝隙与石材之间的完美搭配,突出铺装的细节。

(二)混凝土砖

各种规格的混凝土砖通常被选择作为铺装材料,不仅是因为其价格相对石材较为低廉,还因为混凝土砖的表面纹理细腻、细节感强、更易亲近。混凝土砖的边缘有一道凹槽,铺砌后凹槽相对可以对接,这在铺装面中形成一道道的缝隙,这些缝隙与混凝土砖形成了很好的对应关系,效果比密封铺砌的石材更加美观。砖的厚度可以进行现场切割,这使得混凝土砖可以达到设计师要求的任何铺装图案,并能依靠边缘的凹槽勾勒出铺装图案。

一般使用的混凝土砖是可以起到透水作用的、用粗骨料压制水泥浆黏合而成的一种铺地材料,比较常见的规格有 200mm×100mm×60mm、200mm×200mm×60mm、200mm×100mm×80mm、200mm×400mm×80mm、250mm×250mm×60mm、250mm×125mm×60mm 等,可见透水砖有方砖与长砖两种,通常长边为短边的两倍(图 4—15)。

有一种草坪砖是在混凝土方砖的尺寸基础上规则留出圆形、半圆形(也有其他形状)的洞口,在拼合砌筑的时候就会形成一个个圆孔,地被从圆孔中长出,这种砖也称"嵌草砖"。这种嵌草砖扩大了绿地的面积,也是园林广场、停车场常使用的铺装材料。通常尺寸为 300mm×300mm×60mm,从外形上看像

"X"形,也有制作成"8"字形的,其尺寸为 200mm×400mm×60mm 。

(三)防腐木

防腐木也经常制作成成品木板,在规格上,长度一般为 3～4m ,宽度从 30mm 到 300mm 不等,厚度从 12mm 到 150mm 不等。不同的木材由于强度不同,用途与使用规格也不相同(表 6-3～表 6-5)。

表 6-3　俄罗斯樟子松常用规格

序号	规格(mm)	用途	序号	规格(mm)	用途
1	21×95	地板、挡板	8	70×70	龙骨、栏杆
2	28×95	地板、桌椅	9	95×95	龙骨、柱子、梁
3	28×120	地板、封板	10	45×145	地板、梁
4	45×45	龙骨	11	70×145	地板、斜梁
5	45×95	龙骨、栏杆、地板	12	95×95	龙骨、柱子、梁
6	45×120	地板、梁、扶手	13	60×120	地板、梁、扶手
7	38×120	龙骨、护栏、地板			

备注:

1.木材长度规格均为 4000mm、6000mm。

2.木材毛料规格为 125mm×125mm、150mm×150mm、200mm×3200 mm。

表 6-4　芬兰木常用规格

规格尺寸(mm)	用途
45×95	绿地铺装、栈道、亲水码头、户外家具、龙骨
45×145	绿地铺装、栈道、亲水码头、户外家具、龙骨
70×70	立柱
70×145	桥面板、立柱、横档
70×195,95×195	桥面板、立柱、横梁

表 6-5　红雪松防腐木常用规格

厚度与宽度(mm)	长度(mm)	用途
51×102	1830～6100	地板及装饰
51×153	1830～6100	地板及装饰

厚度与宽度（mm）	长度（mm）	用途
51×204	1830～6100	地板、墙板、花架片
102×102	1830～6100	立柱
102×153	1830～6100	横梁、立柱
32×102	1830～6100	面板、装饰板

（二）铺装规格与场地尺度

很多情况下，为了设计与施工的统一，提高二者的效率与衔接度，设计中经常参考材料的规格尺度来定义场地尺度。比如一块花岗石方砖的边长是800mm，那么场地的边长就是 $800×N$ mm（若干块石材），以此类推，如果场地中除了平铺的石材方砖还有不同宽度的铺装分割带，那么场地长度公式就变为 A（方砖边长）$×N_1$（某一方向的方砖数量）$+B$（分割带边长）$×N_2$（同一方向的分割带数量）。

按照材料的规格进行设计，最大限度地降低了材料成本与施工难度，通常在一般性的场地中（没有特殊主题与功能）这种设计方法应用最多。

（三）铺装规格与纹样

石材、水泥、混凝土、烧结砖等方砖形成的纹样是垂直方格状的，也有的为了网格变化铺设为45°斜角，再复杂一点的可以通过不同色彩的方砖拼合回字纹、井字纹、平行纹，这几种纹样都是方砖拼砌的简单变形。

长条的混凝土砖可以对齐砌筑，也可以错开二分之一砌筑，也可以拼合出方砖的各种造型。可以利用其长边长为短边2倍的客观条件，拼合为小方纹，也可以互相垂直铺设为席纹或者变形席纹，还可以把砖块立铺形成平行纹。

各种木板、木条一般都对齐平铺形成平行纹。大面积的木质平台、眺台木板在铺设方向上可以产生多种变化，从而形成更加灵活多变的纹理。还有更加细致的做法，就是精心设计木板接缝处的造型、甚至固定螺栓的排列方向。

第三节　园林铺装设计的流程及要点

一、铺装的位置选择

在公园中或者绿地中,铺装大体分为两类:一类是线性的道路铺装,一类是面状的场地铺装。前面我们已经阐述过这两种铺装类型的作用。设计师在设计之初需要思考道路、场地出现的位置及承担的功能作用等,以使铺装设计更加实用、自然。

比如,主路是公园的主要血管,所以主路总是设在地面坡度变化较缓和的地方,同时需要方便到达各主要景区、功能区,有时还需要依据整个公园的平面形态相应变化线型。而支路、小路是沟通主路和景区的支血管,其宽度较窄,通过它们可以到达更多的区域,所以支路常设计在主环路之间,出现在林下、溪边、湖岸等地。有时为了引导游览,支路会呈现夸张的曲线变化,或者增加更多的竖向变化;大坡度、台阶等设计会造成铺装变化,所以支路的装饰性更容易被游人发现,我们常见到支路铺装变化多样就是这个原因。

场地型铺装设计与道路型铺装设计有密不可分的关系,可以说它们之间是点、线、面的网络关系,如果道路是公园内的血管,那广场就是公园的器官。公园不是让人固定休息的地方,同样也不是以消耗游人体力为目的的场所,游赏的最佳状态是恰当的运动量加合适的视觉刺激及回味无穷的游赏体验,设定恰当的铺装位置能给人更舒适的游赏体验。选择铺装场地位置的思考要点如下:①与各级道路的衔接是否方便,有些场地连通了主路及下级支路,而有些场地只出现在支路网附近,需要酌情而定;②在路网中出现的频率是否合适,比如考虑游客游赏的体力及心理,以几十米的密度出现连续的铺装场地,与几百米才出现一次铺装场地在理论上都是合理的,究竟以怎样的密度出现,视周围环境及行走强度而定;③岸线的变化与视线的关系,这种铺装特指水岸广场、滨水场地一类的设计,在水边出现的位置要通过岸线变化及视线发展需要来确定,常按照框景、借景等造园手法塑造,这些场地也常成为水边重要的活动区域。

二、铺装广场的主题设计

公园中铺装的位置一经确定,接着就要考虑铺装广场的主题。主题实质上是对铺装广场属性的一种提示,而提示的内容往往通过铺装材料的选择、形态的塑造、纹样的应用、色彩的搭配等方式来体现。此处,我们探讨三种主题:其一,明确地以文化内涵、地域特色、场地精神等为主题的广场,这种广场植根于对某一种精神层面的物质化反映,也是广场独创性的重要体现;其二,以功能为主题的广场,比如各公园的出入口,是典型的以功能为主的铺装设计,这种铺装有时并不需要明确的精神内涵,能够起到醒目的标志作用、流畅的交通组织作用、清晰的空间划分作用就已经是很好的设计了,比如儿童活动场地需要围绕儿童的游乐、行为特点、安全,以及监护人的休息等功能进行设计;其三,一些停留、休息的广场,并没有文化主题,仅提供给游人无差别的休息环境,不需要被某种文化精神或者固定的活动主题所限定。显然,第三种是普通意义上的停留场地,在设计中投入的精力也最少。

北京园林博览会中北京园外的地面铺装就囊括了历史上著名的园林景点名,很容易将北京园的历史文化主题传播给游客。西安秦始皇陵国际旅游广场的铺地镶边,采用秦汉时期常用的纹样,这使得现代的旅游广场显现出历史文化的魅力。青岛海边的铺装很有特色,虽然并没有特殊的主题需要,但从各处细节反映出海滨旅游城市的特点。北京海淀公园桥面利用地雕的形式整齐地排列着龙纹石板、诗词石板等铺装形式,将皇城历史沧桑的主题反映出来,其中的"御稻留香"景区,地面铺装配合了石碾、石磨等景观要素,提醒游人这里曾经是为皇家种稻谷的重要区域。这些主题广场的设计要点在于:在铺装材料上使用文化片段或者典型元素,一般常见的是纹样、图案的组合表现,借助材料拼合或者雕刻的办法,将主题具象化、实物化。此外,主题广场的表现还需要一些其他的景观要素,诸如雕塑、景墙、色彩等。

以功能为主题的广场,常通过铺地的材料或者空间变化,方便游客使用。比如常见的儿童活动区广场,为了让孩子有更安全、更舒适的游赏体验而使用弹性极好的塑胶材料或者其他合成材料,将路缘石等尖角磨掉,变为圆角,更多地使用圆形或者弧形的形态,同时使用丰富而鲜艳的色彩,这也加强了儿童活动场地的活力。再如园林中常见的室外剧场,往往因为空间及功能需要形成内向的弧形或者圆形,加上下沉式的地形设计,可以将周围视线引至圆弧中间,层层下降的台阶一般使用石板、金属、塑胶、草皮制成。

即使对没有明确功能的场地,也可做出具视觉享受的积极变化,公园如此,小区游园也可。所以,在很多高档住宅项目及酒店外环境中,设计师除了对软景设计竭尽全力外,还对铺装做了大量的实践。这些铺装主要以精细的纹样来彰显住宅品质,以典雅的图案色彩吸引消费者;同时,居住在其中的居民也会得到归属感与自豪感。

三、确定铺装的尺度与空间划分

所谓尺度,是空间的大小、人体大小与视线的相对关系。设计中所提及的尺度可狭义地定义为人类感受范围内的尺度。铺装材料一般因为空间不同而不同,因为空间主体内容不同而不同,也因为空间功能不同而不同。铺装可由两种或两种以上材料搭配设计。搭配材料时须有主次之分,一种材料作为主要表现材料,另一种材料起辅助作用(铺装分隔带、收边)。材料的组合形式十分重要,否则铺装变化会显生硬或割裂面状整体感。同一空间中铺装的组合形式通常有两种:一种取决于采用统一或类似色彩、规格、质地的材料,强化场地的设计意图;另一种是通过人工与天然材料的对比,以及不同色彩、规格、质地材料的对比来表现设计意图。

材料的规格主要是单体的长、宽、高,所以材料的规格制定需要与场地本身相协调。规格过大会使得铺装的平面过于呆板;规格过小整体感降低,显得凌乱。用于室外铺装的石材,石材表面可以通过切割和加工压成凹凸不平的表面。下雨的时候,起伏不平的表面形成了存水的小池子。由于表面凹凸程度不同,雨水的蒸发率不同,整个铺装表面就可以形成丰富的形态,铺装成了反映自然界变化的载体。铺装的根本目的还是为了满足功能需求,所以对于一块场地究竟应该设计多大面积的铺装,还是应该从设计者赋予场地功能的初衷出发。

大规模集散广场、群体集结活动的场地,需要满足每个人在其中活动的要求,还有交通要求。比如一些重要的市民广场、大型公园的出入口广场,面积从几千平方米到几万平方米不等,而像天安门广场这样功能与意义非凡的广场,集中的铺装面积可以达到 20 多公顷,是一个超大的铺装环境,不仅保证了日常升旗、瞻仰、旅游集散的正常需要,还强调了其作为首都中心甚至全国中心的地位,同时保证了国庆阅兵活动的空间。大连星海广场也是一座超大型广场,虽然其中有大面积的绿化与模纹绿篱,但中央铺装部分所在圆环直径仍然可以达到 160m 左右,其中硬质铺装部分形成一个五角星图案。这类超大型铺装广场承担的象征意义有时超出了它们的实际功能价值。

几千平方米到几公顷的面积就可以成为一座很好的市民活动广场,而几百平方米到几千平方米可以作为功能丰富的室外活动广场,几平方米到几十平方米可以成为很好的小规模停坐场地。要准确掌握铺装设计的合理面积,就要在功能设置上深入研究,同时对游人的行为及心理有明确的认识及引导。若要更有效地使用铺装场地,空间划分是一个很值得研究的内容。其实,一块铺装场地面积越大越需要进行空间划分,比如一座以铺装为主的大型广场,中央部分其实很难聚集游客,大家都汇集在场地周围,因为这个区域方便停靠,所以很多广场中间设计了挺拔的雕塑,吸引游客到场地中央来,以提高使用率。再如夏季暴晒下的铺装场地,地面温度可以上升至 50℃ 以上,尤其在正午没有人会愿意处在这样的高温下,设计人员在广场局部设置遮阳棚或设计树阵,可以有效地改善这种情况,同时给游人提供了更好的活动空间。一般铺装铺设的形式、铺装分隔带的设计,都跟随空间的划分而做出相应变化。

四、确定铺装的平面结构与形式

铺装的平面结构与整体设计有很大关系,有的设计中道路铺装的线型结构与广场铺装的面状结构自然形成构图关系,有的设计中铺装的外部边缘按照设计主题形成具象或抽象的特殊形式,有的设计中铺装的分隔带形成与外部呼应的轴向关系,有的设计中铺装与景观设施紧密结合在一起。

1.道路与场地的组合形式

道路与场地的组合,表达了设计师对硬质铺装结构的追求,总结常见的接入形式,不难发现大概呈现以下几种类型。

(1)端头接入:道路的端头接在完整的场地铺装上,道路形态与场地形态结构关系并不是十分强烈,单纯为交通方便考虑。这是一种设计及施工都很简单的接入法,道路的铺装形式与场地铺装形式可以在接入线两侧截然不同,也可以选用同样的铺装样式。

(2)局部穿插式接入:道路部分插入场地,两种铺装材料或色彩相互咬合,设计中表现出强烈的侵入性,这类设计往往以直线型或者几何型道路结合铺装场地形态共同形成区域结构,看起来设计感更加强烈,有时进入场地的道路与接出场地的道路呈现对位关系,可能在一条直线上,也可能同属于一条圆弧。

（3）完全穿插式接入：道路完全穿插在场地中，道路的行进方向、铺装形式还按照接入前的设计，好似将完整的路网叠加在铺装场地上，这样的设计一般出现在模糊空间的场地设计中，由于空间模糊，不利于游客行进，所以道路铺装在场地铺装中起引导的作用。

（4）放射型接入：这种接入法是园林中最常见的一种，有时公园设计有核心式节点，需要有众多通道完成向各个方向及景区的引导，这个核心的形态往往呈现为几何式的圆形、椭圆形、方形、多边形、多角形等，场地铺装往往也使用这些形式的相似形。

2.铺装场地的外部形态

铺装场地的形态是设计中很重要的一种结构表达方式，除了场地与道路可以形成结构以外，场地本身也可以塑造为各种形式，这里主要探讨单体式场地与集合式场地群两种。

单体式场地一般选用对称的几何形式，常见的比如方形、长形、圆形、多边形、椭圆形、弧形等，有时使用形体间相互穿插、叠加或者同心放大的形式，比如两个正三角形的叠加形成的组合单体，或者两块长方形场地叠合在一起形成的T形、L形、X形组合单体，圆形与长方形形成的"麦克风"形组合单体等。但也有的场地选择模糊的条带穿插式、流线型甚至异形形式，这与设计理念、场地现状有很大的关系。

集合式场地群是由单体或者组合单体共同形成的，各个单体之间也许并不是大面积相连，但它们共同形成了某一主题形态或者具有统一的功能，这几个单体是有共性的，有密不可分的关系。在这样的组织中常出现单体的平行布局、阵列式布局（方形阵列与环形阵列）、局部穿插式布局、几何交点式布局（由多个单体作为交点共同组合为某一几何形式）等，形式上可以简单也可以非常复杂。由于单个场地具备相关性，所以铺装纹样及材料往往选择相同或者相似的类型。

3.铺装的轴向关系

这里谈的轴向是铺装材料群体方向的问题，铺装的外部形式与其中材料的铺设方向其实存在微妙的轴向关系，这种关系大致可以分为：外部形式与材料铺设方向一致、外部形式与材料铺设方向垂直、外部形式与材料铺设方向呈角度、外部形式与材料铺设方向相似、外部形式与材料铺设方向无关、铺设方向与场地外建筑或者园林结构相关等。而场地内铺装的轴向通常使用不同的材质来表达，换句话说就是铺装分隔带代表了铺装的轴向。在同样的一个方向下有的铺装带强烈、宽大,处于主导地位,强调了主要行进方向与通道关系;有的铺装条带细窄,处于从属地位。这样,似乎在整体方向中又可以区分出主轴与次轴这样的不同关系。

4.铺装与景观设施

景观设施比如坐凳、灯具、一些小品,甚至雕塑等,在铺装环境中可以起到重要作用,比如起到焦点的作用、空间分割的作用等。在确定了铺装的方向、节奏后,将这些元素有序地沿着铺装方向设置或者有规律地设置,使整个铺装场地具备更多的细节与趣味性。

五、确定铺装的材料组合与铺设方法

当铺装的形式、方向、大小等都得到确定,设计师应当考虑用哪些材料来完成这个平面设计。在确定材料的质感、肌理、色彩、性格等因素后,将材料的规格、尺度、拼合的成品类型等因素也添加进来,这样可让铺装设计得到极大丰富。

铺装的设计绝不是一个单纯形式上的工作,其中包含了设计师对材料的熟悉程度,对施工做法的了解,对精神的发掘、弘扬,最终材料仅仅是物质基础而已。材料选择妥当后,需要对这些材料的排列设办法进行考虑:是设计为硬质结构的、还是软质结构,或者介乎二者之间的;砖块类是平铺、席纹铺设,还是立铺;卵石是散铺还是使用卵石板。铺设的方式也会反过来影响铺装肌理、铺装的轴向关系等,所以只有在设计与施工中反复推敲各层关系,才能做出精彩的铺装设计。

第四节　铺装设计中的几个细节问题

"细节决定成败",其实,铺装设计一直以来都不乏新意与创造力,但真正经得起时间考验的还是那些考虑到使用与景观效果的细节,如果这些层面的东西能够深入,铺装设计才能真正成为精品。

一、铺装的留缝

铺装材料的拼合对缝对于设计者来说 CAD 软件画几厘米就是几厘米,但对于最终效果来说,往往会因为对缝不均匀而影响设计。尤其是方向感很强的平铺方砖,那种对缝形成的透视线美感往往由于几块砖的些许位移而变得一塌糊涂。其实,只要积累经验并做到精心铺设,放线与对缝的问题一定能得到很好地解决。

二、铺装的收边

铺装的收边绝不是看起来那么简单的事情,有时候道路铺装的收边带有排水系统,需要考虑排水沟的位置及宽度,而有时候收边采用的混凝土或者石材的规格需要考虑整个铺装场地的形式及面积。如果小小的一块铺装却用了宽大的石材收边,就会显得十分笨拙。所以收边也是一个体现细节的内容,使用何种收边形式,采用何种材料,如砖、砾石、花岗石路缘石、混凝土路缘石、木条、钢板等,都与铺装的整体风格与设计有关(图 4-34)。此外,外部异形的铺装收边又牵扯到砖块做弧形对缝的细节问题。

三、铺装的转折

铺装的转折其实算是一个常规的难题,折线形、直线型都可以很完美地实现转折,而最难的就是圆形、弧线形甚至自由曲线的铺装转折。造成困难的根本原因来自铺装材料的规格与特性,在这里归纳为有方向性的铺装(所有的形状规则的成品地砖)与无方向性的铺装(形状无规则的材料或者粒状材料)两类来解释。

　　如果转折处铺设的材料有方向性,那就需要在对缝方向整齐的基础上逐渐实现转弯。曲线缝与直线缝过渡相切、流畅,途径有"裁"与"补"两种:"裁"就是将成品砖切割,形成两端宽窄不一的形式完成转弯;"补"就是用裁好的小窄条或者卵石、小块料等无方向性铺装补充进转弯留好的裂缝中,对于效果而言显然裁切最好,但能够很精细地完成转弯或者圆形拼图的有方向的铺装确实艰难。这时无方向式的铺装优势就很明显,比如透水混凝土、沥青、砾石、洗石米、卵石、碎拼等,这些材料都不需要考虑转弯拼缝的影响,所以现在的公园主路改变以往使用石材方砖的传统而开始选择无方向式的透水混凝土等材料了。如果要在小规模硬质铺装上设计微地形,那么只有无方向性铺装(并且是小粒径的)才能更好胜任。

第五节　常见铺装材料的组合应用

　　现代景观中,多数材料是组合起来一同使用的,这样可以尽量均衡建设时的投入,也能形成不同的设计风格,展现更为丰富的园林美感。

一、道路

　　道路铺装的设计及材料应用有很明显的规律。比如主要道路较宽,兼顾人行及车行需要,所以其对铺装的结构及面层强度有较高要求,不适合使用临时性或者强度较差的铺装材料。对室外主要道路进行调查发现,这一级别的道路面层常使用沥青、混凝土、砂石、石材等材料,这一类材料的道路铺装的特点有以下几点:①材料强度大,抗压耐磨、施工方便;②纹样及色彩设计一般比较简单、明快,不需要过多的变化,以满足交通功能为主;③道路下或者道路旁常有管线分布,所以在主要道路两侧有时也能看到封闭或者开放式的排水沟;④道路铺装上不设计台阶与蹬道,也就是说道路纵坡比较缓和,但道路转弯半径不宜过小,否则会影响车辆转弯。

　　低级别的道路主要提供行走功能,路面较窄,其与人的关系更为密切,所以这类园路可以使用承重较差的材料,比如较薄的石板材、砖、瓦、卵石、木材、玻璃、陶片等。材料可选范围变大,材料的组合形式就多了起来.最常见的还是石材与混凝土砖的配合,形式上比较简单,视觉效果规则、整齐。石板碎拼也是常用到的形式,有传统直线裂痕的冰裂纹,也有自然碎裂纹理,还有人工加压、打磨后的肌理,板材大小需要与路宽综合考虑。卵石常作为铺装条带改变铺装的大结构,也更容易拼合多样花纹,与混凝土砖和卵石的配合相比,石材与卵石能更方便地切割与造型。另外,卵石更容易在道路转角的地方发挥作用。

　　木材铺装的道路往往引导游客向更有趣的地方行进,因为木材铺装需要底部架空的龙骨作为结构,所以可以忽略地面的原始情况,常看到木材铺装出现在水边、沼泽边、湿地边及花田之上,根据需要还可以设计为立体交通的模式。这种栈道在平面形式上比较灵活,木板铺设角度的变化让整体纹样也产生变化。

　　临时性道路,并不是单纯指功能的临时性,而是指铺装材料的做法比较简单,可以很快地重新设计和铺设。常见的临时性道路铺装包括:石板汀步(可设计在水中,也可以设计在绿地中),卵石、砾石、亚克力材料.树皮块的散铺。临时性铺装往往不需要厚重的混凝土垫层,在夯实的现状土基础上就可以铺设。北京林业大学 7 号楼前曾经出现的铺设在道路上闪电般的"银杏铺装"就是一种极度艺术化的临时铺装处理。

二、铺装广场

广场上的铺装设计与道路铺装有一定的相似性,最大的区别如下:①广场铺装的宽度多数比道路开阔,道路上游人主要活动为"行",同时欣赏周围景色,而广场则涵盖了"行"与"止",既有交通功能,也有停留功能;②道路有延续性,呈线性流转,而广场界限更强,呈面状铺陈;③广场上常见小品、雕塑、座椅、花架等景观小品与设施,并呈现不同的分区特征,所以铺装变化比道路更复杂一些。

常见的广场铺装材料有石材、混凝土砖、压花水泥、木材、塑木、金属、卵石、玻璃等。材质间的组合与变化,将广场不同的功能、不同的情感表达了出来。回归到设计本源来看,铺装的变化符合人对于地面可视部分的重新解读,这就显得倍加重要,及也是园林设计中不可或缺的部分。但对于生态设计思潮影响下的园林设计思考的问题却超脱了单纯视觉刺激的部分,究竟如何判断铺装应该做重还是做轻,需要一些与项目相关的独立判断。

第六节　园林铺装的基础构造和综合做法

一、园林铺装的基础构造

在使用中,我们直接踩踏与观察到的是铺装面层部分,对于设计来说,面层的形式相当重要,但铺装的稳定性、安全性都是由基础结构部分提供的,所以园林铺装的基础构造也非常重要。现有的常见铺装做法可以按照很多分类方法进行分类,但实际上都可以粗略分为原土层(回填土)处理、垫层处理、结合层处理、防水层处理、面层处理等。

(一)原土层(回填土)处理

原土层(很多情况需要回填土)的处理方式一般为夯实,也就是我们常说的素土夯实,在施工中可以进行分层夯实。这里有一个夯实系数来控制施工的紧实度,它指的是工地试样的干密度与理论实验得到的试样最大干密度的比值 K,通常园林铺装原土层的夯实系数不小于 0.92。

(二)垫层处理

垫层部分突出了铺装构造的稳定性,垫层的厚度、结构、配比,决定了垫层支持哪种铺装材料的面层。

1.“三七灰土”

在施工设计时常用的“三七灰土”按照石灰与土的体积 3:7 的比例混合而成。灰土用的石灰最好选用磨细生石灰粉,或块灰浇以适量的水,放置 24h 成粉状的消石灰。密实度高的灰土强度高,水稳定性也好。密实度可用干容重控制,28d 龄期的灰土抗压强度可达到 0.5～0.7MPa,200～300d 龄期的灰土抗压强度可高达 8～10MPa。在地基处理工程中,灰土不仅可以作为一般基础的垫层材料,也可用作挤密桩,加固地基.称“灰土桩”。用灰土做游泳池四壁的衬里能防止池水渗漏。

2.级配砂石(级配碎石)

级配砂石是指砂子或石子的粒径(颗粒大小)按一定的比例混合后用来做

基础或其他用途的混合材料。小粒径的材料恰好填充在大粒径材料的缝隙间，结构比较结实，但又有多孔特征，它的配比根据具体的工程设计不同而有所差别（见表6－1）。

表6－1 粒径级配表

筛孔直径(mm)		50	25	10	5	2
通过筛孔的质量百分率(%)	液限不大于25,塑性指数不大于45	100	＜50	＜30	＜25	＜15
	液限不大于25,塑性指数不大于6		＜65	＜45	＜35	＜25

注:液限、液性指数及塑限、塑性指数在土力学中是评价黏性土的主要指标。土由半固态转到可塑状态的界限含水量称为"塑限"；由可塑状态到流动状态的界限含水量称为"液限"。

（1）天然级配指从自然界开挖后就是碎石带砂的情况，这种天然级配少见于园林铺装垫层中，一般在园林中使用的是人工级配，人工级配可以调整各组分配比情况。

（2）人工级配这种级配一般是用砾石、砂、水按照一定组分配合而成。级配砾石用来做垫层，叫作"级配砂砾垫层"，其级配砂砾要求颗粒尺寸在5～40mm之间，其中25～40mm砂砾的含量不少于50%。

在选择级配碎石与"三七灰土"时，应考虑地方气候中含水量、降雨量、施工前期天气条件、造价等因素。地下水条件丰沛或空气中含水量高会影响"三七灰土"的质量。因此，级配砂石优点就突显出来：因为多孔状态可以提供更好的排水条件，所以使用级配砂石比较多。但"三七灰土"在造价上和在改善基层土性质上有它独特的优势，所以使用上需要配合或者根据实际情况权衡。

3.混凝土垫层

混凝土垫层的作用是提高平整度，为上面的结构部分做一个好基础。一般来说，园林铺装垫层做好后就可以做面层了。但有的时候垫层上方是钢筋混凝土基础或者带金属预埋件的基础，用素混凝土浇制的表面平整的垫层便于在上面绑扎钢筋，可起到保护基础的作用，无须加入钢筋。如有钢筋则不能称其为"垫层"，应视为基础底板。

由于这种垫层就像是一个平台，所以强度也不需要特别高。常见的用在园林中的混凝土垫层使用 C10、C15、C20 这些强度等级即可。

(三)结合层处理

在园林铺装结构中,找平层与结合层在一起,厚度按照规定为 40mm,有不同做法。一般园林中使用 30mm 厚、1:3(水泥:砂子)的干硬水泥砂浆置于素混凝土垫层上,既是找平层,又起到了接合的作用。干硬是个相对概念,用水量较少,其中组分砂子的离散作用较强,"手握成团,掉地散花"就是最好的写照。在上方再使用各种面层材料,利用重力可以使面层与垫层很好地结合起来。未来随着人流量增大,平整度及结实程度还会有所提高。结合层如果更厚,超过了 40mm,按照规定就需要换强度等级为 C20 的混凝土,并用号料粒径为 15mm 左右的细石混凝土作结合。

(四)面层处理

这个面层就是我们之前章节提到的各种材料:混凝土地砖、石材地砖、金属、卵石、玻璃、木材、砖瓦等。面层不同,那么具体的结合与支撑办法也不同。有的时候在施工时调整面层的一些肌理非常必要,比如鲁灰等石材,平板与烧毛板颜色都不太一样。为了使面层收到更好的使用效果与视觉效果,还要做小样的拼合、接合及表面处理试验。

二、园林铺装的综合做法

园林铺装的综合做法分为透水型铺装和不透水型铺装,本书将对这两种类型分别进行介绍,并按照铺装的垫层(基层)、结合层和面层等方面进行讲述。

(一)不透水的基层做法及各层厚度

花岗石、烧结砖、普通水泥砖等不透水材料可采用不透水做法。基层可以采用"三七灰土"和素混凝土垫层。"三七灰土"为北方常用的垫层材料。园林中作为垫层的素混凝土通常采用 C15 或者 C20 强度等级,100mm 厚的混凝土可满足人行要求,200mm 厚可满足车行要求。结合层通常采用干硬性水泥砂浆。30mm 厚的花岗石可满足人行要求,60mm 厚的花岗石可满足车行要求,消防通道需要 80mm 厚的花岗石。

（二）透水的基层做法及各层厚度

透水混凝土（砖）、木质铺装等通常需要透水型做法。透水砖可采用300mm 厚级配砂石垫层作为基层，1：6 干硬性水泥砂浆或粗砂作为结合层。如需要满足车行要求，透水砖需要达到 80mm 厚。木质铺装的构造做法相对复杂，如果木质铺装不做透水做法，木质材料长期处于干湿交替的环境，容易腐烂，影响使用。地垄墙做法可以很好地解决这一问题。地面上砌筑 240mm 厚的砖墙，砖墙上做钢筋混凝土压顶梁，压顶梁通过锚筋与工字钢龙骨焊接，工字钢龙骨上铺设木质铺装。这样遇到雨水天气，雨水可以透过木铺装直接渗入地下，不会使木质铺装泡在水里，保证了工程的质量。

（三）基层找平办法

不同厚度的面层会导致各自下面的基层的厚度不同。若基层和面层无法一体施工，可能会导致工期延迟。为满足园林施工需要，应尽可能保证基层或者面层可以同步施工，通常会采用两种方法进行找平。

找平基层通常有两种方法。

第一种方法是通过砂浆或者增设细石混凝土找平。如 30mm 厚花岗石与60mm 厚烧结砖，面层厚度相差 30mm，可以将花岗石下砂浆做成 50mm 厚，烧结砖下砂浆做成 20mm 厚。这样二者基层的混凝土、灰土可以一起施工，方便快捷。如 30mm 厚花岗石与 120mm 厚烧结砖立砌，面层厚度相差 90mm，可将花岗石下增加 90mm 厚细石混凝土，这样混凝土和灰土可以一起施工。这种方法可以保证施工进度，但会相应地增加投资和工程量。

第二种方法是通过改变基层的形态进行找平。如 30mm 厚花岗石与60mm 厚烧结砖，面层厚度相差 30mm，可以将下方混凝土做成 45°坡角斜面，通过这一段斜面的设置，将基层找平。这种方法可以保证施工进度，但会对施工质量要求较高，斜面处的素土夯实和灰土夯实都需要进行斜面夯实，有一定难度，处理不好容易发生沉降。

总结起来，这两种方法都是为了加快施工进度，但是各有缺点：方法一会增加工程量，增加投资；方法二会增加施工难度。在实际操作中，方法二通常更容易接受。

(四)生态型园林的铺装做法举例

当下人们越来越重视生态环境及生存质量,这一转变影响了各行业及社会各层面,党的"十八大"明确提出了"建设生态文明"的口号。在这之前,各省市管理层已经针对这一趋势,在郊野公园、森林公园、生态公园等做出不少努力,园林工作者也在铺装的形式、材料、施工技艺方面进行过许多探索。

所谓生态型的材料就是在施工过程中或者在施工完毕后不会产生大面积污染或负面影响,不影响场地本身的水土组成、地下水位、生物关系,并且符合场地自身属性、有乡土记忆的材料。这些材料在基层的处理上基本使用柔性、透水的做法,让降水真正回归到地下水循环系统中去;而面层也尽量选择表面能呈现丰富的自然肌理的天然材料。

第七章 园林植物种植设计

第一节 种植设计的基本原则

园林植物在进行设计的时候,不仅要遵循生态学原理,根据植物自身的生态要求进行因地制宜的设计,还要结合美学原理,兼顾生态和人文美学,师法自然是设计的前提,胜于自然是从属要求。园林植物资源丰富,对植物形态的多方面把握,采用美学原理,把每种植物运用在园林中,充分展示植物本身特色,营造良好生态景观的同时,要形成景观上的视觉冲击。因此,园林中植物设计不与林学上的植物栽植相同,而是有其独特的要求。

一、"适地适树",以场地性质和功能要求为前提

园林植物的设计,首先要从园林场地的性质和功能出发。在园林中,植物是园林灵魂的体现,植物使用的地方很多,使用的方式也很多,针对不同的地段,针对不同的地块,都有着其具体的园林设计功能需求。

街道绿地是园林设计中比较常见的,针对街道,首先要解决的是荫蔽,用行道树制造一片绿荫,达到供行人避暑的目的,同时,要考虑运用行道树来组织交通,注意行车时候对视线遮挡的实际问题,以及整个城市的绿化系统统一美化的要求。公园是园林不可或缺的一个部分,在公园设计中一般有可供大量游人活动的大草坪或者广场,以及避暑遮阴的乔灌木、密林、疏林、花坛等观赏实用的植物群。工厂绿化在日益发达的工业发展中,逐步被人重视,它涉及工厂的外围防护,办公区的环境美化,以及休息绿地等板块。

园林植物的多样性导致了各种植物生长习性的不同,喜光,喜阴,喜酸性土壤,喜中性土壤,喜碱性土壤,喜欢干燥,喜欢水湿,或长日照和短日照植物等各有不同需求。根据"物竞天择,适者生存"的理念,在园林场地与植物生长习性

相悖的情况下,植物往往会生长缓慢,表现出各种病状,最终会逐渐死亡,因此,在植物种植设计时,应当根据园林绿地各个场地进行实地考察,在光照、水分、温度以及风力等实际方面多做工作,参照乡土植物,合理选取,配置相应物种,使各种不同习性的植物能在相对较适应的地段生长,形成生机盎然的景观效果。

本土植物是指产地在当地或起源于当地的植物,即长期生存在当地的植物种类。这类植物在当地经历了漫长的演化过程,最能够适应当地的生境条件,其生理、遗传、形态特征与当地的自然条件相适应,具有较强的适应能力。它是各个地区最适合用于绿化的树种,可以有效提高植物的存活率和自然群落的稳定性,做到适地适树。同时,乡土植物是最经济的树种,运输管理费用相对较低,也是体现当地城市风貌的最佳选择。

二、以人为本的原则

任何景观都是为人而设计的,但人的需求并非完全是对美的享受,真正的以人为本应当首先满足人作为使用者的最根本的需求。植物景观设计亦是如此,设计者必须掌握人们的生活和行为的普遍规律,使设计能够真正满足人的行为感受和需求,即必须实现其为人服务的基本功能。但是,有些决策者为了标新立异,把大众的生活需求放在一边,植物景观设计缺少了对人的关怀,走上了以我为本的歧途。例如,禁止入内的大草坪、地毯式的模纹广场,烈日暴晒,缺乏私密空间,人们只能望"园"兴叹。因此,植物景观的设计必须符合人的心理、生理、感性和理性需求,把服务和有益于"人"的健康和舒适作为植物景观设计的根本,体现以人为本,满足居民"人性回归"的渴望,力求创造环境宜人,景色引人,为人所用,尺度适宜,亲切近人,达到人景交融的亲情环境。

三、植物配置的多样性原则

根据遗传基因的多样性,园林植物在选择上,有太多的选择方式。但是,植物的多样性充分体现了当地植物品种的丰富性和植物群落的多样性,可以表现出多少绿量才能使植物景观有更加稳定的基础。各种植物在自身适宜环境下生长、发育、繁殖,都会有其独特的形态特征和观赏特点。就木本植物而言,每一种树木在花、叶、果、枝干、树形等方面的观赏特性都各不相同。例如,罗汉松、马褂木以观叶为主；樱花、碧桃以观花为主；火棘、金橘以观果为主；龙爪槐、红瑞木主要观赏枝干；柏树类主要观赏它的树形，用于陵墓，塑造庄严气氛。在城市园林中，由于有大量高大建筑，硬质铺装，通常情况下，需要选用多种园林观赏植物来形成丰富多彩的园林绿地景观，提高园林绿地的艺术水平和观赏价值，优化城市绿化系统。多样性植物，多品种植物的运用，根据植物的季相性变化，会使得城市园林绿地呈现出各个季度不同的色彩，不同的生气，带来四季常青、生机盎然的优美景观。

多种植物的选用，可以对城市不同地段的光照、水分、土壤和养分等多种生态条件进行合理的利用，获得良好的生态效益。植物的正常生长都需要一定的适宜环境条件，在城市中，光照、湿度及土壤的水分、肥力、酸碱性等生态条件有很大的差异。因此，仅用少数几种植物是满足不了不同地段的各种立地条件；多种植物，就有了多种的环境条件的契合，可以有效地做到有地就有相宜植物与之搭配。例如，在高层建筑的小区中，住宅楼的北面是背阴面，在地面上一般不容易形成绿化地块，需选用耐阴的乔木、灌木、藤本及草本植物来统一整合植物优势，进行绿化。城市绿化还要考虑到植物覆盖率以及单位面积植物活体量和叶面积指数，使用多种植物进行绿化，可以有效提高以上参数，同时可以增加居住区内绿地面积，实现净化空气，消减噪声，改善小环境气候等功能。

在植物绿化种植设计中，以各种植物有其不同的功能为依据，可以根据绿化的功能要求和立地条件选择种植适宜的园林植物。例如，在需要遮挡太阳西晒的绿化地段，可配置刺桐、喜树等高大乔木；在需要进行交通组织的地段，通常可用小叶女贞、丁香球、红花继木等灌木绿篱进行分割、处理；在需要安排遮阴乘凉的地段，可以使用小叶榕、桂花、荷花、玉兰等枝叶繁密、分支点适宜的乔木；在需要攀附的廊架、围栏等独立小品面前，可以种植可观赏的藤本植物，如丁香、藤本月季、紫罗兰、常春油麻藤等；在需要设置亭廊的周围，需要打造出一片属于该处的独特景观视点，以值得游人驻足；如今在广场活动集结的地方，一片草坪势必会让硬质也软化，这是讲究的阴阳调和；选用多种植物，可以满足一种自然的需求，可以满足人为对美的定义，用植物创造自然美。

选用多种植物，可以有效防治多种环境污染问题。

四、满足生态要求的"人工群落"原则

植物种植设计时，要遵循自然生态要求，顺应自然法则，形成植物生态群

落,选择对应植物,构成相同群落元素,师法自然。要满足植物的生态要求,一方面,要在选择植物树种时因地制宜,适地适树,使种植植物的生态习性和栽植点的生态条件基本能够得到统一;另一方面,需要为植物提供合适的生态条件,如此才能使植物成活并正常生长。同时,对各种大小乔木、灌木、藤本、草本植物等地被植物进行科学的有机组合,形成各种形态、各种习性、各种季相、各种观赏要素合理配合,形成多层次复合结构的人工植物群落及良好的景观层次。

植物景观除了供人们欣赏外,更重要的是能创造出适合人类生存的生态环境。它具有吸音除尘、降解毒物、调节温湿度及防灾等生态效应,如何使这些生态效应充分发挥,是植物景观设计的关键。在设计中,应从景观生态学的角度,结合区域景观规划,对设计地区的景观特征进行综合分析,否则,会南辕北辙,适得其反。例如,北京耗巨资沿四环和五环修建的城市绿化隔离带,其目的是控制城市"摊大饼"式向外蔓延带来的环境压力,但在规划中由于缺乏对北京区域环境、自然系统和城市空间扩展格局的分析,采用均匀环绕北京城市周围的布局方式,不但不能真正防止北京城市无序扩张,而且可能拉动和强化这种扩张模式。

五、满足艺术性、形式美法则

植物景观设计同样遵循着绘画艺术和景观设计艺术的基本原则,即统一、调和、均衡和韵律四大原则。植物的形式美是植物及其"景"的形式,一定条件下在人的心理上产生的愉悦感反应。它由环境、物理特性、生理感应三要素构成。即在一定的环境条件下,对植物间色彩明暗的对比、不同色相的搭配及植物间高低大小的组合,进行巧妙的设计和布局,形成富于统一变化的景观构图,以吸引游人,供人们欣赏。

完美的植物景观必须具备科学性与艺术性两方面的高度统一,既满足植物与环境在生态适应上的统一,又要通过艺术构图原理体现出植物个体及群体的形式美,及人们欣赏时所产生的意境美。意境是中国文学和绘画艺术的重要表现形式,同时贯穿于园林艺术表现之中,即借植物特有的形、色、香、声、韵之美,表现人的思想、品格、意志,创造出寄情于景和触景生情的意境,赋予植物人格化。这一从形态美到意境美的升华,不但含意深邃,而且达到了"天人合一"的境界。植物景观中艺术性的创造是极为细腻复杂的,需要巧妙地利用植物的形体、线条、色彩和质地进行构图,并通过植物的季相变化来创造瑰丽的景观,表现其独特的艺术魅力。

六、师法自然

　　植物景观设计中栽培群落的设计,必须遵循自然群落的发展规律,并从丰富多彩的自然群落组成、结构中借鉴,保持群落的多样性和稳定性,这样才能从科学性上获得成功。自然群落内各种植物之间的关系是极其复杂和矛盾的,主要包括寄生关系、共生关系、附生关系、生理关系、生物化学关系和机械关系。在实现植物群落物种多样性的基础上,考虑这些种间关系,有利于提高群落的景观效果和生态效益。例如,温带地区的苔藓、地衣常附生在树干上,不但形成了各种美丽的植物景观,而且改善了环境的生态效应;而白桦与松、松与云杉之间具有对抗性;核桃叶分泌的核桃醌对苹果有毒害作用。上述这些现实环境中存在的客观条件不可不察,必须在植物种植设计的时候充分考虑这些因素,才能设计出自然的景观。

第二节　乔木灌木种植形式

乔木是植物景观营造的骨干材料,形体高大,枝叶繁茂,绿量大,生长年限长,景观效果突出,在种植设计中占有举足轻重的地位,能否掌握乔木在园林中的造景功能,将是决定植物景观营造成败的关键。"园林绿化,乔木当家",乔木体量大,占据园林绿化的最大空间,因此,乔木树种的选择及其种植类型反映了一个城市或地区的植物景观的整体形象和风貌,是种植设计首先要考虑的问题。

灌木在园林植物群落中属于中间层,起着乔木与地面、建筑物与地面之间的连贯和过渡作用。其平均高度基本与人平视高度一致,极易形成视觉焦点,在植物景观营造中具有极其重要的作用,加上灌木种类繁多,既有观花的,也有观叶、观果的,更有花果或果叶兼美者。

根据在园林中的应用目的,大体可分为孤植、对植、列植、丛植和群植等几种类型。

一、孤植

孤植是指在空旷地上孤立地将一株或几株同一种树木紧密地种植在一起,用来表现单株栽植效果的种植类型。

孤植树在园林中既可作主景构图,展示个体美,也可作遮阴之用,在自然式、规则式中均可应用。孤植树主要是表现树木的个体美。例如,奇特的姿态、丰富的线条、浓艳的花朵、硕大的果实等,因此孤植树在色彩、芳香、姿态上要有美感,具有很高的观赏价值。

孤植树的种植地点要求比较开阔,不仅要保证树冠有足够的空间,而且要有比较合适的观赏视距和观赏点。为了获得较清晰的景物形象和相对完整的静态构图,应尽量使视角与视距处于最佳位置。通常垂直视角为 26°～30°,水平视角为 45°时观景较佳。

在安排孤植树时,要让人们有足够的活动场地和恰当的欣赏位置,尽可能用天空、水面、草坪、树林等色彩单纯而又有一定对比变化的背景加以衬托,以突出孤植树在体量、姿态、色彩等方面的特色。

适合作为孤植树的植物种类有：雪松、白皮松、油松、圆柏、侧柏、金钱松、银杏、槐树、毛白杨、香樟、椿树、白玉兰、鸡爪槭、合欢、元宝枫、木棉、凤凰木、枫香等。

二、对植

对植是指用两株或两丛相同或相似的树，按一定的轴线关系，有所呼应地在构图轴线的左右两边栽植。在构图上形成配景或夹景，很少作为主景。

对植多应用于大门的两边，建筑物入口、广场或桥头的两旁。例如，在公园门口对植两株体量相当的树木，可以对园门及其周围的景观起到很好的引导作用；在桥头两边对植能增强桥梁的稳定感。对植也常用在有纪念意义的建筑物或景点两边，这时选用的对植树种在姿态、体量、色彩上要与景点的思想主题相吻合，既要发挥其衬托作用，又不能喧宾夺主。例如，广州中山纪念堂前左右对称栽植的两株白兰花，对植于主体建筑的两旁，高大的体量符合建筑体量的要求，常绿的开白花的芳香树种，又能体现对伟人的追思和哀悼，寓意万古长青、流芳百世。

两株树对植包括两种情况：

一种是对称式，建筑物前，一边栽植一株，而且大小、树种要对称，两株树的连线与轴线垂直并等分。

另一种是非对称式，建筑物两边植株体量不等或栽植距离不等，但左右是均衡的，多用于自然式。选择的树种和组成要比较近似，栽植时注意避免呆板的绝对对称，但又必须形成对应，给人以均衡的感觉。如果两株体量不一样，可在姿态、动势上取得协调。种植距离不一定对称，但要均衡，如路的一边栽雪松，一边栽月季，体量上相差很大，路的两边是不均衡的，我们可以加大月季的栽植量来达到平衡的效果。对植主要用于强调公园、建筑、道路、广场的出入口，突出它的严整气氛。

三、列植

列植是指乔灌木按一定株行距成排成行地栽植。

列植树种要保持两侧的对称性，当然这种对称并不是绝对的对称。列植在园林中可作为园林景物的背景，种植密度较大的可以起到分隔空间的作用，形成树屏,这种方式使夹道中间形成较为隐秘的空间。通往景点的园路可用列植的方式引导游人视线,这时要注意不能对景点造成压迫感,也不能遮挡游人。在树种的选择上要考虑能对景点起到衬托作用的种类,如景点是已故伟人的塑像或纪念碑,列植树种就应该选择具有庄严肃穆气氛的圆柏、雪松等。列植形成的景观比较整齐、单纯、气势大,是公路、城市街道、广场等规划式绿化的主要方式。

在树种的选择上,要求有较强的抗污染能力,在种植上要保证行车、行人的安全,然后还要考虑树种的生态习性、遮阴功能和景观功能。

列植的基本形式有两种:一是等行等距,从平面上看是成正方形或品字形,适合用于规则式栽植;二是等行不等距,行距相等,但行内的株距有疏密变化,从平面上看是不等边三角形或不等边四边形,可用于规则式或自然式园林的局部,也可用于规划式栽植到自然式栽植的过渡。

四、丛植

丛植通常是由几株到十几株乔木或乔灌木按一定要求栽植而成。

树丛有较强的整体感,是园林绿地中常用的一种种植类型,它以反映树木的群体美为主,从景观角度考虑,丛植须符合多样统一的原则,所选树种的形态、姿势及其种植方式要多变,不能对植、列植或形成规则式树林。因为要处理好株间、种间的关系。整体上要密植,像一个整体,局部又要疏密有致。树丛作为主景时四周要空旷,有较为开阔的观赏空间和通透的视线,或栽植点位置较高,使树丛主景突出。树丛栽植在空旷草坪的视点中心上,具有极好的观赏效果,在水边或湖中小岛上栽植,可作为水景的焦点,能使水面和水体活泼而生动,公园进门后栽植一丛树丛既可观赏又有障景的作用。

树丛与岩石结合,设置于白粉墙前、走廊或房屋的角隅,组成景观是常用的手法。另外,树丛还可作为假山、雕塑、建筑物或其他园林设施的配景。同时,树丛还能作为背景,如用雪松、油松或其他常绿树丛作为背景,前面配置桃花等早春观花树木均有很好的景观效果。树丛设计必须以当地的自然条件和总的设计意图为依据,用的树种虽少,但要选得准,以充分掌握其植株个体的生物学特性及个体之间的相互影响,使植株在生长空间、光照、通风、温度、湿度和根系生长发育方面,都取得理想效果。

五、群植

群植是由十几株到几十株的乔灌木混合成群栽植而成的类型。群植可以由单一树种组成,也可由数个树种组成。由于树群的树木数量多,特别是对较大的树群来说,树木之间的相互影响、相互作用会变得突出,因此在树群的配植和营造中要注意各种树木的生态习性,创造满足其生长的生态条件,在此基础上才能设计出理想的植物景观。从生态角度考虑,高大的乔木应分布在树群的中间,亚乔木和小乔木在外层,花灌木在更外围。要注意耐阴种类的选择和应用。从景观营造角度考虑,要注意树群林冠线起伏,林缘线要有变化,主次分明,高低错落,有立体空间层次,季相丰富。

群植所表现的是群体美,树群应布置在有足够距离的开敞草地上,如靠近林缘的大草坪、宽广的林中空地、水中的小岛屿等。树群的规模不宜过大,在构图上要四面空旷,树群的组合方式最好采用郁闭式,树群内通常不允许游人进入。树群内植物的栽植距离要有疏密的变化,要构成不等边三角形,切忌成行、成排、成带地栽植。

六、林植

凡成片、成块大量栽植乔灌木,以构成林地和森林景观的,均称为林植。林植多用于大面积公园的安静区、风景游览区或休疗养区以及生态防护林区和休闲区等。根据树林的疏密度可分为密林和疏林。

(一)密林

郁闭度 0.7~1.0,阳光很少透入林下,因此土壤湿度比较大,其地被植物含水量高、组织柔软、脆弱、经不住踩踏,不便于游人做大量的活动,仅供散步、休息,给人以葱郁、茂密、林木森森的景观享受。密林根据树种的组成又可分为纯林和混交林。

(1)纯林。由同一树种组成,如油松林、圆柏林、水杉林、毛竹林等,树种单一。纯林具有单纯、简洁之美,但一般缺少林冠线和季相的变化,为弥补这一缺陷,可以采用异龄树种来造景,同时可结合起伏的地形变化,使林冠线得以变化。林区外缘还可以配植同一树种的树群、树丛和孤植树,以增强林缘线的曲折变化。林下可种植一种或多种开花华丽的耐阴或半耐阴的草本花卉,或是低矮的开花繁茂的耐阴灌木。

(2)混交林。由多种树种组成,是一个具有多层结构的植物群落。混交林季相变化丰富,充分体现质朴、壮阔的自然森林景观,而且抗病虫害能力强。供游人欣赏的林缘部分,其垂直成层构图要十分突出,但又不能全部塞满,以致影响游人的欣赏。为了能使游人深入林地,密林内部有自然路通过,或留出林间隙地造成明暗对比的空间,设草坪座椅极有静趣,但沿路两旁的垂直郁闭度不宜太大,以减少压抑与恐慌,必要时还可以留出空旷的草坪,或利用林间溪流水体,种植水生花卉,也可以附设一些简单构筑物,以供游人短暂休息之用。密林种植,大面积的可采用片状混交,小面积的多采用点状混交,一般不用带状混交,要注意常绿与落叶、乔木与灌木林的配合比例,还有植物对生态因子的要求等。单纯密林和混交密林在艺术效果上各有其特点,前者简洁后者华丽,两者相互衬托,特点突出,因此不能偏废。从生物学的特性来看,混交密林比单纯密林好,园林中纯林不宜太多。

(二)疏林

郁闭度0.4～0.6,常与草地结合,故又称疏林草地。疏草地是园林中应用比较多的一种形式,无论是鸟语花香的春天,浓荫蔽日的夏日,还是晴空万里的秋天,游人总喜欢在林间草地上休息、看书、野餐等,即便在白雪皑皑的严冬,疏林草地仍具风范。因此,疏林中的树种应具有较高的观赏价值,树冠宜开展,树荫要疏朗,生长要强健,花和叶的色彩要丰富,树枝线条要曲折多变,树干要有欣赏性,常绿树与落叶树的搭配要合适。树木的种植要三五成群,疏密相间,有断有续,错落有致,构图上生动活泼。林下草坪应含水量少,坚韧而耐践踏,游人可以在草坪上活动,且最好秋季不枯黄,疏林草地一般不修建园路,但如果是作为观赏用的嵌花疏林草地,应该有路可走。

七、篱植

由灌木或小乔木以近距离的株行距密植,栽成单行或双行的,其结构紧密的规则种植形式,称为绿篱。绿篱在城市绿地中起分隔空间、屏障视线、衬托景物和防范作用。

（一）篱植的类型

（1）按是否修剪划分为，可分为整齐式（规则式）和自然式。

（2）按高度划分可以分为矮篱、中篱、高篱和绿墙。

矮篱：0.5m以下，主要作为花坛图案的边线，或道路旁、草坪边来限定游人的行为。矮篱给人以方向感，既可使游人视野开阔，又能形成花带、绿地或小径的构架。

中篱：0.5～1.2m，是公园中最常见的类型，用作场地界线和装饰。能分离造园要素，但不会阻挡参观者的视线。

高篱：1.2～1.6m，主要用作界线和建筑的基础种植，能创造完全封闭的私密空间。

绿墙：1.6m以上，用作阻挡视线、分隔空间或作为背景，如珊瑚树、圆柏、龙柏、垂叶格、木槿、枸橘等。

（3）按特点可分为花篱、叶篱、果篱、彩叶篱和刺篱。

花篱：由六月雪、迎春、锦带花、珍珠梅、杜鹃花、金丝桃等观花灌木组成，是园林中比较精美的篱植类型，一般多用于重点绿化地段。

叶篱：大叶黄杨、黄杨、圆柏等为最常见的常绿观叶绿篱。

果篱：由紫珠、枸骨、火棘、枸杞、假连翘等观果灌木组成。

彩叶篱：由红桑、金叶榕、金叶女贞、金心黄杨、紫叶小檗等彩叶灌木组成。

刺篱：由枸橘、小檗、枸骨、黄刺玫、花椒、沙棘、五加等植物体具有刺的灌木组成。

篱植的材料宜用小枝萌芽力强、分枝密集、耐修剪、生长慢的树种。对于花篱和果篱，一般选叶小而密、花小而繁、果小而多的种类。

（二）篱植

篱植在园林中的作用除了可用来围合空间和防范外，在规则式园林中篱植还可作为绿地的分界线，装饰道路、花坛、草坪的边线，围合成几何图案，形成别具特点的空间。篱植还是分隔、组织不同景区空间的一种有效手段，通常用高篱或绿墙形式来屏障视线、防风、隔绝噪声，减少景区间的相互干扰。高篱还可以作为喷泉、雕塑的背景。篱植的实用性还体现在屏障视线，遮挡土墙与墙基、路基等。

第三节　藤蔓植物种植形式

植物种植设计的重要功能是增加单位面积的绿量,而藤本不仅能提高城市及绿地拥挤空间的绿化面积和绿量,调节与改善生态环境,保护建筑墙面,围土护坡等,而且藤本用于绿化极易形成独特的立体景观及雕塑景观,可供观赏,同时可起到分割空间的作用,其对于丰富与软化建筑物呆板生硬的立面,效果颇佳。

一、藤本的分类

(一)缠绕类

枝条能自行缠绕在其他支持物上生长发育,如紫藤、猕猴桃、金银花、三叶木通、素方花等。

(二)卷攀类

依靠卷须攀缘到其他物体上,如葡萄、扁担藤、炮仗花、乌头叶蛇葡萄等。

(三)吸附类

依靠气生根或吸盘的吸附作用而攀缘的植物种类,如地锦、美国地锦、常春藤、扶芳藤、络石、凌霄等。

(四)蔓生类

这类藤本没有特殊的攀缘器官,攀缘能力比较弱,需人工牵引而向上生长,如野蔷薇、木香、软枝灌木、叶子花、长春蔓等。

二、藤本在园林中的应用形式

(一)棚架式绿化

选择合适的材料和构件建造棚架,栽植藤本,以观花、观果为主要目的,兼具遮阴功能,这是园林中最常见、结构造型最丰富的藤本植物景观营造方式。应选择生长旺盛、枝叶茂密的植物材料,对体量较大的藤本,棚架要坚固结实。可用于棚架的藤本有葡萄、猕猴桃、紫藤、木香等。棚架式绿化多用于庭院、公园、机关、学校、幼儿园、医院等场所,既可观赏,又给人们提供了一个纳凉、休息的理想场所。

(二)绿廊式绿化

选用攀缘植物种植于廊两侧,并设置相应的攀附物,使植物攀缘而上直至覆盖廊顶形成绿廊。也可在廊顶设置种植槽,使枝蔓向下垂挂形成绿帘。绿廊具有观赏和遮阴两种功能,在植物选择上应选用生长旺盛、分枝力强、枝叶稠密、遮阴效果好而且姿态优美、花色艳丽的种类,如紫藤、金银花、铁线莲、叶子花、炮仗花等。绿廊既可观赏,又可形成私密空间,供人们游赏或休息。在绿廊植物的养护管理上,不要急于将藤蔓引至廊顶,注意避免造成侧方空虚,影响观赏效果。

(三)墙面绿化

把藤本通过牵引和固定使其爬上混凝土或砖制墙面,从而达到绿化美化的效果。城市中墙面的面积大,形式多样,可以充分利用藤本来加以绿化和装饰,以此打破墙面呆板的线条,柔化建筑物的外观。例如,地锦、美国地锦、凌霄、美国凌霄、络石、常春藤、藤本月季等,为利于藤本植物的攀附,也可在墙面安装条状或网状支架,并进行人工缚扎和牵引。

墙面绿化应根据墙面的质地、材料、朝向、色彩、墙体高度等来选择植物材料。对于质地粗糙、材料强度高的混凝土墙面或砖墙,可选择枝叶粗大、有吸盘、气生根的植物,如地锦、常春藤等;对于墙面光滑的马赛克贴面,宜选择枝叶细小、吸附力强的络石;对于表层结构光滑、材料强度低且抗水性差的石灰粉刷墙面,可用藤本月季、凌霄等。墙面绿化还应考虑墙体的颜色,砖红色的墙面选择开白花、淡黄色的木香或观叶的常春藤。

(四)篱垣式绿化

篱垣式绿化主要用于篱笆、栏杆、铁丝网、矮墙等处的绿化,既具有围墙或屏障的功能,又有观赏和分割的作用。用藤本植物爬满篱垣栅栏形成绿墙、花墙、绿篱、绿栏等,不仅具有生态效益,使篱笆或栏杆显得自然和谐,而且使景观生机勃勃,色彩丰富。由于篱垣的高度一般较矮,对植物材料的攀缘能力要求不高,因此几乎所有的藤本都可用于此类绿化,但具体应用时应根据不同的篱垣类型选用不同的植物材料。

(五)立柱式绿化

城市的立柱包括电线杆、灯柱、廊柱、高架公路立柱、立交桥立柱等,对这些立柱进行绿化和装饰是垂直绿化的重要内容之一,另外,园林中的树干也可作为立柱进行绿化,而一些枯树绿化后可给人老树生花、枯木逢春的感觉,景观效果好。立柱的绿化可选用缠绕类和吸附类的藤本,如地锦、常春藤、三叶木通、南蛇藤、络石、金银花等;对枯树的绿化可选用紫藤、凌霄、西番莲等观赏价值较高的植物种类。

(六)山石—陡坡及裸露地面的绿化

用藤本植物攀附于假山、石头上,能使山石生辉,更富有自然情趣,常用的植物材料有地锦、美国地锦、扶芳藤、络石、常春藤、凌霄等。陡坡地段难以种植其他植物,若不进行绿化,一方面会影响城市景观,另一方面会造成水土流失。利用藤本的攀缘、匍匐生长习性,可以对陡坡进行绿化,形成绿色坡面,既有观赏价值,又能形成良好的固土护坡作用,防止水土流失。经常使用的藤本有落石、地锦、美国地锦、常春藤等。藤本还是地被绿化的好材料,一些木质化程度较低的种类都可以用作地被植物,覆盖裸露的地面,如常春藤、蔓长春花、地锦、络石、扶芳藤、金银花等。

第四节　花卉及地被种植形式

花卉种类繁多、色彩艳丽、婀娜多姿,可以布置于各种园林环境中,是缤纷的色彩及各种图案纹样的主要体现者。园林花卉除了大面积用于地被以及与乔灌木构成复层混交的植物群落,还常常作为主景,布置成花坛、花境等,极富装饰效果。

一、花坛的应用与设计

花坛的最初含义是在具有几何形轮廓的植床内种植各种不同色彩的花卉,用花卉的群体效果来体现精美的图案纹样,或观赏盛花时绚丽景观的一种花卉应用形式。

花坛通常具有几何形的栽植床,属于规则式种植设计;主要表现的是花卉组成的平面图案纹样或华丽的色彩美,不表现花卉个体的形态美;且多以时令性花卉为主体材料,并随季节更换,保证最佳的景观效果。

(一)花坛的类型

1.以表现主题不同分类

花丛式花坛:主要表现和欣赏观花的草本植物花朵盛开时花卉本身群体的绚丽色彩以及不同花色种或品种组合搭配所表现出的华丽的图案和优美的外貌。

模纹花坛:主要表现和欣赏由观叶或花叶兼美的植物所组成的精致复杂的平面图案纹样。

标题式花坛:用观花或观叶植物组成具有明确的主题思想的图案,按其表达的主题内容可以分为文字花坛、肖像花坛、象征性图案花坛等。

装饰物花坛:以观花、观叶或不同种类配植成具有一定实用目的的装饰物的花坛。

立体造型花坛:以枝叶细密的植物材料种植于具有一定结构的立体造型骨架上而形成的一种花卉立体装饰。

混合花坛:不同类型的花坛组合,如花丛花坛与模纹花坛结合、平面花坛与立体造型花坛结合以及花坛与水景、雕塑等的结合而形成的综合花坛景观。

2.以布局方式分类

独立花坛：作为局部构图中的一个主体而存在的花坛，因此独立花坛是主景花坛。它可以是花丛式花坛、模纹式花坛、标题式花坛或者装饰物花坛。

花坛群：当多个花坛组合成为不可分割的构图整体时，称为花坛群。

连续花坛群：多个独立花坛或带状花坛，成直线排列成一列，组成一个有节奏规律的不可分割的构图整体时，称为连续花坛群。

（二）花坛植物材料的选择

1.花丛式花坛的主体植物材料

花丛式花坛主要由观花的一二年生花卉和球根花卉组成，开花繁茂的多年生花卉也可以使用。要求株丛紧密、整齐；开花繁茂，花色鲜明艳丽，花序呈平面开展，开花时见花不见叶，花期长而一致。例如，一二年生花卉中的三色堇、雏菊、百日草、万寿菊、金盏菊、翠菊、金鱼草、紫罗兰、一串红、鸡冠花等，多年生花卉中的小菊类、荷兰菊等，球根花卉中的郁金香、风信子、水仙、大丽花的小花品种等都可以用作花丛花坛的布置。

2.模纹式花坛及造型花坛的主体植物材料

由于模纹花坛和立体造型花坛需要长时期维持图案纹样的清晰和稳定，因此宜选择生长缓慢的多年生植物（草本、木本均可），且以植株低矮、分枝密、发枝强、耐修剪、枝叶细小为宜，最好高度低于 10cm。尤其是毛毡花坛，以观赏期较长的五色草类等观叶植物最为理想，花期长的四季秋海棠、凤仙类也是很好的选材，另外株型紧密低矮的雏菊、景天类、孔雀草、细叶百日草等也可选用。

（三）设计要点

1.花坛的布置形式

花坛与周围环境之间存在协调和对比的关系，包括构图、色彩、质地的对比；花坛本身轴线与构图整体的轴线的统一，平面轮廓与场地轮廓相一致，风格和装饰纹样与周围建筑物的性质、风格、功能等相协调。花坛的面积也应与所处场地面积比例相协调，一般不大于三分之一，也不小于十五分之一。

2.花坛的色彩设计

花坛的主要功能是装饰性，即平面几何图形的装饰性和绚丽色彩的装饰性。因此在设计花坛时，要充分考虑所选用植物的色彩与环境色彩的对比，花坛内各种花卉间色彩、面积的对比。一般花坛应有主调色彩,其他颜色则起勾画图案线条轮廓的作用,切忌没有主次,杂乱无章。

3.花坛的造型、尺度要符合视觉原理

人的视线与身体垂直线形成的夹角不同时,视线范围变化很大,超过一定视角时,人观赏到的物体就会发生变形。因此在设计花坛时,应考虑人视线的范围,保证能清晰观赏到不变形的平面图案或纹样。例如,采用斜坡、台地或花坛中央隆起的形式设计花坛,使花坛具有更好的观赏效果。

4.花坛的图案纹样设计

花坛的图案纹样应该主次分明、简洁美观。切忌在花坛中布置复杂的图案和等面积分布过多的色彩。模纹花坛纹样应该丰富和精致,但外形轮廓应简单。由五色草类组成的花坛纹样最细不可窄于 5cm,其他花卉组成的纹样最细不少于 10cm,常绿灌木组成的纹样最细在 20cm 以上,这样才能保证纹样清晰。当然,纹样的宽窄也与花坛本身的尺度有关,应以与花坛整体尺度协调且在适当的观赏距离内纹样清晰为标准。装饰纹样风格应该与周围的建筑或雕塑等风格一致。标志类的花坛可以各种标记、文字、徽志作为图案,但设计要严格符合比例,不可随意更改;纪念性花坛还可以人物肖像作为图案;装饰物花坛可以日晷、时钟、日历等内容为纹样,但需精致准确,常做成模纹花坛的形式。

二、花境的应用与设计

花境是园林中从规则式构图到自然式构图的一种过渡的半自然式带状种植形式,以体现植物个体所特有的自然美以及它们之间自然组合的群落美为主题。花境种植床两边的边缘线是连续不断的平行直线或是有几何轨迹可循的曲线,是沿长轴方向演进的动态连续构图;其植床边缘可以有低矮的镶边植物;内部植物平面上是自然式的斑块混交,立面上则高低错落,既展现植物个体的自然美,又表现植物自然组合的群落美。

(一)花境的类型

1.依设计形式分

单面观赏花境:为传统的种植形式,多临近道路设置,并常以建筑物、矮墙、树丛、绿篱等为背景,前面为低矮的边缘植物,整体上前低后高,仅供一面观赏。

双面观赏花境:多设置在道路、广场和草地的中央,植物种植总体上以中间高两侧低为原则,可供双面观赏。

对应式花境:在园路轴线的两侧、广场、草坪或建筑周围设置的呈左右二列式相对应的两个花境。在设计上统一考虑,作为一组景观,多用拟对称手法,力求富有韵律变化之美。

2.依花境所用植物材料分

灌木花境:选用的材料以观花、观叶或观果且体量较小的灌木为主。

宿根花卉花境:花境全部由可露地过冬、适应性较强的宿根花卉组成。

混合式花境:以中小型灌木与宿根花卉为主构成的花境,为了延长观赏期,可适当增加球根花卉或一两年生的时令性花卉。

(二)花境植物材料的选择

花境所选用的植物材料通常以适应性强、耐寒、耐旱、当地自然条件下生长强健且栽培管理简单的多年生花卉为主,为了满足花境的观赏性,应选择开花期长或花叶皆美的种类,株高、株形、花序形态变化丰富,以便于有水平线条与竖直线条之差异,从而形成高低错落有致的景观。种类构成还需色彩丰富,质地有异,花期具有连续性和季相变化,从而使得整个花境的花卉在生长期次第开放,形成优美的群落景观。宿根花卉中的鸢尾、萱草、玉簪、景天等,均是布置花境的优良材料。

(三)设计要点

(1)花境布置应考虑所在环境的特点:花境适于沿周边布置,在不同的场合有不同的设计形式,如在建筑物前,可以基础种植的形式布置花境,利用建筑作为背景,结合立体绿化,软化建筑生硬的线条,道路旁则可在道路一侧、两侧或中央设置花境,形成封闭式、半封闭式或开放式的道路景观。

(2)花境的色彩设计:花境的色彩主要由植物的花色来体现,同时植物的叶色,尤其是观叶植物叶色的运用也很重要。宿根花卉是色彩丰富的一类植物,是花境的主要材料,也可适当选用些球根及一二年生花卉,使得色彩更加丰富。在花境的色彩设计中可以巧妙地利用不同花色来创造空间或景观效果,如把冷色占优势的植物群放在花境后部,在视觉上有加大花境深度、增加宽度之感;在狭小的环境中用冷色调组成花境,有空间扩大感。在平面花色设计上,如有冷暖两色的两丛花,具相同的株形、质地及花序时,由于冷色有收缩感,若使这两丛花的面积或体积相当,则应适当扩大冷色花的种植面积。

因花色可产生冷、暖的心理感觉,花境的夏季景观应使用冷色调的蓝、紫色系花,以给人带来凉爽之意;而早春或秋天用暖色的红、橙色系花卉组成花境,可令人产生温暖之感。在安静休息区设置花境宜多用冷色调花;如果为加强环境的热烈气氛,则可多使用暖色调的花卉。

花境色彩设计中主要有四种基本配色方法:单色系设计、类似色设计、补色设计、多色设计。设计中根据花境大小选择色彩数量,避免在较小的花境上使用过多的色彩而产生杂乱感。

(3)花境的平面和立面设计:构成花境的最基本单位是自然式的花丛。每个花丛的大小,即组成花丛的特定种类的株数的多少取决于花境中该花丛在平面上面积的大小和该种类单株的冠幅等。平面设计时,即以花丛为单位,进行自然斑块状的混植,每斑块为一个单种的花丛。通常一个设计单元(如 20m)以5～10 种以上的种类自然式混交组成。各花丛大小有变化,一般花后叶丛景观较差的植物面积宜小些。为使开花植物分布均匀,又不因种类过多造成杂乱,可把主花材植物分为数丛种在花境的不同位置。在花后叶丛景观差的植株前方配植其他花卉给予弥补。使用球根花卉或一二年生草花时,应注意该种植区的材料轮换,以保持较长的观赏期。对于过长的花境,可设计一个演进花境单元进行同式重复演进或两三个演进单元交替重复演进。但必须注意整个花境要有主调、配调和基调,做到多样统一。

花境的设计还应充分体现不同样型的花卉组合在一起形成的群落美。因此,立面设计应充分利用植物的株形、株高、花序及质地等观赏特性,创造出高低错落,丰富美观的立面景观。

三、花丛的应用与设计

花丛是指根据花卉植株高矮及冠幅大小之不同,将数目不等的植株组合成丛配植于阶旁、墙下、路旁、林下、草地、岩隙、水畔等处的自然式花卉种植形式。花丛重在表现植物开花时华丽的色彩或彩叶植物美丽的叶色。

花丛既是自然式花卉配植的最基本单位,也是花卉应用最广泛的形式。花丛可大可小,小者为丛,集丛成群,大小组合,聚散相宜,位置灵活,极富自然之趣。因此,最宜布置于自然式园林环境,也可点缀于建筑周围或广场一角,对过于生硬的线条和规整的人工环境起到软化和调和的作用。

（一）花丛花卉植物材料的选择

花丛的植物材料应以适应性强，栽培管理简单，且能露地越冬的宿根和球根花卉为主，既可观花，也可观叶或花叶兼备，如芍药、玉簪、萱草、鸢尾、百合、玉带草等。栽培管理简单的一二年生花卉或野生花卉也可以用作花丛。

（二）设计要点

花丛从平面轮廓到立面构图都是自然式的，边缘不用镶边植物，与周围草地、树木等没有明显的界线，常呈现一种错综自然的状态。

园林中，根据环境尺度和周围景观，既可以单种植物构成大小不等、聚散有致的花丛，也可以两种或两种以上花卉组合成丛。但花丛内的花卉种类不能太多，要有主有次；各种花卉混合种植，不同种类要高矮有别，疏密有致，富有层次，达到既有变化又有统一。

花丛设计应避免两点：一是花丛大小相等，等距排列，显得单调；二是种类太多，配植无序，显得杂乱无章。

第八章　园林建筑设计

第一节　园林建筑的含义与特点

一、园林与园林建筑

园林是指在一定的地域运用工程技术和艺术手段,通过改造地形(或进一步筑山、叠石、理水)、种植树木花草、营造建筑和布置园路等途径创作而成的自然环境和游憩境域。一般来说,园林的规模有大有小,内容有繁有简,但都包含着四种基本的要素,即土地、水体、植物和建筑。其中,土地和水体是园林的地貌基础,土地包括平地、坡地、山地,水体包括河、湖、溪、涧、池、沼、瀑、泉等。天然的山水需要加工、修饰、整理,人工开辟的山水讲究造型,还需要解决许多工程问题。因此,筑山和理水就逐渐发展成为造园的专门技艺。植物栽培最先是以生产和实用为目的,随着园艺科技的发展才有了大量供观赏的树木和花卉。现代园林中,植物已成为园林的主角,植物材料在园林中的地位就更加突出了。上述三种要素都是自然要素,具有典型的自然特征。在造园中必须遵循自然规律,才能充分发挥其应有的作用。

园林建筑是指在园林中具有造景功能,同时又能供人游览、观赏、休息的各类建筑物。在中国古代的皇家园林、私家园林和寺观园林中,建筑物占了很大比重,其类别很多,变化丰富,积累着中国建筑的传统艺术及地方风格,匠心巧构在世界上享有盛名。现代园林中建筑所占的比重需要大量地减少,但对各类建筑的单体仍要仔细观察和研究它的功能、艺术效果、位置、比例关系,与四周的环境协调统一等。无论是古代园林,还是现代园林,通常都把建筑作为园林景区或景点的"眉目"来对待,建筑在园林中往往起到了画龙点睛的重要作用。所以常常在关键之处,置以建筑作为点景的精华。园林建筑是构成园林诸要素中唯一的经人工提炼，又与人工相结合的产物，能够充分表现人的创造和智慧，体现园林意境，并使景物更为典型和突出。建筑在园林中就是人工创造的具体表现，适宜的建筑不仅使园林增色，并更使园林富有诗意。由于园林建筑是由人工创造出来的，比起土地、水体、植物来，人工的味道更浓，受到自然条件的约束更少。建筑的多少、大小、式样、色彩等处理，对园林风格的影响很大。一个园林的创作，是要幽静、淡雅的山林、田园风格，还是要艳丽、豪华的味道，也主要决定于建筑淡妆与浓抹的不同处理。园林建筑是由于园林的存在而存在的，没有园林与风景，就根本谈不上园林建筑这一种建筑类型。

二、园林建筑的功能

一般说来，园林建筑大都具有使用和景观创造两个方面的作用。

就使用方面而言，它们可以是具有特定使用功能的展览馆、影剧院、观赏温室、动物兽舍等；也可以是具备一般使用功能的休息类建筑，如亭、榭、厅、轩等；还可以是供交通之用的桥、廊、花架、道路等；此外，还有一些特殊的工程设施，如水坝、水闸等。

园林建筑的功能主要表现在它对园林景观创造方面所起的积极作用，这种作用可以概括为下列四个方面：

（一）点景

即点缀风景。园林建筑与山水、植物等要素相结合而构成园林中的许多风景画面，有宜于就近观赏的，有适于远眺的。在一般情况下，园林建筑常作为这些风景画面的重点和主景，没有这座建筑也就不成其为"景"，更谈不上园林的美景了。重要的建筑物往往作为园林的一定范围内甚至整座园林的构景中心，例如北京北海公园中的白塔、颐和园中的佛香阁等都是园林的构景中心，整个园林的风格在一定程度上也取决于建筑的风格。

（二）观景

即观赏风景。以一幢建筑物或一组建筑群作为观赏园内景观的场所；它的位置、朝向、封闭或开敞的处理往往取决于得景佳否，即是否能够使得观赏者在视野范围内摄取到最佳的风景画面。在这种情况下，大至建筑群的组合布局，小到门窗、洞口或由细部所构成的"框景"都可以利用作为剪裁风景画面的手段。

(三)范围空间

即利用建筑物围合成一系列的庭院;或者以建筑为主,辅以山石植物,将园林划分为若干空间层次。

(四)组织游览路线

以园林中的道路结合建筑物的穿插、"对景"和障隔,创造一种步移景异、具有导向性的游动观赏效果。

通常,园林建筑的外观形象与平面布局除了满足和反映特殊的功能性质之外,还要受到园林选景的制约。往往在某些情况下,甚至首先服从园林景观设计的需要。在作具体设计的时候,需要把它们的功能与它们对园林景观应该起的作用恰当地结合起来。

三、园林建筑的特点

园林建筑与其他建筑类型相比较,具有其明显的特征,主要表现如下:

1.园林建筑十分重视总体布局,既主次分明,轴线明确,又高低错落,自由穿插。既要满足使用功能的要求,又要满足景观创造的要求。

2.园林建筑是一种与园林环境及自然景观充分结合的建筑。因此,在基址选择上,要因地制宜,巧于利用自然又融于自然之中。将建筑空间与自然空间融成和谐的整体,优秀的园林建筑是空间组织和利用的经典之作。"小中见大""循环往复,以至无穷"是其他造园因素所无法与之相比的。

3.强调造型美观是园林建筑的重要特色,在建筑的双重性中,有时园林建筑美观和艺术性,甚至要重于其使用功能。在重视造型美观的同时,还要极力追求意境的表达,要继承传统园林建筑中寓意深邃的意境。要探索、创新现代园林建筑中空间与环境的新意。

4.小型园林建筑因小巧灵活,富于变化,常不受模式的制约,这就为设计者带来更多的艺术发挥的余地,真可谓无规可循,构园无格。

5.园林建筑色彩明朗,装饰精巧。在中国古典园林中,建筑有着鲜明的色彩。北京古典园林建筑色彩鲜艳,南方宅第园林则色彩淡雅。现代园林建筑其色彩多以轻快、明朗为主,力求表现园林建筑轻巧、活泼、简洁、明快的性格。在装饰方面,不论古今园林建筑都以精巧的装饰取胜,建筑上善于应用各种门洞、漏窗、花格、隔断、空廊等,构成精巧的装饰,尤其将山石、植物等引入建筑,使装饰更为生动。因此,通过建筑的装饰增加园林建筑本身的美,更主要是通过装饰手段使建筑与景致取得更密切的联系。

第二节　园林建筑的构图原则

建筑构图必须服务于建筑的基本目的,即为人们建造美好的生活和居住的使用空间,这种空间是建筑功能、工程技术和艺术技巧结合的产物,都需要符合适用、经济、美观的基本原则,在艺术构图方法上也都要考虑诸如统一、变化、尺度、比例、均衡、对比等原则。然而,由于园林建筑与其他建筑类型在物质和精神功能方面有许多不同之处,因此,在构图方法上就与其他类型的建筑有所差异,有时在某些方面表现得更为突出,这正是园林建筑本身的特征。园林建筑构图原则概括起来有以下几个方面:

一、统一

园林建筑中各组成部分,其体形、体量、色彩、线条、风格具有一定程度的相似性或一致性,给人以统一感。可产生整齐、庄严、肃穆的感觉;与此同时,为了克服呆板、单调之感,应力求在统一之中有变化。

在园林建筑设计中,大可不必为搞不成多样的变化而担心,即用不着惦记组合成所必需的各种不同要素的数量,园林建筑的各种功能会自发形成多样化的局面,当要把园林建筑设计得能够满足各种功能要求时,建筑本身的复杂性势必会演变成形式的多样化,甚至一些功能要求很简单的设计,也可能需要一大堆各不相同的结构要素。因此,一个园林建筑设计师的首要任务就应该是把那些势在难免的多样化组成引人入胜的统一。园林建筑计中获得统一的方式有:

(一)形式统一

颐和园的建筑物,都是按当时的《清代营造则例》中规定的法式建造的。木结构、琉璃瓦、油漆彩画等,均表现出传统的民族形式,但各种亭、台、楼、阁的体形、体量、功能等,都有十分丰富的变化,给人的感觉是既多样又有形式的统一感。除园林建筑形式统一之外,在总体布局上也要求形式上的统一。

（二）材料统一

园林中非生物性的布景材料，以及由这些材料形成的各类建筑及小品，也要求统一。例如同一座园林中的指路牌、灯柱、宣传画廊、座椅、栏杆、花架等，常常是具有机能和美学的双重功能，点缀在园内制作的材料都需要是统一的。

（三）明确轴线

建筑构图中常运用轴线来安排各组成部分间的主次关系。轴线可强调位置，主要部分安排在主轴上，从属部分则在轴线的两侧或周围。轴线可使各组成部分形成整体，这时等量的二元体若没有轴线则难以构成统一的整体。

（四）突出主体

同等的体量难以突出主体，利用差异作为衬托，才能强调主体，可利用体量大小的差异、高低的差异来衬托主体，由三段体的组合可看出利用衬托以突出主体的效果。在空间的组织上，也同样可以用大小空间的差异与衬托来突出主体。通常，以高大的体量突出主体，是一种极有成效的手法，尤其在有复杂的局部组成中，只有高大的主体才能统一全局，如颐和园的佛香阁。

二、对比

在建筑构图中利用一些因素（如色彩、体量、质感）的程度上的差异来取得艺术上的表现效果。差异程度显著的表现称为对比。对比使人们对造型艺术品产生深刻的和强烈的印象。对比使人们对物体的认识得到夸张，它可以对形象的大小、长短、明暗等起到夸张作用。在建筑构图中常用对比取得不同的空间感、尺度感或某种艺术上的表现效果。

（一）大小对比

一个大的体量在几个较小体量的衬托下，大的会显得更大，小的则更显小。因此，在建筑构图中常用若干较小的体量来与一个较大的体量进行对比，以突出主体，强调重点。在纪念性建筑中常用这种手法取得雄伟的效果。如广州烈士陵园南门两侧小门与中央大门形成的对比。

（二）方向的对比

方向的对比同样得到夸张的效果。在建筑的空间组合和立面处理中，常常用垂直与水平方向的对比以丰富建筑形象。常用垂直上的体型与横向展开的体型组合在一座建筑中，以求体量上不同方向的夸张。

横线条与直线条的对比，可使立面划分更丰富。但对比应恰当，不恰当的对比即表现为不协调。

（三）虚实的对比

建筑形象中的虚实，常常是指实墙与空洞（门、窗、空廊）的对比。在纪念性建筑中常用虚实对比造成严肃的气氛。有些建筑由于功能要求形成大片实墙，但艺术效果上又不需要强调实墙面的特点，则常加以空廊或作质地处理，以虚实对比的方法打破实墙的沉重与闭塞感。实墙面上的光影，也造成虚实对比的效果。

（四）明暗的对比

在建筑的布局中可以通过空间疏密、开朗与闭锁的有序变化，形成空间在光影、明暗方面产生的对比，使空间明中有暗，暗中有明，引人入胜。

（五）色彩的对比

色彩的对比主要是指色相对比，色相对比是指两个相对的补色为对比色，如红与绿、黄与紫等。或指色度对比，即颜色深浅程度的对比。在建筑中色彩的对比，不一定要找对比色，只要色彩差异明显的即有对比的效果。中国古典建筑色彩对比极为强烈，如红柱与绿栏杆的对比，黄屋顶与红墙、白台基的对比。

此外，不同的材料质感的应用也构成良好的对比效果。

三、均衡

在视觉艺术中，均衡是任何现实对象中都存在的特性，均衡中心两边的视觉趣味中心，分量是相当的。由均衡所造成的审美方面的满足，似乎和眼睛"浏览"整个物体时的动作特点有关。假如眼睛从一边向另一边看去，觉得左右两半的吸引力是一样的,人的注意力就会像摆钟一样来回游荡,最后停在两极中间的一点上。如果把这个均衡中心有力地加以标定,以致使眼睛能满意地在上面停息下来,这就在观者的心目中产生了一种健康而平静的瞬间。

由此可见,具有良好均衡性的艺术品,必须在均衡中心予以某种强调,或者说,只有容易察觉的均衡才能令人满足。建筑构图应当遵循这一自然法则。建筑物的均衡,关键在于有明确的均衡中心(或中轴线),如何确定均衡中心,并加以适当的强调,这是构图的关键。均衡有两种类型:对称均衡与不对称均衡。

(一)对称均衡

在这类均衡中,建筑物对称轴线的两旁是完全一样的,只要把均衡中心以某种巧妙的手法来加以强调,立刻给人一种安定的均衡感。

(二)不对称均衡

不对称均衡要比对称均衡的构图更需要强调均衡中心,要在均衡中心加上一个有力的"强音"。另外,也可利用杠杆的平衡原理,一个远离均衡中心、意义上较为次要的小物体,可以用靠近均衡中心、意义上较为重要的大物体来加以平衡。均衡不仅表现在立面上,而且在平面布局上、型体组合上都应加以注意。

四、韵律

在视觉艺术中,韵律是任何物体的诸元素成系统重复的一种属性,而这些元素之间具有可以认识的关系。在建筑构图中,这种重复当然一定是由建筑设计所引起的视觉可见元素的重复。如光线和阴影,不同的色彩、支柱、开洞及室内容积等,一个建筑物的大部分效果,就是依靠这些韵律关系的协调性、简洁性以及威力感来取得的。园林中的走廊以柱子有规律的重复形成强烈的韵律感。

建筑构图中韵律的类型大致有以下几种:

(一)连续韵律

连续韵律是指在建筑构图中由于一种或几种组成部分的连续重复排列而产生的一种韵律。连续韵律可作多种组合:

1.距离相等、形式相同,如柱列;或距离相等,形状不同,如园林展窗。

2.不同形式交替出现的韵律,如立面上窗、柱、花饰等的交替出现。

3.上、下层不同的变化而形成韵律,并有互相对比与衬托的效果。

(二)渐变韵律

在建筑构图中其变化规则在某一方面作有规律的递增或作有规律的递减所形成的规律。如中国塔是典型的向上递减的渐变韵律。

(三)交错韵律

在建筑构图中,各组成部分有规律地纵横穿插或交错产生的韵律。其变化规律按纵横两个方向或多个方向发展,因而是一种较复杂的韵律,花格图案上常出现这种韵律。

韵律可以是不确定的、开放式的;也可以是确定的、封闭式的。只把类似的单元作等距离的重复,没有一定的开头和一定的结尾,这叫作开放式韵律。在建筑构图中,开放式韵律的效果是动荡不定的,含有某种不限定和骚动的感觉。通常在圆形或椭圆形建筑构图中,处理成连续而有规律的韵律是十分恰当的。

五、比例

比例是各个组成部分在尺度上的相互关系及其与整体的关系。建筑物的比例包含两方面的意义:一方面是指整体上(或局部构件)的长、宽、高之间的关系;另一方面是指建筑物整体与局部(或局部与局部)之间的大小关系。园林建筑推敲比例与其他类型的建筑有所不同,一般建筑类型只需推敲房屋内部空间和外部体形从整体到局部的比例关系,而园林建筑除了房屋本身的比例外,园林环境中的水、树、石等各种景物,因需人工处理也存在推敲其形状、比例问题。不仅如此,为了整体环境的谐调,还特别需要重点推敲房屋和水、树、石等景物之间的比例协调关系。影响建筑比例的因素如下:

(一)建筑材料

古埃及用条石建造宫殿,跨度受石材的限制,所以廊柱的间距很小;以后用砖结构建造拱券形式的房屋,室内空间很小而墙很厚;用木结构的长远年代中屋顶的变化才逐渐丰富起来;近代混凝土的崛起,一扫过去的许多局限性,突破了几千年的老框框,园林建筑也为之丰富多彩,造型上的比例关系也得到了解放。

（二）建筑的功能与目的

为了表现雄伟，建造宫殿、寺庙、教堂、纪念堂等都常常采取大的比例，某些部分可能超出人的生活尺度要求。借以表现建筑的崇高而令人景仰，这是功能的需要远离了生活的尺度。这种效果以后又被利用到公共建筑、政治性建筑、娱乐性建筑和商业性建筑性，以达到各种不同的目的。

（三）建筑艺术传统和风俗习惯

如中国廊柱的排列与西洋的就不相同，它具有不同的比例关系。江南一带古典园林建筑造型式样轻盈清秀是与木构架用材纤细分不开的，如细长的柱子、轻薄的屋顶、高翘的屋角、纤细的门窗栏杆细部纹样等在处理上采用一种较小的比例关系。同样，粗大的木构架用材，如较粗壮的柱子、厚重的屋顶、低缓的屋角起翘和较粗实的门窗栏杆细部纹样等采用了较大的比例，因而构成了北方皇家园林浑厚端庄的造型式样及其豪华的气势。

现代园林建筑在材料结构上已有很大发展，以钢、钢筋混凝土、砖石结构为骨架的建筑物的可塑性很大，非特别情况不必去模仿古代的建筑比例和式样，而应有新的创造。在其中，如能适当蕴涵一些民族传统的建筑比例韵味，取得神似的效果，亦将会别开生面。

（四）周围环境

园林建筑环境中的水、树姿、石态优美与否是与它们本身的造型比例，以及它们与建筑物的组合关系紧密相关的，同时它们受人们主观审美要求的影响。水本无形，形成于周界，或溪或池，或涌泉或飞瀑，因势而别；树木有形，树种繁多，或高直，或低平，或粗壮对称，或袅娜斜探，姿态万千；山石亦然，或峰或峦，或峭壁或石矶，形态各异。这些景物本属天然，但在人工园林建筑环境中，在形态上究竟采取何种比例为宜，则决定于与建筑在配合上的需要；而在自然风景区则情形相反，是以建筑物配合山水、树石为前提。在强调端庄气氛的厅堂建筑前宜取方整规则比例的水池组成水院；强调轻松活泼气氛的庭院，则宜曲折随意地组织池岸，亦可仿曲溪沟泉澡，但需与建筑物在高低、大小、位置上配合谐调。树石设置，或孤植、群植，或散布、堆叠，都应根据建筑画面构图的需要认真推敲其造型比例。

六、尺度

和比例密切相关的另一个建筑特性是尺度。在建筑学中,尺度这一特性能使建筑物呈现出恰当的或预期的某种尺寸,这是一个独特的似乎是建筑物本能上所要求的特性。人们都乐于接受大型建筑或重点建筑的巨大尺寸和壮丽场面,也都喜欢小型住宅亲切宜人的特点。寓于物体尺寸中的美感,是一般人都能意识到的性质,在人类发展的早期,对此就已经有所觉察。所以,当人们看到一座建筑物尺寸和实际应有尺寸完全是两码事的时候,人们本能地会感到扫兴或迷惑不解。

因此,一个好的建筑要有好的尺度,但好的尺度不是唾手可得的,而是一件需要苦心经营的事情,并且,在设计者的头脑里对尺度的考虑必须支配设计的全过程。要使建筑物有尺度,必须把某个单位引到设计中去,使之产生尺度,这个引入单位的作用,就好像一个可见的标杆,它的尺寸,人们可简易、自然和本能地判断出来,与建筑整体相比,如果这个单位看起来比较小,建筑就会显得大;若是看起来比较大,整体就会显得小。

人体自身是度量建筑物的真正尺度,也就是说,建筑的尺寸感,能在人体尺寸或人体动作尺寸的体会中最终分析清楚。因此,常用的建筑构件必须符合人们的使用要求而具有特定的标准,如栏杆、窗台为 1m 高左右,踏步为 15cm 左右,门窗为 2m 左右,这些构件的尺寸一般是固定的,因此,可作为衡量建筑物大小的尺度。

尺度与比例之间的关系是十分亲切的。良好的比例常根据人的使用尺寸的大小所形成,而正确的尺度感则是由各部分的比例关系显示出来的。

园林建筑构图中尺度把握的正确与否,其标准并非绝对,但要想取得比较理想的亲切尺度,可采用以下方法。

(一)缩小建筑构件的尺寸,取得与自然景物的谐调

中国古典园林中的游廊,多采用小尺度的做法,廊子宽度一般在 1.5m 左右,高度伸手可及横楣,坐凳栏杆低矮,游人步入其中倍感亲切。在建筑庭园中还常借助小尺度的游廊烘托突出较大尺度的厅、堂之类的主体建筑,并通过这样的尺度来取得更为生动活泼的谐调效果。要使建筑物和自然景物尺度谐调,还可以把建筑物的某些构件如柱子、屋面、基座、踏步等直接用自然山石、树枝、

树皮等来替代,使建筑与自然景物得以相互交融。四川青城山有许多用原木、树枝、树皮构筑的亭、廊,与自然景色十分贴切,尺度效果亦佳。现代一些高层大体量的旅馆建筑,亦多采用园林建筑的设计手法,在底层穿插布置一些亭、廊、榭、桥等,用以缩小观景的视野范围,使建筑和自然景物之间互为衬托,从而获得室外空间亲切宜人的尺度。

(二)控制园林建筑室外空间尺度,避免削弱景观效果

这方面,主要与人的视觉规律有关:一般情况,在各主要视点赏景的控制视角为 $60°\sim90°$,或视角比值 $H:D$(H 为景观对象的高度,在园林建筑中不只限于建筑物的高度,还包括构成画面中的树木、山丘等配景的高度,D 为视点与景观对象之间的距离)约在 $1:1$ 至 $1:3$ 之间。若在庭院空间中各个主要视点观景,所得的视角比值都大于 $1:1$,则将在心理上产生紧迫和闭塞的感觉;如果小于 $1:3$,这样的空间又将产生散漫和空旷的感觉。一些优秀的古典庭园,如苏州的网师园、北京颐和园中的谐趣园、北海画舫斋等的庭院空间尺度基本上都是符合这些视觉规律的。故宫乾隆花园以堆山为主的两个庭院,四周为大体量的建筑所围绕,在小面积的庭院中堆砌的假山过满过高,致使处于庭院下方的观景视角偏大,给人以闭塞的感觉,而当人们登上假山赏景的时候,却因这时景观视角的改变,不仅觉得亭子尺度适宜,而且整个上部庭院的空间尺度也显得亲切,不再有紧迫压抑的感觉。

以上讨论的问题是如何把建筑物或空间做得比它的实际尺寸明显地小些;与此相反,在某些情况下,则需要将建筑物或空间做得比它的实际尺寸明显大些。也就是试图使一个建筑物显得尽可能地大。欲达此目的,办法就是加大建筑物的尺度,一般可采用适当放大建筑物部分构件的尺寸来达到,以突出其特点,即采用夸张的尺度来处理建筑物的一些引人注目的部位,给人们留下深刻的印象。例如古代匠师为了适应不同尺度和建筑性格的要求,房屋整体构造有大式和小式的不同做法。为了加大亭子的面积和高度,增大其体量,可采用重檐的形式,以免单纯按比例放大亭子的尺寸造成粗笨的感觉。

七、色彩

色彩的处理与园林空间的艺术感染力有密切的关系。形、声、色、香是园林建筑艺术意境中的重要因素,其中形与色范围更广,影响也较大,在园林建筑空

间中,无论建筑物、山、石、水体、植物等主要都以其形、色动人。园林建筑风格的主要特征大多也表现在形和色两个方面。中国传统园林建筑以木结构为主,但南方风格体态轻盈,色泽淡雅;北方则造型浑厚,色泽华丽。现代园林建筑采用玻璃、钢材和各种新型建筑装饰材料,造型简洁,色泽明快,引起了建筑形、色的重大变化,建筑风格正以新的面貌出现。

园林建筑的色彩与材料的质感有着密切的联系。色彩有冷暖、浓淡的差别,色的感情和联想及其象征的作用可给人以各种不同的感受。质感则主要表现在景物外形的纹理和质地两个方面。纹理有直曲、宽窄、深浅之分;质地有粗细、刚柔、隐显之别。质感虽不如色彩能给人多种情感上的联想、象征,但它可以加强某些情调上的气氛。色彩和质感是建筑材料表现上的双重属性,两者相辅共存,只要善于去发现各种材料在色彩、质感上的特点,并利用韵律、对比、均衡等各种构图变化,就有可能获得良好的艺术效果。

运用色彩与质地来提高园林建筑的艺术效果,是园林建筑设计中常用的手法,在应用时应注意下面一些问题。

(一)注重自然景物的谐调关系

作为空间环境设计,园林建筑对色彩和质感的处理除考虑建筑物外,各
种自然景物相互之间的谐调关系也必须同时进行推敲,应该使组成空间的各要素形成有机的整体,以利提高空间整体的艺术质量和效果。

(二)处理色彩质感的方法

处理色彩质感的方法,主要是通过对比或微差取得谐调,突出重点,以提高艺术的表现力。

1.对比

色彩、质感的对比与前面所讲的大小、方向、虚实、明暗等各个方面的处理手法所遵循的原则基本上是一致的。在具体组景中,各种对比方法经常是综合运用的,只在少数的情况下根据不同条件才有所侧重。在风景区布置点景建筑,如果突出建筑物,除了选择合适的地形方位和塑造优美的建筑空间体型外,建筑物的色彩最好采用与树丛山石等具有明显对比的颜色。如要表达富丽堂皇、端庄华贵的气氛,建筑物可选用暖色调高彩度的琉璃瓦、门、窗、柱子,使得与冷色调的山石、植物取得良好的对比效果。

2.微差

所谓微差是指空间的组成要素之间表现出更多的相同性,并使其不同性对比之下可以忽略不计时所具有的差异。园林建筑中的艺术情趣是多种多样的,为了强调亲切、宁静、雅致和朴素的艺术气氛,多采用微差的手法取得谐协调突出艺术意境。如成都杜甫草堂、望江亭公园、青城山风景区和广州兰圃公园的一些亭子、茶室,采用竹柱、草顶或以树枝、树皮建造墙、柱,使建筑物的色彩与质感和自然中的山石、树丛尽量一致。经过这样的处理,艺术气氛显得异常古朴、清雅、自然,耐人寻味,这些都是利用微差手法达到谐调效果的典型事例。园林建筑设计,不仅单体可用上述处理手法,其他建筑小品如踏步、坐凳、园灯、栏杆等,也同样可以仿造自然的山与植物以与环境相谐调。

3.视线距离

考虑色彩与质感的时候,视线距离的影响因素应予注意。对于色彩效果,视线距离越远,空间中彼此接近的颜色因空气尘埃的影响就越容易变成灰色调;而对比强烈的色彩,其中暖色相对会显得愈加鲜明。在质感方面则不同,距离越近,质感对比越显强烈,但随着距离的增大,质感对比的效果也随之逐渐减弱。例如,太湖石是具有透、漏、瘦特点的一种质地光洁呈灰白色的山石,因其玲珑多姿,造型奇特,适宜散置近观,或用在小型庭园空间中筑砌山岩洞穴,如果纹理脉络通顺,堆砌得体,尺度适宜,景致必然十分动人;但若用在大型庭园空间中堆砌大体量的崖岭峰峦,将在视线较远时,由于看不清山形脉络,不仅达不到气势雄伟的景观效果,反而会给人以虚假和矫揉造作的感觉,若以尺度较大、体型方正的黄石或青石堆山,则显得更为自然逼真。

此外,建筑物墙面质感的处理也要考虑视线距离的远近,选用材料的品种和决定分格线条的宽窄和深度。如果视点很远,墙面无论是用大理石、水磨石、水刷石、普通水泥色浆,只要色彩一样,其效果不会有多大区别;但是,随着视线距离的缩短,材料的不同,以及分格嵌缝宽度、深度大小不同的质感效果就会显现出来。

以上是对园林建筑构图中所遵循的一些原则进行的简单介绍和分析,实际上艺术创作不应受各种条条框框限制,就像画家可以在画框内任意挥毫泼墨,雕塑家在转台前可以随意加减,艺术家的形象思维驰骋千里本无拘束。这里所谓"原则"只不过是总结前人在园林和园林建筑设计中所取得的艺术成果,找出一点规律性的东西,以供读者创作或评议时提出点滴的线索而已。切不可被这些"原则"给束缚住了手脚,那样的话,便事与愿违了。

第三节　园林建筑的空间处理

在园林建筑设计中,为了丰富对于空间的美感,往往需要采用一系列的空间处理手法,创造出"大中见小,小中见大,虚中有实,实中有虚,或藏或露,或浅或深"富有艺术感染力的园林建筑空间。与此同时,还须运用巧妙的布局形式将这些有趣的空间组合成为一个有机的整体,以便向人们展示出一个合理有序的园林建筑空间序列。

一、空间的概念

人们的一切活动都是在一定的空间范围内进行的。其中,建筑空间(包括室内空间、建筑围成的室外空间、以及两者之间的过渡空间)给予人们的影响和感受最直接、最经常、最重要。

人们从事建造活动,花力气最多、花钱最多的地方是在建筑物的实体方面:基础、墙垣、屋顶等,但是人们真正需要的却是这些实体的反面,即实体所范围起来的"空"的部分,即所谓"建筑空间"。因此,现代建筑师都把空间的塑造作为建筑创作的重点来看待。

人类对建筑空间的追求并不是什么新的课题,而是人类按自身的需求,不断地征服自然、创造性地进行社会实践的结果。从原始人定居的山洞、搭建最简易的窝棚到现代建筑空间,经历了漫长的发展历程,而推动建筑空间不断发展、不断创新的,除了社会的进步、新技术和新材料的出现,给创作提供了的可能性外,最重要的、最根本的就是人们不断发展、不断变化着的对建筑空间的需求。人与世界接触,因关系及层次的不同而有着不同的境界,人们就要求创造出各种不同的建筑空间去适应不同境界的需要:人为了满足自身生理和心理的需要而建立起私密性较强、具有安全感的建筑空间;为满足家庭生活的伦理境界,而建造起了住宅、公寓;为适应宗教信仰的境界而建造起寺观、教堂;为适应政治境界而建造官邸、宫殿、政治大厦;为适应彼此的交流与沟通的需要而建造商店、剧院、学校……园林建筑空间是人们在追求与大自然的接触和交往中所创造的一种空间形式,它有其自身的特性和境界,人类的社会生活越发展,建筑空间的形式也必然会越丰富多样。

中国和西方在建筑空间的发展过程中,曾走过两条相当不同的道路。西方古代石结构体系的建筑,成团块状地集中为一体,墙壁厚厚的,窗洞小小的,建筑的跨度受到石料的限制而内部空间较小,建筑艺术加工的重点自然放到了"实"的部位。建筑和雕塑总是结合为一体,追求一种雕塑性的美,因此人们的注意力也自然地集中到了所触及的外表形式和装饰艺术上。后来发展了拱券结构,建筑空间得到了很大程度的解放,于是建造起了像罗马的万神庙、公共浴场、歌德式的教堂,以及有一系列内部空间层次的公共建筑物,建筑的空间艺术有了很大发展,内部空间尤其发达,但仍未突破厚重实体的外框。

中国传统的木构架建筑,由于受到木材及结构本身的限制,内部的建筑空间一般比较简单,单体建筑比较定型。布局上,总是把各种不同用途的房间分解为若干幢单体建筑,每幢单体建筑都有其特定的功能与一定的"身份",以及与这个"身份"相适应的位置,然后以庭院为中心,以廊子和墙为纽带把它们联系为一个整体。因此,就发展成了以"四合院"为基本单元形式的、成纵横向水平铺开的群体组合。庭院空间成为建筑内部空间的一种必要补充,内部空间与外部空间的有机结合成为建筑规划设计的主要内容。建筑艺术处理的重点,不仅表现在建筑结构本身的美化、建筑的造型及少量的附加装饰上,而且更加强调建筑空间的艺术效果,更精心地追求一种稳定的空间序列层次发展所获得的总体感受。中国古代的住宅、寺庙、宫殿等,大体都是如此。中国的园林建筑空间,为追求与自然山水相结合的意趣,把建筑与自然环境更紧密地配合,因而更加曲折变化、丰富多彩。

由此可见,除了建筑材料与结构形式上的原因外,由于中国与西方人对空间概念的认识不同,即形成两种截然不同的空间处理方式,产生了代表两种不同价值观念的建筑空间形式。

二、空间的处理手法

（一）空间的对比

为创造丰富变化的园景和给人以某种视觉上的感受,中国园林建筑的空间组织,经常采用对比的手法。在不同的景区之间,两个相邻而内容又不尽相同的空间之间、一个建筑组群中的主、次空间之间,都常形成空间上的对比。其中主要包括:空间大小的对比,空间虚实的对比,次要空间与主要空间的对比,幽深空间与开阔空间的对比,空间形体上的对比,建筑空间与自然空间的对比等。

1.空间大小的对比

将两个显著不同的空间相连接,由小空间进入大空间便衬得后者更为阔大,是园林空间处理中为突出主要空间而经常运用的一种手法。这种小空间可以是低矮的游廊,小的亭、榭,不大的小院,一个以树木、山石、墙垣所环绕的小空间,其位置一般处于大空间的边界地带,以敞口对着大空间,取得空间的连通和较大的进深。当人们处于任何一种空间环境中时,总习惯于寻找到一个适合于自己的恰当的"位置",在园林环境中,游廊、亭轩的坐凳,树荫覆盖下的一块草坪,靠近叠石、墙垣的座椅,都是人们乐于停留的地方。人们愿意从一个小空间中去看大空间,愿意从一个安定的、受到庇护的小环境中去观赏大空间中动态的、变化着的景物。因此,园林中布置在周边的小空间,不仅衬托和突出了主体空间,给人以空间变化丰富的感受,而且也很适合于人们在游赏中心理上的需要,因此这些小空间常成为园林建筑空间处理中比较精彩的部分。

空间大小对比的效果是相对的,它是通过大小空间的转换,在瞬时产生大小强烈的对比,会使那些本来不太大的空间显得特别开阔。例如苏州古典园林中的留园、网师园等利用空间大小强烈对比而获得小中见大的艺术效果,就是典型的范例。

2.空间形状的对比

园林建筑空间形状对比,一是单体建筑的形状对比,二是建筑围合的庭院空间的形状对比。形状对比主要表现在平、立面形式上的区别。方和圆、高直与低平、规则与自由,在设计时都可以利用这些空间形状上互相对立的因素来取得构图上的变化和突出重点。

从视觉心理上说,规矩方正的单体建筑和庭园空间易于形成庄严的气氛;而比较自由的形式,如三角形、六边形、圆形和自由弧线组合的平、立面形式,则易形成活泼的气氛。同样,对称布局的空间容易给人以庄严的印象;而不对称布局的空间则多为一种活泼的感受。庄严或活泼,主要取决于功能和艺术意境的需要。传统私家园林,主人日常生活的庭院多取规矩方正的形状;憩息玩赏的庭院则多取自由形式。从前者转入后者时,由于空间形状对比的变化,艺术气氛突变而倍增情趣。形状对比需要有明确的主从关系,一般情况主要靠体量大小的不同来解决。如北海公园里的白塔和重檐琉璃佛殿,体量上的大与小、形状上的圆与方、色彩上的洁白与重彩、线条上的细腻与粗犷,对比都很强烈,艺术效果极佳。

3.建筑与自然景物的对比

在园林建筑设计中,严整规则的建筑物与形态万千的自然景物之间包含着形、色、质感种种对比因素,可以通过对比突出构图重点获得景效。建筑与自然景物的对比,也要有主有从,或以自然景物烘托突出建筑,或以建筑烘托突出自然景物,使两者结合成谐调的整体。风景区的亭榭空间环境,建筑是主体,四周自然景物是陪衬,亭、榭起点景作用。有些用建筑物围合的庭院空间环境,池沼、山石、树丛、花木等自然景物是赏景的兴趣中心,建筑物反而成了烘托自然景物的屏壁或背景。

园林建筑空间在大小、形状、明暗、虚实等方面的对比手法,经常互相结合,交叉运用,使空间有变化,有层次,有深度,使建筑空间与自然空间有很好的结合与过渡,以达到园林建筑实用与造景两方面的基本要求。

(二)空间的渗透

在园林建筑空间处理时,为了避免单调并获得空间的变化,常常采用空间相互渗透的方法。人们观赏景色,如果空间毫无分隔和层次,则无论空间有多大,都会因为一览无余而感到单调乏味;相反,置身于层次丰富的较小空间中,如果布局得体能获得众多美好的画面,则会使人在目不暇接的视觉感受过程中忘却空间的大小限制。因此,处理好空间的相互渗透,可以突破有限空间的局限性取得大中见小或小中见大的变化效果,从而得以增强艺术的感染力。如中国古代有许多名园,占地面积和总的空间体积并不大,但因能巧妙使用空间渗透的处理手法,造成比实用空间要广大得多的错觉,给人的印象是深刻的。处理空间渗透的方法概括起来有以下两种:

1.相邻空间的渗透

这种方法主要是利用门、窗、洞口、空廊等作为相邻空间的联系媒介,使空间彼此渗透,增添空间层次。在渗透运用上主要有以下手法:对景;流动框景;利用空廊互相渗透;利用曲折、错落变化增添空间层次。

(1)对景:指在特定的视点,通过门、窗、洞口,从一空间眺望另一空间的特定景色。对景能否起到引人入胜的诱导作用与对景景物的选择和处理有密切关系,所组成的景色画面构图必须完整优美。视点、门、窗、洞口和景物之间为一固定的直线联系,形成的画面基本上是固定的,可以利用窗、洞口的形状和式样来加强画面的装饰性效果。门、窗、洞口的式样繁多,采用何种式样和大小尺寸应服从艺术意境的需要,切忌公式化随便套用。此外,不仅要注意"景框"的造型轮廓,还要注意尺度的大小,推敲它们与景色对象之间的距离和方位,使之在主要视点位置上能获得最理想的画面。

(2)流动景框:指人们在流动中通过连续变化的"景框"观景,从而获得多种变化着的画面,取得扩大空间的艺术效果。李笠翁在《一家言》中曾谈到坐在船舱内透过一固定花窗观赏流动着的景色以获取多种画面。在陆地上由于建筑物不能流动,要达到这种观赏目的,只能在人流活动的路线上,通过设置一系列不同形状的门、窗、洞口去摄取"景框"外的各种不同画面。这种处理手法与《一家言》流动观景情况具有异曲同工之妙。

(3)利用空廊互相渗透:廊子不仅在功能上能够起交通联系的作用,也可以作为分隔建筑空间的重要手段。用空廊分隔空间可以使两个相邻空间通过互相渗透把对方空间的景色吸收进来以丰富画面,增添空间层次和取得交错变化的效果。如广州白云宾馆底层庭院面积不大,但在水池中部增添了一段紧贴水面的桥廊,把它分隔为两个不同组景特色的水庭,通过空廊的互相借景,增添了空间的层次,取得了似分似合、若即若离的艺术情趣。用廊子分隔空间形成渗透效果,要注意推敲视点的位置、透视角度以及廊子的尺度及其造型的处理。

(4)利用曲折、错落变化增添空间层次:在园林建筑空间组合中常常采用高低起伏的曲廊、折墙、曲桥、弯曲的池岸等手法来化大为小分隔空间,增添空间的渗透与层次。同样,在整体空间布局上也常把各种建筑物和园林环境加以曲折错落布置,以求获得丰富的空间层次和变化。特别是一些由各种厅、堂、榭、楼、院单体建筑围合的庭院空间处理上,如果缺少曲折错落则无论空间多大,都势必造成单调乏味的弊病。错落变化时不可为曲折而曲折、为错落而错落,必须以在功能上合理、在视觉景观上能获得优美画面和高雅情趣为前提。为此,设计时需要认真仔细推敲曲折的方位角度和错落的距离、高度尺寸。

在中国古典园林建筑中巧妙利用曲折错落的变化以增添空间层次,取得良好艺术效果的例子有:苏州网师园的主庭院、拙政园中的小沧浪和倒影楼水院;杭州三潭印月;北方皇家园林中的避暑山庄万壑松风、天宇威扬;北京北海公园白塔南山建筑群、静心斋、濠濮涧;颐和园佛香阁建筑群、画中游、谐趣园等。

2.室内外空间的渗透

建筑空间室内室外的划分是由传统的房屋概念形成的。所谓室内空间一般指具有顶、墙、地面围护的室内部空间而言,在它之外的称作室外空间。通常的建筑,空间的利用重在室内,但园林建筑,室内外空间都很重要。在创造统一和谐的环境角度上,它的涵义也不尽相同,甚至没有区分它们的必要。按照一般概念,在以建筑物围合的庭院空间布局中,中心的露天庭院与四周的厅、廊、亭、榭,前者一般被视为室外空间,后者被视为室内空间;但从更大的范围看,也可以把这些厅、廊、亭、榭视如围合单一空间的门、窗、墙面一样的手段。用它们来围合庭院空间,亦即是形成一个更大规模的半封闭(没有顶)的"室内"空间。而"室外"空间相应是庭院以外的空间了。同理,还可以把由建筑组群围合的整个园内空间视为"室内"空间,而把园外空间视为"室外"空间。

扩大室内外空间的含义,目的在于说明所有的建筑空间都是采用一定手段围合起来的有限空间,室内室外是相对而言的,处理空间渗透的时候,可以把"室外"空间引入"室内",或者把"室内"空间扩大到"室外"。在处理室内外空间的渗透时,既可以采用门、窗、洞口等"景框"手段,把邻近空间的景色间接地引入室内,也可以采取把室外的景物直接引入室内,或把室内景物延伸到室外的办法来取得变化,使园林与建筑能交相穿插,融合成为有机的整体。例如,北京北海公园濠濮涧的空间处理是一个优良的范例,其建筑本身的平面布局并不奇特,但通过建筑物亭、榭、廊、桥曲折的错落变化,以及对室外空间的精心安排,诸如叠石堆山、引水筑池、绿化栽植等,使建筑和园林互相延伸、渗透,构成有机的整体,从而形成空间变化莫测、层次丰富、和谐完整、艺术格调很高的一组建筑空间。

第九章 园林景观小品设计

第一节 园林小品的概述

一、园林小品的定义

园林小品是园林中供休息、装饰、照明、展示及为园林管理和方便游人之用的小型建筑设施,一般设有内部空间,体量小巧,造型别致。园林小品既能美化环境,丰富园趣,为游人提供休息和公共活动的方便,又能使游人从中获得美的感受和良好的教益。

二、园林小品的功能

(一)造景功能(美化功能)

园林景观小品具有较强的造型艺术性和观赏价值,所以能在环境景观中发挥重要的艺术造景功能。在整体环境中,园林小品虽然体量不大,却往往起着画龙点睛的作用。

(二)使用功能(实用功能)

许多小品具有使用功能,可以直接满足人们的需要。如亭、廊、榭、椅凳等小品,可供人们休息、纳凉和赏景;园灯可以提供夜间照明;儿童游乐设施小品可为儿童提供游戏、娱乐。

（三）信息传达功能（标志区域特点）

一些园林小品还具有文化宣传教育的作用，如宣传廊、宣传牌可以向人们介绍各种文化知识以及进行法律法规教育等。道路标志牌可以给人提供有关城市及交通方位上的信息。优秀的小品具有特定区域的特征，是该地人文化历史、民风民情以及发展轨迹的反映。通过景观中的设施与小品，可以提高区域的识别性。

（四）安全防护功能

一些园林小品具有安全防护功能，保证人们游览、休息或活动时的人身安全和管理秩序，并强协调划分不同空间功能，如各种安全护栏、围墙、挡土墙等。

（五）提高整体环境品质功能

通过园林小品来表现景观主题，可以引起人们对环境和生态以及各种社会问题的关注，产生一定的社会文化意义，改良景观的生态环境，提高环境艺术品位和思想境界，提升整体环境品质。

三、景观小品的设计原则

（一）个体设计方面

景观小品作为三维的主题艺术塑造。它的个体设计十分重要。它是一个独立的物质实体，具有一定功能的艺术实体。在设计中运用时，一定牢记它的功能性、技术性和艺术性。掌握这三点才能设计塑造出最佳的景观小品。

1.功能性

有些景观小品除了装饰性外，还具有一定的使用功能。景观小品是物质生活更加丰富后产生的新事物，必须适应城市发展的需要设计出符合功能需要的景观小品才是设计者的职责所在。

2.技术性

设计是关键，技术是保障，只有良好的技术，才能把设计师的意图完整地表达出来。技术性必须做到合理地选用景观小品的建造材料，注意景观小品的尺寸和大小，为景观小品的施工提供有利依据。

3.艺术性

艺术性是景观小品设计中较高层次的追求,有着一定的艺术内涵,应反映时代精神面貌,体现特定的历史时期的文化积淀。景观小品是立体的空间艺术塑造,要科学地应用现代材料、色彩等诸多因素,造成一个具有艺术特色和艺术个性的景观小品。

(二)和谐设计方面

景观环境中各元素应该相互照应、相互协调。每一种元素都应与环境相融。景观小品是环境综合设计的补充和点睛之笔,和谐设计十分必要。在设计中要注意以下几点要求:

1.具有地方性色彩

地方性色彩是指要符合当地的气候条件、地形地貌、民俗风情等因素的表达方式,而景观小品正是体现这些因素的表达方式之一。因此合理地运用景观小品是景观设计中体现城市文化内涵的重点。

2.考虑社会性需要

在现代社会中,优美的城市环境和优秀的景观小品具有很重要的社会效益。在设计时,要充分考虑社会的需要、城市的特点以及市民的需求,才会使景观小品实现其社会价值。

3.注重生态环境的保护

景观小品一般多与水体、植物、山石等景观元素共同来造景,在体现景观小品自身功能外,不能破坏其周围的其他环境,使自然生态环境与社会生态环境得到最大的和谐改善。

4.具有良好的景观性效果

景观小品的景观性包括两个方面:一个是景观小品的造型、色彩等形成的个性装饰性;另一方面是景观小品与环境中其他元素共同形成的景观功能性。各种景观因素相互协调,搭配得体,互相衬托,才能使景观小品在景观环境中成为良好的设计因素。

(三)以人为本设计方面

园林小品作为环境景观中重要的一个因素——以人为本,充分考虑使用者、观赏者及各个层面的需要,时刻想着大众,处处为大众所服务。

1.满足人们的行为需求

人是环境的主体,园林小品的服务对象是人,所以人的行为、习惯、性格、爱好等各种状态是园林小品设计的重要参考依据。尤其是公共设施的艺术设计,要以人为本,满足各种人群的需求,尤其是残障人士的需求,体现人文关怀。园林小品设计时还要考虑人的尺度,如座椅的高度、花坛的高度等。只有对这些因素有充分的了解,才能设计出真正符合人类需要的园林小品。

2.满足人们的心理需求

园林小品的设计要考虑人类心理需求的空间,如私密性、舒适性等,比如座椅的布置方式会对人的行为产生什么样的影响、供几个人坐较为合适等。这些问题涉及对人们心理的考虑和适应。

3.满足人们的审美要求

园林小品的设计首先应其有较高的视觉美感,必须符合美学原理和人们的审美需求。对其整体形态和局部形态、比例和造型、材料和色彩的美感进行合理的设计,从而形成内容健康、形式完美的园林景观小品。

4.满足人们的文化认同感

一个成功的园林小品不仅其有艺术性,而且还应有深厚的文化内涵。通过园林小品可以反映它所处的时代精神面貌,体现特定的城市、特定历史时期的文化传统积淀。所以园林小品的设计要尽量满足文化的认同,使园林景观小品真正成为反映历史文化的媒体。园林小品设计与周围的环境和人的关系是多方面的。通俗一点说,如果把环境和人比喻为汤,那园林小品就是汤中之盐。所以园林小品的设计是功能、技术与艺术相结合的产物,要符合适用、坚固、经济、美观的要求。

四、园林小品的创作要求

园林小品的创作要满足以下几点要求:立其意趣,根据自然景观和人文风情,构思景点中的小品;合其体宜,选择合理的位置和布局,做到巧而得体,精而合宜;取其特色,充分反映建筑小品的特色,把它巧妙地融在园林造型之中;顺其自然,不破坏原有风貌,做到得景随形;求其因借,通过对自然景物形象的取舍,使造型简练的小品获得景象丰满充实的效应;饰其空间,充分利用建筑小品的灵活性、多样性来丰富园林空间;巧其点缀,把需要突出表现的景物强化出来,把影响景物的角落巧妙地转化成为游赏的对象;寻其对比,把两种明显差异的素材巧妙地结合起来,相互烘托,凸显双方的特点。

第二节　园林小品的分类

一、单一装饰类园林小品

装饰类园林小品作为一种艺术现象，是人类社会文明的产物，它的装饰性不仅表现在形式语言上，更表现了社会的艺术内涵，也就是人们对于装饰性园林艺术概念的理解和表现。

（一）设计要点

1.特征

作为空间外环境装饰的一部分，装饰类园林小品具有精美、灵活和多样化的特点，凭借自身的艺术造型，结合人们的审美意识，激发起一种美的情趣。装饰类园林小品设计着重考虑其艺术造型和空间组合上的美感要求，使其新颖独特，千姿百态，具有很强的吸引力和装饰性能。

2.设计要素

（1）立意

装饰类园林小品艺术化是外在的表现，立意则是内在的，使其有较高的艺术境界，寓情于景，情景交融。意境的塑造离不开小品设计的色彩、质地、造型等基本要素，通过这些要素的结合才能表达出一定的意境，营造环境氛围。同时还可以利用人的感官特征来表达某种意境，如通过小品中水流冲击材质的特殊声音来营造一定的自然情趣，或通过植物的自然芳香、季节转变带来的色彩变化营造生命的感悟等。这些在利用人的听觉、嗅觉、触觉、视觉的感悟中，营造的气氛更给人以深刻的印象，日本的小品就是利用这些要素来给环境塑造禅宗思想的。

（2）形象设计

①色彩

色彩具有鲜明的个性，有冷暖、浓淡之分，对颜色的联想及其象征作用可给人不同的感受。暖色调热烈，让人兴奋，冷色调优雅、明快；明朗的色调使人轻松愉快，灰暗的色调更为沉稳宁静。园林小品色彩处理得当，会使园林空间有很强的艺术表现力。如在休息、私密的区域需要稳重、自然、随和的色彩,与环境相协调,容易给人自然、宁静、亲切的感受;以娱乐、休闲、商业为主的场地则可以选用色彩鲜明、醒目、欢快,容易让人感到兴奋的颜色。

②质地

现代小品的质地随着技术的提高,选择的范围越来越广,形式也越来越多样化,将小品的质地类型分为以下几类:

人工材料。包括塑料、不锈钢、混凝土、陶瓷、铸铁等。这些人工材料可塑性强,便于加工,制造效率高,并且色彩丰富,基本可以适应各种设计环境的要求。

天然材料。例如,木材的触感、质感好,热传导差,基本不受温度变化的影响,易于加工,但保存性、耐抗性差,容易损坏。而石材质地坚硬、触感冰凉,夏热冬凉,不宜加工,但耐久性强。天然材料纯朴、自然,可以塑造如地方特色、风土人情风格化的小品。

人工材料与天然材料结合。将人工材料和天然材料结合使用,特别是在植物造景上,别具一格。木材与混凝土、木材与铸铁等组合材料,这些材料多可以表达特殊的寓意,用材料的对比加强个性化、艺术思想的表达,另外在使用上可以互补两种材料的缺陷,综合两种材料的优点。

③造型

装饰类园体小品的造型更强调艺术装饰性,这类小品的造型设计很难用一定标准来规范,但仍然有一定的设计线索可以追寻,一般的艺术造型有具象和抽象两种基本形式,无论是平面化表达还是立面效果都是如此。无论是雕塑、构筑物还是植物都可以通过点、线、面和体的统一造型设计创造其独特的艺术装饰效果,同时造型的设计不能脱离意境的传达,要与周围环境统一考虑,塑造合理的外部艺术场景。

(3)与环境的关系

装饰小品要与周围环境相融合,可以体现地区特征,在场景中更具自身特点。在相应的地方安排布置小品,布局也要与场景关系相呼应,如在城市节点、边界、标志、功能区域内、道路等场地合理安排。例如我国传统园林中的亭子,因地制宜,巧妙地配置山石、水景、植物等,使其构成各具特色的空间。需要考虑的环境因素有:

①气候、地理因素

根据气候、地理位置不同所选择设计的小品也有差异,如材料的选取,遵循就地取材和耐用的原则,部分城市出现有远距离输送材料的现象,既不经济,材料又容易遭到不适宜的气候的破坏。这种做法不宜提倡。地区气候特征不同,色彩使用也有明显差异,如阴雨连绵的地区,多采用鲜明、易于分辨、醒目的颜色;干旱少雨的地区则多使用接近自然、清爽的颜色,运用不易吸收太阳热能的材料,防止使人有眩晕、闷热的感觉。

②文化背景

以历史文脉为背景,提取素材可以营造浓郁的文化场景。小品的设计依据历史、传说、地方习俗等的形式为组成元素,塑造具有浓郁文化背景的小品。

(二)类别

1.园林建筑小品

这类建筑小品大多形式多样,奇妙而独特,具有很强的艺术性和观赏性,同时也具备一定的使用功能,在园林中可谓是"风景的观赏,观赏的风景",对园林景观的创造起着重要的作用。比如点缀风景、作为观赏景观、围合划分空间、组织游览路线等。包括入口、景门及景墙、花架、大体量构筑物等。

2.园林植物小品

植物小品要突出植物的自身特点,起到美化装点环境的作用,它与一般的城市绿化植物不同。园林植物小品具有特定的设计内涵,经过一定的修剪、布置后赋予了场景一定的功能。植物是构园要素中唯一具有生命的,一年四季均能呈现出各种亮丽的色彩,表现出各种不同的形态,展现出无穷的艺术美。

设计可以用植物的色、香、形态作为造景主题,创造出生机盎然的画面,也可利用植物的不同特性和配置塑造具有不同情感的植物空间,如:热烈欢快、淡雅宁静、简洁明快、轻松悠闲、疏朗开敞的意境空间。因此,设计时应从不同园林植物特有的观赏性去考虑园林植物配置,以便创造优美的风景。

园林植物小品的设计要注意以下两方面:一方面是各种植物相互之间的配置,考虑植物种类的选择,树丛的组合,平面和立面的构图、色彩、季相以及园林意境;另一方面是园林植物与其他园林要素如山石、水体、建筑、园路等相互之间的配置。

(1)植物单体人工造型。

通过人工剪切、编扎、修剪等手法,塑造手工制作痕迹明显、具有艺术性的植物单体小品。这类小品具有较强的观赏性。

（2）植物与其他装饰元素相结合的造型

如与雕塑结合；与亭廊、花架结合；与建筑（墙体、窗户、门）结合。

（3）植物具有功能性造型

如具有围墙、大门、窗、亭、儿童游戏、阶梯、围合或界定空间等功能性形式。

3.园林雕塑小品

雕塑雕塑小品是环境装饰艺术的重要构成要素之一，是历史文化的瑰宝，也是现代城市文明的重要标志。不论是城市广场、街头游园，还是公共建筑内外，都设置有形象生动、寓意深刻的雕塑。

装饰性景观雕塑是现在使用最为广泛的雕塑类型，它们在环境中虽不一定要表达鲜明的思想，但具有极强的装饰性和观赏性。雕塑作为环境景观主要的组成要素，非常强调环境视觉美感。

雕塑小品是环境中最常用也是运用最多的小品形式。随着环境景观类型的丰富，雕塑的类型也越来越多，无论是形态、功能、材料、色彩都更灵活、多样。主要可以分为以下几种类型：

（1）主题性、纪念性雕塑

通过雕塑在特定环境中提示某个或某些主题。主题性景观雕塑与环境的有机结合，可以弥补一般环境无法或不易具体表达某些思想的特点；或以雕塑的形式来纪念人与事，它在景观中处于中心或主导地位，起着控制和统率全局的作用。形式可大可小，并无限制。

（2）传统风格雕塑

历来习惯使用的雕塑风格，沿袭传统固定的雕塑模式，有一定传统思想的渗入，特别是传统封建习俗中的人物或神兽等，多使用在建筑楼前。有的雕塑成为不可缺少的场地标志，如银行、商场前的石雕。

（3）体现时代特征的雕塑

雕塑融合现代艺术元素，体现前卫、现代化气息，多色彩艳丽、造型独特、不拘一格或生动幽默、寓意丰富。

（4）具风土民情的雕塑

传统、民族、地方特色的小品，以现代艺术形式为表达途径映射民族风情、地方文化。

二、综合类园林小品

综合类园林小品是由多种设计元素组合而成的,在景观上形成相互呼应、统一的"亲缘关系",在造型上内容丰富、功能多样,所处场景协调而具有内聚力。

(一)设计要点

1.特征

综合类园林小品是利用小品的各种性能特征,综合起来形成复合性能更为突出、装饰效果更强大的一个小品类型。可以根据环境需要,将本是传统中的几种小品才能表达的装饰效果融合于一体,使场景空间更具内聚力,同时增强了小品的自身价值。综合类小品是现代景观发展中新兴的一类"小品家族",这类小品甚至还结合了公共设施的使用需求,具有装饰和使用的多重性能。小品设计综合了艺术、科技、人性化等多种设计手法,体现着人类的智慧结晶。

2.设计要素

(1)立意

小品设计的形式出现在人文生活环境之中,具有艺术审美价值,也是意识形态的表现,并在一定程度上成为再现和进一步提升人类艺术观念、意识和情感的重要手段;同时它与环境的结合更为密切,要求根据环境的特征和场景需要来设计小品的形态,体现小品各种恰到好处的复合性能。因此,该类小品的立意要与场景、主题一致。

(2)形象设计

造型上风格要求统一,在结构形式、色彩、材料以及工艺手段等方面与环境融合得当,具备一定的功能,体现场所的思想,有空间围合感,又与周围其他环境有所区别。综合类小品在形象设计风格上会受到不同程度的制约,必须在形式语言的多样化和合理性角度分析其存在的艺术价值,不同的形象设计可以塑造不同的场景特征。

(3)与环境的关系

综合类小品的具体表现形式受不同区域的建筑主体环境以及景观环境的影响及制约,譬如在某一特定的建筑主体环境、街道、社区和广场中,综合类小品必须在与这些特定功能环境相适应的基础上,巧妙处理各种制约因素,发挥其综合性能,使之与环境功能互为补充,提升其存在的价值。综合类小品的布置根据场地的性质变化,如场地的面积、空间大小、类型决定相应的组合关系,主要包括聚合、分散、对位等布置形式。

(二)类别

综合类园林小品的设计最能体现设计者的智慧,同时可以弥补场景功能、性质的局限性。例如:在生硬的环境隔离墙上绘制与环境功能及风格协调的图案,不仅保持了其划分空间功能的特点,更使其成为一件亮丽的景观小品。

1.装饰与功能的重合

小品本身的性质已经模糊,特别是在人的参与下,装饰与功能重合,它既具备服务于场地的功能性同时又是不可忽视的作为展现场地独特个性、装点环境的艺术品。

2.多种装饰类复合小品

多种装饰类复合小品是针对装饰性能的多重性而言的,包括采用多种装饰材料、装饰手法等组合,各种装饰性能融合于一体,独立形成的小品类型。例如构筑物中的廊架与水体、植物复合;山石与植物的复合;植物与雕塑的复合等。这些元素共同组合成多种装饰类复合小品,以强化场景的装饰性能,使其更生动、更形象地表达场景的特征。

小品在以装饰为主要功能的前提下,同时具有多功能性,具体表现在性能的复合上,在同一空间中小品造型丰富程度的提高导致场所具有多种功能特征。这类小品的出现往往与城市公共设施相结合,除了具有装饰效果外,同样具备了公共设施的功能特征,是现在小品发展的一个趋势。

三、创新类园林小品

创新类园林小品是在现今已经成熟小品类型的基础上延伸出的时代产物,是伴随科学技术、社会精神文明的进步、人性化的发展而在城市环境景观中形成的一批具有独特魅力、全新功能和具有浓郁时代气息的小品。这类小品会随时代的演变、社会的接纳程度而退化或转化为成熟的小品类型,它自身具有追赶时代潮流的不稳定性。

（一）设计要点

1.特征

创新小品是体现时代思想、潮流的一类新型小品，多通过小品传达新时代的科技、艺术、环保、生态等信息。创新类园林小品的个性化是建立在充分尊重建筑以及景观环境的整体特征基础之上的。

2.设计要点

受限制因素少，更多的是利用新科技、新思想、新动向来服务于大众，或是以吸引大众的注意力为目的，甚至是为了表达某种思想而划定特定的区域来设计并集中安排此类小品。

（1）立意

设计立意要从大局观念入手，从整体景观理念塑造的高度去把握自身的独特性。此类小品多体现新潮思想，涵盖一定现代艺术、科技的成分。

由于此类小品融合了新思想、新技术，设计要求功能更为人性化，全面体现各方面可能存在的使用需求，突破传统观念的局限性，打造更为合理的小品形式。

（2）形象设计

这类小品常常具有强烈的色彩、夸张的造型特征。现代材料的应用，丰富的艺术内涵，独特的形象塑造，使得这类小品除了具有个性之外，还要求自身具有公共性。

（3）与环境的关系

创新类园林小品的特殊性与艺术性无疑是与建筑以及景观环境的功能和风格等因素分不开的。设计要求特定的小品形式对特定环境区域的整体设计能产生积极的推动作用。

（二）类别

1.生态型

生态型小品的设计遵循改良环境、节约能源、就地取材、尊重自然地形、充分利用气候优势等原则。采取各种途径，尽可能地增加绿色空间。

目前生态型小品的设计，在国外有很好的发展趋势，特别是德国，通过利用废弃的材料重新加工利用，甚至直接利用废弃物来设计小品。例如：在废弃工厂兴建的公园，就直接将废弃铁轨、碎砖石等组合加工成造型独特新颖的小品出现在公园中,这不但不影响景观还赋予公园自身的个性,同时保留了该场地的部分记忆,小品也成为生态设计的一种设计元素出现在公园当中。

2.新艺术形态

小品作为一些艺术家们的艺术思想、艺术形态在外空间的表达,无形中形成了环境景观的构成要素,成为环境中亮丽的奇葩,在园林景观中成了珍贵的不可多得的部分,起到了不可忽视的作用。即使在面对一个相对简单的材料中,也同样可以利用艺术的手法变化使其内容形式丰富起来,新艺术形态小品的出现,是一种思想的塑造、一种境界的营造或一种艺术概念的表达,小品具有时间和空间的特性。

3.科技、科普型

充分体现智能化、人性化的思想,将新技术、新工艺融合到了小品设施中,达到最人性化的设计原则。将科技手法运用到小品中,除了体现科技的进步外,更多的是提高小品的人性化,如方便残疾人使用的电子导向器;在广场中的小品设施里设置能量转换器,将太阳能转换成热能,为冬天露天使用场地的人们提供取暖设施。

第十章　园林工程施工概述

第一节　园林工程施工基础

园林工程是以市政工程原理为基础,以园林艺术理论为指导,研究工程造景技艺的一门学科。也就是说,它是以工程原理、技术为基础,运用风景园林多项造景技术,并使两者融为一体创造园林风景的专业性建筑工作。

一、园林工程施工项目及其特点

(1)园林工程施工具有综合性

园林工程具有很强的综合性和广泛性,它不仅仅是简单的建筑或者种植,还要在建造过程中,遵循美学特点,对所建工程进行艺术加工,使景观达到一定的美学效果,从而达到陶冶情操的目的。同时,园林工程中因为具有大量的植物景观,所以还要具有园林植物的生长发育规律及生态习性、种植养护技术等方面的知识,这势必要求园林工程人员具有很高的综合能力。

(2)园林工程施工具有复杂性

我国园林大多是建设在城镇或者自然景色较好的山、水之间,而不是广阔的平原地区,所以其建设位置地形复杂多变,因此对园林工程施工提出了更高的要求。在准备期间,一定要重视工程施工现场的科学布置,以便减少工程期间对于周边生活居民的影响和成本的浪费。

(3)园林工程施工具有规范性

在园林工程施工中,建设一个普普通通的园林并不难,但是怎样才能建成一个不落俗套,具有游览、观赏和游憩功能,既能改善生活环境又能改善生态环境的精品工程,就成了一个具有挑战性的难题。因此,园林工程施工工艺总是比一般工程施工的工艺复杂,对于其细节要求也就更加严格。

（4）园林工程施工具有专业性

园林工程的施工内容较普通工程来说要相对复杂，各种工程的专业性很强。不仅园林工程中亭、榭、廊等建筑的内容复杂各异，现代园林工程施工中的各类点缀工艺品也各自具有其不同的专业要求，如常见的假山、置石、水景、园路、栽植播种等工程技术，其专业性也很强。这都需要施工人员具备一定的专业知识和专业技能。

二、园林工程建设的作用

园林工程建设主要通过新建、扩建、改建和重建一些工程项目，特别是新建和扩建，以及与其有关的工作来实现的。

园林工程施工是完成园林工程建设的重要活动，其作用可以概括为以下几个方面：

（1）园林工程建设计划和设计得以实施的根本保证

任何理想的园林建设工程项目计划，任何先进科学的园林工程建设设计，均需通过现代园林工程施工企业的科学实施，才能得以实现。

（2）园林工程建设理论水平得以不断提高的坚实基础

一切理论都来自实践，来自最广泛的生产实践活动。园林工程建设的理论自然源于工程建设施工的实践过程。而园林工程施工的实践过程，就是发现施工中的问题并解决这些问题，从而总结和提高园林工程施工水平的过程。

（3）创造园林艺术精品的必经之途

园林艺术的产生、发展和提高的过程，就是园林工程建设水平不断发展和提高的过程。只有把经过学习、研究、发掘的历代园林艺匠的精湛施工技术及巧妙手工工艺，与现代科学技术和管理手段相结合，并在现代园林工程施工中充分发挥施工人员的智慧，才能创造出符合时代要求的现代园林艺术精品。

（4）锻炼、培养现代园林工程建设施工队伍的最好办法

无论是对理论人才的培养，还是对施工队伍的培养，都离不开园林工程建设施工的实践锻炼这一基础活动。只有通过实践锻炼，才能培养出作风过硬、技艺精湛的园林工程施工人才和能够达到走出国门要求的施工队伍。也只有力争走出国门，通过国外园林工程施工的实践，才能锻炼和培养出符合各国园林要求的园林工程建设施工队伍。

三、园林施工技术

(一)园林施工要点与内容

1.园林施工要点

(1)随着中华人民共和国行业标准《城市绿化工程施工及验收规范》的颁布,为城市绿化工程施工与验收提供了详细具体的标准。按照规范,严格按批准的绿化工程设计图纸及有关文件施工,对各项绿化工程的建设全过程实施全面的工程监理和质量控制。

(2)任何工程在施工前都应该做好充分的准备,园林工程施工前的准备主要是熟悉施工图纸和施工现场。施工图是描述该工程工作内容的具体表现,而施工现场则是基础。因此,熟悉施工图及施工场地是一切工程的开始。熟悉园林施工图要了解如何施工而且要领悟设计者的意图及想达到的目的;熟悉园林施工图可以了解该工程的投资要点、景观控制点在哪里,施工过程中的重点控制。熟悉施工图与施工现场情况,并充分地把两者结合起来,在掌握设计意图的基础上,根据设计图纸对现场进行核对,编制施工计划书,认真做好场地平整、定点放线、给排水工程前期工作。

(3)在施工过程中要做到统一领导,各部门、各项目要做到协调一致,使工程建设能够顺利进行。

2.根据园林工程的实际特点,园林工程的施工组织设计应包含以下的内容

(1)做好工程预算,为工程施工做好施工场地、施工材料、施工机械、施工队伍等等方面的准备。

(2)合理计划,根据对施工工期的要求,组织材料、施工设备、施工人员进入施工现场,计划好工程进度,保证能连续施工。

(3)施工组织机构及人员,施工组织机构需明确工程分几个工程组完成,以及各工程组的所属关系及负责人。注意不要忽略养护组,人员安排要根据施工进度计划,按时间顺利安排。

(4)园林施工是一项严谨的工程,施工人员在施工过程中必须严格按照施工图纸进行施工,不可按照自己的意愿随意施工,否则将会对整个园林工程造成不可挽回的后果。园林工程施工就是按设计要求设法使园林尽可能地发挥自身的作用。所以说设计是园林工程的灵魂,离开了设计,园林工程的施工将

无从下手。如不严格按照施工图纸施工,将会歪曲整个设计意念,影响绿化美化效果。施工人员对施工意图的掌握、与设计单位的密切联系、严格按图施工,是园林工程的质量的基本前提。

(二)苗木的选择

在选择苗木时,先看树木姿态和长势,再检查有无病虫害,应严格遵照设计要求,选用苗龄为青壮年期有旺盛生命力的植株;在规格尺寸上应选用略大于设计规格尺寸,这样才能在种植修剪后,满足设计要求。

1.乔木干形

(1)乔木主干要直,分枝均匀,树冠完整,忌弯曲和偏向,树干平滑无大结节(大于直径 20mm 的未愈合的伤害痕)和突出异物。

(2)叶色:除叶色种类外,通常叶色要深绿,叶片光亮。

(3)丰满度:枝多叶茂,整体饱满,主树种枝叶密实平整,忌脱脚(脱脚即指枝叶离地面超过。

(4)无病虫害:叶片通常不能发黄发白,无虫害或大量虫卵寄生。

(5)树龄:3～5 年壮苗,忌小老树,树龄用年轮法抽样检测。

2.灌木干形

(1)分枝多而低度为好,通常第 1 分枝应 3 枝以上,分枝点不宜超过 30era。

(2)叶色:绿叶类叶色呈翠绿,深绿,光亮,色叶类颜色要纯正。

(3)丰满度:灌木要分枝多,叶片密集饱满,特别是一些球类,或需要剪成各种造型的灌木,对枝叶的密实度要求较高。

(4)无病虫害:植物发病叶片由绿转黄,发白或呈现各色斑块。观察叶片有无被虫食咬,有无虫子,或大量虫卵寄生。

(三)绿化地的整理

绿化地的整理不只是简单地清掉垃圾,拔掉杂草,该作业的重要性在于为树木等植物提供良好的生长条件,保证根部能够充分伸长,维持活力,吸收养料和水分。因此在施工中不得使用重型机械碾压地面。

(1)要确保根域层应有利于根系的伸长平衡。一般来说,草坪、地被根域层生存的最低厚度为 15 厘米,小灌木为 30 厘米,大灌木为 45 厘米,浅根性乔木为 60 厘米,深根性乔木为 90 厘米;而植物培育的最低厚度在生存最低厚度基础上草坪地被、灌木各增加 15 厘米,浅根性乔木增加 30 厘米,深根性乔木增加

60 厘米。

（2）确保适当的土壤硬度。土壤硬度适当可以保证根系充分伸长和维持良好的通气性和透水性，避免土壤板结。

（3）确保排水性和透水性。所以填方整地时要确保团粒结构良好，必要时可设置暗渠等排水设施。

（4）确保适当的 pH。为了保证花草树木的良好生长，土壤 pH 最好控制在5.5 至 7.0 范围内或根据所栽植物对酸碱度的喜好而做调整。

（5）确保养分。适宜植物生长的最佳土壤是矿物质 45%，有机质 5%，空气20%，水 30%。

（四）苗木的栽植

栽植时，在原来挖好的树穴内先根据情况回填虚土，再垂直放入苗木，扶正后培土。苗木回填土时要踩实，苗木种植深度保持原来的深度，覆土最深不能超过原来种植深度的 5cm；栽植完成后由专业技术人员进行修剪，伤口用麻绳缠好，剪口要用漆涂盖。在风大的地区，为确保苗木成活率，栽植完成后应及时设硬支撑。栽完后要马上浇透水，第二天浇第二遍水，3~5 天浇第三遍水，一周后浇水转入正常养护，常绿树及在反季节栽植的树木要注意喷水，每天至少 2~3 遍，减少树木本身水份蒸发，提高成活率。浇第一遍水后，要及时对歪树进行扶正和支撑，对于个别歪斜相当严重的需重新栽植。

（五）苗木的养护

园林工程峻工后，养护管理工作极为重要，树木栽植是短期工程，而养护则是长期工程，各种树木有着不同的生态习性、特点，要使树木长的健壮，充分发挥绿化效果，就要给树木创造足以满足需要的生活条件，就要满足它对水分的需求，既不能缺水而干旱，也不能因水分过多使其遭受水涝灾害。

灌溉时要作到适量，最好采取少灌、勤灌、慢灌的原则，必须根据树木生长的需要，因树、因地、因时制宜地合理灌溉，保证树木随时都有足够的水分供应。当前生产中常用的灌水方法是树木定植以后，一般乔木需连续灌水 3~5 年，灌木最少 5 年，土质不好或树木因缺水而生长不良以及干旱年份，则应延长灌水年限。每次每株的最低灌水量——乔木不得少于 90kg，灌木不得少于 60kg。灌溉常用的水源有自来水、井水、河水、湖水、池塘水、经化验可用的废水。灌溉应符合的质量要求有灌水堰应开在树冠投影的垂直线下，不要开的太深，以免伤根;水量充足;水渗透后及时封堰或中耕,切断土壤的毛细管,防止水分蒸发。

　　盐碱地绿化最为重要的工作是后期养护,其养护要求较普通绿地标准更高、周期更长,养护管理的好坏直接影响到绿化效果。因此,苗木定植后,及时抓好各个环节的管理工作,疏松土壤、增施有机肥和适时适量灌溉等措施,可在一等程度上降低盐量。冬季风大的地区、温度低,上冻前需浇足冻水,确保苗木安全越冬。由于在盐分胁迫下树木对病虫害的抵抗能力下降,需加强病虫害的治理力度。

第二节 园林工程常用图例

一、园林工程常用建筑材料图例

园林工程常用建筑材料图例见表 10—1。

表 10—1 园林工程常用建筑材料图例

序号	名称	图例	序号	名称	图例
1	自然土壤		14	多孔材料	
2	夯实土壤		15	纤维材料	
3	砂、灰土		16	泡沫材料	
4	砂砾石、碎砖三合土		17	木材	
5	石材		18	石膏板	
6	毛石		19	金属	
7	普通砖		20	网状材料	
8	耐火砖		21	液体	

序号	名称	图例	序号	名称	图例
9	空心砖		22	玻璃	
10	饰面砖		23	橡胶	
11	焦砟、矿渣		24	塑料	
12	混凝土		25	防水材料	
13	钢筋混凝土		26	粉刷	

二、园林工程常用总平面图图例

园林工程常用总平面图图例见表 10—2。

表 10—2 园林工程常用总平面图图例

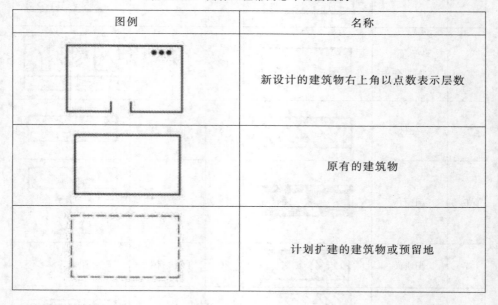

图例	名称
	新设计的建筑物右上角以点数表示层数
	原有的建筑物
	计划扩建的建筑物或预留地

图例	名称
	拆除的建筑物
	新建地下建筑物或构筑物
	散状材料露天堆场
	其他材料露天堆场或露天作业场
	露天桥式吊车
	门式起重机
	围墙表示砖石、混凝土或金属材料围墙
	围墙表示镀锌铁丝网、篱笆等围墙

图例	名称
154.20	室内地坪标高
▼ 143.00	室外整平标高
	原有的道路
	计划扩建的路
	公路桥铁路桥
	护坡
	烟囱

三、园林工程制图常用图例

园林工程制图常用图例如图 10－1～图 10－4 所示。

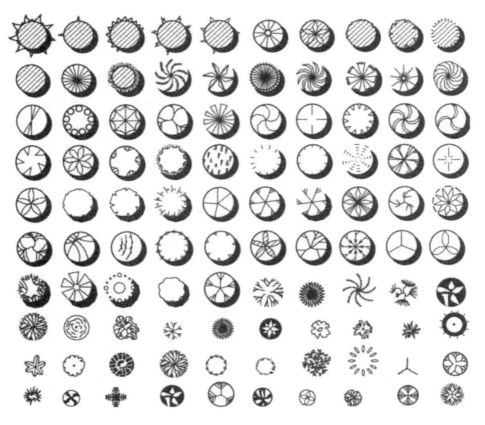

图 10－1　常用植物图例

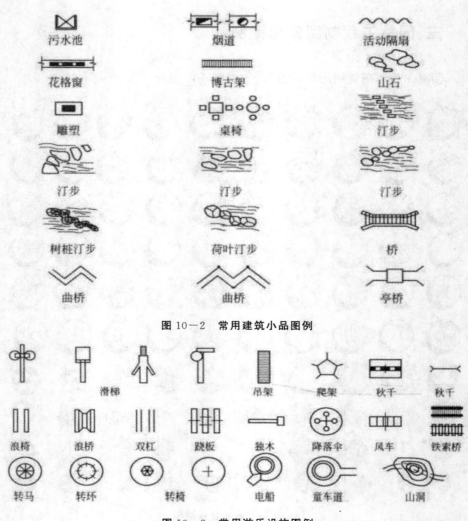

图 10－2　常用建筑小品图例

图 10－3　常用游乐设施图例

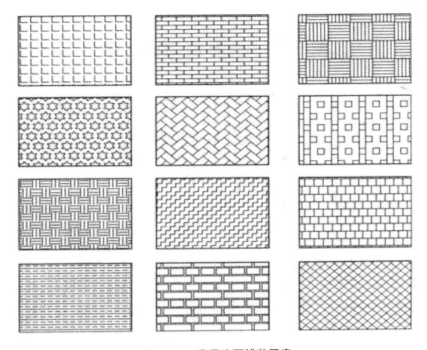

图 10—4　常用路面铺装图案

第三节　园林施工图识读

一、园林施工图概述

(一)结构施工图的内容与基础图的识读

1.结构施工图的内容

(1)结构设计说明

结构设计说明主要包括三个方面:工程概述、地基及基础说明和其他说明。

(2)结构布置平面图

结构布置平面图是建筑承重结构的整体布置图。主要表示结构构件的位置、数量、型号规格及相互关系。结构布置图可用结构平面图、剖面图表示,其中平面图使用较多。如基础平面布置图、楼层结构平面图、层面结构平面图、圈梁布置平面图等。

(3)构件详图

构件详图主要包括梁、板、柱等构件详图和楼梯、雨篷、阳台、屋架等结构节点详图。

2.基础图的识读

(1)基础平面图的比例、定位轴线编号必须与建筑施工图的底层平面图完全相同。不同结构形式承受外力的大小不同,其下所设基础的大小也不尽相同,应采用不同编号加以区分,并画出详图的剖切位置及其编号,基础平面图还应给出地沟、过墙洞的设置情况。

(2)基础平面图是一个剖视图,因此它的线型与剖视图相同,被剖切的墙、柱轮廓用粗实线绘制,可见的基础底面轮廓用细实线绘制(被剖切的钢筋混凝土柱涂黑)。

(3)尺寸标注,基础平面图上需标出定位轴线的尺寸,条形基础底面和独立基础底面的尺寸,整板基础的底面尺寸是标注在基础垫层示意图上的,另外,还需要注写必要的文字说明,如混凝土、砖、砂浆的强度等级等。

(4)基础平面图完成后,同其他设计图纸一样应书写图名、比例等,基础平面布置图的比例与建筑施工图相同,一般用 1∶100,也可用 1∶50,1∶200。

3.基础详图的识读

(1)基础平面图仅表示基础的平面布置,基础各部分的形状、大小、材料、构造及埋置深度需要用基础详图来表示。最常用的是以断面图的方式来完成。

(2)基础断面图是基础施工的依据,表达了基础断面所在轴线的位置及编号。如果是通用断面图,在轴线圆圈内不加编号,如果是特定断面图,则应注明轴线编号。

基础断面图应详细地表明基础断面的形状、大小及所用材料,地圈梁的位置和做法,基础埋置深度,施工所需尺寸。

①尺寸标注

基础断面图应标注详细尺寸,如垫层高度、大放脚尺寸、地圈梁顶标高、垫层底标高等。

②比例

基础断面图的图名与基础平面图中的编号相对应,比例一般为 1∶5、1∶50、1∶25 等。

③定位轴线

定位轴线的编号应与基础平面图一致,以便对照查阅。

④图例

基础墙和垫层都应画上相应的材料图例。

(二)园林工程构件图的识读

1.园林工程结构平面图的识读

(1)比例

楼层平面图的比例应与本层建筑平面图相同。

(2)尺寸标注

楼层结构平面图应画出与建筑平面图完全相同的轴线网,标注轴线编号和轴线尺寸,以便确定梁、板、柱及其他构件的位置。一些次要构件的定位尺寸也应给出。

(3)楼板

楼层结构平面图中的楼板的制作有现浇和预制两种形式,若为现浇板,在需要现浇的范围内画一条斜线,斜线上注明板的编号,斜线下注明板的厚度。

若采用预制混凝土板,则在布置预制板的范围内用细实线画一条对角线,在对角线的一侧或两侧注写预制板的数量、代号及编号。

(4)梁、柱等承重构件

在楼层结构平面图中,凡是被剖切到的柱子均应涂黑,并注上相应的代号;板下的不可视梁、柱、墙用虚线画出;未被挡住的墙、柱轮廓线画成实线,门窗上沿均省略,梁的位置用粗点划线标明,并注写编号。

2.钢筋混凝土构件的识读

(1)钢筋混凝土梁的结构详图的识读

①图名、比例、图线

由于梁的长度远大于其断面高度和宽度,故可用不同比例绘制,梁的可见轮廓用细实线表示,不可见轮廓用虚线表示,断面图不画材料符号。

②钢筋图示方法及标准

钢筋的立面图用粗实线表示,钢筋的断面图用小黑点表示,所有钢筋都应编号,并注写根数、等级、直径和问题。

③断面图

立面图应注明断面图的剖切位置,断面图数量的多少以能将钢筋走向表达清楚为宜。

④尺寸标注

立面图应标注梁的长度、弯起筋的弯起位置、梁底标高,断面图上应标注断面的宽度和高度。

⑤钢筋详图

钢筋详图一般都画在与立面图相对应的位置;从构件最上或最左的钢筋开始依次排列,并与立面图中的同号钢筋对齐,同一号钢筋只画一根,在钢筋上标注编号、根数、品种、直径及下料长度。

⑥钢筋表

钢筋表中包括构件名称、构件数量、钢筋编号、规格、简图、长度、根数,钢筋表必须与配筋图完全相同,才能保证施工的准确性。

(2)钢筋混凝土板的结构详图的识读

①钢筋的形状

混凝土板的钢筋有分离式和弯起式两种,如果板的上下部钢筋分别单独配置,称作分离式,如果支座附近的上部钢筋是由下部钢筋直接弯起的就称为弯起式。

②尺寸标准

板应注明轴线、板长、板宽及尺寸,负荷钢筋应注明其长度,若有弯起钢筋,应注明起点,为支模定位方便应给出板底标高。

③钢筋的编号及标注

不同的钢筋采用不同的编号,可直接在钢筋上画圆圈标注,圆圈直径为6mm,并注明钢筋的直径等级及间距,相同编号的钢筋可只在一处注明。

④重合断面图及板上预留洞

重合断面图主要表达板与梁及墙上圈梁的相互关系。对于用水较多的房间,如卫生间等,有管道要穿越楼板,因此要预留洞,板详图中应表达预留一周的位置、大小、高低、性状。

⑤断面详图

主要表达梁或墙上圈梁的钢筋情况、板厚及圈梁的高度等。

⑥钢筋表

板同梁一样,应列钢筋明细表。

二、园林施工总平面图

园林施工总平面图主要反映的是园林工程的形状、所在位置、朝向及拟建建筑周围道路、地形、绿化等情况,以及该工程与周围环境的关系和相对位置等。园林施工总平面图见表10-3。

表 10-3 园林施工总平面图的识读

类别	说明
基本说明	园林施工总平面图主要反映的是园林工程的形状、所在位置、朝向及拟建建筑周围道路、地形、绿化等情况,以及该工程与周围环境的关系和相对位置等
内容	(1)指北针(或风玫瑰图),绘图比例(比例尺),文字说明,景点、建筑物或者构筑物的名称标注,图例表等。 (2)道路、铺装的位置、尺度,主要点的坐标、标高以及定位尺寸。 (3)小品主要控制点坐标及小品的定位、定形尺寸。 (4)地形、水体的主要控制点坐标、标高及控制尺寸。 (5)植物种植区域轮廓。 (6)对无法用标注尺寸准确定位的自由曲线园路、广场、水体等,应给出该部分局部放线详图,用放线网表示,并标注控制点坐标

类别		说明
绘制要求	布局与比例	图纸应按上北下南方向绘制,根据场地形状或布局,可向左或向右偏转,但不宜超过 45°。施工总平面图一般采用 1∶500,1∶1000,1∶2000 的比例绘制
	图例	《总图制图标准》(GB/T50103—2001)中列出了建筑物、构筑物、道路、铁路以及植物等的图例,具体内容参见相应的制图标准。如果由于某些原因必须另行设定图例时,应该在总图上绘制专门的图例表进行说明
	图线	在绘制总图时应该根据具体内容采用不同的图线,具体可参照本章第一节的内容的使用
	单位	施工总平面图中的坐标、标高、距离宜以"m"为单位,并应至少取至小数点后两位,不足时以"0"补齐。详图宜以"mm"为单位,如不以 mm 为单位,应另加说明。建筑物、构筑物、铁路、道路方位角(或方向角)和铁路、道路转向角的度数宜注写到"秒"。特殊情况,应另加说明。道路纵坡度、场地平整坡度、排水沟沟底纵坡度宜以百分计,并应取至小数点后一位,不足时以"0"补齐
绘制要求	坐标网络	坐标分为测量坐标和施工坐标。测量坐标为绝对坐标,测量坐标网应画成交叉十字线,坐标代号宜用"X、Y"表示。施工坐标为相对坐标,相对零点宜通常选用已有建筑物的交叉点或道路的交叉点,为 K 别于绝对坐标,施工坐标用大写英文字母 A、B 表示。 施工坐标网格应以细实线绘制,一般画成 100m×100m 或者 50m×50m 的方格网,当然也可以根据需要调整
	坐标标注	坐标宜直接标注在图上,如图面无足够位置,也可列表标注" * "号。如坐标数字的位数太多时,可将前面相同的位数省略,其省略位数应在附注中加以说明。 建筑物、构筑物、铁路、道路等应标注下列部位的坐标:建筑物、构筑物的定位轴线(或外墙线)或其交点;圆形建筑物、构筑物的中心;挡土墙墙顶外边缘线或转折点表示建筑物、构筑物位置的坐标,宜注其三个角的坐标,如果建筑物、构筑物与坐标轴线平行,可注对角坐标。平面图上有测量和施工两种坐标系统时,应在附注中注明两种坐标系统的换算公式

类别		说明
绘制要求	标高标注	施工图中标注的标高应为绝对标高,如标注相对标高,则应注明相对标高与绝对标高的关系。建筑物,构筑物、铁路,道路等应按以下规定标注标高:建筑物室内地坪,标注图中±0.000处的标高,对不同高度的地坪,分别标注其标高;建筑物室外散水,标注建筑物四周转角或两对角的散水坡脚处的标高;构筑物标注其有代表性的标高,并用文字注明标高所指的位置;道路标注路面中心交点及变坡点的标高;挡土墙标注墙顶和墙脚标高,路堤,边坡标注坡顶和坡脚标高,排水沟标注沟顶和沟底标高;场地平整标注其控制位置标高;铺砌场地标注其铺砌面标高
	识读方法	(1)看图名,比例,设计说明,风玫瑰图,指北针。根据图名,设计说明、指北针、比例和风玫瑰,可了解到施工总平面图设计的意图和工程性质,设计范围、工程的面积和朝向等基本概况,为进一步地了解图纸做好准备。 (2)看等高线和水位线。了解园林的地形和水体布置情况,从而对全园的地形骨架有一个基本的印象。 (3)看图例和文字说明。明确新建景物的平面位置,了解总体布局情况。 (4)看坐标或尺寸。根据坐标或尺寸查找施工放线的依据

三、园林施工放线图

园林施工放线图的识读见表10—4。

表10—4 园林施工放线图的识读

类别	说明
内容	园林工程施工线图主要包括以下内容: 道路、广场铺装、园林建筑小品放线网格(间距1m或5m或10m不等)。 坐标原点、坐标轴、主要点的相对坐标。 标高(等高线、铺装等)
作用	园林工程施工放线图主要有以下作用: 现场施工放线; 确定施工标高; 测算工程量、计算施工图预算

类别	说明
注意事项	坐标原点的选择固定的建筑物构筑物角点,或者道路交点,或者水准点等。网格的间距根据实际面积的大小及其图形的复杂程度,不仅要对平面尺寸进行标注,同时还要对立面高程进行标注(高程、标高)。写清楚各个小品或铺装所对应的详图标号,对于面积较大的区域给出索引图(对应分区形式)

四、竖向设计施工图

竖向设计(即地形设计)图主要表达竖向设计所确定的各种造园要素的坡度和各点高程,如各景点、景片的主要控制标高;主要建筑群的室内控制标高;室内地坪、水体、山石、道路、桥涵、各出入口和地表的现状和设计高程,必要时还可以绘制土方调配图,包括平面图与剖面图。

竖向设计施工图见表10—5。

表10—5　竖向设计施工图

类别	说明
内容	园林工程竖向设计施工图一般应包括以下内容: (1)指北针、图例、比例、文字说明、图名。文字说明中应该包括标注单位、绘图比例、高程系统的名称、补充图例等。 (2)现状与原地形标高、地形等高线、设计等高线的等高距一般取0.25～0.5m,当地形较为复杂时,需要绘制地形等高线放样网格。 (3)最高点或者某些特殊点的坐标及该点的标高。如道路的起点、变坡点、转折点和终点等的设计标高(道路在路面中、阴沟在沟顶和沟底)、纵坡度、纵坡距、纵坡向、平曲线要素、竖曲线半径、关键点坐标;建筑物、构筑物室内外设计标高;挡土墙、护坡或土坡等构筑物的坡顶和坡脚的设计标高;水体驳岸、岸顶、岸底标高,池底标高,水面最低、最高及常水位。 (4)地形的汇水线和分水线,或用坡向箭头标明设计地面坡向,指明地表排水的方向、排水的坡度等。 (5)绘制重点地区、坡度变化复杂的地段的地形断面图,并标注标高、比例尺等。 (6)当工程比较简单时.竖向设计施工平面图可与施工放线图合并

类别	说明
具体要求	(1)计量单位。通常标高的标注单位为"m",如果有特殊要求的话应该在设计说明中注明。 (2)线型。竖向设计图中比较重要的就是地形等高线,设计等高线用细实线绘制,原有地形等高线用细虚线绘制,汇水线和分水线用细单点长画线绘制。 (3)坐标网格及其标注。坐标网格采用细实线绘制,网格间距取决于施工的需要以及图形的复杂程度,一般采用与施工放线图相同的坐标网体系。对于局部的不规则等高线,或者单独作出施工放线图,或者在竖向设计图纸中局部缩小网格间距,提高放线精度。竖向设计图的标注方法同施下放线图,针对地形中最高点、建筑物角点或者特殊点进行标注。 (4)地表排水方向和排水坡度。利用箭头表示排水方向,并在箭头上标注排水坡度
识读方法	(1)看图名、比例、指北针、文字说明,了解工程名称、设计内容、工程所处方位和设计范围。 (2)看等高线及其高程标注。看等高线的分布情况及高程标注,了解新设计地形的特点和原地形标高,了解地形高低变化及土方工程情况,并结合景观总体规划设计,分析竖向设计的合理性。并且根据新、旧地形高程变化,了解地形改造施工的基本要求和做法。 (3)看建筑、山石和道路标高情况。 (4)看排水方向。 (5)看坐标,确定施工放线依据

五、植物配置图

植物配置图的识读见表 10—6。

表 10—6 植物配置图的识读

类别	说明
内容与作用	(1)内容。植物种类、规格、配置形式、其他特殊要求。 (2)作用。可以作为苗木购买、苗木栽植、工程量计算等的依据

类别	说明
具体要求	(1)现状植物的表示。 (2)图例及尺寸标注。 ①行列式栽植。对于行列式的种植形式(如行道树、树阵等)可用尺寸标注出株行距,始末树种种植点与参照物的距离。 ②自然式栽植。对于自然式的种植形式(如孤植树),可用坐标标注种植的位置或采用三角形标注法进行标注。孤植树往往对植物的造型、规格的要求较严格,应在施工图中表达清楚。除利用立面图、剖面图表示以外,可与苗木表相结合,用文字来加以标注。 ③片植、丛植。植物配植图应绘出清晰的种植范围边界线,标明植物名称、规格、密度等。对于边缘线呈规则的几何形状的片状种植,可用尺寸标注方法标注,为施工放线提供依据,而对边缘线呈不规则的自由线的片状种植,应绘坐标网格,并结合文字标注。 ④草皮种植,草皮是用打点的方法表示,标注应标明其草坪名、规格及种植面积。 (3)应注意的问题。 ①植物的规格。图中为冠幅,根据说明确定。 ②借助网格定出种植点位置。 ③图中应写清植物数量。 ④对于景观要求细致的种植局部,施工图应有表达植物高低关系、植物造型形式的立面图、剖面图、参考图或通过文字说明与标注。 ⑤对于种植层次较为复杂的区域应该绘制分层种植图,即分别绘制上层乔木的种植施工图和中下层灌木地被等的种植施工图
识读方法	(1)看标题栏、比例、指北针(或风玫瑰图)及设计说明。了解工程名称、性质、所处方位(及主导风向),明确工程的目的、设计范围、设计意图,了解绿化施工后应达到的效果。 (2)看植物图例、编号、苗木统计表及文字说明。根据图纸中各植物的编号,对照苗木统计表及技术说明,了解植物的种类、名称、规格、数量等,验核或编制种植工程预算。 (3)看图纸中植物种植位置及配置方式。根据植物种植位置及配置方式,分析种植设计方案是否合理。植物栽植位置与建筑及构筑物和市政管线之间的距离是否符合有关设计规范的规定等技术要求。 (4)看植物的种植规格和定位尺寸,明确定点放线的基准。 (5)看植物种植详图,明确具体种植要求,从而合理地组织种植施工

第四节　方案图阅读

一、园林方案图的内容

园林方案图是应用投影方法,并按照《公园设计规范》(GB 51192—2016)的规定,详尽准确地表示出工程区域范围内总体设计。园林方案图是园林设计人员表达设计思想、设计意图的工具,也是施工组织、施工放线、编制预算等的依据。

(一)园林的设计过程及相应图纸

(1)任务书阶段。

(2)基地调查和分析阶段:区位关系图、现状分析图。

(3)方案设计阶段:功能分区图、总平面图、各类专项规划图。

(4)详细设计阶段(扩展初步设计):方案设计中各类图纸的深化。

(5)施工图阶段:施工总图、竖向设计图、植物种植图、园林小品专类图。

(二)规划阶段的主要图纸

(1)区位关系(分析)图;

(2)现状分析图;

(3)功能分区图;

(4)总平面图;

(5)竖向规划图;

(6)道路系统规划图;

(7)绿化规划图;

(8)管线规划图;

(9)电气规划图;

(10)园林建筑规划图。

二、园林方案图的阅读方法

(一)区位关系(分析)图

(1)明确该工程与所在城市或区域的位置关系。

(2)明确该工程与相邻绿地、城区和同类性质绿地的关系,以及服务半径等。

(二)现状分析图

(1)查看地形地貌、地质、土壤、用地类型。

(2)查看植被、水文情况。

(3)查看人文(建筑、史迹等)现状。

(4)查看景观空间、视线情况,以及景观特色。

(5)查看对基地的主要影响因素,以及综合分析评价结果。

(三)功能分区图

(1)查看功能区域的位置、大小及相互关系。

(2)查看功能区域的作用和特点。

(四)总平面图

(1)查看图样的比例、图例及有关文字说明,了解规划设计意图和园林工程性质。

(2)了解用地范围、地形地貌和周围环境情况等。

(3)从总图中明确各子项工程间的相互位置关系以及各子项工程与周围环境的关系。

(4)从图中的地坪标高和等高线的标高,可知地势高低、雨水排出方向。总平面图中标数值,以 m 为单位,一般精确到小数点后两位。

(5)明确方位及朝向。

(6)了解该地区城市的市政规划(如建筑、道路、管线等)。

（五）竖向规划图

（1）查看竖向控制图的制高点、山峰的高程。

（2）查看水体的常水位和池底标高、排水方向、雨水聚散地。

（3）查看建筑标高.道路场地标高、坡度、坡向、变坡点。

（4）查看设计等高线、原有等高线。

（5）查看竖向剖面图中主要景点、景区或轴线的坡面控制高程。

（六）道路系统规划图

（1）查看人口、主要广场、停车场、人车转换点（风景区）。

（2）查看主要道路系统的分级、布局、道路形式（横断面），以及消防通道的布设。

（3）查看主要道路、场地的铺装样式及材料等。

（七）绿化规划图

（1）查看绿化规划设计原则、总体规划、苗木来源等。

（2）确定不同地点的种植方式和最好的景观位置（景观透视线的位置）。

（3）查看绿化系统图的植被绿化格局。

（4）查看植物规划图的景观区域植物特色和植物种类。

（5）查看植物种植模式图。

（6）查看特殊要求（植物塑形）。

（八）管线规划图

（1）查看水源的引进方式、水的总用量（消防、生活、造景、树木喷灌、浇灌等）。

（2）查看管网的大致分布、管径、水压高低等。

（3）查看雨水、污水的水量、排放方式、管网大体分布、管径及水的去处等。

（九）电气规划图

（1）查看总用电量用电利用系数。

（2）分区供电设施、配电方式、电缆的敷设。

(3)各区各点的照明方式及广播通信等的位置。

(十)园林建筑规划图

(1)查看主要建筑物的布局、出入口、位置。

(2)查看立面效果。

(3)查看建筑风格、功能。

第五节 设计施工技术交底

一、施工技术交底的目的

施工技术交底的目的是:使管理人员了解公司的技术方针、目标、计划和采取的各种重要技术措施;使施工人员了解其施工项目的内容和特点;明确施工意义、施工目的、施工过程、施工方法、质量标准、安全措施、环境控制措施、节约措施和工期要求等,做到心中有数。

规范施工技术交底,确保通过施工技术交底使施工人员了解工程规模、建设意义、工程特点,明确施工任务、施工工艺、操作方法、质量标准、安全文明施工要求、质量保证和节约措施等,确保施工质量符合规定要求,实现工程项目质量目标。

二、施工技术交底的要求

(一)项目施工前

项目施工前,施工单位技术员必须向施工人员进行施工技术交底。重要施工项目的施工技术交底,由施工单位负责通知项目部施工、质检和安全部门专业工程师及项目部总工程师参加。未经技术交底不得施工。

(二)进行技术交底时

进行技术交底时应组织有关人员认真讨论,弄清交底内容。使到会人员充分发表意见,然后加以归纳集中,对内容做必要的补充与修改,使其更加完善。涉及已经批准的方案计划的变动,应按有关制度报请上级批准。

(三)施工工期较长的施工项目

对施工工期较长的施工项目,除开工前交底外,至少每月再交底一次。

（四）技术交底

技术交底必须要有交底记录。参加施工技术交底的人员（交底人和被交底人）必须签字。

未参加施工技术交底的人员必须补充交底。工程总体交底记录由项目部施工部保存，工地级技术交底由工地专责工程师保存，项目施工技术交底记录由项目部施工工地项目技术员保存。

三、施工技术交底的责任

1.技术交底工作由各级技术负责人组织

重大和关键工程项目必要时可请上级技术负责人参与，或由上一级技术负责人交底。各级技术负责人和技术管理部门应经常督促检查技术交底工作的进行情况。

2.施工人员应按交底要求施工，不得擅自变更施工方法

有必要更改时，应取得交底人同意并签字认可。技术交底人、技术人员、施工技术和质检部门发现施工人员不按交底要求施工可能造成不良后果时应立即劝止，劝止无效时有权停止其施工，同时报上级处理。

3.发生质量、设备或人身安全事故时，事故原因由交底人员负责

如属于交底错误、违反交底要求者，由施工负责人和施工人员负责；属于违反施工人员"应知应会"要求者，由施工人员本人负责；属于无证上岗或越岗参与施工者，除本人应负责任外，班组长和班组专职工程师（技术员）亦应负责。

四、施工技术交底的内容

（一）工程总体交底——工程项目部级技术交底

在工程开工前，工程项目部总工程师组织有关技术管理部门依据设计文件、设备说明书、施工组织总设计等资料，对项目部职能部门和分包单位有关人员及主要施工负责人进行交底。

其内容为工程整体的战略性安排，具体包括以下内容：

(1)总承包的工程范围及其主要内容；

（2）工程施工范围划分；

（3）工程特点和设计意图；

（4）总平面布置；

（5）施工顺序、交叉施工和主要施工方案；

（6）综合进度和配合要求；

（7）质量目标和保证质量的主要措施；

（8）安全施工的主要措施；

（9）技术供应要求；

（10）技术检验主要安排；

（11）采用的重大技术革新项目；

（12）技术总结项目安排；

（13）已降低成本目标和主要措施；

（14）其他施工注意事项。

（二）专业交底

在工程专业项目开工前，工地专责工程师根据专业设计文件、设备说明书、已批准的专业施工组织设计和上级交底内容等资料拟订技术交底大纲，对本专业范围的各级领导、技术管理人员、施工班组长及骨干人员进行技术交底。交底包括以下内容：

（1）本专业工程范围及其主要内容；

（2）各班组施工范围划分；

（3）本工程和本专业的工程特点，以及设计意图；

（4）施工进度要求和专业间的配合计划；

（5）本工程和本专业的工程质量目标，以及质量保证体系和运作要求；

（6）安全施工措施；

（7）重大施工方案措施；

（8）质量验收依据、评级标准和办法；

（9）阶段性质量监督项目和迎接监督检查的措施；

（10）本工程和本专业降低成本目标和措施；

（11）技术供应安排；

（12）技术检验安排；

（13）应做好的技术记录内容及分工；

（14）技术总结项目安排；

（15）其他施工注意事项。

（三）分专业交底——班组级技术交底

施工项目作业前，由项目负责技术人员根据施工图纸、设备说明书、已批准的施工组织专业设计和作业指导书、上级交底有关内容等资料拟订技术交底提纲，对施工作业人员进行交底。交底内容主要为本项目施工作业及各项技术经济指标和实现这些指标的方案措施，一般包括以下内容：

（1）本项目的施工范围和工程量；

（2）施工图纸解释，设计变更和设备材料代用情况及要求；

（3）质量指标和要求，实现目标和达到质量标准的措施，检验、试验和质量检查验收评级要求、质量标准依据；

（4）施工步骤、操作方法和新技术推广要求；

（5）安全、文明施工措施；

（6）技术供应情况；

（7）施工工期的要求和实现工期的措施；

（8）施工记录的内容；

（9）降低成本措施；

（10）迎接监督检查的准备。

第十一章 园林工程流水施工原理与网络计划技术

第一节 流水施工原理

一、流水施工的概念

(一)组织施工的方式及其特点

在组织工程施工时,常采用的三种组织方式包括顺序施工、平行施工和流水施工。表11-1是某公园长廊、亭、茶室等基础工程施工过程和作业时间,根据实际情况可安排不同的施工方式。

表11-1 某公园园林建筑基础工程施工过程和作业时间

序号	施工过程	作业时间/天
1	开挖基槽	3
2	混凝土垫层	2
3	砖砌基础	3
5	回填土	2

1.顺序施工

顺序施工是按照施工过程中各分部(分项)工程的先后顺序施工,即前一个施工过程(或工序)完工后才开始下一个施工过程的组织生产方式。这是一种最基本、最简单的组织方式。其特点是同时投入的劳动资源较少、组织简单、材料供应单一,但劳动生产率低、工期较长,无法适应大型工程的需要。

顺序施工方式具有以下特点:

（1）没有充分地利用工作面进行施工,工期长。

（2）如果按专业成立工作队,则各专业队不能连续作业,有时间间歇,劳动力及施工机具等资源无法均衡使用。

（3）如果由一个工作队完成全部施工任务,则不能实现专业化施工,不利于提高劳动生产率和工程质量。

（4）单位时间内投入的劳动力、施工机具、材料等资源量较少,有利于资源供应的组织。

（5）施工现场的组织、管理比较简单。

2.平行施工

平行施工是将一个工作范围内的相同施工过程同时组织施工,完成以后再同时进行下一个施工过程的施工方式。

平行施工方式具有以下特点：

（1）充分地利用工作面进行施工,工期短。

（2）如果每一个施工对象均按专业成立工作队,则各专业队不能连续作业,劳动力及施工机具等资源无法均衡使用。

（3）如果由一个工作队完成一个施工对象的全部施工任务,则不能实现专业化施工,不利于提高劳动生产率和工程质量。

（4）单位时间内投入的劳动力、施工机具和材料等资源量成倍地增加,不利于资源供应的组织。

（5）施工现场的组织、管理比较复杂。

3.流水施工

流水施工是将若干个同类型的施工对象划分成多个施工段,组织若千个在施工工艺上有密切联系的专业班组相继进行施工,依次在各施工段上重复完成相同的施工内容。

流水施工方式具有以下特点：

（1）尽可能地利用工作面进行施工,工期比较短。

（2）各工作队实现了专业化施工,有利于提高技术水平和劳动生产率,也有利于提高工程质量。

（3）专业工作队能够连续施工,同时使相邻专业队的开工时间能够最大限度地搭接。

（4）单位时间内投入的劳动力、施工机具和材料等资源量较为均衡,有利于资源供应的组织。

（5）为施工现场的文明施工和科学管理创造了有利条件。

（二）组织流水施工的要求和条件

流水施工是在同一时间、不同平面或空间里展开的。因此，组织流水施工应有一定的要求和必要的条件。

1.流水施工的基本要求

（1）将施工对象划分成若干个施工过程（即分解成若干个工作性质相同的分部分项工程或工序）。

（2）对施工过程进行合理的组织，使每个施工过程分别由固定的专业队（组）负责施工。

（3）将施工对象按分部工程或平面、空间划分成大致相等的若干施工段或施工层。

（4）各专业队（组）按工艺顺序要求，配备必需的劳动力、施工机具，依次连续由一个施工段（施工层）转移到另一个施工段（施工层），反复进行相同的施工操作，即完成同类的施工任务。

（5）不同的专业队（组）除必要的技术和组织间歇外，应尽量在同一时间、不同空间内组织平行搭接施工。

2.流水施工的基本条件

（1）流水施工通常把施工对象划分为工程量或劳动力大致相等的若干施工段。所以，划分施工段是组织流水施工的基本条件。但是不可能每个工程都有这个条件，如工程规模小、工程内容复杂的项目，无法划分几个施工段，这时就无法组织流水施工。

（2）各施工过程要有独立的专业队（组），而且各专业队（组）均能实施连续、均衡、有节奏的施工。

（3）每个施工过程要有充分利用的工作面，具有组织平行搭接的施工条件。因此，具备上述条件的工程，才能组织流水施工，否则达不到流水施工的效果。

（三）流水施工的分级

根据流水施工组织的范围，流水施工通常可分为以下四类：

1.分项工程流水施工

分项工程流水施工也称为细部流水施工。它是在一个专业工种内部组织起来的流水施工。分项工程是工程质量形成的直接过程，如屋顶绿化的分项工程有防水施工、砌筑施工、种植施工和装饰施工。在项目施工进度计划表上,它是一条标有施工段或工作队编号的水平进度指示线段或斜向进度指示线段。

　　2.分部工程流水施工

　　分部工程是单位工程的组成部分,是按单位工程的各部分划分的,如土方工程、水景工程、种植工程等。分部工程流水施工也称为专业流水施工,它是在一个分部工程内部、各分项工程之间组织起来的流水施工。在项目施工进度计划表上,它由一组标有施工段或工作队编号的水平进度指示线段或斜向进度指示线段来表示。

　　3.单位工程流水施工

　　单位工程是单项工程的组成部分,单位工程流水施工也称为综合流水施工。它是在一个单位工程内部、各分部工程之间组织起来的流水施工。在项目施工进度计划表上,它是若干组分部工程的进度指示线段,并由此构成单位工程施工进度计划。

　　4.群体工程流水施工

　　群体工程流水施工也称为大流水施工。它是在一个个单位工程之间组织起来的流水施工,反映在项目施工进度计划上,是项目施工总进度计划。

(四)流水施工技术经济效果

　　通过比较三种施工方式可以看出,流水施工方式是一种先进、科学的施工方式。由于在工艺过程划分、时间安排和空间布置上进行统筹安排,将会体现出优越的技术经济效果。具体可归纳为以下几点。

　　1.施工工期较短,可以尽早发挥投资效益。

　　2.便于改善劳动组织,改进操作方法和施工机具,有利于提高劳动生产率。

　　3.专业化的生产可提高工人的技术水平,使工程质量相应提高。

　　4.工人技术水平和劳动生产率的提高,可以减少用工量和施工临时设施的建造量,降低工程成本,提高利润水平。

　　5.可以保证施工机械和劳动力得到充分合理的利用

　　6.降低工程成本,可以提高承包单位的经济效益。

(五)流水施工表达方式

　　流水施工的表达方式主要有横道图和网络图两种,其中横道图有水平指示图表和垂直指示图表等方式,网络图有横道式流水网络图、流水步距式流水网络图、搭接式流水网络图和三维流水网络图等形式。

二、流水施工的主要参数

流水施工是不同专业队(组),在有效空间、时间内展开工序间搭接、平行流水作业,以取得较好的技术经济效果为目的。为此,在流水施工中将工艺参数(施工过程)、空间参数(流水段)和时间参数(主要指流水节拍、流水步距等)三大类参数,称为流水参数。

(一)工艺参数

工艺参数主要是指在组织流水施工时,用以表达流水施工在施工工艺方面进展状态的参数,通常包括施工过程数和流水强度两个参数。

1.施工过程数(用 n 表示)

组织建设工程 流水施工时,根据施工组织及计划安排需要而将计划任务划分成的子项称为施工过程。

在组织流水施工时,首先将施工对象划分若干个施工过程。划分施工过程的目的,是对工程施工进行具体安排和物资调配。分解施工过程,可根据工程的计划性质、特点、施工方法和劳动组织形式等统筹考虑。

施工过程划分的粗细程度,主要取决于计划的类型和作用。

在编制工程施工控制性计划(施工总进度计划)时,由于包含内容和范围大,因此施工过程划分应粗些。例如,编制住宅小区绿化施工的控制计划,可按工程的专业性质和类别分解为屋顶绿化工程、垂直绿化工程、地面绿化工程、园林建筑工程、道路绿化工程等若干施工过程。

在编制工程实施性计划(单位或分项工程进度计划)时,由于内容具体、明确,因此施工过程划分要细些,使流水作业有重点。例如直埋管道安装的实施性计划,可按工序划分为挖土与垫层、管道安装、回填土等施工过程;又如水池工程施工可划分为挖土、防漏层、驳岸基础、砌筑等施工过程。

在组织流水施工中,每一个施工过程应由一个专业班组完成。因此施工过程数一般来讲就等于专业队(组)的数目。

2.流水强度

流水强度是指流水施工的某施工过程(或专业工作队)在单位时间内所完成的工程量,也称为流水能力或生产能力。例如,土方开挖过程的流水强度是指每个工作班开挖的立方数。

流水强度可用公式(10—1)计算求得：

$$V = \sum_{i=1}^{X} R_i S_i \qquad\qquad (式 11-1)$$

式中，

V——某施工过程(队)的流水强度；

R_i——投入该施工过程中的第 i 种资源量(施工机械台数或人工数)；

S_i——投入该施工过程中第 i 种资源的产量定额；

X——投入该施工过程中的资源种类数。

(二)空间参数

空间参数是指在组织流水施工时，用以表达流水施工在空间布置上开展状态的参数。通常包括工作面、施工段和施工层。

1.工作面

工作面是指供某专业工种的工人或某种施工机械进行施工的活动空间。工作面的大小，表明能安排施工人数或机械台数的多少。每个作业的工人或每台施工机械所需工作面的大小，取决于单位时间内其完成的工程量和安全施工的要求。如人力挖土施工中，平均每一个人的施工活动范围应保证在 $4 \sim 6 m^2$ 以上。工作面确定的合理与否，直接影响专业工作队的生产效率。因此，必须合理确定工作面。

2.施工段(用 m 表示)

将施工对象在平面或空间上划分成若干个劳动量大致相等的施工段落，称为施工段或流水段。划分施工段的目的是为组织施工时有一个明确的工作界线和施工范围，保证各施工段中的每一个施工过程在同一时间内由一个专业队(组)工作，而各专业队(组)能在不同施工段上同时施工，以便消除各专业队(组)不能连续进入施工段而产生的等、停工现象，为流水施工创造条件。

(1)流水段的划分原则如下：

①划分施工段时，段数不宜过多，过多会使工作面缩小而造成施工人数少、施工进度慢、工期拉长的现象。

②划分施工段时，段数也不宜过少，过少会引起劳动力、机械和材料供应过于集中而造成流水施工流不开的现象。

③划分施工段时，应使各段工程量尽量相等(相差在 15% 内)，使每个施工

过程的流水作业保持连续、均衡、有节奏性。

④划分施工段时，应保证各专业队(组)有足够的工作面和作业量。工作面太小，工人操作不开，易生生产事故；作业量过小，工作队(组)移动频繁，降低生产效率。

⑤各个施工过程要有相同分段界线和相同流水段数，并满足施工机械操作半径，易于流水的展开和机械化的利用。

(2)流水段的划分方法如下：

①对大型绿化工程，可按绿化面积大致相等的地块、自然地形分段。

②对屋顶绿化工程，可按单元分段。

③对线性(道路绿化、湖池驳岸、管线、狭长地带)工程，可按相同的工程量，将路面的伸缩缝或管线的接合点作为分段界线。

④对小型、零散工程，当分段有困难时，可将道路、建筑物作为分段界线。

为保证流水施工顺利进行，首先要正确合理划分施工段数，通常施工段数是指平面或空间的参数。例如，一栋4个单元高层住宅的屋顶绿化工程，以单元为施工段时，则 $m_0=4$；如每个单元有8个种植花池，以2个花池为施工段时，则 $m=4\times(8\div2)=16$；因此施工段数应根据工程规模、性质及各专业队(组)的人数综合划分。

(3)施工段数(m)：与施工过程数(n)的关系。当 $m>n$ 时，各专业队能够连续作业，施工段有空闲，可用于弥补由于技术间歇、组织管理间歇和备料等要求所必需的时间。当 $m=n$ 时，各专业队能够连续作业，施工段没有空闲。这是理想的流水施工方案，对项目管理者的水平和能力要求较高。当 $m<n$ 时，各专业队不能连续作业，施工段没有空闲(特殊情况下也会出现空闲，造成大多数专业工作队停工)。

因此，施工段数的多少，直接影响工期的长短。要保证专业工作队连续施工，必须满足 $m\geq n$。

3.施工层

在组织流水施工时，为满足专业工种对操作高度要求，通常将施工项目在竖向上划分为若干个作业层，这些作业层均称为施工层，如砌砖墙施工层高为1.2m，装饰工程施工层多以楼层为准。

(三)时间参数

时间参数是指在组织流水施工时用以表达流水施工在时间排列上所处状

态的

参数,包括流水节拍、流水步距和流水施工工期等三种。

1.流水节拍(用 t 表示)

在流水施工中,从事某一施工过程的专业队(组)在一个施工段上的工作延续时间,称为一个"流水节拍"。流水节拍的大小对投入劳动力、机械和材料供应量多少有直接关系,同时还影响施工的节奏与工期。因此,合理地确定流水节拍,对组织流水施工有重要意义。影响流水节拍大小的主要因素有以下几个方面。

(1)任何施工,对操作人数组合都有一定限制。流水节拍大时,所需专业队(组)人数要少,但操作人数不能小于工序组合的最少人数。如砌砖队(组)或浇筑混凝土队(组)(包括上料、搅拌、运输工作),当队(组)只有 2~3 人,就不能施工;再如大树移植施工时,队(组)只有 1~2 人,也不能施工。

(2)每个施工段为各施工过程提供的工作面是有限的。当流水节拍小时,所需专业队(组)人数要多,而专业队(组)的人数多少受工作面的限制。所以流水节拍确定,要考虑各专业队(组)有一定操作面,以便充分发挥专业队(组)的劳动效率。

(3)在建安工程中,有些施工工艺受技术与组织上间歇时间的限制。如混凝土、砂浆层施工需要养护、增加强度所需停顿时间,称为技术间歇。再如室外地沟挖土和管道安装,所需放线、测量而停顿的时间,为组织间歇时间。因此,流水节拍的长短与技术、组织间歇时间有关。

(4)材料、构件的储存与供应,施工机械的运输与起重能力等,均对流水节拍有影响。

总之,确定流水节拍是一项复杂的工作,它与施工段数、专业队数、工期时间等因素有关。在这些因素中,应全面综合、权衡,以解决主要矛盾为中心,力求确定一个较为合理的流水节拍。

流水节拍的计算方法如下:

①根据施工段的规模和专业队(组)的人数计算流水节拍。其计算公式为

$$t = \frac{Q}{SR} \qquad\qquad (式 11-2)$$

式中,

t——流水节拍;

Q——某一施工过程的工程量;

S——每工日或每台班的计划产量；

R——工作队（组）的人数或机械台班数。

②对某些施工任务在规定日期内必须完成的工程项目，采用工期计算法。

当同一过程的流水节拍不等，用估算法；若流水节拍相等时，其计算公式为：

$$t = \frac{T}{m} \qquad\qquad （式 11-2）$$

式中，

t——流水节拍；

T——某施工过程的工作持续时间；

m——某施工过程划分的施工段数。

2.流水步距（用 K 表示）

流水步距是指相邻两个 施工过程，从第一个专业队（组）开始作业到第二个专业队（组）投入流水施工相距的时间距离。流水步距的大小对工期影响较大。通常在流水段不变的条件下，流水步距大，工期则长，这就不符合最大限度的搭接施工要求；流水步距小，工期缩短，则使平行作业在同一时间投入的劳动力、机械量增大，不但起不到流水施工的效果，还会造成窝工现象。因此，流水步距应根据相邻两个施工过程的流水节拍大小，结合施工工艺要求，经具体计算后才能确定。一个合理的流水步距，能保证每个专业队进入流水作业并连续不断地退出流水作业，使相邻专业队（组）的搭接时间紧凑、严密，这样才符合流水作业施工及缩短工期的目的。

（1）确定流水步距的原则

①流水步距要满足相邻两个专业工作队在施工顺序上的相互制约关系。

②流水步距要保证各专业工作队都能连续作业。

③流水步距要保证相邻两个专业工作队在开工时间上最大限度地、合理地搭接。

④流水步距的确定要保证工程质量，满足安全生产。

（2）确定流水步距的方法

流水步距的确定方法很多，主要有图上分析法、分析计算法和潘特考夫斯基法等。其中潘特考夫斯基法，也称大差法或累加数列法，此法通常在计算等节拍、无节奏的专业流水中，较为简捷、准确。其计算步骤和方法如下：

①根据专业工作队在各施工段上的流水节拍，求累加数列；

②根据施工顺序,对所求相邻的两累加数列,错位相减;

③根据错位相减的结果,确定相邻专业工作队之间的流水步距,即相减结果中数值最大者。

3.流水施工工期(用 T 表示)

流水施工工期是指从第一个专业工作队投入流水施工开始,到最后一个专业工作队完成流水施工为止的整个持续时间。流水施工工期是流水施工主要参数之一。由于一项绿化建设工程往往包含有许多流水组,故流水施工工期一般不是整个工程的总工期。流水施工工期应根据各施工过程之间的流水步距、工艺间歇和组织间歇时间以及最后一个施工过程中各施工段的流水节拍等确定。

流水施工工期的计算公式可以表示为:

$$T = \sum K_{i,i+1} + T_N \qquad (式11-4)$$

式中,

$K_{i,i+1}$——相邻两个施工过程的施工班组开始投入施工的时间间隔;

$\sum K_{i,i+1}$——所有相邻施工过程开始投入施工的时间间隔之和;

T_N——最后一个施工过程的施工班组完成全部工作任务所花的时间,在有节奏施工中,$T_N = mtn$。

三、流水施工的组织方式

在流水施工中,由于流水节拍的规律不同,决定了流水步距、流水施工工期的计算方法等也不同,甚至影响到各个施工过程的专业工作队数目。因此,有必要按照流水节拍的特征将流水施工进行分类,其分类情况如图11-1所示。

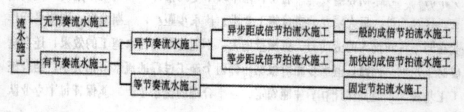

图11-1 流水施工分类

(一)有节奏流水施工

1.有节奏流水施工的分类

有节奏流水施工是指在组织流水施工时,每一个施工过程在各个施工段上的流水节拍都各自相等的流水施工,它分为等节奏流水施工和异节奏流水施工。

(1)等节奏流水施工

等节奏流水施工是指在有节奏流水施工中各施工过程的流水节拍都相等的流水施工,也称为固定节拍流水施工或全等节拍流水施工。

(2)异节奏流水施工

异节奏流水施工是指在有节奏流水施工中,各施工过程的流水节拍各自相等,而不同施工过程之间的流水节拍不尽相等的流水施工。

在组织异节奏流水施工时,又可以采用等步距和异步距两种方式。

①等步距异节奏流水施工。等步距异节奏流水施工是指在组织异节奏流水施工时,按每个施工过程流水节拍之间的比例关系,成立相应数量的专业工作队而进行的流水施工,也称为加快的成倍节拍流水施工。

②异步距异节奏流水施工。异步距异节奏流水施工是指在组织异节奏流水施工时,每个施工过程成立一个专业工作队,由其完成各施工段任务的流水施工,也称为一般的成倍节拍流水施工。

2.等节奏流水施工

(1)等节奏流水施工的特点

等节奏流水施工是一种最理想的流水施工方式,其特点如下:

①所有施工过程在各个施工段上的流水节拍均相等。

②相邻施工过程的流水步距相等,且等于流水节拍。

③专业工作队数等于施工过程数,即每一个施工过程成立一个专业工作队,由该队完成相应施工过程所有施工段上的任务。

(2)等节奏流水施工的分类

①等节拍等步距流水施工。同一施工过程的流水节拍相等,不同的施工过程的流水节拍也相等,并且各施工过程之间既没有搭接时间,也没有间歇时间的一种流水施工方式。

②等节拍不等步距流水施工。所有施工过程的流水节拍都相等,但是各过程之间的间歇时间(t_j)或搭接时间(t_d)不等于零的流水施工方式,即 $t_j \neq 0$ 或 $ts \neq 0$。

(3)等节拍流水的组织方法

①划分施工过程,将工程量较小的施工过程合并到相邻的施工过程中去,

目的使各过程的流水节拍相等。

②根据主要施工过程的工程量以及工程进度要求,确定该施工过程的施工班组的人数,从而确定流水节拍。

③根据已确定的流水节拍,确定其他施工过程的施工班组人数。

④检查按此流水施工方式确定的流水施工是否符合该工程工期以及资源等的要求,如果符合,则按此计划实施;如果不符合,则通过调整主导施工过程的班组人数,使流水节拍发生改变,从而调整了工期以及资源消耗情况,使计划符合要求。

在通常情况下,组织固定节拍的流水施工是比较困难的。因为在任一施工段上,不同的施工过程,其复杂程度不同,影响流水节拍的因素也各不相同,很难使得各个施工过程的流水节拍都彼此相等。但是,如果施工段划分得合适,保持同一施工过程各施工段的流水节拍相等是不难实现的。因此就有了异节奏流水施工的组织形式。

3.异节奏流水施工

异节奏流水施工是指同一施工过程在各施工段上的流水节拍相等,不同施工过程的流水节拍不一定相等的一种流水施工方式。根据流水节拍之间是否存在整数倍关系,可分为不等节拍流水和成倍节拍流水。

(1)不等节拍流水施工。不等节拍流水是指同一施工过程在各个施工段的流水节拍相等,不同施工过程之间的流水节拍既不相等也不成倍的流水施工方式。

①不等节拍流水施工方式的特点

a.节拍特征。同一施工过程流水节拍相等,不同施工过程流水节拍不一定相等。

b.步距特征。各相邻施工过程的流水步距确定方法为基本步距计算公式:

$$K_{i,i+1} = \begin{cases} t_i + (t_j - t_d) & (当\ t_i \leqslant_{i+1}\ 时) \\ mt_i - (m-1)t_{i+1} + (t_j - t_d) & (当\ t_i > t_{i+1}\ 时) \end{cases}$$

c.工期特征。不等节拍工期计算公式为一般流水工期计算表达式,见公式(10-4)。

②不等节拍流水的组织方式

a.根据工程对象和施工要求,将工程划分为若干个施工过程。

b.根据各施工过程预算出的工程量,计算每个过程的劳动量,然后根据各过程施工班组人数,确定出各自的流水节拍。

c.组织同一施工班组连续均衡地施工,相邻施工过程尽可能平行搭接施工。

d.在工期要求紧张的情况下,为了缩短工期,可以间断某些次要工序的施工,但主导工序必须连续均衡地施工,且不允许发生工艺顺序颠倒的现象。

③不等节拍流水的适用范围

它的适用范围较为广泛,适用于各种分部和单位工程流水。

(2)成倍节拍流水施工

成倍节拍流水施工是指在进行项目实施时,使某些施工过程的流水节拍成为其他施工过程流水节拍的倍数,即形成成倍节拍流水施工。成倍节拍流水施工包括一般的成倍节拍流水施工和加快的成倍节拍流水施工。为了缩短流水施工工期,一般均采用加快的成倍节拍流水施工方式。

①加快的成倍节拍流水施工。加快的成倍节拍流水施工的参数有如下变化。

a.节拍特征。各节拍为最小流水节拍的整数倍或节拍值之间存在公约数关系。

b.成倍节拍流水的最显著特点。各过程的施工班组数不一定是一个班组,而是根据该过程流水节拍为各流水节拍值之间的最大公约数(最大公约数一般情况等于节拍值中间的最小流水节拍 t_{min})的整数倍相应调整班组数。

注意:第一,各施工过程的各个施工段如果要求有间歇时间或搭接时间,流水步距应相应减去或加上;第二,流水步距是指任意两个相邻施工班组开始投入施工的时间间隔,这里的"相邻施工班组"并不一定是指从事不同施工过程的施工班组。因此,步距的数目并不是根据施工过程数目来确定,而是根据班组数之和来确定。假设班组数之和用 N' 表示,则流水步距数目为($N'-1$)个。

②加快的成倍节拍流水施工工期。若不考虑过程之间的搭接时间和间歇时间,则成倍节拍流水实质上是一种不等节拍等步距的流水,它的工期计算公式与等节拍流水工期表达式相近,可以表达为:

$$T = (m + N' - 1) t_{min} + \sum t_j - \sum t_d$$

式中,

N'——施工班组之和,且 $N' = \sum_{i=1}^{n} b_i$

加快的成倍节拍流水施工工期 T 可按公式(10-5)计算:

$$T = (n' - 1) K + \sum G + \sum Z - \sum C + mK = (m - n' - 1) K + \sum G +$$

$$\sum Z - \sum C \hspace{6cm} (式 11-5)$$

式中,

n'——专业工作队数目。

加快的成倍节拍流水施工的特点如下:

a.同一施工过程在其各个施工段上的流水节拍均相等;不同施工过程的流水节拍不等,但其值为倍数关系。

b.相邻专业工作队的流水步距相等,且等于流水节拍的最大公约数(K)。

c.专业工作队数大于施工过程数,即有的施工过程只成立一个专业工作队,而对于流水节拍大的施工过程,可按其倍数增加相应专业工作队数目。

d.各个专业工作队在施工段上能够连续作业,施工段之间没有空闲时间。

(二)无节奏流水施工

在组织流水施工时,经常由于工程结构形式、施工条件不同等原因,使得各施工过程在各施工段上的工程量有较大差异,或因专业工作队的生产效率相差较大,导致各施工过程的流水节拍随施工段的不同而不同,且不同施工过程之间的流水节拍又有很大差异。这时,流水节拍虽无任何规律,但仍可利用流水施工原理组织流水施工,使各专业工作队在满足连续施工的条件下,实现最大程度搭接。这种无节奏流水施工方式是建设工程流水施工的普遍方式。

1.无节奏流水施工的特点

无节奏流水施工具有以下特点:

(1)各施工过程在各施工段的流水节拍不全相等。

(2)相邻施工过程的流水步距不尽相等。

(3)专业工作队数等于施工过程数。

(4)各专业工作队能够在施工段上连续作业,但有的施工段之间可能有空闲时间。

2.流水步距的确定

在无节奏流水施工中,通常采用"累加数列,错位相减,取大差法"计算流水步距。由于这种方法是由潘特考夫斯基首先提出的,故又称为潘特考夫斯基法。这种方法简捷、准确,便于掌握。

(1)对每一个施工过程在各施工段上的流水节拍依次累加,求得各施工过程流水节拍的累加数列。

（2）将相邻施工过程流水节拍累加数列中的后者错后一位，相减后求得一个差数列。

（3）在差数列中取最大值，即为这两个相邻施工过程的流水步距。

3.流水施工工期的确定

流水施工工期可按公式（10－6）计算：

$$T = \sum K + \sum t_n + \sum G + \sum Z - \sum C \qquad （式11-6）$$

式中，

T——流水施工工期；

$\sum K$——各施工过程（或专业工作队）之间流水步距之和；

$\sum t_n$——最后一个施工过程（或专业工作队）在各施工段流水节拍之和；

$\sum Z$——组织间歇时间之和；

$\sum G$——工艺间歇时间之和；

$\sum C$——提前插入时间之和。

第二节　园林工程网络计划技术

一、网络计划的概念

(一)网络计划概念及其基本原理

网络计划(network planning)是以网络图(network diagram)的形式来表达任务构成、工作顺序并加注工作时间参数的一种进度计划。网络图是指由箭线和节点(圆圈)组成的,用来表示工作流程的有向、有序的网状 F 图形。网络图按其所用符号的意义不同,可分为双代号网络图(activity-on-arrow network)和单代号网络图(activity-on-node network)两种。

双代号网络图又称箭线式网络图,它是以箭线及其两端节点的编号表示工作;同时,节点表示工作的开始或结束以及工作之间的连接状态。单代号网络图又称节点式网络图,它是以节点及其编号表示工作,箭线表示工作之间的逻辑关系。

网络计划方法的基本原理是:首先,绘制工程施工网络图,以此来表达计划中各施工过程先后顺序的逻辑关系;其次,通过计算,分析各施工过程在网络图中的地位,找出关键线路及关键施工过程;再次,按选定目标不断改善计划安排,选择最优方案,并付诸实施;最后,在执行过程中进行有效的控制和监督,使计划尽可能地实现预期目标。

(二)横道计划与网络计划的比较

1.横道计划

横道计划是结合时间坐标线,用一系列水平线段分别表示各施工过程的施工起止时间及其先后顺序的一种进度计划。由于该计划最初是由美国人甘特研究的,因此,也称为甘特图。

(1)优点

①编制计划较简单、容易,各施工过程进度形象、直观、明了、易懂。

②结合时间坐标,各项工作的起止时间、作业延续时间、工作进度、总工期

等都能一目了然。

③能将计划项目排列得整齐有序,流水情况表示较清楚。

(2)缺点

①当计划项目较复杂时,不容易表示计划内部各项工作的相互联系、相互制约及协作关系。

②只给出计划的结论,没有说明结论的优劣,不能对计划进行决策和控制;当计划项目多,工序搭接、工种配合关系较复杂时,很难暴露矛盾、突出工作重点,不能反映计划的内在矛盾和关键。

③不能利用电子计算机对复杂的计划进行电算调整及优化;计划的效果和质量,仅取决于编制人水平,对改进和加强施工管理不利。

2.网络计划

网络计划与横道计划相比,具有以下特点。

(1)优点

①能明确反映各施工过程之间相互联系、相互制约的逻辑关系。

②能进行各种时间参数的计算,找出关键施工过程和关键线路,便于在施工中抓住主要矛盾,避免盲目施工。

③可通过计算各过程存在的机动时间,更好地利用和调配人力、物力等各项资源,达到降低成本的目的。

④可以利用计算机对复杂的计划进行有目的控制和优化,实现计划管理的科学化。

(2)缺点

①绘图麻烦、不易看懂,表达不直观。

②在无时标网络计划中,无法直接在图中进行各项资源需要量统计。

为了克服网络计划的以上不足之处,在实际工程中可以采用流水网络计划和时标网络计划,详见网络计划的应用。

(三)网络计划的分类

网络计划技术是一种内容非常丰富的计划管理方法,在实际应用中,通常从不同角度将其分成不同的类别。常见的分类方法有以下几种。

1.按网络计划工作持续时间的特点分类

(1)肯定型网络计划

如果网络计划中各项工作之间的逻辑关系是肯定的,各项工作的持续时间也是确定的,而且整个网络计划有确定的工期,这类型的网络计划就称为肯定型网络计划。其解决问题的方法主要为关键线路法(CPM)。

（2）非肯定型网络计划

如果网络计划中各项工作之间的逻辑关系或工作的持续时间是不确定的,整个网络计划的工期也是不确定的,这类型的网络计划就称为非肯定型网络计划。

2.按工作表示方法的不同分类

（1）双代号网络计划

双代号网络计划是各项工作以双代号表示法绘制而成的网络计划。在网络图中,以箭杆代表工作,节点表示过程开始或结束的瞬间,计划中的每项工作均可用箭杆两端的节点内的编号来表示。

（2）单代号网络计划

单代号网络计划是以单代号的表示方法绘制而成的网络计划。在单代号网络图中,以节点表示工作,箭杆仅表示过程之间的逻辑关系,并且,各工作均可用代表该工作的节点中的编号来表示。

美国较多使用双代号网络计划,欧洲则较多使用单代号网络计划。

3.按有无时间坐标分类

（1）无时标网络计划

不带有时间坐标的网络计划称为无时标网络计划。在无时标网络计划中,工作箭杆长度与该工作的持续时间无关,各施工过程持续时间,用数字写在箭杆的下方。习惯上简称网络计划。

（2）有时标网络计划

带有时间坐标的网络计划称为有时标网络计划。该计划以横坐标为时间坐标,每项工作箭杆的水平投影长度与其持续时间成正比关,系,即箭杆的水平投影长度就代表该工作的持续时间。时间坐标的时间单位(天、周、月等)可根据实际需要来确定。

4.按网络计划的性质和作用分类

（1）控制性网络计划

控制性网络计划是以单位工程网络计划和总体网络计划的形式编制,是上级管理机构指导工作、检查和控制进度计划的依据,也是编制实施性网络计划的依据。

（2）实施性网络计划

在编制的对象为分部工程或者是复杂的分项工程时,以局部网络计划的形式编制,因此,施工过程划分较细,计划工期较短。它是管理人员在现场具体指导施工的依据,是控制性进度计划得以实施的基本保证。对于较简单的工程,也可以编制实施性网络计划。

5.按网络计划的目标分类

(1)单目标网络计划

只有一个最终目标的网络计划称为单目标网络计划,单目标网络计划只有一个终节点。

(2)多目标网络计划

由若干个独立的最终目标和与其相关的有关工作组成的网络计划称为多目标网络计划,多目标网络计划一般有多个终节点。

我国《工程网络计划技术规程》(JGJ/T 121—1999)推荐的常用工程网络计划类型如下:

①双代号网络计划。

②单代号网络计划。

③双代号时标网络计划。

④单代号搭接网络计划。

二、双代号网络图

在双代号网络图中,用一根箭线表示一个施工过程,过程的名称标注在箭线的上方,持续时间标注在箭线的下方,箭尾表示施工过程的开始,箭头表示施工过程的结束。在箭线的两端分别画一个圆圈作为节点,并在节点内编号,用箭尾节点编号和箭头节点编号作为这个施工过程的代号。

由于各施工过程均用两个代号表示,因此,该表示方法通常称为双代号的表示方法。用这种表示方法将计划中的全部工作根据它们的先后顺序和相互关系,从左到右绘制而成的网状图形就叫作双代号网络图。用这种网络图表示的计划叫作双代号网络计划。

(一)组成双代号网络图的基本要素

双代号网络图是由箭线、节点和线路 3 个基本要素组成的,其具体应用如下。

1.箭线

在一个网络计划中,箭线分为实箭线和虚箭线,两者表示的含义不同。

(1)实箭线

①一根实箭线表示一个施工过程(或一项工作)。箭线表示的施工过程可大可小,既可以表示一个单位工程,如土建、装饰、设备安装等,又可表示一个分部工程,如基础、主体、屋面等,还可表示分项工程,如抹灰、吊顶等。

②一般情况下,每个实箭线表示的施工过程都要消耗一定的时间和资源。有时,只消耗时间不消耗资源的混凝土养护、砂浆找平层干燥等技术间歇,若为单独考虑,也应作为一个施工过程来对待,也用实箭线来表示。

③箭线的方向表示工作的进行方向和前进路线,箭尾表示工作的开始,箭头表示工作的结束。

④箭线的长短一般与工作的持续时间无关(时标网络计划例外)。

⑤按照网络图中,工作之间的相互关系,可将工作分为以下3种类型:

a.紧前工作。也叫作紧前工序。紧排在本工作之前的工作就称为本工作的紧前工作,工作与其紧前工作之间有时需要通过虚箭线来联系。

b.紧后工作。也叫作紧后工序。紧排在本工作之后的工作就称为本工作的紧后工作,工作与其紧后工作之间有时也需要通过虚箭线来联系。

c.平行工作。也叫作平行工序。可与本工作同时进行的工作称为平行工作。

(2)虚箭线。虚箭线是指一端带箭头的虚线,在双代号网络图中表示一项虚拟的工作,目的是使工作之间的逻辑关系得到正确表达,既不消耗时间也不消耗资源。它在双代号网络图中起逻辑连接或逻辑间断的作用。

2.节点(圆圈)

(1)网络图中箭线端部的圆圈或其他形状的封闭图形就叫节点。在双代号网络图中,它表示工作之间的逻辑关系,即前面工作结束或后面工作开始的瞬间,既不消耗时间也不消耗资源。

(2)节点根据其位置和含义不同,可分为以下3种类型:

①起始节点。网络图的第一个节点称为起始节点,代表一项网络计划的开始。起始节点只有一个。

②结束节点。也叫作终节点,网络图的最后一个节点称为终节点,代表一项计划的结束。在单目标网络计划中,结束节点只有一个。

③中间节点。位于起始节点和终节点之间的所有节点都称为中间节点,既

表示前面工作结束的瞬间,又表示后面工作开始的瞬间。中间节点有若干个。

(3)节点的编号。为了叙述和检查方便,应对节点进行编号,节点编号的要求和原则为:从左到右,由小到大,始终做到箭尾编号小于箭头编号,即 $i<j$;节点编号过程中,编码可以不连续,但不可以重复。

3.线路

(1)线路含义及分类。网络图中,从起始节点开始,沿箭线方向连续通过一系列节点和箭线,最后到达终节点的若干条通道,称为线路。线路可依次用该线路上的节点号码来表示,也可依次用该线路上的过程名称来表示。通常情况下,一个网络图可以有多条线路,线路上各施工过程的持续时间之和为线路时间。它表示完成该线路上所有工作所需要的时间。一般情况下,各条线路时间往往各不相同,其中,所花时间最长的线路称为关键线路;除关键线路之外的其他线路称为非关键线路,非关键线路中所花时间仅次于关键线路的线路称为次关键线路。

关键线路并不是一成不变的,在一定程度下,关键线路和非关键线路可以互相转化。例如,当关键线路上的工作时间缩短或非关键线路上的工作时间延长时,就可能使关键线路发生转移。

(2)施工过程根据所在线路的分类。各过程由于所在线路不同,可以分为两类:关键工作和非关键工作。位于关键线路上的工作称为关键工作,位于非关键线路上,除关键工作之外的其他工作称为非关键工作。

(3)线路时差。非关键线路与关键线路之间存在的时间差,称为线路时差。

线路时差的意义:非关键施工过程可以在时差允许范围内,将部分资源调配到关键工作上,从而加快施工进度;或者在时差范围内,改变非关键工作的开始和结束时间,达到均衡资源的目的。

(二)双代号 网络图的绘制方法

正确绘制工程的网络图是网络计划方法应用的关键。因此,绘图时,必须做到以下两点:首先,绘制的网络图必须正确表达过程之间的各种逻辑关系;其次,必须遵守双代号网络图的绘图规则。也就是一个正确的双代号网络图应是在遵守绘图规则的基础上,正确表达过程之间的逻辑关系的一个网络图。此外,绘制实际工程的网络图时,还应选择适当的排列方法。

1.网络图逻辑关系及其正确表示

(1)网络图逻辑关系

网络图逻辑关系是指网络计划中所表示的各个工作之间客观上存在或主观上安排的先后顺序关系。这种顺序关系划分为两类：一类是施工工艺关系，简称工艺逻辑；另一类是施工组织关系，简称组织逻辑。

（2）工艺关系和组织关系图解

①工艺关系

生产性工作之间由工艺过程决定的、非生产性工作之间由工作程序决定的先后顺序关系称为工艺关系。工艺关系是由施工工艺或操作规程所决定的各个工作之间客观上存在的先后施工顺序。对于一个具体的分部工程来说，当确定了施工方法以后，则该分部工程的各个工作的先后顺序一般是固定的，不能颠倒的。

②组织关系

组织关系是在施工组织安排中，考虑劳动力、机具、材料或工期等影响，在各工作之间主观上安排的先后顺序关系。这种关系不受施工工艺的限制，不是工程性质本身决定的，而是在保证施工质量、安全和工期等前提下，可以人为安排的顺序关系。

③逻辑关系正确表示图解

为了能够正确而迅速地绘制双代号网络图，需要掌握常见的工作关系表示方法网。

2.双代号网络图绘制规则

双代号网络图在绘制过程中，除正确表达逻辑关系外，还应遵循以下绘图规则。

（1）网络图必须按照已定的逻辑关系绘制。由于网络图是有向、有序网状图形，所以其必须严格按照工作之间的逻辑关系绘制，这同时也是为保证工程质量和资源优化配置及合理使用所必需的。

（2）网络图中不允许出现从一个节点出发，顺箭头方向又回到原出发点的循环回路。如果出现循环回路，会造成逻辑关系混乱，使工作无法按顺序进行。

（3）网络图中的箭线（包括虚箭线，以下同）应保持自左向右的方向，不应出现箭头指向左方的水平箭线和箭头偏向左方的斜向箭线。若遵循该规则绘制网络图，就不会出现循环回路。

（4）网络图中不允许出现双向箭头和无箭头的连线。网络图反映的施工进度计划是有方向的，是沿箭头方向进行施工的。因此只能用两个节点一条箭线来表示一项工作，否则会使逻辑关系含糊不清。

（5）网络图中每条箭线的首尾都必须有节点。任何一条箭线，都必须从一个节点开始到另一个节点结束。

（6）严禁在箭线上引入或引出箭线。

（7）当双代号网络图的起点节点有多条箭线引出（外向箭线）或终点节点有多条箭线引入（内向箭线）时，为使图形简洁，可用母线法绘图。即将多条箭线经一条共用的垂直线段从起点节点引出，或将多条箭线经一条共用的垂直线段引入终点节点。对于特殊线型的箭线，如粗箭线、双箭线、虚箭线、彩色箭线等，可在从母线上引出的支线上标出。

（8）应尽量避免网络图中工作箭线的交叉。当交叉不可避免时，可以采用过桥法或指向法处理。

（9）在一个网络图中只允许有一个起始节点和一个终止节点。在每个网络图中，只能出现唯一的起始和唯一的终止节点。除网络图的起点和终点之外，不得再出现没有外向工作的节点，也不得出现没有内向工作的节点（多目标网络除外）。在工作不可能出现相同编号的情况下，可直接把没有内向箭线的各节点、没有外向箭线的各节点分别合并为一个节点，以减少虚箭线重复计算的工作量。

3.双代号网络图绘制步骤

当已知每一项工作的紧前工作时，可按下述步骤绘制双代号网络图。

（1）绘制没有紧前工作的工作箭线，使它们具有相同的开始节点，以保证网络图只有一个起点节点。

（2）依次绘制其他工作箭线。这些工作箭线的绘制条件是其所有紧前工作箭线都已经绘制出来。在绘制这些工作箭线时，应按下列原则进行：

①当所要绘制的工作只有一项紧前工作时，则将该工作箭线直接画在其紧前工作箭线之后即可。

②当所要绘制的工作有多项紧前工作时，应按以下 4 种情况分别予以考虑：

a.对于所要绘制的工作（本工作）而言，如果在其紧前工作之中存在一项只作为本工作紧前工作的工作（即在紧前工作栏目中，该紧前工作只出现一次），则应将本工作箭线直接画在该紧前工作箭线之后，然后用虚箭线将其他紧前工作箭线的箭头节点与本工作箭线的箭尾节点分别相连，以表达它们之间的逻辑关系。

b.对于所要绘制的工作（本工作）而言，如果在其紧前工作之中存在多项只作为本工作紧前工作的工作,应先将这些紧前工作箭线的箭头节点合并,再从合并后的节点开始,画出本工作箭线,最后用虚箭线将其他紧前工作箭线的箭头节点与本工作箭线的箭尾节点分别相连,以表达它们之间的逻辑关系。

c.对于所要绘制的工作(本工作)而言,如果不存在情况 a 和情况 b 时,应判断本工作的所有紧前工作是否都同时作为其他工作的紧前工作(即在紧前工作栏目中,这几项紧前工作是否均同时出现若干次)。如果上述条件成立,应先将这些紧前工作箭线的箭头节点合并后,再从合并后的节点开始画出本工作箭线。

d.对于所要绘制的工作(本工作)而言,如果既不存在情况 a 和情况 b,也不存在情况 c 时,则应将本工作箭线单独画在其紧前工作箭线之后的中部,然后用虚箭线将其各紧前工作箭线的箭头节点与本工作箭线的箭尾节点分别相连,以表达它们之间的逻辑关系。

(3)当各项工作箭线都绘制出来之后,应合并那些没有紧后工作的工作箭线的箭头节点,以保证网络图只有一个终点节点(多目标网络计划除外)。

(4)当确认所绘制的网络图正确后,即可进行节点编号。网络图的节点编号在满足.上述要求的前提下,既可采用连续的编号方法,也可采用不连续的编号方法,如 1、3、5…或 5、10、15…,以避免以后增加工作时而改动整个网络图的节点编号。

以上所述是已知每一项工作的紧前工作时的绘图方法,当已知每一项工作的紧后工作时,也可按类似的方法进行网络图的绘制,只是其绘图顺序由前述的从左向右改为从右向左。

三、单代号网络图

单代号网络图是网络计划的另外一种表示方法,也是由节点、箭线和线路组成,但是,构成单代号网络图基本符号的含义与双代号网络图不尽相同,它是用一个圆圈或方框代表一项工作,将工作的代号、工作名称、工作的持续时间写在圆圈或方框之内,箭线仅用来表示工作之间的逻辑关系和先后顺序,这种表示方法通常称为单代号的表示方法。用这种表示方法把一项计划中的工作按先后顺序和逻辑关系,从左到右绘制而成的图形,就叫作单代号网络图;用单代号网络图表示的计划叫作单代号网络计划。

单代号网络图与双代号网络图特点比较如下:

（1）单代号网络图具有绘制简便，逻辑关系明确，并且表示逻辑关系时，可以不借助虚箭杆，因而绘制较双代号网络图简单。

（2）单代号网络图具有便于说明，容易被非专业人员所理解和易于修改的优点。这对于推广和应用网络计划编制进度计划，进行全面管理是有益的。

（3）单代号网络图在表达进度计划时，不如双代号网络计划更形象，特别是应用在带有时间坐标的网络计划中。

（4）双代号网络图在应用电子计算机进行计算和优化过程更为简便，这是因为在双代号网络图中，用两个代号表示一项工作，可以直接反映紧前工作和紧后工作的关系。而单代号网络图就必须按工作列出紧前、紧后工作关系，这在计算机中，需要更多的存储单元。

由于单代号网络图和双代号网络图具有各自的优缺点，因此，不同情况下，其表现的繁简程度也不相同。

目前，单代号网络计划应用不是很广。今后，随着计算机在网络计划中的应用不断扩大，国内外对单代号网络计划会逐渐重视起来。这里，对单代号网络计划只进行简要介绍。

（一）单代号网络图的基本要素

单代号网络图是由箭线、节点、线路 3 个基本要素组成。

1.箭线

单代号网络图中，箭线表示紧邻工作之间的逻辑关系，工作间的逻辑关系包括工艺关系和组织关系，在网络图中均表现为工作之间的先后顺序。既不消耗时间，也不消耗资源，同双代号网络计划中虚箭线的含义。箭线的形状和方向可根据绘图需要而定，但箭线不可以为曲线，尽可能为水平或水平构成的折线，也可以是斜线。箭线水平投影的方向应自左向右，表示工作的行进方向。

2.节点

单代号网络图中，每一个节点表示一项工作，宜用圆圈或矩形框表示。节点所表示的工作名称、持续时间和工作的代号等都应标注在节点内。节点既消耗时间，又消耗资源，同双代号网络计划中实箭线的含义。

3.线路

单代号网络图的线路同双代号网络图的线路的含义是相同的。即从网络计划的起始节点到结束节点之间的若干条通道。各条线路应用该线路上的节点编号自小到大依次描述。

从网络计划的起始节点到结束节点之间持续时间最长的线路叫关键线路，其余线路统称为非关键线路。

(二)单代号网络图的绘制方法

1.正确表达各种逻辑关系

单代号网络图在绘制过程中，首先也要正确表达逻辑关系。

根据工程计划中，各工作在工艺上、组织上的先后顺序和逻辑关系，用单代号表达方式正确表达出来(见表12—2)。

序号	工作之间的逻辑关系	单代号网络图中的表示方法
1	A 完成后进行 B	
2	A、B、C 同时进行	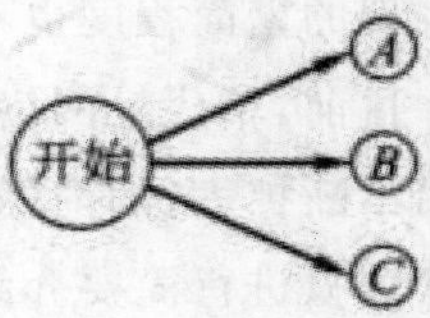
3	A、B、C 同时结束	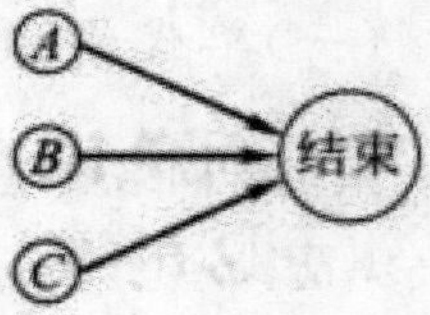
4	A、B 均完成后进行 C	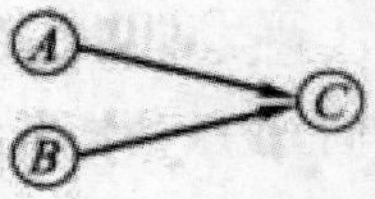
5	A、B 均完成后进行 C、D	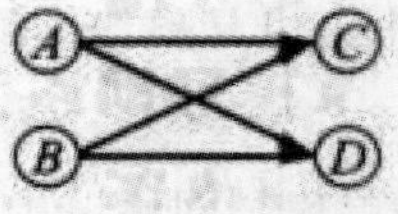
6	A 完成后进行 C、B	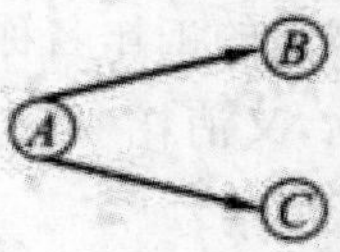

续表

序号	工作之间的逻辑关系	单代号网络图中的表示方法
7	A 完成后进行 C、A、B 均完成后进行 D	

2.单代号网络图的绘图规则

由于单代号网络图和双代号网络图所表达的计划内容是一致的,两者的区别仅在于绘图符号的不同或者说工作的表示方法不同而已。因此,绘制双代号网络图所遵循的绘图规则,对绘制单代号网络图同样适用。例如必须正确表达各项工作间的逻辑关系,不允许出现循环回路;不允许出现编号相同的工作;不允许出现双向箭线或没有箭头的箭线;网络图只允许有一个起点节点和一个终点节点等。有所不同的是,当有多项开始和多项结束工作时,应在单代号网络图的两端分别设置一项虚工作,作为网络图的起点节点和终点节点,其他再无任何虚工作。

具体绘制规则如下:

(1)单代号网络图必须正确表述已定的逻辑关系。

(2)单代号网络图中,严禁出现循环线路。

(3)单代号网络图中,严禁出现双向箭头或无箭头的连线。

(4)单代号网络图中,严禁出现没有箭尾节点的箭线和没有箭头节点的箭线。

(5)绘制网络图时,箭线不宜交叉。当交叉不可避免时,可采用过桥法和指向法绘制。

(6)单代号网络图只应有一个起点节点和一个终点节点;当网络图中有多项起点节点或多项终点节点时,应在网络图的两端分别设置一项虚工作,作为该网络图的起点节点(S_t)和终点节点(F_{in})。

四、网络计划技术的应用

网络计划的应用根据工程对象不同可分为:分部工程网络计划、单位工程网络计划、群体工程网络计划。若根据综合应用原理不同,则可分为:时间坐标网络计划、单代号搭接网络计划、流水网络计划。

（一）网络计划在不同工程对象中的应用

无论是分部工程或单位工程以及群体工程网络计划，其编制步骤如下：

1.确定施工方案或施工方法；

2.划分施工过程或单项工程；

3.计算各施工过程或单项工程的劳动量、持续时间、机械台班；

4.绘制网络图并调整；

5.计算时间参数及优化。

（1）分部工程网络计划

在编制分部工程网络计划时，既要考虑各施工过程之间的工艺关系，又要考虑组织施工中它们之间的组织关系。只有考虑这些逻辑关系后，才能构成正确的施工网络计划。

（2）单位工程网络计划

编制单位工程网络计划时，首先，熟悉图纸，对工程对象进行分析了解建设要求和现场施工条件，选择施工方案，确定合理的施工顺序和主要施工方法，根据各施工过程之间的逻辑关系，绘制网络图；其次，分析各施工过程在网络图中的地位，通过计算时间参数，确定关键施工过程、关键线路和非关键工作的机动时间；最后，统筹考虑，调整计划，制订出最优的计划方案。

（二）综合 应用网络计划

1.时标网络计划

（1）概念

时标网络计划是指以时间坐标为尺度编制的网络计划。它综合应用横道图的时间坐标和网络计划的原理，吸取了两者长处，使其结合起来应用的一种网络计划方法。时间坐标的网络计划简称时标网络计划。前面讲到的是无时标网络，在无时标网络图中，工作持续时间由箭线下方标注的数字表明，而与箭线的长短无关。无时标网络计划更改比较方便，但是由于没有时间坐标，看起来不直观、明了，现场指导施工不方便，不能一目了然地在图上直接看出各项工作的开始和结束时间以及工期。

（2）时标网络计划的特点

①时标网络计划中，箭线的水平投影长度直接代表该工作的持续时间。

②时标网络计划中，可以直接显示各施工过程的开始时间、结束时间与计

算工期等时间参数。

③在时标网络计划中,不容易发生闭合回路的错误。

④可以直接在时标网络计划的下方绘制资源动态曲线,从而进行劳动力、材料、机具等资源需要量的分析。

⑤由于箭线长度受时间坐标的限制,因此,修改和调整不如无时标网络计划方便。

(3)双代号时标网络计划绘制一般规定

①双代号时标网络计划必须以水平时间坐标为尺度表示工作时间,时标时间单位应根据需要在编制网络计划之前确定,可以为时、天、周、月或季。

②时标网络计划应以实箭线表示工作,以虚箭线表示虚工作,以波形线表示工作自由时差。

③时标网络计划中所有符号在时间坐标上的水平投影位置,都必须与其时间参数相对应。节点中心必须对准相应的时标位置。虚工作必须以垂直方向的虚箭线表示,有自由时差时加波形线表示。

2.时标网络计划的分类和绘制方法

(1)时标网络计划

根据节点参数的意义不同,可以分为早时标网络计划(将计划按最早时间绘制的网络计划)和迟时标网络计划(将计划按最迟时间绘制的网络计划)两种。一般情况下,应按最早时间绘制。这样,可以使节点和虚工作尽量向左靠。

(2)时标网络计划绘制方法

时标网络计划绘制方法有间接绘制法和直接绘制法两种。

①间接绘制法绘制时标网络计划

间接绘制法绘制时标网络计划是先计算网络计划中节点的时间参数,然后根据时间参数,按草图在时间坐标上进行绘制的方法。按最早时间绘制时标网络计划的方法和步骤如下。

a.绘制无时标网络计划草图,计算节点最早可能时间 T_i,从而确定网络计划的计算工期 T_c。

b.根据计算工期 T_c,选定时间单位绘制坐标轴。时标可标注在时标网络图的顶部或底部,时标的长度单位必须注明。

c.根据网络图中各节点的最早时间(也就是各节点后面工作的最早开始时间),从起点节点开始将各节点按照节点最早可能时间,逐个定位在时间坐标的纵轴上。

d.依次在各节点后面绘出箭线。

绘制时,应先画关键工作、关键线路,然后再画非关键工作。将箭线尽可能画成水平或水平竖直构成的折线,箭线的水平投影长度代表该工作的持续时间;如箭线画成斜线,则以其水平投影长度为其持续时间。如箭线长度不够与该工作的结束节点直接相连,则其余部分用水平波形线从箭线端部画至结束节点处。波形线的水平投影长度,代表该工作的自由时差。

e.用虚箭线连接原双代号网络图中节点间的虚箭杆。虚工作必须以垂直方向的虚箭线表示,有自由时差时加波形线表示。

f.把时差为零的箭线从起点节点到终点节点连接起来,并用粗线或双箭线或彩色箭线表示,即形成时标网络计划的关键线路。

注意:时标网络计划中,从始节点到终节点不存在波形线路就是关键线路。间接绘制法绘制迟时标网络计划的方法和步骤与绘制早时标网络计划的方法和步骤基本一致,稍有不同的是:绘制迟时标网络计划时,计算节点时间参数,不仅计算节点最早时间,而且,还要计算节点最迟时间;节点在时间坐标中的位置是按照节点最迟时间来标注的;在迟时标网络计划中,水平波线代表存在机动时间,但并不代表工作自由时差。

②直接法绘制时标网络计划

直接法绘制时标网络计划是不计算网络计划的时间参数,直接按草图在时间坐标上进行绘制的方法。该种方法应是在熟悉间接绘制法的基础上,对于时标网络计划有了较深理解之后,才可以熟练掌握和应用。

直接法绘制时标网络计划的方法和步骤如下。

a.将起点节点的中心定位在时间坐标表的横轴为零的纵轴上。

b.按工作的持续时间在坐标系中绘制以网络计划起始点节点为开始节点的工作箭杆。其他工作的开始节点必须在该工作的所有紧前工作都绘出后,定位在这些紧前工作最后完工的时间刻度线上;某些工作的箭线长度无法直接与后面节点相连时,用波形线补足,箭头画在波形线与节点相连处。

c.用上述方法自左向右依次确定各节点位置,直至网络计划终点节点定位为止。网络计划的终点节点是在无紧后工序的工作全部绘出后,定位在最晚完成的时标纵轴上。

在绘制时标网络计划时,特别需要注意的问题是处理好虚箭线。首先,应将虚箭线与实箭线等同看待,只是其对应工作的持续时间为零;其次,尽管它本身没有持续时间,但可能存在波形线。因此,要按规定画出波形线。

3.时标网络计划中时间参数的判定

（1）关键线路的判定

时标网络计划中的关键线路可从网络计划的终点节点开始，逆着箭线方向进行判定。凡自始至终不出现波形线的线路即为关键线路。

因为不出现波形线，就说明在这条线路上相邻两项工作之间的时间间隔全部为零，也就是在计算工期等于计划工期的前提下，这些工作的总时差和自由时差全部为零。

（2）计算工期的判定

网络计划的计算工期应等于终点节点所对应的时标值与起点节点所对应的时标值之差。

五、网络计划的控制

利用网络计划对工程进度进行控制是网络计划技术的主要功能之一。任何一项计划在实施过程中，都会遇到各种各样客观因素的影响，如工程变更或施工机械及材料未及时进场等都可能影响进度。因此，计划不变是相对的，改变才是绝对的。为了对计划进行有效的控制，就必须在计划执行过程中，进行定期检查和调整，这是使计划实现预期目标的基本保证。

（一）网络计划的检查

1.计划检查的周期及内容

网络计划检查应定期进行。检查周期的长短可根据计划工期的长短和管理的需要决定，一般可以天、周、月、季度等为周期。在计划执行过程中，突遇意外情况时，可进行应急检查，也可在必要时做特别检查。

网络计划检查的内容如下：

（1）关键工作的进度。

（2）非关键工作的进度及尚可利用的时差。

（3）实际进度对各项工作之间逻辑关系的影响。

（4）费用资料分析。

2.计划检查的方法

检查计划时，首先必须收集网络计划的实际执行情况，并做记录。针对无时标网络计划，可通过计算工序的时间参数，再与实际执行情况做一比较，直接在图上用文字、数字、适当符号或列表记录计划实际执行情况。

当采用时标网络计划时,应绘制实际进度前锋线记录计划实际执行情况。

(1)进度前锋线的概念

进度前锋线是指在原时标网络计划上,从检查时刻的时标出发,用点划线依次将各工作实际进展位置点连接而成的折线。

实际进度前锋线应自上而下地从计划检查的时间刻度出发,用直线段依次连接各项工作的实际进度前锋点,最后达到计划检查的时间刻度为止,形成折线。前锋线可用彩色线标出;不同检查时刻的相邻前锋线可采用不同颜色标出。利用已画出的实际进度前锋线,可以分析计划的执行情况以及发展趋势,对未来的进度情况做出预测判断,找出偏离计划目标的原因及可供挖掘的潜力所在。

(2)进度前锋线的绘制

一般从时标网络计划图上方时间坐标的检查日期开始绘制,依次连接相邻工作的实际进展位置点,最后与时标网络计划图下方坐标的检查日期相连接。

(3)进度前锋线的作用

在进度检查过程中形象地表明工程的实际进度状况,为调整进度计划提供正确的结果。

山若进度前锋点在计划的左侧,说明实际进度比计划拖延;若进度前锋点在计划的右侧,说明实际进度比计划提前;若进度前锋点与检查时刻的时间坐标相同,说明实际进度与计划进度一致。

(二)网络计划的调整

对网络计划进行检查之后,通过对检查结果的分析可以看出各工作对于进度计划工期的影响。此时,根据工程实际情况,对网络计划进行适当的调整,使之随时适应变化后的新情况,使计划按期或提前完成。

网络计划调整时间一般应与网络计划的检查时间相一致,或定期调整,或作应急调整,一般以定期调整为主。

网络计划的调整是一种动态调整,即计划在实施过程中,要根据情况的不断变化进行及时调整,调整主要包括下列内容。

1.关键线路长度的调整

关键线路长度的调整方法可针对以下不同情况分别选用。

(1)对关键线路的实际进度比计划进度提前的情况,当不拟定提前工期时,应选择资源占用量大或直接费用高的后续关键工作,适当延长其持续时间,从而降低资源强度或费用;当拟定要提前完成计划时,则应将未完成的部分作为一个新的计划,重新确定关键工作的持续时间,并按新计划实施。

(2)对关键线路的实际进度比计划进度延误的情况,应在未完成的关键工作中,选择资源强度小或费用低的,缩短其持续时间,并把计划的未完成部分作为一个新的计划,按工期优化的方法进行调整。

2.非关键工作时差的调整

非关键工作时差的调整应在其时差范围内进行。每次调整均必须重新计算时间参数,观察该调整对计划全局的影响。调整方法可采用下列方法:

(1)将工作在其最早开始时间与最迟完成时间范围内移动。

(2)延长工作持续时间。

(3)缩短工作持续时间。

3.增减工作项目

增减工作项目时应符合下列规定。

(1)不打乱原网络计划的逻辑关系,只对局部逻辑关系进行调整。

(2)重新计算时间参数,分析对原网络计划的影响。当对工期有影响时,应采取措施,保证计划工期不变。

4.调整逻辑关系

逻辑关系的调整只有当实际情况要求改变施工方法或组织方法时才可进行。调整时应避免影响原定计划工期和其他工作顺利进行。

5.重新估计某些工作持续时间

当发现某些工作的原持续时间有误或实现条件不充分时,应重新估算其持续时间,并重新计算时间参数。

6.对资源的投入做相应调整

当资源供应发生异常时,应采用资源优化方法对计划进行调整或采取应急措施,使其对工期的影响最小。

网络计划的调整,可定期或根据计划检查结果在必要时进行。

最后需要强调的是,网络计划是一种动态控制,是主动控制和被动控制相结合的控制。所谓主动控制,也叫作事前控制,就是预先分析影响计划目标实现的各种不利因素,提前拟订和采取各项预防性措施,以使计划目标得以实现。被动控制,也叫作事后控制,就是在网络计划实施过程中,随时检查进度,分析偏差,进行调整,然后按调整后的网络计划指导施工。

两种控制,即主动控制和被动控制,对计划管理人员来说,缺一不可。它们都是使计划按期完工的必须采用的控制方式。

第十二章　园林石景工程施工

第一节　园林石景工程概述

一、石景的基础知识

石景在传统园林中主要以假山和置石来表现,现代园林又常以人工塑石的手法营造。假山是指用人工堆起来的山;人们通常所说的假山实际上包括假山和置石两个部分。假山是以造景游览为主要目的,充分地结合其他多方面的功能作用,以土、石等为材料,以自然山水为蓝本并加以艺术的提炼和夸张,用作人工再造的山水景物的通称。置石是以山石为材料做独立性或附属性的造景布置。主要表现山石的个体美或局部的组合而不具备完整的山形。

一般来说,假山的体量大而集中,可供观赏也可游览,使游人有置身于自然山林之感。置石则主要以观赏为主,结合一些功能方面的作用,体量较小而分散。假山因材料不同可分为土山、石山和土石相间的山。我国岭南的园林中早有灰塑假山的工艺,后来逐渐发展成为用水泥塑的置石和假山,成为假山工程的一种专门工艺。

石景的类别和特点见表 12—1。

类别	特点
土山	①以土壤作为基本堆山材料; ②在陡坎、陡坡处有块石作护坡.挡土墙或蹬道,但一般不用自然山石在山上造景; ③占地面积往往很大,是构成园林基地地形和基本景观背景的重要因素; ④在实际造园中,常常利用建筑垃圾堆积成山,外覆土壤

类别	特点
石山	①以山石为主要堆山材料,只在石间空隙处填土配植植物,造价较高; ②主要用于庭园、水池等空间比较闭合的环境中,或者作为瀑布、喷泉的山体应用
带土石山	①主要堆山材料为土壤,只在土山的山凹、山麓点缀有岩石,在陡坎或山顶部分用自然山石堆砌成悬崖绝壁景观,一般还有山石做成的梯级和蹬道; ②可以做得高度较高,但用地面积较小; ③多用在面积较大的庭园中
带石土山(土包石)	①山石多用在山体的表面。由石山墙体围成假山的基本形状,墙后则用泥土填实; ②占地面积较小,山的特征却最为突出; ③适宜营造奇峰、悬崖、深峡崇山峻岭等多种山地景观; ④在中国古典园林中最为常见
人工塑石	①在岭南园林中较早出现,经不断发展,成为一种专门的假山工艺; ②采用石灰、砖、水泥等非石质性材料经人工塑造而成; ③可分为塑石和塑山两类; ④根据骨架材料不同,可分为砖结构骨架塑山和钢丝网结构骨架塑山

二、石景的功能

石景有以下几个方面的功能:一是作为自然山水园林的主景和地形骨架;二是作为园林划分空间和组织空间的手段;三是运用山石小品作为点缀园林空间和陪衬建筑,植物的手段;四是作为室外自然式的家具或器设,在室外用自然山石做石桌、石凳、石栏等,既不怕日晒夜露,又可结合造景,山石还用作室内外楼梯(称为云梯)、园桥、汀石等。

石景的这些功能与作用都是和造景密切结合的;它们可以因高就低,并与园林中其他造景要素如建筑、道路、植物等组成各式各样的园景,使人工建筑物和构筑物自然化,减少建筑物某些平板、生硬的线条的缺陷,增加自然、生动的气氛。

三、石景材料

我国幅员辽阔,地质情况变化多端,石材丰富,如湖石、房山石、灵璧石、宣城白、英石、黄石、青石、石笋、木化石、松皮石、石珊瑚等。

四、假山置石的布局形式

(一)置石

置石分为特置、对置、散置、山石器设。

(二)与植物相结合的山石布置——山石花台

山石花台的造型强调自然、生动。施工时重点注意山石花台的平面轮廓、立面轮廓要有起伏变化,其断面和细部要伸缩,有虚实和藏露的变化等。

(三)同园林建筑相结合的置石

山石同园林建筑结合的形式有山石踏跺和蹲配、抱角和镶隅、粉壁置石、回廊转折处的廊间置石、窗前置石——"无心画"和云梯等。

第二节　假山的结构和施工

一、假山结构设计

假山的外形虽然千变万化,但就其基本结构而言还是和建造房屋有共通之处,即分基础、中层和收顶三部分。

(一)假山基础设计

假山基础设计要根据假山类型和假山工程规模而定。人造土山和低矮的石山一般不需要基础,山体直接在地面上堆砌。高度在3m以上的石山,就要考虑设置适宜的基础。一般来说,高大、沉重的大型石山,需选用混凝土基础或块石浆砌基础;高度和重量适中的石山,可用灰土基础或桩基础。几种基础的设计要点如下。

1.混凝土基础

混凝土基础从下至上的构造层次及其材料做法是:最底下是素土地基,应夯实;素土夯实层之上可做一个砂石垫层,厚30～70cm;垫层上面即为混凝土基础层。混凝土层的厚度及强度,陆地上选用不低于C10的混凝土,水中采用C15水泥砂浆浆砌块石,混凝土的厚度,陆地上为10～20cm,水中基础约为50cm。水泥、砂和碎石配合的质量比为1∶2∶6～1∶2∶4。如遇高大的假山,酌情增加其厚度或采用钢筋混凝土替代砂浆混凝土。

毛石应选未经风化的石料,用150号水泥砂浆砌,砂浆必须填满空隙,不得出现空洞和缝隙。

如果基础为较软弱的土层,则要对基土进行特殊处理。

2.浆砌块石基础

假山基础可用1∶2.5或1∶3水泥砂浆砌一层块石,厚度为300mm;水下砌筑所用水泥砂浆的比例则应为1∶2。块石基础层下可铺300mm厚粗砂作为找平层,地基应做夯实处理。

3.灰土基础

基础的材料主要是用石灰和素土按3∶7的比例混合而成。每铺一层厚度为 30cm 的灰土,再夯实到 15cm 厚,则该灰土称为一步灰土。设计灰土基础时,要根据假山高度和体量来确定采用几步灰土。一般高度在 2m 以上的假山,其灰土基础可设计为一步素土加两步灰土。2m 以下的假山,则可按一步素土加一步灰土设计。

4.桩基

古代多用直径 10~15cm,长 1~2m 的杉木桩或柏木桩做桩基,木桩下端为尖头状。现代假山的基础已基本不用木桩桩基,只在地基土质松软时偶尔有采用混凝土桩基的。做混凝土桩基,先要设计并预制混凝土桩,其下端仍应为尖头状。直径可比木桩基大一些,长度可与木桩基相似,打桩方式也可参照木桩基。

(二)假山山体结构设计

假山山体结构设计是指假山山体内部的结构设计。山体内部的结构形式主要有以下四种。

1.环透式结构

采用环透结构的假山,其山体孔洞密布,穿眼嵌空,显得玲珑剔透。各种造型与其造山石材和造山手法相关。环透式假山的石材多为太湖石和石灰岩风化形成的怪石,这些山石的天然形状就是多孔洞的。石面多孔洞与穴窝,孔洞形状多为通透的不规则圆形,穴窝则为锅底状或不规则形状。山石的面皴纹多环纹和曲线,石形显得婉转柔和。在叠山手法上,为了突出太湖石类的环透特征,一般多采用拱、斗、卡、安、搭、连、飘、扣曲、做眼等手法。这些手法能够很方便地做出假山的孔隙、洞眼、穴窝和环纹、曲线及通透形象,其具体的施工做法可参见假山施工。透漏型假山一般采用环透式结构来构造山体。

2.层叠式结构

假山结构若采用层叠式,则假山立面的形象就具有丰富的层次感,一层山石叠砌为山体,山形朝横向伸展,或是敦实厚重,或是轻盈飞动,容易获得多种生动的艺术效果。在叠山方式上,层叠式假山又可分为水平层叠、斜面层叠两种。水平层叠要求每块山石都采用水平状态叠砌,假山立面的主导线条都是水平线,山石向水平方向伸展。斜面层叠要求山石倾斜叠砌成斜卧状、斜升状;石的纵轴与水平线形成一定夹角,角度在 10°~30° 之间,最大不超过 45°。

3.竖立式结构

这种结构形式可以造成假山挺拔、雄伟、高大的艺术形象。山石全都采用立式砌叠,山体内外的沟槽及山体表面的主导皴纹线,都是从下至上竖立着的,因此整个山势呈向上伸展的状态。根据山体结构的不同竖立状态,这种结构形式又分直立结构与斜立结构两种。

4.填充式结构

一般的土山、带土石山和个别的石山,或者在假山的某一局部山体中,都可以采用这种结构形式。这种假山的山体内部是由泥土、废砖石或混凝土材料填充起来的,因此其结构上的最大特点就是填充的做法。

(三)假山山洞结构设计

根据结构受力不同,假山山洞的结构形式主要有梁柱式结构、挑梁式结构、券拱式结构三种。假山洞的结构也有互通之处,如北京乾隆花园的假山洞在梁柱式的基础上,选拱形山石为梁,另外有些假山洞局部采用挑梁式等。一般来讲,黄石、青石等呈墩状的山石宜采用梁柱式结构,天然的黄石山洞也是沿其相互垂直的节理面崩落、坍陷而成;湖石类的山石,以太湖石为代表宜采用券拱式结构,具有长条而呈薄片状的山石应当以挑梁式结构为宜。假山洞结构要领是防垮塌、防渗漏。为使假山洞具有自然逼真的外观,在设计时应从以下几方面入手。

1.假山洞的布置

在布置假山洞时,首先应使洞口的位置相互错开,由洞外观洞内,似乎洞中有洞。洞口要宽大,洞口以内的洞顶与洞壁要有高低和宽窄变化,洞口的形状既要不违反所用石种的石性特征,又要使其具有生动自然的变化性。假山洞的洞道布置,在平面上要有曲折变化,做到宽窄相济,开合变化。

2.洞壁的设计

洞壁设计的关键在于处理好壁墙和洞柱之间的关系。如墙式洞壁的构成,要根据假山山体所采用的结构形式来设计。如果整个假山山体是采用层叠式结构,那么山洞洞壁石墙也应采用这种结构。山石一层一层不规则地层叠砌筑,直到达到预定的洞顶高度,这就做成了墙柱式洞壁。墙柱式洞壁的设计关系洞柱和柱间石山墙两种结构部分。

3.洞底设计

洞底可铺设不规则石片作为路面,在上坡和下坡处则设置块石阶梯。洞内路面宜有起伏,并应随着山洞的弯曲而弯曲。在洞内宽敞处,可在洞底设置一些石笋、石球、石柱,以丰富洞内景观。如果山洞是按水洞形式设计的,则应在洞内适当地点挖出浅池或浅沟,用小块山石铺砌成石泉池或石涧。石涧一般应布置在洞底一侧的边缘,平面形状宜蜿蜒曲折,还可从一侧转到另一侧。

4.山洞洞顶设计

一般条形假山石的长度有限,大多数条石的长度都在1~2m之间。如果山洞设计为2m左右宽度,则条石的长度就不足以直接用作洞顶石梁,这就要采用特殊的方法才能做出洞顶来。洞顶的常见做法有盖梁、挑梁和拱券三种结构方式。

(四)假山山顶结构设计

假山山顶结构设计直接关系整个假山的艺术形象,是假山立面上最突出、最能集中视线的部位。根据假山山顶形象特征,可将假山顶部的基本造型分为峰顶、峦顶、崖顶和平山顶等四个类型。

二、掇山施工

(一)石料准备

1.选石要求

叠石造山无论其规模,都是由一块块形态、大小各异的山石拼叠而成。但选石时要遵循自然山川的形成规律,达到以下要求。

(1)同质

掇山用石,其品种、质地、石性要一致。如果石料的质地不同、品种不一,必然与自然山川岩石构成不同,同时不同石料的石性特征不同,强行将不同石料混在一起拼叠组合,必然是乱石一堆。

(2)同色

即使是同一种石质,其色泽相差也很大,如湖石类中,有黑色、灰白色、褐黄色、发青色等。黄石有淡黄、暗红、灰白等色泽变化。所以,同质石料的拼叠在色泽上也应一致才好。

(3)接形

将各种形状的山石外形互相组合拼叠起来,既有变化又浑然一体,这就叫作"接形"。在叠石造山中,用石不应一味地追求石料块形大,石料的块形太小也不好,块形小,人工拼接的石缝就多,接缝一多,山石拼叠不仅费时费力,而且在观感上易显得破,同样不可取。

正确的接形除了石料的选择要有大小、长短等变化外,石与石的拼叠面应力求形状相似,石形互接,讲究就势顺势,如向左则先用石造出左势,如向右则先用石造出右势;欲高先接高势,欲低先出低势。

(4)合纹

纹是指山石表面的纹理脉络。当山石拼叠时,合纹不仅指山石原来的纹理脉络的衔接,还包括外轮廓的接缝处理。

2.石料的选购

石料的选购是在相地设计后,根据假山造型规划设计的大体需要而确定的。依据山石产地、石料的形态特征,想象先行拼凑哪些石料可用于假山的何种部位,按要求通盘考虑山石的形状与用量。在遵循"是石堪堆"原则的基础上,尽量采用施工当地的石料,这样方便运输,减少假山堆叠的费用。石料有新、旧和半新半旧之分。采自山坡的石料,由于暴露于地面,经常年风吹雨打,天然风化明显,此石叠石造山,易得古朴美的效果。而从土中扒出来的石料,表面有一层土锈,用此石堆山,需经长期风化剥蚀后,才能达到旧石的效果。有的石头一半露出地面,一半埋于地下,则为半新半旧之石。

选购石料时有通货石和单块峰石之别。通货石是指不分大小、好坏,混合出售之石。选购通货石无须一味求大、求整,应根据掇山需要而定,石料过大过整,在拼叠时将使山石造型过于平整规则而显得呆板;石料过小过碎,将增加堆叠劳动量和拼接数量,即使拼叠再好,也难免有人工痕迹。所以,选择石料应当大小搭配,对主观赏面没有损坏的破损石料,也可选用。在实际叠石造山时,大多数情况下山石只有一个面向外,其他的面叠包在山体之中不可见。当然,如能尽量选择没有破损的山石料是最好的,至少可以多几个面供具体施工时选择和合理使用。总之,选择石料的原则大体上是大小搭配,形态多变,对堆叠同一座假山,要求石质、石色、石纹、石性等基本特征统一。

单块峰石造型以单块成形,四面均可观赏者为极品,三面可观赏者为上品,前后两面可观赏者为中品,一面可观赏者为末品。根据假山山体的造型与峰石安置的位置综合考虑选购一定数量的峰石。

3.石料的分类

石料到达施工工地后,应分块平放在地面上以供"相石"之需。同时,按大小、好坏、掇山使用顺序将石料分门别类,有秩序地排列放置。一般可按如下方法进行:

（1）单块峰石应放在最安全、不易磕碰的地方。按施工造型的程序，峰石多是最后使用的，故应放于离施工场地稍远一点的地方，以防止其他石料在使用吊装的过程中与之发生碰撞而造成损坏。

（2）其他石料可按其不同的形态、作用和施工造型的先后顺序合理安放。如拉底时先用的，可放在前面；用于封顶的，可放在后面；石色纹理接近的放置一处，可用于大面的放置一处等。

（3）要使每一块石料最具形态特征和最具观赏性的一面朝上，以便施工时不须翻动就能辨认取用。

（4）石料要根据将要堆叠的大致位置沿施工工地四周有次序地排放，2～3块为一排，呈竖向条形。条与条之间须留有较宽的通道，以供搬运石料和人员行走需要。

（5）从叠石造山的最佳观赏点到山石拼叠的施工场地，一定要保证其空间地面平坦、无障碍物。观赏点又叫作"定点"位置，每堆叠一块石料，都应从堆叠山石处退回"定点"的位置上进行"相形"，以保证叠石造山主观赏面不偏向、走形。

（6）每一块石料的摆放都力求单独，即石与石之间不能挤靠在一起，更不能成堆放置。

（二）假山结构配件

1.平稳设施和填充设施

为了安置底面不平的山石，在找平山石以后，于底下不平处垫一至数块控制平稳和传递重力的垫片，称为"剎"或"重力石""垫片"。山石施工术语有"见缝打剎"之说。"剎"要选用坚实的山石，在施工前就打成不同大小的斧头形以备随时选用。打剎一定要找准位置，尽可能地用数量最少的剎而求得稳定。打剎后用手推拭一下以检验其是否稳定。至于两石之间不着力的空隙也要用石皮填充。假山外围每做好一层，都要用石皮和灰浆填充其中，凝固后便形成一个整体。

2.铁活加固设施

其常用熟铁或钢筋制成。用于山石稳定前提下的加固。铁活要求用而不露，因此不易发现。常用的有以下几种。

银锭扣为生铁铸成，有大、中、小三种规格。主要用以加固山石间的水平联系。先将石头水平向接缝作为中心线，再按银锭扣大小划线凿槽打下去。其上接山石而不外露。

铁爬钉用熟铁制成,用以加固山石水平向及竖向的连接。

铁扁担多用于加固山洞,作为石梁下面的垫梁。铁扁担的两端成直角上翘,翘头略高于所支承石梁两端。

马蹄形吊架和叉形吊架见于江南一带。扬州清代宅园"寄啸山庄"的假山洞底,由于用花岗石做石梁只能解决结构问题,外观极不自然。用这种吊架从条石上挂下来,吊架上再安放山石,便接近自然山石的外貌。

3.施工机具准备

能正确、熟练地运用一整套适合于各种规模和类型的叠石造山的施工工具和机械设备,是保证叠石造山工程施工安全、施工进度和施工质量的极其重要的前提。假山施工工具分为手工工具和机械工具两大类,现分述如下:

(1)手工工具

如铁铲、箩筐、镐、钯、灰桶、瓦刀、水管、锤、杠、绳、竹刷、脚手地撬棍、小抹子、毛竹片、钢筋夹、木撑、三角铁架、手拉葫芦等。

①铁锤

主要用于敲打山石或取山石的刹石和石皮。刹石用于垫石,石皮用于补缝。最常用的锤是单手锤,敲打山石或取刹石、石皮。石纹是石的表面纹理脉络,而石丝则是石质的丝路。石纹有时与石丝同向,有时不同向。所以要认真观察待敲打的山石,找准丝向,而后顺丝敲剥。另外,在山石拼叠使用刹石时,一般不用锤头直接敲打刹石,而用锤柄顶端或木榔头敲打,以防敲碎刹石。

②竹刷

主要用于山石拼叠时水泥缝的扫刷,应在水泥完全凝固前即进行扫刷缝口,也可在刚做完的缝口处用毛排刷蘸清水扫刷。

③棕绳(或麻绳、钢丝)

用于搬运山石。用棕绳或麻绳捆绑山石进行吊装和搬运,其优点是扒滑、结实,只要不沾水,则比较柔软,易打结扣。尼龙化纤绳虽结实,但伸缩性较大。钢丝绳结实,但结扣较难打。山石不是随意捆吊的,要根据山石在堆叠时放置的角度和位置进行捆吊。还要尽量使捆绑山石的绳子不能在山石拼叠时被石料压在下面,要便于吊装后能将绳索顺利抽出。绳子的结扣要易打,又要好松好解,不能松开滑掉,要越抽越紧,即山石自身越重,绳扣越紧。

④小抹子

小抹子是做山石拼叠缝口的水泥接缝的专用工具。

⑤毛竹片、钢筋夹、撑棍与木刹

其主要用于临时性支撑山石,以利于山石的拼接、堆叠和做缝,待混凝土凝固后或山石稳固后再行拆除。

⑥脚手架与跳板

除了常用于山石的拼叠做缝外,做较大型的山洞或山石的拱券需要用脚手架与跳板再加以辅助操作,这是一种比较安全有效的方法。

(2)机械工具

假山堆叠需要的机械包括混凝土机械.运输机械和起吊机械。小型堆山和叠石用手拉葫芦就可完成大部分工程,而对于一些大型的叠石造山工程,吊装设备尤显重要,合适的起重机械可以完成所有的吊装工作。起重机械种类较多,在假山施工中,常用的有汽车起重机、手拉葫芦和电动葫芦。

叠石造山作为传统的技艺,历史上都是以人抬肩扛的手工操作进行施工的。现在,虽然吊装机械设备的使用代替了繁重的体力劳动,但其他的手工操作部分却仍然离不开一些传统的操作方式及有关工具。

(四)掇山施工过程

1.工艺流程

制作模型—施工放线—挖槽—基础施工—拉底—中层施工—扫缝—收顶与做脚—检查验收—使用保养。

2.假山模型制作

(1)熟悉图纸。图纸包括假山底层平面图、顶层平面图、立体图、剖面图及洞穴、结顶等大样图。

(2)按1:50～1:20的比例放大底层平面图,确定假山范围及各山景的位置。

(3)选择、准备制作模型材料。可选择石膏、水泥砂浆、橡皮泥或泡沫塑料等可塑材料。

(4)制作假山模型。根据设计图纸尺寸要求,结合山体总体布局、山体走向、山峰位置、主次关系和沟壑、洞穴、溪涧的走向,尽量做到体量适宜,布局精巧,能充分体现出设计的意图,为掇山施工提供参考。

3.施工放线

根据设计图纸的位置与形状在地面上放出假山的外形形状。由于基础施工比假山的外形要宽,放线时应根据设计适当放宽。在假山有较大幅度的外挑时,要根据假山的重心位置来确定基础的大小。

4.挖槽

根据基础的深度与大小挖槽。在我国南、北方,假山堆叠各不相同,北方一般满拉底,基础范围覆盖整个假山;南方一般沿假山外形及山洞位置设基础,山体内多为填石,对基础的承重能力要求相对较低。因此挖槽的范围与深度需要根据设计图纸的要求进行。

5.基础

施工基础是首位工程,其质量优劣直接影响假山的稳定性和艺术造型。在确定了主山体的位置和大致的占地范围后,就可以根据主山体的规模和土质情况进行钢筋混凝土基础的浇筑了。浇筑基础,是为了保证山体不倾斜、不下沉。如果基础不牢,山体发生倾斜,也就无法供游人攀爬了。浇筑基础的方法很多,首先是根据山体的占地范围挖出基槽,或用块石横竖排立,于石块之间注进水泥砂浆。或用混凝土与钢筋扎成的块状网浇筑成整块基础。在基土坚实的情况下可利用素土槽浇筑,基槽宽度同灰土基。至于砂石与水泥的混合比例关系、混凝土的基础厚度,所用钢筋的直径粗细等,则要根据山体的高度、体积以及重量和土层情况由设计而定。叠石造山浇筑基础时应注意以下事项:

(1)调查了解山址的土壤立地条件,地下是否有阴沟、基窟、管线等。

(2)叠石造山如以石山为主配植较大植物的造型,则预留空白要准确。仅靠山石中的回填土常常无法保证足够的土壤供植物生长,加上满浇混凝土基础,就形成了土层的人为隔断,地气接不上来,水也不易排出去,使得植物不易成活和生长不良。因此,在准备栽植植物的地方,根据植物大小需预留一块不浇混凝土的空白处,即留白。

(3)从水中堆叠出来的假山,主山体基础应与水池的底面混凝土同时浇筑形成整体。如先浇主山体基础,待主山体基础完成后再做水池池底,则池底与主山体基础之间的接头处容易出现裂缝,产生漏水,而且日后处理极难。

(4)如果山体是在平地上堆叠,则基础一般低于地平面至少 20cm。山体堆叠成形后再回填土,同时沿山体边缘栽种花草,使山体与地面的过渡更加自然生动。

6.拉底

拉底是指在基础上铺置最底层的自然山石。假山空间的变化都立足于这一层,所以"拉底"为叠山之本。如果底层未打破整形的格局,则中层叠石亦难变化,此层山石大部分在地面以下,只有小部分露出地表,不需要形态特别好的山石。由于它是受压最大的自然山石层,所以拉底山石要求有足够的强度,宜选用顽夯没有风化的土石。拉底时主要注意以下几个方面。

(1)统筹向背

根据造景的立地条件,特别是游览路线和风景透视线的关系,确定假山的主次关系,再根据主次关系安排假山的组合单元,按假山组合单元的要求来确定底石的位置和发展的走向。要精于处理主要视线方向的画面以作为主要朝向,然后照顾次要朝向,简化处理那些视线不可及的部分。

(2)曲折错落

假山底脚的轮廓线要变平直为曲折,变规则为错落。在平面上要形成具有不同间距、不同转折半径、不同宽度,不同角度和不同支脉走向的变化,或为斜八字形,或为"S"形,或为各式曲尺形,为假山的虚实、明暗变化创造条件。

(3)断续相间

假山底石所构成的外观不是连绵不断的,要为中层做出"一脉既毕,余脉又起"的自然变化做准备。因此在选材和用材方面要灵活,或因需要选材,或因材施用。用石的大小和方向要严格地按照皴纹的延展来确定。大小石材成不规则的相间关系安置,或小头向下渐向外挑,或相邻山石小头向上预留空档以便往上卡接,或从外观上做出"下断上连""此断彼连"等各种变化。

(4)紧连互咬

外观上做出断续的变化,但结构上却必须一块紧连一块,接口力求紧密,最好能互相咬合。尽量做到"严丝合缝",因为假山的结构是"集零为整",结构上的整体性最为重要,它是影响假山稳定性的又一重要因素。假山外观所有的变化都必须建立在结构上重心稳定、整体性强的基础上。实际上山石间是很难完全自然地紧密结合,可借助于小块的石块填入石间的空隙部分,使其互相咬合,再填充以水泥砂浆使之连成整体。

(5)垫平稳固

拉底施工时,大多数要求基石以大而平坦的面向上,以便于后续施工,向上垒接。通常为了保持山石平稳,要在石之底部用"刹片"垫平以保持重心稳定、上面水平。北方掇山多采用满拉底石的办法,即在假山的基础上满铺一层,形成一整体石底,而南方则常采用先拉周边底石再填心的办法。

7.中层施工

中层即底石与顶层之间的部分。假山的堆叠也是一个艺术再创作的过程,在堆叠时先在想象中进行组合拼叠,然后在施工时就能信手拈来并发挥灵活机动性,寻找合适的石料进行组合。掇山造型技艺中的山石拼叠实际上就是相石拼叠的技艺。其过程顺序是从相石、选石到想象拼叠到实际拼叠造型相形,而后再从造型后的相形回到相石、选石到想象拼叠到实际拼叠到造型相形,如此反复循环,直到整体的堆叠完成。

(1)中层施工的技术要点

除了底石所要求平稳等方面以外,还应做到:

①接石压槎

山石上下的衔接要求石石相接、严密合缝。除有意识地大块面闪进以外,避免在下层石上面闪露一些很破碎的石面。如果是为了得到某种变化效果,故意预留石槎,则另当别论。

②偏侧错安

在下层石面之上,再行叠放应放于一侧,破除对称的形体,避免形成四方、长方、正品或等边、等三角等形体。要因偏得致,错综成美。掌握每个方向呈不规则的三角形变化特点,以便为向各个方向的延伸发展创造基本的形体条件。

③仄立避“闸”

将板壮山石直立或起撑托过河者,称为“闸”。山石可立、可蹲、可卧,但不能像闸门板一样仄立。仄立的山石很难和一般布置的山石相协调,显的呆板、生硬,而且向上接山石时接触面较小,影响稳定。但有时这也不是绝对的,自然界中也有仄立如闸的山石,特别是作为余脉的卧石处理等,但要求巧用。有时为了节省石材而又能有一定高度,可以在视线不可及之处以仄立山石空架上层山石。

④等分平衡

《园冶》中“等分平衡法”和“悬崖使其后坚”便是此法的要领。无论是挑、拷、悬、垂等,凡有重心前移者,必须用数倍于“前沉”的重力稳压内侧,把前移的重心再拉回到假山的重心线上。

(2)叠山的技术措施

①压

“靠压不靠拓”是叠山的基本常识。山石拼叠,无论大小,都是靠山石本身重量相互挤压、咬合而稳固的,水泥砂浆只是一种补连和填缝的作用。

②刹

刹石虽小,却承担平衡和传递重力的重任,在结构上很重要,打刹也是衡量叠山技艺水平的标志之一。打刹一定要找准位置,尽可能地用数量最少的刹片而求得稳定,打刹后用手推试一下是否稳定,两石之间不着力的空隙要用石皮填充。假山外围每做好一层,最好即用块石和灰浆填充其中,称为"填肚",凝固后便形成一个整体。

③对边叠山

需要掌握山石的重心,应根据底边山石的中心来找上层山石的重心位置,并保持上、下层山石的平衡。

④搭角

搭角是指石与石之间的相接,石与石之间只要能搭上角,便不会发生脱落倒塌的危险,搭角时应使两旁的山石稳固。

⑤防断

对于较瘦长的石料,应注意山石的裂缝,如果石料间有夹砂层或过于透漏,则容易断裂,这种山石在吊装过程中常会发生危险,另外此类山石也不宜作为悬挑石用。

⑥忌磨

"怕磨不怕压"是指叠石数层以后,其上再行叠石时如果位置没有放准确,需要就地移动一下,则必须把整块石料悬空起吊,不可将石块在山体上磨转移动来调整位置,否则会因带动下面石料同时移动,从而造成山体倾斜倒塌。

⑦勾缝和胶结

掇山之事虽在汉代已有明文记载,但宋代以前假山的胶结材料已难于考证。不过,在没有发明石灰以前,只可能是干砌或用素泥浆砌。从宋代李诫撰《营造法式》中可以看到用灰浆泥假山,并用粗墨调色勾缝的记载,因为当时风行太湖石,宜用色泽相近的灰白色灰浆勾缝。此外,勾缝的做法还有桐油石灰(或加纸筋)、石灰纸筋、明矾石灰、糯米浆拌石灰等多种,湖石勾缝再加青煤,黄石勾缝后刷铁屑盐卤等,使之与石色相协调。现代掇山,广泛使用1∶1水泥砂浆,勾缝用"柳叶抹",有勾明缝和暗缝两种做法。一般是水平向缝都勾明缝,在需要时将竖缝勾成暗缝,即在结构上结成一体,而外观上若有自然山石缝隙。勾明缝务必不要过宽,最好不要超过2cm,如缝过宽,可用随形之石块填后再勾浆。

8.收顶

收顶即处理假山最顶层的山石,是假山立面上最突出、最集中视线的部位,顶部的设计和施工直接关系整个假山的艺术形象。从结构上讲,收顶的山石要求体量大,以便紧凑收压。从外观上看,顶层的山石体量虽不如中层大,但有画龙点睛的作用,因此要选用轮廓和体态都富有特征的山石。收顶一般有峰顶、峦顶、崖顶和平顶四种类型。

(1)峰顶

峰顶又可分为:剑立式,上小下大,竖直而立,挺拔高矗;斧立式,上大下小、形如斧头侧立,稳重而又有险意;流云式,峰顶横向挑伸,形如奇云横空,高低不同;斜立式,势如倾斜山岩,斜插如削,有明显的动势;分峰式,一座山体上用两个以上的峰头收顶;合峰式,峰顶为一主峰,其他次峰、小峰的顶部融合在主峰的边部,成为主峰的肩部等。

(2)峦顶

峦顶可以分为圆丘式峦顶,顶部为不规则的圆丘状隆起,像低山丘陵,此顶由于观赏性差,一般主山和重要客山多不采用,个别小山偶尔采用;梯台式峦顶,形状为不规则的梯台状,常用板状大块山石平伏压顶形成;玲珑式峦顶,山顶由含有许多洞眼的玲珑型山石堆叠而成;灌丛式峦顶,在隆起的山峦上普遍栽植耐旱的灌木丛,山顶轮廓由灌丛顶部构成。

(3)崖顶

山崖是山体陡峭的边缘部分,既可以作为重要的山景部分,又可作为登高望远的观景点。山崖可分为平顶式崖顶,崖壁直立,崖顶平伏;斜坡式崖顶,崖壁陡立,崖顶在山体堆砌过程中顺势收结为斜坡;悬垂式崖顶,崖顶石向前悬出并有所下垂,致使崖壁下部向里凹进。

(4)平顶

园林中,为了使假山具有可游、可憩的特点,有时将山顶收成平顶。其主要类型有平台式山顶、亭台式山顶和草坪式山顶。

假山收顶的方式在自然地貌中有本可寻。收顶往往是在逐渐合凑的中层山石顶面用重力加以镇压,使重力均匀地分层传递下去。常用一块收顶的山石同时镇压下面几块山石,如果收顶面积大而石材不够整,就要采取"拼凑"的手法,并用小石镶缝成一体。在掇山施工的同时,如果有瀑布、水池、种植池等构景要素,应与假山一起施工,并通盘考虑施工的组织设计。

9.做脚

做脚就是用山石堆叠山脚,它是在掇山施工大体完工以后,于紧贴拉底石外缘部分拼叠山脚,以弥补拉底造型的不足。山脚的造型应与山体造型结合起来考虑,施工中做脚的选型形式主要有凹进脚、凸出脚、断连脚、承上脚、悬底脚、平板脚等。当然,无论是哪一种造型形式,它在外观和结构上都应当是山体向下的延续部分,与山体是不可分割的整体。即使采用断连脚、承上脚的造型形式,也还要"形断迹连,势断气连",在气势上连成一体。具体做脚时有以下三种做法。

(1)点脚法

所谓点脚,就是先在山脚线处用山石做成相隔一定距离的点,点上再用片状石或条状石盖上,这样就可在山脚的一些局部造出小的空穴,加强假山的深厚感和灵秀感,主要运用于具有空透型山体的山脚造型。如扬州个园的湖石山,就是用点脚法做脚的。

(2)连脚法

做山脚的山石依据山脚的外轮廓变化,呈曲线状起伏连接,使山脚具有连续、弯曲的线形,同时以前错后移的方式呈现不规则的错落变化。

(3)块面脚法

一般用于拉底厚实、造型雄伟的大型山体,如苏州藕园主山山脚。这种山脚也是连续的,但与连脚法不同的是,做出的山脚线呈现大进大退的形态,山脚突出部分与凹陷部分各自的整体感都要强,而不是像连脚法那样呈小幅度的曲折变化。

(五)施工要点

假山施工是一个复杂的系统工程,为保证假山工程的质量,应注意以下几点。

(1)施工注意先后顺序,应自后向前,由主及次,自下而上分层作业。每层高度在 0.3～0.8m 之间,各工作面叠石务必在胶结未凝之前或凝结之后继续施工,千万不能在凝固期间强行施工,一旦松动则胶结料失效。

(2)注意按设计要求边施工边预埋预留管线水路孔洞,切忌事后穿凿,松动石体。

(3)对于结构承重受力用石必须小心挑选,保证有足够的强度。

(4)安石争取一次到位,避免在山石上磨动,一般要求山石就位前应按叠石要求原地立好,然后拴绳打扣,无论人抬还是机吊都由专人指挥,统一指令术语。如一次安置不成功,需移动一下,应将石料重新抬起(吊起),不可将石体在山体上磨转移动去调整位置,否则会因带动下面石料同时移动,从而造成山体倾斜倒塌。

(5)掇山完毕应重新复检设计(模型),检查各道工序,进行必要的调整补漏,冲洗石面,清理现场。如山上有种植池,应填土施底肥,种树、植草一气呵成。

三、人工塑石

人工塑石是近年来新发展起来的一种造山技术,它充分利用混凝土、玻璃钢、有机树脂等现代材料,以雕塑艺术的手法仿造自然山石。人工方法包括塑山和塑石两类,具有与真石掇山、置石相同的功能。

早在百年前,在岭南园林中就出现塑山,如岭南四大名园(佛山梁园、顺德清晖园、番禺余荫山房、东莞可园)中都不乏灰塑假山的身影。近几年,经过不断的发展与创新,塑石已作为一种专门的假山工艺在园林中得到广泛运用。

(一)人工塑石的特点

(1)方便

指塑山所用的砖、水泥等材料来源广泛,取用方便,可就地解决,无采石运石之烦。

(2)灵活

指塑山在造型上不受石材大小和形态限制,施工灵活方便,不受地形、地物限制,可完全按照设计意图进行造型。

(3)省时

指塑山的施工期短,见效快。

(4)逼真

好的塑山无论是在色彩还是质感上都能取得逼真的石山效果。

当然,由于塑山所用的材料不是自然山石,因而在神韵上不及石质假山,同时使用期限较短,需要经常维护。

(二)人工塑石的分类

人工塑石根据其结构骨架材料的不同,可分为砖结构骨架塑山,即以砖作为塑山的结构骨架,适用于小型假山;钢筋铁丝网结构骨架塑山,即以钢材、铁丝网作为塑山的结构骨架,适用于大型假山。

砖结构骨架塑山和钢筋铁丝网结构骨架塑山的施工工序如下:

（1）砖结构骨架塑山

基础放样—挖土方—浇混凝土垫层—砖骨架—打底—造型—面层批荡（批荡即面层厚度抹灰，多用砂浆）及上色修饰—成型。

（2）钢筋铁丝网结构骨架塑山

基础放样—挖土方—浇混凝土垫层—焊接主钢骨架—做分块钢架并焊接—双面混凝土打底—造型—面层批荡及上色修饰—成型。

（三）塑山与塑石过程

塑山与塑石过程具体如下所述。

（1）基架设置

根据山形、体量和其他条件选择基架结构，如砖石基架、钢筋铁丝网基架、混凝土基架或三者结合基架。坐落在地面的塑山要有相应的地基处理，坐落在室内的塑山要根据楼板的结构和荷载条件进行结构计算，包括地梁和钢梁、柱及支撑设计等。基架多以内接的几何形体为桁架，以作为整个山体的支撑体系，并在此基础上进行山体外形的塑造。施工中应在主基架的基础上加密支撑体系的框架密度，使框架的外形尽可能地接近设计的山体形状。凡用钢筋混凝土基架的，都应涂防锈漆 2 遍。

2.铺设铁丝网

铁丝网在塑山中主要起成型及挂泥的作用。砖石骨架一般不设铁丝网，但形体宽大者也需铺设，钢骨架必须铺设铁丝网。铁丝网要选择易于挂泥的材料。铺设之前，先做分块钢架附在形体简单的钢骨架上并焊牢，变几何形体为凹凸的自然外形，其上再挂铁丝网。铁丝网根据设计造型用木槌及其他工具成型。

3.打底及造型

塑山骨架完成后，若为砖骨架，一般以 M7.5 混合砂浆打底，并在其上进行山石皴纹造型；若为钢骨架，则应先抹白水泥麻刀灰 2 遍，再堆抹 C20 豆石混凝土（坍落度为 0～2），然后于其上进行山石皴纹造型。

4.抹面及上色

通过精心的抹面和石面皴纹、棱角的塑造，可使石面具有逼真的质感，才能达到逼真的效果。因此塑山骨架基本成型后，用 1：2.5 或 1：2 水泥砂浆对山石皴纹找平，再用石色水泥浆进行面层抹灰，最后修饰成型。

（一）新工艺塑山简介

1.GRC 塑山材料

为了克服钢、砖骨架塑山存在着的施工技术难度大、皴纹很难逼真、材料自重大、易裂和褪色等缺陷，近年来探索出一种新型的塑山材料—短纤维强化水泥或玻璃筋混凝土（glass fiber reinforced cement，简称 GRC）。其主要用来制造假山、雕塑、喷泉瀑布等园林山水艺术景观。GRC 用于假山造景，是继灰塑、钢筋混凝土塑山、玻璃钢塑山后人工创造山景的又一种新材料、新工艺。

GRC 材料用于塑山的优点如下：

（1）用 GRC 造假山石，山石的造型、皴纹逼真，具有岩石坚硬润泽的质感，模仿效果好。

（2）用 GRC 造假山石，材料自身质量轻，强度高，抗老化且耐水湿，易进行工厂化生产，施工方法简便、快捷.造价低，可在室内外及屋顶花园等处广泛使用。

（3）GRC 假山造型设计、施工工艺较好，可塑性大，在造型上需要特殊表现时可满足要求。加工成各种复杂形体，与植物、水景等配合，可使景观更富于变化.更有表现力。

（4）现在以 GRC 造假山可利用计算机进行辅助设计，结束了过去假山工程无法做到的石块定位设计的历史，使假山不仅在制作技术上发展迅速，还在设计手段上取得了新突破。

（5）具有环保特点，可取代真石材，减少对天然矿产及林木的开采。

2.FRP 材料塑山

继 GRC 现代塑山材料后，目前还出现了一种新型的塑山材料——玻璃纤维强化树脂（fiber glass reinforced plastics，简称 FRP），它是用不饱和树脂及玻璃纤维结合而成的一种复合材料。该材料具有刚度好、质轻、耐用、价廉.造型逼真等特点，同时可预制分割，方便运输，特别适用于大型的、易于安装的塑山工程。FRP 首次用于香港海洋公园集古村石窟工程中，并取得很好的效果，获得一致好评。

FRP 塑山施工程序为泥模制作—翻制石膏—玻璃钢制作—模件运输—基础和钢框架制作与安装—玻璃钢预制件拼装—修补打磨—油漆—成品。

（1）泥模制作

按设计要求制作泥模。一般在一定比例（多用 1：20～1：15）的小样基础上制作。泥模制作应在临时搭设的大棚(规格可采用 50m×20m×10m)内进行。制作时要避免泥模脱落或冻裂。因此,温度过低时要注意保温,并在泥模上加盖塑料薄膜。

(2)翻制石膏

采用分割翻制,主要考虑翻模和后续运输的方便。分块的大小和数量根据塑山的体量来确定,其大小以人工能搬动为好。每块要按一定的顺序标注记号。

(3)玻璃钢制作

玻璃钢原料采用 191 号不饱和聚酯及固化体系,一层纤维表面毯和五层玻璃布,以聚乙烯醇水溶液为脱模剂。要求玻璃钢表面硬度大于 34.厚度为 4mm,并在玻璃钢背面粘配 8mm 的钢筋。制作时注意预埋铁件以便供安装固定之用。

(4)基础和钢框架制作与安装

基础用钢筋混凝土,基础厚大于 80cm,双层双向配 8mm 钢筋,C20 预拌混凝土。框架柱梁可用槽钢焊接,柱距 1m×(1.5～2)m。必须确保整个框架的刚度与稳定。框架和基础用高强度螺栓固定。

(5)玻璃钢预制件拼装

根据预制件大小及塑山高度.先绘出分层安装剖面图和立面分块图,要求每升高 1.2m 就要绘一幅分层水平剖面图,并标注每一块预制件四个角的坐标位置与编号,对变化特殊之处要增加控制点。然后按顺序由下往上逐层拼装,做好临时固定。全部拼装完毕后,由钢框架伸出的角钢悬挑固定。

(6)打磨、油漆

拼装完毕后,接缝处用同类玻璃钢补缝、修饰、打磨,使之浑然一体。最后用水清洗,罩以土黄色玻璃钢油漆即成。

第十三章　园林土方工程施工

第一节　土方工程量计算及平衡与调配

土方工程量分为两类，一类是建筑场地平整土方工程量，或称一次土方工程量；另一类是建筑、构筑物基础、道路、管线工程土方工程量，也称二次土方工程量。土方量计算一般是在有原地形等高线的设计地形图上进行的，有时通过计算可以反过来修订设计图中不合理之处，使图纸更趋完善。另外，土方量计算所得资料又是投资预算和施工组织设计等项目的重要依据，因此，土方量的计算在园林设计工作中是必不可少的。

土方量的计算工作根据其要求精确度不同，可分为估算和计算两种。在总体规划阶段，土方计算无须过分精细，只做估算即可；而详细规划阶段土方量的计算精度要求较高，需经过计算确定。计算土方量无论是挖方量还是填方量，归根到底就是要计算某些特定土的体积。计算土方体积的方法很多，常用方法有用体积公式估算、断面法、等高面法和方格网法4种。

（一）用体积公式估算

在土方工程当中，不管是原地形还是设计地形，经常会遇到一些类似锥体、棱台等几何形体的地形单体，如类似锥体的山丘、类似棱台的池塘等。这些地形单体的体积可以采用相近的几何体公式进行计算，表13-1中所列公式可供选用。这种方法简易、便捷，但精度较差，所以多用于规划阶段的估算。

表 13—1　体积计算公式

序号	几何体名称	几何体形状	体积
1	圆锥		$V = \dfrac{1}{3}\pi r^2 h$
2	圆台		$V = \dfrac{1}{3}\pi h\left(r_1^2 + r_2^2 + r_1 r_2\right)$
3	棱锥		$V = \dfrac{1}{3}S \cdot h$
4	棱台		$V = \dfrac{1}{3}h\left(S_1 + S_2 + \sqrt{S_1 S_2}\right)$
5	球缺		$V = \dfrac{\pi h}{6}\left(h^2 + 3r^2\right)$

注:V—体积;r—半径;S—底面积;h—高;r_1、r_2—上、下底半径;S_1、S_2—上、下底面积。

2.断面法

断面法是用一组互相平行的等距或不等距的截面将要计算的地块、地形单体(如山、溪、池、岛)和土方工程(如堤、沟、渠、带状山体)分截成段,分别计算这些段的体积,再将这些段的体积加在一起,求得该计算对象的总土方量。此方法适用于场地平整及长条形地形单体的土方量计算。用断面法计算土方量,其精度主要取决于截取断面的数量,多则较精确,少则较粗略。基本计算方法如下(为了便于应用断面法计算土方体积,将场地划分为横断面 S_1、S_2)。

当 $S_1 = S_2$ 时,

$$V = S \times L$$

当 $S_1 \neq S_2$ 时,

$$V = \frac{1}{2}(S_1 + S_2) \times L$$

式中,

S——断面面积,m^2;

L——相邻两断面之间的距离,m。

公式虽然简单,但在 S_1 和 S_2 的面积相差较大,或相邻两断面之间的距离 (L) 大于 50m 时,计算所得误差较大,遇到这种情况时,可改用下式进行运算:

$$V = \frac{1}{6}(S_1 + S_2 + 4S)L$$

式中截面面积 S 有两种求法。

(1)用中截面面积公式来计算:

$$S_0 = \frac{1}{4}\left(S_1 + S_2 + 2S_1 S_2 \cdot \frac{1}{2}\right)$$

(2)用 S_1 及 S_2 相应边的平均值求截面面积 S。此法适用于堤或沟渠。

(三)等高面法

等高面法与断面法相似,只是截取断面的时候是沿着等高线截取的,等高距即为相邻两断面的高,如图 13-1 所示。由于园林竖向设计的原地形和设计地形都是用等高线表示的,因此采用等高面法进行计算更为方便。等高面法最适用于大面积的自然山水地形的土方计算。其计算公式如下:

图 13-1　山体土方

$$V = (S_1 + S_2)h/2 + (S_2 + S_3)h/2 + \cdots + (S_{n-1} + S_n)h/2 + S_n h/3$$

式中,

V——土方体积,m^3;

S——断面面积,m^2;

H——等高距,即两等高线之间的距离,m。

(四)方格网法

在建园过程中,地形改造除挖湖堆山外,还有许多大大小小不同用途的场地、缓坡地需要进行平整。平整场地的工作是将原来高低不平或者比较破碎的地形按设计要求整理成平坦、具有一定坡度的场地,如停车场、集散广场.体育场、露天剧场等。整理这类地形的土方计算最适宜用方格网法。

方格网法是把平整场地的设计工作和土方量计算工作结合在一起进行的。其工作程序是:

(1)作方格网。在附有等高线的施工现场地形图上作方格网,控制施工场地。方格网边长数值取决于所求的计算精度和地形变化的复杂程度,在园林工程中一般采用 20~40m。

(2)求原地形标高。在地形图上用插入法求出各角点的原地形标高,或把方格网各角点测设到地面上,同时测出各角点的标高,并记录在图上。

(3)确定设计标高。依设计意图,如地面的形状、坡向、坡度值等,确定各角点的设计标高。

(4)求施工标高。比较原地形标高和设计标高,以求得施工标高。

(5)土方计算。

二、土方的平衡与调配

土方的平衡与调配工作是土方规划设计的一项重要内容,其目的在于在使土方运输量或,土方成本为最低的条件下,确定填方区和挖方区土方的调配方向和数量,从而达到缩短工期和提高经济效益的目的。

(一)土方的平衡与调配的原则

土方平衡是指在某地区的挖方数量与填方数量大致相当,达到相对平衡,而非绝对平衡。进行土方平衡与调配,必须考虑现场情况、工程的进度、土方施工方法以及分期分批施工工程的土方堆放和调运问题。经过全面研究,确定平衡调配的原则之后,才能着手进行土方的平衡与调配工作。土方的平衡与调配的原则有:

(1)挖方与填方基本达到平衡,减少重复倒运。

（2）挖（填）方量与运距的乘积之和尽可能为最小，即总土方运输量或运输费用最小。

（3）分区调配与全场调配相协调，避免只顾局部平衡，任意挖填，而破坏全局平衡。

（4）好土用在回填质量要求较高的地区，避免出现质量问题。

（5）土方调配应与地下构筑物的施工相结合，有地下设施的填土，应留土后填。

（6）选择恰当的调配方向、运输路线、施工顺序，避免土方运输出现对流和乱流现象，同时便于机具调配和机械化施工。

（7）取土或弃土应尽量不占用园林绿地。

（二）土方的平衡与调配的步骤和方法

土方的调配的目的就是要做出使土方运输量最小的最佳调运方案，其大致步骤是：在计算出土方的施工标高、填方区和挖方区的面积、土方量的基础上，划分出土方调配区；计算各调配区的土方量、土方的平均运距；确定土方的最优调配方案；绘制出土方调配图。具体步骤如下：

1. 划分调配区

在平面图上先划出挖方区和填方区的分界线，并在挖方区和填方区划分出若干调配区，确定调配区的大小和位置。划分时应注意以下几点：

（1）应考虑开工及分期施工顺序。

（2）调配区大小应满足土方施工使用的主导机械的技术要求。

（3）调配区范围应和土方工程量计算用的方格网相协调，一般可由若干个方格组成一个调配区。

（4）当土方运距较大或场地范围内土方调配不能达到平衡时，可考虑就近借土或弃土，一个借土区或一个弃土区，可作为一个独立的调配区。

2. 计算各调配区土方量

根据已知条件计算出各调配区的土方量，并标注在调配图上。

3. 计算各调配区之间的平均运距

平均运距指挖方区土方重心至填方区土方重心的距离。取场地或方格网中的纵、横两边为坐标轴，以一个角作为坐标原点。

4. 确定土方最优调配方案

用"表上作业法"求解，使总土方运输量为最小值，即为最优调配方案。

5.绘出土方调配图

根据以上计算,标出调配方向,土方数量及运距(平均运距再加上施工机械前进.倒退和转弯必需的最短长度)。

土方调配图是施工组织设计不可缺少的依据,从土方调配图上可以看出土方调配的情况,如土方调配的方向、运距和调配的数量。

第二节　土方工程施工

在园林施工中,土方工程是一项比较艰巨的任务,根据其使用期限和施工要求,可分为永久性和临时性两种,但是不论是永久性还是临时性的土方工程,都要求具有足够的稳定性和密实度,工程质量和艺术造型都应符合原设计的要求。在施工中还要遵守有关的技术规范和竖向设计的各项要求,以保证工程的稳定和持久。土方工程施工大致可分为准备阶段、清理现场阶段,定点放线阶段和施工阶段。

一、土的相关知识

土的分类及物理性质是土方施工的基础,也是竖向设计地形调查和分析评定的重要内容。

在土方施工中,对土的性质及分类方法与农业土壤、工业用土不同,它以反映土壤的承载力土壤变形、水的渗透性及其对构筑物的影响为标准。

土壤是地球陆地表面的一层疏松的物质,它由各种颗粒状的矿物质、有机质、水分、空气、微生物等成分组成。只有在生物圈中的岩石圈表面的风化壳由于水分、有机物质以及微生物的长时间作用下,才能形成真正的土壤。土壤一般由固相(土颗粒)、液相(水)和气相(空气)三部分组成,三部分的比例关系反映出土壤的不同物理状态,如干燥或湿润,密实或松散等。土壤这些指标对于评价土壤的物理力学和工程性质,进行土壤的工程分类具有重要意义。通过查阅相关资料,土的分类及现场鉴别主要体现在以下几个方面:土的可塑性指标;碎石土、砂土现场的鉴别方法;黏性土现场鉴别方法;土的工程分类;土壤可松性系数参考值;压实系数要求;土壤最佳含水量和最大干密度参考值;土壤含水量与自然倾角;土壤自然倾角的设计极限;永久性土工结构物挖方的边角坡度;永久性填方边坡坡度极限值;临时性填方边坡坡度。以上方面涉及大量市政土方工程内容,园林土方工程中不做重点叙述,若有需要,均可按照上述条目查阅相关文献。

二、准备工作

土方工程的准备工作主要是要做好施工前的组织工作,由于土方工程施工面较宽,工程量较大,施工前的组织工作就显得更为重要。准备工作和组织工作不仅应该优先进行,还应做得周全、细致,否则会因为场地大或施工点分散等造成窝工或返工,从而影响工效。

施工准备工作包括研究图纸、现场踏勘、编制施工方案、修建临时设施和道路、准备机具、物资及人员,具体如下。

(一)研究图纸

现场施工技术小组应在工程施工前了解工程规模、特点、工程量和质量要求,检查图纸和资料是否齐全,核对平面尺寸和标高,图纸相互间有无错误和矛盾,掌握设计内容和技术要点;熟悉土壤地质、水文勘察资料,厘清构筑物与周围地下设施管线的关系,以及它们在每张图纸上有无错误和冲突;研究好开挖程序,明确各专业供需间的配合关系及施工工期要求。最后要召开技术会议,向参加施工人员层层进行技术交底。

(二)现场踏勘

现场施工技术小组还应按照图纸到施工现场进行实地勘察,摸清工程场地情况,以便为施工提供可靠的资料和数据。现场踏勘需要勘察的内容包括地形、地貌、土质、水文、河流、气象条件,各种管线.地下基础电缆、坑基和防空洞的位置及相关数据,供水、排水、供电、通信及防洪系统的情况;植被、道路以及邻近的建筑物的情况;施工范围内的地面障碍物和堆积物的状况等。

(三)编制施工方案

在研究图纸和现场勘察的基础上,施工技术人员应研究并制定出施工方案.施工方案的内容包括:

(1)确定工程指挥部成员名单,确保各项施工工作能够顺利实施。名单包括工程总指挥总工程师、工程调度人员、各项目负责人、现场技术人员等。

(2)安排工程进度表和人员进驻进程表,确保工程按期、有序完成。

(3)制定场地平整、土方开挖、土方运输、土方填压方案,包括每一步骤的时间、范围、顺序、路线、人员安排等。绘制土方开挖图、土方运输路线图和土方填筑图。

（4）根据设计图纸，确定具体技术方案，包括确定底板标高、边坡坡度、排水沟水平位置，提出支护、边坡保护和降水方案。

（5）确定堆放器具和材料的地点，确定挖去的土方堆放地点，并具体划定出好土和弃土的位置，确定工棚位置；提出需要的施工工具、材料和劳动力数量。

（6）绘制施工总平面布置图

如果工程需要在冬季施工，则需专门制订冬季施工技术文件。要收集和了解当地冬季气温变化的资料，并特别注意冻胀土的情况，以及不要用冻结土进行土方回填。

（四）修建临时设施和道路

（1）临时设施的修建

根据土方工程的规模、工期、施工力量安排等修建简易的临时性生产和生活设施，包括休息棚、工具库、材料库、油库、机具库、修理棚等。同时附设现场供水、供电、供压缩空气（爆破石方用）的管线，并试水、试电，试气。

（2）临时道路的修建

修筑施工场地内机械运行的道路，主要临时运输道路宜结合永久性道路的布置修筑。道路的坡度、转弯半径应符合安全要求，两侧做排水沟。

（五）准备机具、物资及人员

（1）机具和物资的准备

对挖土、运输等工程施工机械以及各种辅助设备进行维修检查，试运转，做好设备的调配，并运至使用地点就位；准备好施工用料及工程用料，并按施工平面图要求堆放。对准备采用的土方新机具、新工艺、新技术，组织力量进行研制和试验。

（2）人员的准备

组织并配备土方工程施工所需各项专业技术人员、管理人员和技术工人；组织安排好作业班次，制定较完善的技术岗位责任制和技术质量安全管理网络，建立技术责任制和质量保证体系。

三、清理现场

准备工作做好后就要进行清理现场的工作。清理现场包括清除现场障碍物、排除地面积

水和地下水及初步平整施工场地三方面的内容。

(一)清除现场障碍物

在施工场地范围内,凡有碍施工作业或影响工程稳定的地面物体或地下物体都应该进行清理,具体包括:

(1)拆除建筑物和构筑物

建筑物和构筑物的拆除,应根据其结构特点进行,并严格遵照《建筑施工安全技术统一规范》(GB 50870 — 2013)的有关规定进行操作。

(2)伐除树木

排水沟中的树木,必须连根拔除。对于开挖深度不大于 50cm 或填方高度较小的速生乔木、花灌木,有利用价值的,在挖掘时要注意不能伤害其根系,并根据条件找好假植地点,尽快假植,以降低工程费用。对于针叶树和大龄古木的挖掘,要慎之又慎,凡是能保留的应尽量设法保留,必要时应考虑修改设计方案。对于没有利用价值的大树树墩,除人工挖掘清理外,直径在 50cm 以上的,可以用推土机铲除。

(3)如果施工场地内的地面或地下发现有管线通过,或者有其他异常物体,除查看现状图外,还应请有关部门协同查清,未查清前不可动工,以免发生危险或造成其他损失。

(二)排除地面积水和地下水

场地积水不仅不便于施工,而且影响工程质量,在施工之前,应该设法将场地范围内的积水或过高的地下水排走。这一工作也常和土方的开挖结合起来实施。

1.排除地面积水

根据地形特点在场地周围挖好排水沟,沟的边坡值为 1∶1.5,其纵向坡度不应小于 0.2%,沟深和沟底宽不应小于 50cm。在低洼处或挖湖施工时,除挖好排水沟外,必要时还应加筑围堰或设置防水堤。为防止山洪,山地施工时应

在山坡上做好截洪沟,也可以将地面水排到低洼处,再用水泵排走。

2.排除地下水

排除地下水的方法有很多,但经常采用的是明沟,因为它既简单又经济。明沟应根据排水面积和地下水位的高低设计排水系统,先定主干渠和集水井的位置,再定支渠的位置和数目。土壤含水量较大且要求迅速排水的,支渠的分布应密集些,其间距一般在 1.5m 左右,相反情况下的支渠分布,则可以比较疏松。

（三）初步平整施工场地

现场障碍物清除后,应按施工范围和标高大致平整场地,准确的平整则应在定点放线时测设方格网的基础上进行。

可做回填土料的土方,应堆放到指定的弃土区;影响工程质量的淤泥、软弱土层、腐殖土、草皮、大卵石、孤石、垃圾以及不宜做回填土料的稻田湿土,应分情况妥善处理,可部分或全部挖除,可设排水沟疏干,也可将块石、砂砾等抛填。

场地的初步平整还应与表土的收集和保护工作相结合。如果施工现场表土面积较大,可先用推土机将表土推到施工场地指定处,等到绿化栽植阶段再把表土铺回来。这个过程虽然比较麻烦,但可以降低工程总造价。熟土的形成需要自然界很长时间的作用,因此城市中的表层熟土十分宝贵,而且园林工程本身也需要熟土来栽植园林植物。如果随意将熟土丢弃,进入植物栽植阶段还要大量买种植土,这样就会造成资金及资源的浪费。

四、定点放线

在清理场地工作完成后,应按施工图纸的要求,在现场进行定点放线工作。其具体步骤为:①将国家永久性控制点的坐标（即水平基准点）,按施工总平面要求引测到施工现场;②将控制基线和轴线测放到地面上;③做好轴线控制的测量和校核工作。为使施工充分表达设计意图,测设工具应尽量精确。同时为方便土方机械操作以及土方的运输,还要避开建筑物和构筑物,并加强对桩点标志的保护。

对于不同地形地貌,放线工作有所不同,具体内容如下。

（一）平整场地放线

用经纬仪将图纸上的方格网测设到地面上，方格网一般设为 10m×10m 或 20m×20m，在每个方格网点处立桩，测出各标桩的标高（即原地形标高），作为计算挖填方量和施工控制的依据。边界上的桩木按图纸上的要求设置，桩木的规格及标记方法如图 13－2 所示。侧面平滑，下端削尖以便打入土中。桩木上应表示出桩号，即施工图上的方格网的标号，还要标记出施工标高，用"＋"号表示挖土，用"－"号表示填土。

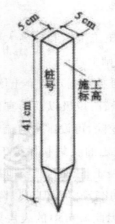

图 13－2　桩木规格

（二）山体放线

应先在施工图上设置方格网，再把方格网测放到地面上，然后在设计地形等高线和方格网的交点处设桩，再标到地面上打桩。

山体立桩有两种方法：一种方法是一次性立桩，适于高度低于 5m 的低山。因为堆山土层不断升高，所以桩木的长度应大于每层填土的高度，一般用长竹竿做标高桩，在桩上把每层的标高定好，如图 13－3(a)所示，不同层可用不同的颜色做标志，以便识别。另一种方法是分层放线，分层设置标高桩，适用于 5m 以上的山体的堆砌，具体立桩方法如图 13－3(b)所示。

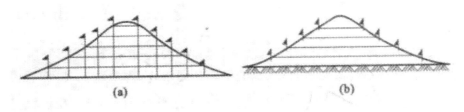

图 13-3 山体立桩

（三）水体放线

水体放线和山体放线基本相同,但由于水体的挖深基本一致,而且池底常年隐没在水下,所以放线可以粗放些。水体底部应尽可能平整,不留土墩,这对于养鱼、捕鱼有利。如果水体栽植水生植物,还要考虑所栽植物的适宜深度。驳岸线和岸坡的定点放线应十分准确,这不仅因为它是水,上部分,与造景有关,还与水体坡岸的稳定性有很大关系。为了施工的精确,可以用边坡样板来控制边坡坡度,如图 13-4 所示。

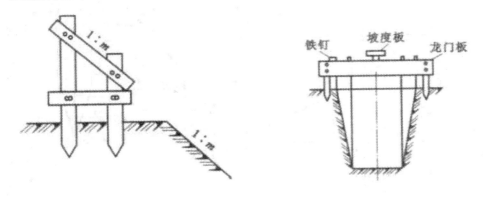

图 13-4 边坡板和龙门板构造

五、土方施工

定点放线工作完成以后,就是土方的施工工作。土方施工根据现场条件、工程量和施工条件,可采用人力施工、机械施工或半机械施工等方法。对于规模较大、土方较集中的工程,一般采用机械化施工;对于工程量不大、施工点较分散的工程或受场地的限制不便采用机械施工的地段,一般采用人力施工或半机械化施工。

土方施工过程包括土方开挖、土方运输、土方填筑、土方压实四个方面的内容。

(一)土方开挖

土方开挖有人工开挖施工和机械开挖施工两类方法。

1.人工开挖施工的主要工具有锹、镐、钢钎等

挖土应由上而下,逐层进行,严禁先挖坡脚或逆坡挖土。还要注意人员的安全,保证每人有 4～6m 的工作面,开挖时两人操作间距应大于 2.5m;不得在危岩、孤石的下边或贴近未加固的危险建筑物的下面进行土方的挖掘;在坡上或坡顶施工的人要注意坡下情况,不得向坡下滚落重物。

土方开挖应垂直下挖,松软土开挖深度不得超过 0.7m,中等密实度土壤不得超过 1.25m,坚硬土壤不得超过 2m。超过以上数值的,必须设支撑板或者保留符合规定的边坡值。

2.机械开挖施工常使用的机械有推土机和挖土机

在动工前,技术人员应向推土机手介绍施工地段的地形情况以及设计地形的特点,推土机手能看懂图纸的,应结合图纸进行讲解。另外,推土机手还应到现场进行实地勘察,了解实地定点放线的情况,如桩位、施工标高等。

挖土时,土壁要求平直,挖好一层支一层支撑,挡土板要紧贴土面并用小木桩或横撑木顶住挡板。在已有建筑侧挖基坑(槽)应间隔分段进行,每段不超过2m,相邻段开挖应待已挖好的槽段基础完成并回填夯实后进行。多台机械开挖时,挖土机之间的间距应大于 10m;挖土机离边坡应有一定的安全距离,以防塌方,造成翻机;深基坑上下应先挖好阶梯或支撑靠梯,或开斜坡道,并采取防滑措施,禁止踩踏支撑上下,深基坑四周应设安全栏杆。

下列情况需采用临时性支撑加固措施。开挖土体含水量大,不稳定;开挖基坑较深;土质较差且受到周围场地限制,需要在较陡的边坡开挖或直立开挖。这些情况下,每边的宽度应在基础宽度的基础上加 10～15cm,以用于设置支撑加固结构。

弃土应及时运出。在挖方边缘上侧,临时堆土或堆放材料以及移动施工机械时,应与基坑边缘保持1m以上的距离,以保证坑边直立壁或边坡的稳定。当土质良好时,堆土或材料应在距挖方边缘 0.8m 以外处,高度不宜超过 1.5m。

施工期间技术人员应经常下到现场,随时随地用测量仪检查桩点和放线的情况,掌握全局,并注意保护基桩、龙门板和标高桩。

场地挖完后应进行验收,做好记录。如果发现地基土质与地质勘探报告和设计要求不符,应与有关人员研究,及时处理。

各种情况的开挖如下:

(1)场地开挖

挖方上边缘至土堆坡脚的距离应根据挖方深度、边坡高度和土的类别确定。当土质干燥、密实时,不得小于3m;当土质松软时,不得小于5m。在挖方下侧弃土时,应将弃土堆表面整平,并低于挖方场地标高,向外倾斜;或在弃土堆与挖方场地之间设置排水沟,防止雨水排入挖方场地。

(2)边坡开挖

边坡开挖应沿等高线自上而下,分层、分段依次进行;操作时应随时注意土壁的变化情况,如发现有裂纹或坍塌现象,应及时进行支撑或放坡,并注意支撑的稳固性和土壁的变化。放坡后,坑槽上口宽度由基础底面宽度及边坡坡度来确定,坑底宽度每边应比基础宽15~30cm,以便于施工操作。不放坡开挖时,应设置临时支护,各种支护应根据土质及深度经计算后确定。

如果边坡采取台阶开挖,则应做成一定坡度,以利于泄水。边坡下部没有护脚及排水沟时,在边坡修完后,应立即处理台阶的反向排水坡,进行护脚矮墙和排水沟的砌筑和疏通,保证在影响边坡稳定的范围内没有积水,否则应采取临时性排水措施;在边坡上采取多台阶同时进行开挖时,上台阶与下台阶开挖的进深不少于30m,以防塌方。

对于软土土坡或极易风化的软质岩石边坡,应对坡脚、坡面采用喷浆、抹面、嵌补、砌石等保护措施,并做好坡顶、坡脚排水,以避免在影响边坡稳定的范围内积水。

(3)基坑开挖

基坑开挖应尽量防止对地基土的扰动。

基坑开挖应有排水设施,以防地面水流入坑内冲刷边坡,造成塌方和破坏基土。开挖前应先定出开挖宽度,按放线分块分层挖土。根据土质和水文情况,采取在四侧或两侧直立开挖或放坡,以保证施工操作安全。

在地下水位以下挖土时,应在基坑(槽)四侧或两侧挖好临时排水沟和集水井,将水位降低至坑槽底以下50cm,以利挖方进行。降水工作应持续到施工完成(包括地下水位下回填土的完成)。

雨季施工时,基坑槽应分段开挖,挖好一段浇筑一段垫层,并在基槽两侧围以土堤或挖排水沟,以防地面雨水流入基坑槽,同时应经常检查边坡和支护情况,以防止坑壁受水浸泡造成塌方。

当基坑较深或晾槽的时间较长时,为防止边坡失水松散或地面水冲刷、浸润影响边坡稳定,应采用边坡保护方法。

相邻基坑开挖时,应先深后浅或同时施工。挖土自上而下水平分段分层进行,每层 0.3m 左右;边挖边检查坑底宽度及坡度,不够时及时修整,每 3m 左右修一次坡;至设计标高时,再统一进行一次修坡清底,检查坑底和标高,坑底凹凸不得超过 1.5cm。

(二)土方运输

土方运输是一项较艰巨的工作,在竖向设计阶段应力求土方就地平衡,以减少土方的搬运量。如果是短途搬运,则采取车运人挑的人工运输方法(适用于局部或小型施工);如果运输距离较长,则使用机械化或半机械化运输方法。无论是人工运输还是机械化或半机械化运输,运输路线的组织都很重要。

用手推车运土,应先平整好道路,卸土回填时,不得放手让车自动翻转;采用机械短距离调运土方时,应检查起吊工具以及绳索是否牢靠。卸土堆应离开坑边一定距离,以防造成坑壁塌方;用翻斗汽车运土时,运输道路的坡度及转弯半径应符合有关安全规定。注意重物距土坡的安全距离,汽车不小于 3m,马车不小于 2m,起重机不小于 4m。

土山填筑时,其运输路线和下卸地点应以设计的山头和山脊走向为依据,并结合来土方向进行安排,一般以环形路线为宜,施工技术人员应在现场指挥,以避免混乱和窝工。如图 13-5(a)所示,车辆或人挑满载上山,土卸在路两侧,空载的车或人沿路线继续前行下山,车或人不走回头路也不交叉穿行,这样就不会造成顶流拥挤。随着卸土量的增加,山势逐渐升高,运土路线也随之升高。这样既组织了车流、人流,又使土山分层上升,部分土方边卸边压实,不仅有利于山体的稳定,还使形成的山体表面比较自然。如果客土的来源有几个方向,运土路线可以根据设计地形的特点,安排几个小环路,如图 13-5(b)所示。小环路的安排,以车辆人流不互相干扰为原则。

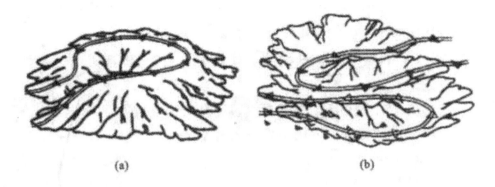

图 13－5　山体运输路线

（三）土方填筑

土方填筑应该满足工程的质量要求,土壤的质量应根据填方用途和要求加以选择:绿化地段的用土应满足植物栽植的需求;建筑用地的土壤以能满足将来地基的稳定为原则;利用外来土堆山,对土壤应检定后再放行,防止劣土及受污染土壤的进入,避免将来影响植物的生长和游人的健康。

填土应尽量采用同类土填筑,并控制土的含水率在最优含水量范围以内。当采用不同的土填筑时,应按土的种类有规则地分层铺填:透水性大的土层置于透水性较小的土层之下,不得混杂使用。边坡应用透水性较大的土进行封闭,以利于水分的排除和基土的稳定,同时可以避免在填方内形成水囊和产生滑动现象。

填方用土应符合设计要求,以保证填方的强度和稳定性。

大面积填方应分层填筑,一般每层 30～50cm 高,并应层层压实。为防止新填土的滑落,在斜坡上填土应先把土坡挖成台阶状,如图 13－6 所示,然后填方。这样有利于新旧土方的结合,使填方稳定。

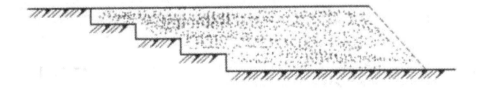

图 13－6　台阶填土示意图

在地形起伏之处填土应做好接槎,修筑 1∶2 阶梯形边坡,每个台阶可取高

50cm,宽 100cm。分段填筑时,每层接缝处应做成大于 1∶1.5 的斜坡,碾迹之间应重叠 0.5～1.0m,上、下层错缝距离不应小于 1m。

填土应预留一定的下沉高度,以备在行车、堆重物或干湿交替等自然因素作用下,土体自身的沉落密实。预留沉降量应根据工程性质、填方高度、填料种类、压实系数和地基情况等因素来确定。当土方用机械分层夯实时,其预留的下沉高度(以填方高度的百分数计)砂土为 1.5%,粉质黏土为 3.0%～3.5%。

填土根据使用机械的不同,分为人工填土和机械填土。

1.人工填土

人工填土常使用铁锹、耙、锄等工具进行回填土。一般从场地最低部分开始,由一端向另一端自下而上地分层铺填。每层应先虚铺一层土,然后夯实。人工进行夯实时,砂质土虚铺厚度不应大于 30cm,黏性土虚铺厚度不应大于 20cm;用打夯机械进行夯实时,虚铺厚度不应大于 30cm。当有深浅坑相连时,应先填深坑,相平后再与浅坑分层填夯。如果采取分段填筑,交界处应填成阶梯形。墙基及管道的回填,应在两侧用细土同时均匀回填、夯实,防止墙基及管道中心线位移。

2.机械填土

机械填土有推土机填土、铲运机填土和汽车填土三种方法。

(1)推土机填土

其程序宜采用纵向铺填的顺序,即从挖土区段向填土区段填土,每段以 40～60m 为宜。大坡度堆填土时也应按顺序分段填土,不得一次堆填完成;如果用推土机运土回填,可采用分堆集中、一次运送的方法。为减少运土漏失量,分段距离以 10～15m 为宜;土方推至填方部位时,提起一次,铲刀,成堆卸土,并向前行驶 0.5～1.0m,利用推土机后退将土刮平。用推土机来回行驶进行碾压,履带应重叠一半。

(2)铲运机填土

其区段的长度不应小于 20m,宽度不应小于 8m;每层铺土后,利用空车返回时将地表面刮平。填土顺序尽量采用横向或纵向分层卸土,以利于行驶时的初步压实。

(3)汽车填土

自卸汽车成堆卸土时,须配用推土机推土和摊平;填土时可利用汽车的行驶做部分压实工作,行车路线应均匀分布于填土层;汽车不能在虚土上行驶,卸土推平和压实工作须采取分段交叉方式进行。

（七）土方压实

压实工作应自边缘开始逐渐向中间收拢，做到均匀地分层进行，否则边缘土方向外挤压容易引起土壤塌落，夯压工具应先轻后重。填土压（夯）实也分为人工夯实和机械夯实两种方法。

1.人工夯实

人工夯压可采用夯、硪、碾等工具。人工打夯之前，应先将填土初步整平，一般采用 60～80kg 的木夯或铁、石夯，由 4～8 人拉绳，2 人扶夯，举高不应小于0.5m，打夯要按一定方向进行，一夯压半夯，夯夯相接，行行相连，两边纵横交叉，分层打夯。

基坑（槽）回填应在相对两侧或四周同时进行回填与夯实作业。回填管沟时，应用人工先在管子周围填土夯实，并应从管道两侧同时进行，直至管顶 0.5m 之上。在确保不损坏管道的情况下，方可采用机械填土回填夯实。

2.机械压实

压实机械有推土机、拖拉机、碾压机械（包括平碾、振动碾和羊足碾）、振动压路机和打夯机。为保证压实的均匀性和密实度，避免碾轮的下陷，提高碾压效率，在机械碾压之前，应先用拖拉机或轻型推土机推平，低速预压 4～5 遍，使表面平实。用振动平碾压实爆破石渣或碎石类土，应先静压，而后镇压。机械每碾压完一层，应由人工或用推土机将表面拉毛以利接合。填土的每层铺土厚度和压实遍数，应根据土的性质、设计要求的压实系数和使用的压（夯）实机具的性能而定，一般应先进行现场碾（夯）压试验，再确定压实遍数。

3.质量控制与检验

对有密实度要求的填方，在夯实或压实之后，要对每层回填土的质量进行检验。可采用环刀切土或现场挖标准坑取土的方法，来求其重量，为保证质量，应同时量测土壤体积并及时称重，以防止水分蒸发。用此法测定土的干密度，求出土的密实度。也可以用小型轻便触探仪直接通过锤击数来检验干密度和密实度。检验结果符合设计要求后，才能继续填筑上层。填土压实后的干密度应有 90% 以上符合设计要求，其余 10% 的最低值与设计值之差不得大于 0.08t/m^2，且不能集中。

土方施工是个复杂的过程，需要技术人员在整个过程当中亲临现场，及时发现问题、解决问题。以上介绍的仅是土方施工的一般问题，每一个工程还会有许多具体问题，需要技术人员根据现场和工程的实际情况及时、正确地处理。

六、土方施工中特殊问题的处理

产生滑坡与塌方(图 2—15)的因素十分复杂,分为内部条件和外部条件两个方面。不良的地质条件是产生滑坡的内因,而人类的工程活动和水的作用是触发并产生滑坡的主要外因。滑坡与塌方的处理措施如下:

(1)加强工程地质勘查,对拟建场地(包括边坡)的稳定性进行认真分析和评价。

(2)在滑坡范围外设置多道环形截水沟,以拦截附近的地表水,在滑坡区内,修设或疏通原排水系统,疏导地表、地下水,防止渗入滑体。

(3)处理好滑坡区域附近的生活及生产用水的关系,防止渗入滑坡地段。

(4)如地下水活动有可能形成山坡浅层滑坡,则可设置支撑盲沟和渗水沟,排除地下水。

(5)保持边坡坡度,避免随意切割坡脚。

(6)尽量避免在坡脚处取土,在坡肩上设置弃土或建筑物。

(7)对可能出现的浅层滑坡,如滑坡土方量不大,最好将滑坡体全部挖除;如土方量较大,不能全部挖除,且表层破碎含有滑坡夹层,则可对滑坡体采取深翻、推压、打乱滑坡夹层、表面压实等措施,减少滑坡因素。

(8)对于滑坡体的主滑地段,可采取挖方卸荷、拆除已有建筑物等减重辅助措施,对抗滑地段可采取堆方加重等辅助措施。

(9)滑坡面土质松散或具有大量裂缝时,应进行填平、夯填,防止地表水下渗,在滑坡面植树、种草皮、浆砌片石等保护坡面。

(10)倾斜表层下有裂隙滑动面的,可在基础下设置混凝土锚桩(墩)。土层下有倾斜岩层的,可将基础设置在基岩上用锚栓锚固,或做成阶梯形,或灌注桩基减轻土体负担。

(11)对已滑坡工程,稳定后采取设置混凝土锚固排桩、挡土墙、抗滑明洞、抗滑锚杆或混凝土墩与挡土墙相结合的方法加固坡脚,并在下段做截水沟、排水沟、陡坝,采取去土减重措施,保持适当坡度。

(二)冲沟、土洞(落水洞)、古河道及古湖泊处理

1.冲沟的处理
冲沟多由于暴雨冲刷剥蚀坡面形成,先是在低凹处蚀成小穴,此后逐渐扩

大成浅沟,再进一步冲刷就成为冲沟。对边坡上不深的冲沟,可用好土或 3∶7 灰土逐层回填夯实,或用浆砌块石填至与坡面相平,并在坡顶设排水沟及反水坡,以阻截地表雨水冲刷坡面。对地面冲沟用土层夯填,因其土质结构松散,承载力低,可采取加宽基础的处理方法。

2.土洞(落水洞)的处理

在黄土层或岩溶地层,由于地表水的冲蚀或地下水的潜蚀作用形成的土洞、落水洞往往十分发育,常成为排汇地表径流的暗道,影响边坡或场地的稳定,必须进行处理,以免继续扩大,造成边坡塌方或地基塌陷。具体处理方法是将土洞、落水洞上部挖开,清除软土,分层回填好土(灰土或砂卵石)夯实,面层用黏土夯填并使之高于周围地表,同时做好地表水的截流,将地表径流引到附近排水沟中,以防下渗。对地下水可采用截流改道的办法处理。如用作地基的深埋土洞,宜用砂、砾石、片石或混凝土填灌密实,或用灌浆挤压法加固。

3.古河道与古湖泊的处理

古河道和古湖泊根据其成因分为两种,一种年代形成久远,另一种年代形成较近。两者都是在天然地貌的低洼处,由于长期积水及泥砂沉积而成,其土层由黏性土、细砂.卵石和角砾构成。年代久远的古河道、古湖泊,已被密实的沉积物填满,底部尚有砂卵石层,一般土的含水量小于 20%,且无被水冲蚀的可能性,土的承载力不低于相接天然土,可不处理。年代近的古河道、古湖泊,土质较均匀,含有少量杂质,含水量大于 20%,如沉积物填充密实,承载力不低于同一地区的天然土,亦可不处理;如为松软、含水量较高的土,应在挖除后用好土分层夯实,或采用地基加固措施;用作地基的部位用灰土分层夯实,与河、湖边坡接触的部位做成阶梯形接槎,阶宽不小于 1m,接槎处应仔细夯实,回填应按先深后浅的顺序进行。

(三)橡皮土的处理

当地基为黏性土且含水量很大、趋于饱和时,夯(拍)打后地基土变成踩上去有颤动感觉的土,称为橡皮土。其处理方法是先暂停施工,并避免直接拍打,使橡皮土含水量逐渐降低,或将土层翻起晾晒;如地基已成橡皮土,可在上面铺一层碎石或碎砖后夯击,将表土层挤紧;橡皮土较严重的,可将土层翻起并拌均匀,掺加石灰,使其吸收水分,同时改变原土结构成为灰土,使之有一定强度和水稳性;如用作荷载大的房屋地基,可打石桩或垂直打入 M10 机砖,最后在上面满铺厚 50mm 的碎石后再夯实;另外,也可采取换土措施,即挖除橡皮土,重新填好土或级配砂石夯实。

（四）表土的处理

表土，即表层土壤，它对于保护并维持生态环境起着十分重要的作用，而在工程改造地形时，往往剥去表土，破坏了良好的植物生长条件。因此在土方施工时应尽量保存表土，并在栽植时有效利用。

1.表土的采取和复原

为很好地保存表土，在工程规划设计阶段，就应顺应原有的地形地貌，避免过度开挖整地，使表土遭到破坏；施工前，也需做好表土的保存计划，拟订施工范围、表土堆置区、表土回填区等事项，并在工程施工前将所有表土移至堆置区。同时，为了防止重型机械进入现场压实土壤，破坏其团粒结构，最好使用倒退铲车，按照同一方向掘取表土，现场无法使用倒退铲车时，可以利用压强小的适合沼泽地作业的推土机。表土最好直接平铺在预定栽植的场地，不要临时堆放，防止地表固结。

2.表土的临时堆放

应选择排水性能良好的平坦地面临时堆放表土，当堆放时间超过 6 个月时，应在临时堆放表土的地面上铺设碎石暗渠，以利排水。堆放高度最好控制在 1.5m 以下，不要用重型机械压实。堆放的最高高度应控制在 2.5m 以下，防止过分地挤压、破坏下部土壤的团粒结构。为防止表土干燥风化危及土中微生物的生存，须置于有淋水养护的凉处，表土上面也可覆盖落叶和草皮。

土方施工是个复杂的过程，其工程量大、施工面较宽、工期也较长，因此施工的组织工作很重要。这也需要技术人员在整个施工过程亲临现场，及时发现问题、解决问题，以确保工程按计划完成。以上介绍的仅是土方施工的一般问题，每一工程还会有许多具体问题，需要技术人员根据现场和工程的实际情况做出及时、正确的处理。

第十四章　园林绿化工程施工

第一节　园林绿化工程施工概述

一、园林绿化特点与作用

1.园林绿化工程的概念

园林工程包括水景、园路、假山、给排水、造地型、绿化栽植等多项内容，无论哪一项工程，从设计到施工都要着眼于完工后的景观效果，营造良好的园林景观。绿化工程是园林工程的主体部分，其具有调节人类生活和自然环境的功能，发挥着生态、审美、游憩三大效益，起着悦目怡人的作用。它包括栽植和养护管理两项工程，这里所说的栽植是指广义上的栽植，其包括"起苗""搬运""种植"三个基本环节的作业。绿化工程的对象是植物，有关植物材料的不同季节的栽植、植物的不同特性、植物造景、植物与土质的相互关系、依靠专业技术人员施工以及防止树木植株枯死的相应技术措施等，均需要认真研究，以发挥良好的绿化效益。

2.园林绿化工程的特点

(1)园林绿化工程的艺术性

园林绿化工程不仅仅是一座简单的景观雕塑，也不仅仅是提供一片绿化的植被，而它是具有一定艺术性的，这样才能在净化空气的同时还能够带给人们精神上的享受和感官的愉悦。自然景观还要充分与人造景观相融相通，满足城市环境的协调性的需求。设计人员在最初进行规划时，就可以先进行艺术效果上的设计，在施工过程中还可以通过施工人员的直觉和经验进行设计上的修饰。尤其是在古典建筑或者标志性建筑周围建设园林绿化工程的时候，更要讲究其艺术性，要根据施工地的不同环境和不同文化背景进行设计，不同的设计人员会有不同的灵感和追求,设计和施工的经验和技能也是有所差别的,因此有关施工和设计人员要不断地提升自己的艺术性和技能,这也是对园林绿化人员提出的要求。

(2)园林绿化工程的生态性

园林绿化工程具有强烈的生态性,现代化进程的不断加进,让人口与资源环境的发展及其不协调,人们生存的环境质量也一再下降,生态环境的破坏和环境污染已经带来了一系列的负效应,也直接影响了人们的身体健康和精神的追求,间接地也使得经济的发展受到了限制。因此,为了响应可持续发展的号召,为了提高人们赖以生存的环境质量,就要加强城市的园林绿化工程建设力度,各城市管理部门]要加强这方面的重视程度。这种园林绿化工程的生态性也成了这个行业关注的焦点。

(3)园林绿化工程的特殊性

园林绿化工程的实施对象具有特殊性,由于园林绿化工程的施工对象都是植物居多,而这些都是有生命的活体,在运输、培植、栽种和后期养护等各个方面都要有不同的实施方案,也可以通过这种植物物种的丰富的多样性和植被的特点及特殊功效来合理配置景观,这也需要施工和设计人员具有扎实的植物基础知识和专业技能,对其生长习性、种植注意事项、自然因素对其的影响等都了如指掌,才能设计出最佳的作品,这些植物的合理设计和栽种可以净化空气、降温降噪等,并且还可以为喧嚣的人们提供一份宁静与安逸,这也是园林绿化工程跟其他城市建设工程相比具有突出特点的地方。

(4)园林绿化工程的周期性

园林绿化工程的重要组成部分就是一些绿化种植的植被,因此,其季节性较强,具有一定的周期,要在一定的时间和适宜的地方进行设计和施工,后期的养护管理也一定要做到位,保证苗木等植物的完好和正常生长,这是一个长期的任务,同时也是比较重要的环节之一,这种养护具有持续性,需要有关部门合理安排,才能确保景观长久的保存,创造最大的景观收益。

(5)园林绿化工程的复杂性

园林绿化工程的规模一般很小,却需要分成很多个小的项目,施工时的工程量也小而散。这就为施工过程的监督和管理工作带来了一定的难度。在设计和施工前要认真挑选合适的施工人员,不仅要掌握足够的知识面,还要对园林绿化的知识有一定的了解,最后还要具备一定的专业素养和德行,避免施工单位和个人在施工时不负责的偷工减料和投机取巧,确保工程的质量。由于现在的城市中需要绿化的地点有很多,比如公园、政府、广场、小区甚至是道路两旁等等,园林绿化工程的形式也越来越多样化,因此今后园林绿化工程的复杂程度也会逐渐提高,这也对有关部门提出了更高的要求。

3.园林绿化的作用

园林绿化的施工能对原有的自然环境进行加工美化,在维护的基础上再创美景,用模拟自然的手段,人工的重建生态系统,在合理维护自然资源的基础上,增加绿色植被在城市中的覆盖面积,美化城市居民的生活环境;园林绿化工程为人们提供了健康绿色的生活地、休闲场所、在发挥社会效益的同时,园林工程也获得了巨大的社会效益;人类建造的模拟自然环境的园林能够使植物动物等在一个相对稳定的环境栖息繁衍,为生物的多样性创造了相对良好的条件;在可持续发展和城市化的进程中,园林建设增加了绿色植被的覆盖面积,美化了城市环境,提高了居民生活的环境质量,能促使人们的身心健康发展,也发扬了本民族的优秀文化,为城市的不断发展,人们生活的不断进步做出了自己的贡献。

二、园林绿化施工技术

1.园林绿化施工技术的特点

(1)施工技术措施准备工作

施工技术准备是园林绿化工程准备阶段的核心。为了能够在拟建工程开工之前,使从事施工技术和经营管理的人员充分了解掌握设计图纸的设计意图、结构与特点和技术要求,做出施工技术工作的科学合理规划,从根本上保证施工质量,技术措施管理方面注重科技和施工条件的结合,必须要综合考虑技术性和经济性相结合的道路,对技术上的应用给予大幅度的控制。

(2)注重施工配合

园林绿化施工的配合在一定程度上反映了施工技术的成熟性和稳定性,很多时候施工的统筹配合对工程项目的成本控制和进度控制是起决定性作用的,所以要明确施工配合要点与施工的多样性、相互性、多变性、观赏性以及施工规律性。园林绿化施工过程中大多事项是交错进行的,要配合的施工不是单方面的,而是多方面。

施工进行,随着施工的进度、质量和条件时刻变化,需要抓好计划组织、资源管理以及工艺工序的管理,统一安排施工的计划,强化施工项目部指挥功能,针对施工的协调、管理和服务，以及建设单位和监理单位的配合，加大组织计划管理，从而进一步加强施工配合力度。

2.园林绿化工程施工流程

园林绿化工程施工主要有两个部分组成，前期准备和实施方案。其中园林绿化工程的前期准备，主要包括三个方面：技术准备、现场准备和苗木及机械设备准备。园林绿化工程分实施方案又由施工总流程、土质测定及土壤改良、苗木种植工程三个主要的部分构成。重点是苗木种植流程，选苗→加工→移植→养护。

3.园林绿化工程施工技术要点

(1)园林绿化工程施工前的技术要点

一项高质量的园林绿化工程的完成，离不开完善的施工前的准备工作。它是对需要施工的地方进行全面考察了解后，针对周围的环境和设施进行深入的研究，还要深入了解土质、水源、气候及人力后进行的综合设计。同时，还要掌握树种及各种植物的特点及适应的环境进行合理配置，要适当地安排好施工的时间，确保工程不延误最佳的施工时机，这也是成活率的重要保证。为了防止苗木在施工时受到季节和天气的影响，要尽量选在阴天或多云风速不大的天气进行栽种。要严格按照设计的要求进行种植，确保翻耕深度，对施工地区要进行清扫工作，多余的土堆也要及时清理，工作面的石块、混凝土等也要搬出施工地区，最后还要铺平施工地，使其满足种植的需要。

(2)园林绿化工程的施工技术要点

在施工开始后，要做到的关键部分就是定好点、栽好苗、浇好水等，严格按照施工规定的流程进行施工操作，要保证植物能够正常健康的生长，科学培育。

首先，行间距的定点要严格进行设计，将路缘或路肩及临街建筑红线作为基线，以图纸要求的尺寸作为标准在地面确定行距并设置定点，还要及时做好标记，便于查找。如果是公园地区的建设，要采用测量仪，准确标记好各个景观及建筑物的位置，要有明确的编号和规格，施工时要对植被进行细致的标注。

其次，树木栽植技术也对整个工程的顺利施工有着重要的影响，栽植树木不仅是栽种成活，还要对其形状等进行修剪等。由于整个施工难免对植被会造成一定的伤害，为了尽早恢复，让树木等能够及时吸收足够的土壤养分，就要进行适时的浇水，通常对本年份新植树木的浇水次数应在三次以上，苗木栽植当天浇透水一次。如果遇到春季干旱少雨造成土壤干燥还要适当的将浇水时间提前。

(3)园林绿化工程的后期养护工作

后期的养护工作也是收尾工作是整个工程的最后保证,也是对整个工程的一个保持,根据植物的需求,要及时对其需要的养分进行适时补充,以免造成植被死亡,影响景观的整体效果。灌溉时,要根据树木的品种及需求适时调整,节约水资源和人力物力。为了达到更好的美观性和艺术性,一些植物还需要定时进行修剪,这也是养护管理的重要工作内容,有些植物易受到虫害的侵袭,对于这类植被要及时采取相应措施,除此以外,还有保暖措施等。

三、植树施工的原则

(一)必须符合规划设计要求

园林绿化栽植施工前,施工人员应当熟悉设计图纸,理解设计要求,并与设计人员进行交流,充分了解设计意图,然后严格按照图纸要求进行施工,禁止擅自更改设计。对于设计图纸与施工现场实际不符的地方,应及时向设计人员提出,在征求到设计部门的同意后,再变更设计。同时不可忽视施工建造过程中的再创造作用,可以在遵从设计原则的基础上,合理利用,不断提高,以取得最佳效果。

(二)施工技术必须符合树木的生活习性

不同树种对环境条件的要求和适应能力表现出很大的差异性,施工人员必须具备丰富的园林知识,掌握其生活习性,并在栽植时采取相应的技术措施,提高栽植成活率。

(三)合理安排适宜的植树时期

我国幅员辽阔,气候各异,不同地区树木的适宜种植期也不相同;同一地区树种生长习性也有所不同,受施工当年的气候变化和物候期差别的影响。依据树木栽植成活的基本原理,苗木成活的关键是如何使地上与地下部分尽快恢复水分代谢平衡,因此必须合理安排施工的时间并做到以下两点:

1.做到"三随"

所谓"三随",就是指在栽植施工过程中,做到起、运、栽一条龙,做好一切苗木栽植的准备工作,创造好一切必要的条件,在最适宜的时期内,充分利用时间,随掘苗,随运苗,随栽苗,环环扣紧,栽植工程完成后,应展开及时的后期养护工作,如苗木的修剪及养护管理,这样才可以提高栽植成活率。

2.合理安排种植顺序

在植树适宜时期内,不同树种的种植顺序非常重要,应当合理安排。原则上讲,发芽早的树种应早栽植,发芽晚的可以推迟栽植;落叶树栽植宜早,常绿树栽植时间可晚些。

(四)加强经济核算,提高经济效益

调动全体施工人员的积极性,提高劳动效率,节约增产,认真进行成本核算,加强统计工作,不断总结经验,尤其是与土建工程有冲突的栽植工程,更应合理安排顺序,避免在施工过程中出现一些不必要的重复劳动。

(五)严格执行栽植工程的技术规范和操作规程

栽植工程的技术规范和操作规程是植树经验的总结,是指导植树施工技术的法规必须严格执行。

第二节　树木栽植

一、栽植成活原理

园林树木栽植包括起苗、搬运、种植及栽后管理4个基本环节。每一位园林工作者都应该掌握这些环节与树木栽植成活率之间的关系，掌握树木栽植成活的理论基础。

（一）园林树木的栽植成活原理

正常条件生长的未移植园林树木在稳定的自然环境下，其地下与地上部分存在一定比例的平衡关系。特别是根系与土壤的密切结合，使树体的养分和水分代谢的平衡得以维持。掘苗时会破坏大量的吸收根系，而且部分根系（带土球苗）或全部根系（裸根苗）脱离了原有协调的土壤环境，易受风吹日晒和搬运损伤等影响。吸收根系被破坏，导致植株对水分和营养物质的吸收能力下降，使树体内水分向下移动，由茎叶移向根部。当茎叶水分损失超过生理补偿点时，苗木会出现干枯、脱落、芽叶干缩等生理反应，然而这一反应进行时地上部分仍能不断地进行蒸腾等现象，生理平衡因此遭到破坏，严重时会因失水而死亡。

由此可见，栽植过程中及时维持和恢复树体以水分代谢为主的平衡是栽植成活的关键。这种平衡受起苗、搬运、种植及栽后管理技术的直接影响，同时也与栽植季节，苗木的质量、年龄、根系的再生能力等主观因素密切相关。移植时根系与地上部分以水分代谢为主的平衡关系，或多或少地遭到了破坏，植株本身虽有关闭气孔以减少蒸腾的自动调控能力，但此作用有限。受损根系，在适宜的条件下，都具有一定的再生能力，但再生大量的新根需要一段时间，恢复这种代谢平衡更需要大量时间。可见，如何减少苗木在移植过程中的根系损伤和少受风干失水，促使其迅速发生新根，与新环境建立起新的平衡关系对提高栽植成活率是尤为重要的。一切利于迅速恢复根系再生能力，尽早使根系与土壤重新建立紧密联系，抑制地上茎叶部分蒸腾的技术措施，都能促进树木建立新的代谢平衡，并有利于提高其栽植成活率。研究表明，在移植过程中，减少树冠的枝叶量,并供应充足的水分或保持较高的空气湿度条件,可以暂时维持较低水平的代谢平衡。

园林树木栽植的原理,就是要遵循客观规律,符合树体生长发育的实际,提供相应的栽植条件和管理养护措施,协调树体地上部分和地下部分的生长发育关系,以此来维持树体水分代谢的平衡,促进根系的再生和生理代谢功能的恢复。

(二)影响树木移栽成活率的因素

为确保树木栽植成活,应当采取多种技术措施,在各个环节都严格把关。栽植经验证明,影响苗木栽植成活的因素主要有以下几点。

1.异地苗木

新引进的异地苗木,在长途运输过程中水分损失较多,有些甚至不适合本地土质或气候条件,这种情况会造成苗木出现死亡,其中根系质量差的苗木尤为严重。

2.常绿大树未带土球移植

大树移植若未带土球,导致根系大量受损.在叶片蒸腾量过大的情况下,容易出现萎蔫而死亡。

3.落叶树种生长季节未带土球移植

在生长季节移植落叶树种,必须带土球,否则不易成活。

4.起苗方法不当

移植常绿树时需要进行合理修剪,并采用锋利的移植工具,若起苗工具钝化易严重破损苗木根系。

5.土球太小

移植常绿树木时,如果所带土球比规范要求小很多,也容易造成根系受损严重,导致较难成活。

6.栽植深度不适宜

苗木栽植过浅,水分不易保持,容易干死,栽植过深则可能导致根部缺氧或浇水不透,而引起树木死亡。

7.空气或地下水污染

有些苗木抗有害气体能力较差,栽植地附近某些工厂排放的有害气体或水质,会造成植株敏感而死亡。

8.土壤积水

不耐涝树种栽植在低洼地,若长期受涝,很可能缺氧死亡。

9.树苗倒伏

带土球移植的苗木,浇水之后若倒伏,应当轻轻扶起并固定,如果强行扶起,容易导致土球破坏而死亡。

10.浇水不适

浇水速度不易过快,应当以灌透为止,如浇水速度过快,树穴表面上看已灌满水,但很可能没浇透而造成死亡。碰到干旱后恰有小雨频繁滋润的天气,也应当适当浇水,避免造成地表看似雨水充足.地下实则近乎干透而导致树木死亡的现象。

(三)提高树木栽植成活率的原则

1.适地适树

充分了解规划设计树种的生态习性以及对栽植地区生态环境的适应能力,具备相关的成功驯化引种试验和成熟的栽培养护技术,方能保证成活率。尤其是花灌木新品种的选择应用,要比观叶、观形的园林树种更加慎重,因为此类树种除了树体成活以外,要求花果观赏性状的完美表达。因此,实行适地适树原则的最简便做法,就是选用性状优良的乡土树种,作为景观树种中的基调骨干树种,特别是在生态林的规划设计中,更应贯彻以乡土树种为主的原则,以求营造生态植物群落效应。

2.适时适栽

应根据各种树木的不同生长特性和栽植地区的气候条件,决定园林树木栽植的适宜时期。落叶树种大多在秋季落叶后或春季萌芽开始前进行栽植;常绿树种栽植,在南方冬暖地区多行秋植,或在新梢停止生长的雨季进行。冬季严寒地区,易因秋季干旱造成"抽条"而不能顺利越冬.常以新梢萌发前春植为宜;春旱严重地区可行雨季栽植。随着社会的发展和园林建设的需要,人们对环境生态建设的要求愈加迫切,园林树木的栽植已突破了时限,"反季节"栽植已随处可见,如何提高栽植成活率也成为相关研究的重点课题。

3.适法适栽

根据树体的生长发育状态、树种的生长特点、树木栽植时期及栽植地点的环境条件等,园林树木的栽植方法可分为裸根栽植或带土球栽植两种。近年来随着栽培技术的发展和栽培手段的更新,生根剂、蒸腾抑制剂等新的技术和方法在栽培过程中也逐渐被采用。除此之外,我们还应努力探索研究新技术方法和措施。

二、栽植用土

土壤是园林植物生长的基础,在施工前进行土壤化验,根据化验结果,采取相应措施,改善土壤理化性质。土壤有效土层厚度影响园林植物的根系生长和成活,必须满足其生长、成活的最低土层厚度。

1.栽植土壤有效土层厚度的确定

绿化栽植或播种前应对该地区的土壤理化性质进行化验分析,采取相应的土壤改良、施肥和置换客土等措施,绿化栽植土壤有效土层厚度应符合表 14—1 所示的规定。

表 14—1 绿化栽植土壤有效土层厚度

项目	植被类型		土层厚度/cm	检验方法
一般栽植	乔木	胸径≥20cm	≥180	挖样洞,观察或尺量检查
		胸径<20cm	>150(深根) ≥100(浅根)	
	灌木	大、中灌木,大藤本	≥90	
		小灌木、宿根花卉、小藤本	≥40	
	棕榈类		≥90	
	竹类	大径	≥80	
		中、小径	≥50	
	草坪、花卉、草本地被		≥30	
设施顶面绿化	乔木		≥80	
	灌木		≥45	
	草坪、花卉、草本地被		≥15	

栽植基础严禁使用含有害成分的土壤,除有设施空间绿化等特殊隔离地

带,绿化栽植土壤有效土层下不得有不透水层。

2.园林植物栽植土的规定

园林植物栽植土应包括客土、原土利用、栽植基质等,栽植土应符合下列规定:

(1)土壤 pH 应符合本地区栽植土标准或按 pH5.6～8.0 进行选择。

(2)土壤全盐含量应为 0.1%～0.3%。

(3)土壤容重应为 1.0～1.35g/cm³。

(4)土壤有机质含量不应小于 1.5%。

(5)土壤块径不应大于 5cm。

(6)栽植土应见证取样,经有资质检测单位检测并在栽植前取得符合要求的测试结果。

3.栽植土验收批及取样方法

(1)客土每 500m³ 或 2000m² 为一检验批,应于土层 20cm 及 50cm 处,随机取样 5 处,每处取样 100g 经混合组成一组试样;客土 500m³ 或 2000m² 以下,随机取样不得少于 3 处。

(2)原状土在同一区域每 2000m² 为一检验批,应于土层 20cm 及 50cm 处,随机取样 5 处,每处取样 100g,混合后组成一组试样;原状土 2000m² 以下,随机取样不得少于 3 处。

(3)栽植基质每 200m³ 为一检验批,应随机取 5 袋,每袋取 100g,混合后组成一组试样;栽植基质 200m³ 以下,随机取样不得少于 3 袋。

4.良好土壤的特性

一般而言,土壤大多需要经过适当调整和改造,才适合植物的生长。对于景观树木来说,不同树木对土壤的要求也是不同的,但总体来说,都是要求水分、气体、养分、温度相协调。因此,良好的土壤应具有以下几个特性。

(1)土壤养分均衡

良好的土壤养分状况应该是:缓效养分和速效养分,大量、中量和微量养分比例适宜;树木根系生长的土层中养分储量丰富,有机质含量应在 1.5% 以上,肥效长;心土层、底土层也应有较高的养分含量。

(2)土体构造上下适宜

与其他土壤类型比较,景观树木生长的土壤大多经过人工改造,因而没有明显完好的垂直结构。有利于园林树木生长的土体构造应该是在 1～1.5m 深度范围内,土体为上松下实结构,特别是在 40～60cm 处,树木大多数吸收根分布区内,土层要疏松,质地较轻;心土层较坚实,质地较重。这样,既有利于通气、透水、增温,又有利于保水保肥。

(3)理化性状良好

物理性质主要指土壤的固、液、气三相物质组成及其比例,它们是土壤通气性、保水性、热性状、养分含量高低等各种性质发生变化的物质基础。一般情况下,大多数园林树木要求土壤质地适中,耕性好,有较多的水稳性和临时性的团聚体,当40%~57%、20%~40%、15%~37%分别为固相物质、液相物质和气相物质适宜的三相比例,$1\sim1.3\text{g/cm}^3$为土壤容重时,有利于树木生长发育。

5.生长地的土壤条件

由于景观绿地的特殊性,所涉及的土壤条件及其范围、面积是很复杂的,既有各种自然土壤,又有人为干预过的各类型的土,偶尔还会遇到田园肥土,而面积有大有小。从用途、性质、通气和肥力特征以及干扰等情况来看,景观绿地的土壤受多种因素的影响,既受高密度人口和特殊的城市气候条件的干扰,又受地域性和植被及各种污染物的影响。其特点为:土壤层次紊乱;土壤中外来侵体多而且分布较深;市政广场、管道等设施多;土壤物理性质差(特别是通气、透水不良);土壤中缺少有机质;由于污水的影响,土壤pH偏高等。如此复杂的土壤条件大体归纳为以下几个方面:

(1)平原肥土

其土壤经过人们几年、几十年的耕耘改造,土壤熟化、养分积累,土壤结构和理化性质都已被改良,最适合树木的生长,但实际上遇到的不多。

(2)荒山荒地

其土壤未很好地风化,孔隙度低,肥力差。需要采用深翻熟化和施有机肥的措施进行土壤改良。

(3)水边低湿地

土壤一般都很紧实、湿润、黏重、通气不良,多带盐碱。在水边应该种植耐水湿的植物;低湿地可以通过填土和施有机肥或松土晒干等措施处理,还可以深挖成为湖,或直接用作湿地景观。

(4)煤灰土或建筑垃圾

煤灰土是人们生活及活动残留的废弃物,如煤灰、树叶、菜叶、菜根和动物的骨头等,其对树木的生长有利无害。可以作为盐碱地客土栽植的隔离层。大量的生活垃圾可以掺入一定量的好土作为绿化用地。建筑垃圾是建筑后的残留物,通常有砖头、瓦砾、石块、木块、木屑、水泥、石灰等。少量的砖头、瓦砾、木块、木屑等存留可以增加土壤的孔隙度,对树木生长无害。而水泥和石灰及其灰渣则有害于树木的生长,必须清除。

(5)市政工程的场地

城市的市政工程是很多的,如市内的水系改造、人防工程、广场的修筑、道路的铺装等。土壤多经过人为的翻动或填挖而成,结果将未熟化的心土翻到表层,使土壤结构不良,透气不好,肥力降低。加之,机械施工碾压土地,土壤紧实度增加。

对于这种情况,应该深翻栽植地的土壤或扩大种植穴和施有机肥处理。同时还要注意老城区的影响,因为老城区大多经过多次的翻修,造成老路面、旧地基与建筑垃圾及用材等的遗留,致使土壤侵入体多。老路面与旧地基的残存,会影响栽植其上树木的生长,使该地段透水和透气不良,同时还会阻碍树木根系往深处伸展。

(6)工矿污染地

在工矿区,生产、实验和人们生活排出的废水、废物、废气,造成土壤养分、土壤结构和理化性质的变化,对树木的生长极其不利,应将其排走或处理。可设置排污水的管道或经过污水处理厂处理。最重要的是要遵守国家的规定:"工厂排出的废水、废气、废物不回收,不准予以开工。"

(7)建筑用地

建筑对树木的影响是多方面的,在建筑用地因修建地基时用机械碾压或夯轧过,土壤很紧实,通气不良,树木在其上不能生长。因此,在建筑周围栽植树木前应进行深翻土壤或相应地扩大种植穴。另外在寒冷的地区,建筑的南北面土壤解冻的时间不同,如在哈尔滨建筑的北面比南面土壤解冻晚一周,所以,在该地区栽树时,建筑的南北面最好不同期施工,以节省劳力。

(8)人工地基

人工修造的代替天然地基的构筑物,如屋顶花园、地铁、地下停车场、地下贮水池等的上面均为人工地基。人工地基一般是筑在小跨度的结构上面,与自然土壤之间有一层结构隔开,没有任何的连续性,即使在人工地基上堆积土壤,也没有地下毛细水的上升作用。由于建筑负荷的限制,土层的厚度也受到一定的影响。

天然地基由于土层厚、热容量大,所以地温受气温的影响变化小,土层越厚,变化幅度越小。达到一定深度后,地温就几乎恒定不变。人工地基则有所不同,因土层薄,其温度既受外界气温变化的影响,又受下面结构物传来的热量影响,所以土温的变化幅度较大,土壤容易干燥,湿度小,微生物的活动弱,腐殖质形成的速度较慢。由于种种原因,人工地基的土壤选择非常重要,特别是屋顶花园,要选择保水保肥强的土壤,同时应施入充分腐熟的肥料。如果保水保肥能力差,灌水后水分和养分很易流失,致使植物生长不良。

为了减轻建筑的负荷,节省经费开支,选用的植物材料体量要小、重量要轻;同时土壤基质也要轻,应混合保水保肥和通气性强的各种多孔性的材料,如蛭石、珍珠岩、煤灰土、泥炭、陶粒等。土壤最好使用田园土,没有时可用壤土加堆肥来代替,土与轻量材料的体积混合比约为 3：1。土壤厚度如有 30cm 以上时,一般不要经常浇水。

(9)人流的践踏和车辆的碾压

致使土壤密实度增加,容重可达 $1.5\sim1.8g/cm^3$,土壤板结、孔隙度小、含氧量低,树木会烂根以至死亡。受压后孔隙度的变化与土壤的机械组成有直接的关系,不同的土壤在一定的外力作用下,孔隙度变化不同,粒径越小受压后孔隙度减少得越多,粒径大的砾石受压后几乎不变化。沙性强的土壤受压后孔隙度变化小;孔隙度变化较大的是黏土,需要采用深翻和松土或掺沙、多施有机肥等措施来改变。

(10)海边盐碱地

沿海地区的土壤非常复杂,该类土壤均多带盐碱,如为沙性土,其内的盐分经过一定时间的雨水淋溶能够排出。如果为黏性土,因排水性差,会长期残留。土壤中含有大量的盐分,不利于树木的生长,必须经过土壤改良方可栽植。另外,海边的海潮风很大,空气中的水汽含有大量的盐分,会腐蚀植物叶片,所以应选用耐海潮风的树种。如海岸松、柽柳、银杏、杜松、圆柏、糙叶树、木瓜、女贞、木槿、黑松、珊瑚树、无花果、罗汉松等。

(11)酸性红壤

在我国长江以南地区常常遇到红壤。红壤呈酸性反应,土粒细,土壤结构不良,水分过多时,土粒吸水成糊状;干旱时水分容易蒸发散失,土块变紧实坚硬,又常缺乏氮、磷、钾等元素,许多植物不能适应这种土壤,因此需要改良。可增施有机肥、磷肥、石灰等或扩大种植面,并将种植面与排水沟相连或在种植面下层设置排水层。江西的经验为在冬季种植耐瘠薄、耐干旱的肥田萝卜、豌豆等为宜;待土壤肥力初步改善后,种植紫云英、苕子、黄花苜蓿等豆科绿肥;夏季可种猪屎豆作绿肥;水土流失严重的地段可种胡枝子、紫穗槐等;热带瘠薄地可种毛蔓豆、蝴蝶豆、葛藤等多年生绿肥。

三、栽植要求

植物栽植成功与否,受着各种因素的制约,如植物自身的质量及其移植期、生长环境的温度、光照、土壤、肥料、水分、病虫害等。同时,出于安全的考虑,植物与架空线、地下线及建筑物等应保持一定的安全距离。

1.移植期的限制

移植期是指栽植树木的时间。树木是有生命的机体,在一般情况下,夏季树木生命活动最旺盛,冬天其生命活动最微弱或近乎休眠状态,可见,树木的种植是有季节性的。移植多选择在树木生命活动最微弱的时候进行,也有因特殊需要进行非植树季节栽植树木的情况,但需经特殊处理。

华北地区大部分落叶树和常绿树在 3 月上中旬至 4 月中下旬种植。常绿树、竹类和草皮等,在 7 月中旬左右进行雨季栽植。秋季落叶后可选择耐寒、耐旱的树种,用大规格苗木进行栽植。这样可以减轻春季植树的工作量。一般常绿树、果树不宜秋天栽植。

华东地区落叶树的种植,一般在 2 月中旬至 3 月下旬,在 11 月上旬至 12 月中下旬也可以。早春开花的树木,应在 11 月至 12 月种植。常绿阔叶树以 3 月下旬最宜、6～7 月、9～10 月进行种植也可以。香樟、柑橘等以春季种植为好。针叶树春、秋都可以栽种,但以秋季为好。竹子一般在 9～10 月栽植为好。

东北和西北北部严寒地区,在秋季树木落叶后,土地封冻前种植成活更好。冬季采用带冻土移植大树,其成活率也很高。

2.对生长环境的要求

(1)对温度的要求

植物的自然分布和气温有密切的关系,不同的地区就应选用能适应该区域条件的树种。并且栽植当日平均温度等于或略低于树木生物学最低温度时,栽植成活率高。

(2)对光的要求

一般光合作用的速度,随着光的强度的增加而加强。在光线强的情况下,光合作用强,植物生命特征表现强;反之,光合作用减弱,植物生命特征表现弱,故在阴天或遮光的条件下,对提高种植成活率有利。

(3)对土壤的要求

土壤是树木生长的基础,它是通过其中水分、肥分、氧气、温度等来影响植物生长的。

　　土壤水分和土壤的物理组成有密切的关系,对植物生长有很大影响。当土壤不能提供根系所需的水分时,植物就会枯萎,当达到永久枯萎点时,植物便死亡。因此,在初期枯萎以前,必须开始浇水。掌握土壤含水率,即可及时补水。

　　土壤养分充足对于种植的成活率、种植后植物的生长发育有很大影响。

　　树木有深根性和浅根性两种。种植深根性的树木应有深厚的土壤,在移植大乔木时比小乔木、灌木需要更多的根土,所以栽植地要有较大的有效深度。具体可见表14-2。

表 14-2　植物生长所必需的最低限度土层厚度

类别	植物生存的最小厚度	植物培养的最小厚度
种子类	15	30
植被	30	45
小灌木	45	60
大灌木	60	90
浅根性乔木	90	150

　　3.对安全距离的要求

　　(1)树木与架空线的距离

　　①电线电压380V,树枝至电线的水平距离及垂直距离均不小于1.00m。

　　②电线电压3300~10000V,树枝至电线的水平距离及垂直距离均不小于3.00m。

　　(2)树木与地下管线的间距

　　①乔木中心与各种地下管线边缘的间距均不小于0.95m。

　　②灌木边缘与各种地下管线边缘的间距均不小于0.20m。

　　注:各种管线指给水管、雨水管、污水管、煤气管、电力电缆、弱电电缆。

　　(3)树木与建筑物、构筑物的平面距离见表14-3。

表 14-3　树木与建筑物、构筑物的平面距离

名称	距乔木中心不小于/m	距灌木边缘/m
公路铺筑面外侧	0.8	2.00
道路侧石线(人行道外缘)	0.75	不宜种
高2m以下围墙	1.00	0.50

名称	距乔木中心不小于/m	距灌木边缘/m
高 2m 以上围墙（及挡土墙基）	2.00	0.50
建筑物外墙上无门、窗	2.00	0.50
建筑物外墙有门窗（人行道旁按具体情况决定）	4.00	0.50
电杆中心（人行道上近侧石一边不宜种灌木）	2.00	0.75
路旁变压器外缘	3.00	不宜种
交通灯柱	3.00	不宜种
警亭	1.20	不宜种
路牌，交通指示牌，车站标志	1.20	不宜种
天桥边缘	3.50	不宜种

（4）道路交叉口、里弄出口及道路弯道处栽植树木应满足车辆的安全视距。

4.苗木质量要求

苗木本身质量的好坏直接影响着绿化美化效果，为此苗木质量应符合苗木出圃质量标准和设计对苗木质量的要求。具体要求如下：

（1）乔木的质量标准。树干挺直，不应有明显弯曲，小弯曲也不得超出两处，无蛀干害虫和未愈合的机械损伤。分枝点高度 2.5～2.8m。树冠丰满，枝条分布均匀、无严重病虫危害，常绿树叶色正常。根系发育良好、无严重病虫危害，移植时根系或土球大小，应为苗木胸径的 8～10 倍。

（2）灌木的质量标准。根系发达，生长苗壮，无严重病虫危害，灌丛匀称，枝条分布合理，高度不得低于 1.5m，丛生灌木枝条至少在 4～5 根以上，有主干的灌木主干应明显。

（3）绿篱苗的质量标准。针叶常绿树苗高度不得低于 1.2m，阔叶常绿苗不得低于 50cm，苗木应树形丰满，枝叶茂密，发育正常，根系发达，无严重病虫危害。

四、栽植准备

（1）植树工程施工前必须做好各项施工的准备工作，以确保工程顺利进行。准备工作内容包括：掌握资料、熟悉设计、勘查现场、制订方案、编制预算、材料供应和现场准备。

（2）开工前应了解掌握工程的有关资料，如用地手续、上级批示、工程投资来源、工程要求等。

（3）施工前必须熟悉设计的指导思想、设计意图、图纸、质量、艺术水平的要求，并由设计人员向施工单位进行设计交底。

（4）现场勘查，施工人员了解设计意图及组织有关人员到现场勘查，一般包括：现场周围环境、施工条件、电源、水源、土源、交通道路、堆料场地、生活暂设的位置，以及市政、电信应配合的部门和定点放线的依据。

（5）工程开工前应制订施工方案（施工组织设计），包括以下内容：

①工程概况：工程项目、工程量、工程特点、工程的有利和不利条件。

②确定施工方法：采用人工还是机械施工，劳动力的来源，是否有社会义务劳动参加。

③编制施工程序和进度计划。

④施工组织的建立，指挥系统、部门分工、职责范围、施工队伍的建立和任务的分工等。

⑤制订安全、技术、质量、成活率指标和技术措施。

⑥现场平面布置图：包括水、电源、交通道路、料场、库房、生活设施等具体位置图。

⑦施工方案：应附有计划表格，包括劳动力计划、作业计划、苗木、材料机械运输等。

（6）施工预算应根据设计概算、工程定额和现场施工条件、采取的施工方法等编制。

（7）重点材料的准备，如特殊需要的苗木、材料应事先了解来源、材料质量、价格、可供应情况。

（8）做好现场准备，包括三通一平、搭建暂设房屋、生活设施、库房。事先与市政、电信、公用、交通等有关单位配合好，并办理有关手续。

（9）关于劳动力、机械、运输力应事先由专人负责联系安排好。

（10）如为承包的植树工程，则应事先与建设单位签订承包合同，办理必要手续，合同生效后方可施工。

五、整理地形

1.清理障碍物

在施工场地上,凡对施工有碍的一切障碍物如堆放的杂物、违章建筑、坟堆、砖石块等要清除干净。一般情况下已有树木凡能保留的尽可能保留。

2.整理现场

根据设计图纸的要求,将绿化地段与其他用地界限区划开来,整理出预定的地形,使其与周围排水趋向一致。整理工作一般应在栽植前 3 个月以上的时期内进行。

(1)对 8℃以下的平缓耕地或半荒地,应满足植物种植必需的最低土层厚度要求(表 14－4 所示)。

表 14－4　绿地植物种植必需的最低土层厚度

植被类型	草木花卉	草坪地被	小灌木	大灌木	浅根乔木	深根乔木
土层厚度/cm	30	30	45	60	90	150

通常翻耕 30～50cm 深度,以利蓄水保墒。并视土壤情况,合理施肥以改变土壤肥性。平地整地要有一定倾斜度,以利排除过多的雨水。

(2)对工程场地宜先清除杂物、垃圾,随后换土。种植地的土壤含有建筑废土及其他有害成分,如强酸性土、强碱土、盐碱土、重黏土、沙土等,均应根据设计规定,采用客土或改良土壤的技术措施。

(3)对低湿地区,应先挖排水沟降低地下水位防止返碱。通常在种植前一年,每隔 20m 左右就挖出一条深 1.5～2.0m 的排水沟,并将掘起来的表土翻至一侧培成垄台,经过一个生长季,土壤受雨水的冲洗,盐碱减少,杂草腐烂,土质疏松,不干不湿,即可在台上种树。

(4)对新堆土山的整地,应经过一个雨季使其自然沉降,才能进行整地植树。

(5)对荒山整地,应先清理地面,刨出枯树根,搬除可以移动的障碍物;在坡度较平缓、土层较厚的情况下,可以采用水平带状整地。

六、定点和放线

1.一般规定

(1)定点放线要以设计提供的标准点或固定建筑物、构筑物等为依据。

(2)定点放线应符合设计图纸要求,位置要准确,标记要明显。定点放线后应由设计或有关人员验点,合格后方可施工。

(3)规则式种植,树穴位置必须排列整齐,横平竖直。行道树定点,行位必须准确,大约每50m钉一个控制木桩,木桩位置应在株距之间。树位中心可用镐刨坑后放白灰。

(4)孤立树定点时,应用木桩标志树穴的中心位置,木桩上写明树种和树穴的规格。

(5)绿篱和色带、色块,应在沟槽边线处用白灰线标明。

2.行道树的定点放线

道路两侧成行列式栽植的树木,称行道树。要求栽植位置准确,株行距相等(在国外有用不等距的)。一般是按设计断面定点,在已有道路旁定点以路牙为依据,然后用皮尺、钢尺或测绳定出行位,再按设计定株距,每隔10株在株距中间钉一木桩(不是钉在所挖坑穴的位置上),作为行位控制标记,以确定每株树木坑(穴)位置的依据,然后用白灰点标出单株位置。

由于道路绿化与市政、交通、沿途单位、居民等关系密切,植树位置的确定,除和规定设计部门配合协商外,在定点后还应请设计人员验点。

3.自然式定位放线

自然式种植,定点放线应按设计意图保持自然,自然式树丛用白灰线标明范围,其位置和形状应符合设计要求。树丛内的树木分布应有疏有密,不得呈规则状,三点不得成行,不得呈等腰三角形。树丛中应钉一木桩,标明所种的树种、数量、树穴规格。

(1)坐标定点法

根据植物配置的疏密度先按一定的比例在设计图及现场分别打好方格,在图上用尺量出树木在某方格的纵横坐标尺寸,再按此位置用皮尺量在现场相应的方格内。

(2)仪器测放

用经纬仪或小平板仪依据地上原有基点或建筑物、道路将树群或孤植树依照设计图上的位置依次定出每株的位置。

(3)目测法

对于设计图上无固定点的绿化种植,如灌木丛、树群等可用上述两种方法画出树群树丛的栽植范围,其中每株树木的位置和排列可根据设计要求在所定范围内用目测法进行定点,定点时应注意植株的生态要求并注意自然美观。定好点后,多采用白灰打点或打桩,标明树种、栽植数量(灌木丛树群)、坑径。

七、穴、槽的挖掘

(1)挖种植穴、槽的位置应准确,严格以定点放线的标记为依据。

(2)穴、槽的规格,应视土质情况和树木根系大小而定。一般要求:树穴直径和深度,应较根系和土球直径加大 15～20cm,深度加 10～15cm。树槽宽度应在土球外两侧各加 10cm,深度加 10～15cm,如遇土质不好,需进行客土或采取施肥措施的应适当加大穴槽规格。

(3)挖种植穴、槽应垂直下挖,穴槽壁要平滑,上下口径大小要一致,挖出的表土和底土、好土、坏土分别放置。穴、槽壁要平滑,底部应留一土堆或一层活土。挖穴槽应垂直下挖,上下口径大小应一致。以免树木根系不能舒展或填土不实。

(4)在新垫土方地区挖树穴、槽,应将穴、槽底部踏实。在斜坡挖穴、槽应采取鱼鳞坑和水平条的方法。

(5)挖植树穴、槽时遇障碍物(如市政设施、电信、电缆等)时应先停止操作,请示有关部门解决。

(6)栽植穴挖好之后,一般即可开始种树。但若种植土太瘦瘠,就先要在穴底垫一层基肥。基肥一定要用经过充分腐熟的有机肥,如堆肥、厩肥等。基肥层以上还应当铺一层壤土,厚 5cm 以上。

八、掘苗(起苗)

1.选苗

在掘苗之前,首先要进行选苗,除了根据设计提出对规格和树形的特殊要求外,还要注意选择生长健壮、无病虫害、无机械损伤、树形端正和根系发达的苗木。做行道树种植的苗木分枝点应不低于 2.5m。选苗时还应考虑起苗包装运输的方便,苗木选定后,要挂牌或在根基部位画出明显标记,以免挖错。

2.掘苗前的准备工作

起苗时间最好是在秋天落叶后或土冻前、解冻后,因此时正值苗木休眠期,生理活动微弱,起苗对它们影响不大,起苗时间和栽植时间最好能紧密配合,做到随起随栽。

为了便于挖掘,起苗前1～3天可适当浇水使泥土松软,对起裸根苗来说也便于多带宿土,少伤根系。

3.掘苗规格

掘苗规格主要指根据苗高或苗木胸径确定苗木的根系大小。苗木的根系是苗木的重要器官,受伤的、不完整的根系将影响苗木生长和苗木成活,苗木根系是苗木分级的重要指标。因此,起苗时要保证苗木根系符合有关的规格要求。

4.掘苗

掘苗时间和栽植时间最好能紧密配合,做到随起随栽。为了挖掘方便,掘苗前1～3天可适当浇水使泥土松软,对起裸根苗来说也便于多带宿土,少伤根系。

(1)挖掘裸根树木根系直径及带土球树木土球直径及深度规定如下:

①树木地径3～4cm,根系或土球直径取45cm。

注:地径系指树木离地面20cm左右处树干的直径。

②树木地径大于4cm,地径每增加1cm,根系或土球直径增加5cm(如地径为8cm),根系或土球直径为$(8-4)\times5+45=65$cm。

③树木地径大于19cm时,以地径的2π倍(约6.3倍)为根系或土球的直径。

注:在实际操作中为避免计算可采用根系及土球半径放样绳。

④无主干树木的根系或土球直径取根丛的4.5倍。

⑤根系或土球的纵向深度取直径的70%。

(2)乔灌木挖掘方法

①挖掘裸根树木,采用锐利的铁锹进行,直径3cm以上的主根,需用锯锯断,小根可用剪枝剪剪断,不得用锄劈断或强力拉断。

②挖掘带土球树木时,应用锐利的铁锹,不得掘碎土球,铲除土球上部的表土及下部的底土时,必须换扎腰箍。土球需包扎结实,包扎方法应根据树种、规格、土壤紧密度、运距等具体条件而定,土球底部直径应不大于直径的1/3。

掘苗时,常绿苗应当带有完整的根团土球,土球散落的苗木成活率会降低。土球的大小一般可按树木胸径的 10 倍左右确定。对于特别难成活的树种要考虑加大土球,土球的包装方法。土球高度一般可比宽度少 5～10cm。一般的落叶树苗也多带有土球,但在秋季和早春起苗移栽时,也可裸根起苗。裸根苗木若运输距离比较远,需要在根苑里填塞湿草,或在其外包裹塑料薄膜保湿,以免根系失水过多,影响栽植成活率。为了减少树苗水分蒸腾,提高移栽成活率,掘苗后、装车前应进行粗略修剪。

九、包装运输与假植

1.包装

落叶乔、灌木在掘苗后装车前应进行粗略修剪,以便于装车运输和减少树木水分的蒸腾。树木运输前的修剪步骤如下:

①修剪可在树木挖掘前或挖掘后进行。

②修剪强度应根据树木生物学特性,以不损坏特有姿态为准。

③在秋季挖掘落叶树木时,必须摘掉尚未脱落的树叶,但不得伤害幼芽。

包装前应先对根系进行处理,一般是先用泥浆或水凝胶等吸水保水物质蘸根,以减少根系失水,然后再包装。泥浆一般是用黏度比较大的土壤,加水调成糊状。水凝胶是由吸水极强的高分子树脂加水稀释而成的。

包装要在背风庇荫处进行,有条件时可在室内、棚内进行。包装材料可用麻袋、蒲包、稻草包、塑料薄膜、牛皮纸袋、塑膜纸袋等。无论是包裹根系,还是全苗包装,包裹后要将封口扎紧,以减少水分蒸发、防止包装材料脱落。将同一品种相同等级的存放在一起,挂上标签,便于管理和销售。

包装的程度视运输距离和存放时间确定。运距短,存放时间短,包装可简便一些;运距长,存放时间长,包装要细致一些。

2.装运根苗

(1)装裸根苗木应顺序码放整齐,根部朝前,装车时应将树干加垫、捆牢,树冠用绳拢好。

(2)长途运输应特别注意保持根部湿润,一般可采取蘸泥浆、喷保湿剂和用苫布遮盖等方法。

(3)装带土球苗木,应将土球放稳、固定好,不使其在车内滚动,土球应朝车头,树冠拢好。装绿篱苗时最多不得超过三层,以免压坏土球。

（4）运输过程应保护好苗木，要配备押运人员，装运超长、宽的苗木要办理超长、超宽手续，押运人员应与司机配合好。

（5）卸车时应顺序进行，按品种规格码放整齐，及时假植，缩短根部暴露时间。

（6）使用吊车装卸苗木时，必须保证土球完好，拴绳必须拴土球，严禁捆、吊树干。

3.装运带土球苗

（1）2m以下的苗木可以立装；2m以上的苗木必须斜放或平放。土球朝前，树梢向后，并用木架将树冠架稳。

（2）土球直径大于20cm的苗木只装一层，小土球可以码放2～3层。土球之间必须安（码）放紧密，以防摇晃。

（3）土球上不准站人或放置重物。

4.卸车

苗木在装卸车时应轻吊轻放，不得损伤苗木和造成散球。起吊带土球（台）的小型苗木时，应用绳网兜土球吊起，不得用绳索缚捆根茎起吊。重量超过1t的大型土球，应在土球外部套钢丝缆起吊。

5.假植

苗木运到现场后应及时栽植。凡是苗木运到后在几天以内不能按时栽种，或是栽种后苗木有剩余的，都要进行假植。假植有带土球栽植与裸根栽植两种情况：

（1）带土球的苗木假植。假植时，可将苗木的树冠捆扎收缩起来，使每一棵树苗都是土球挨土球，树冠靠树冠，密集地挤在一起。然后，在土球层上面盖一层壤土，填满土球间的缝隙，再对树冠及土球均匀地洒水，使上面湿透，以后仅保持湿润就可以了；或者，把带着土球的苗木临时性地栽到一块绿化用地上，土球埋入土中1/3～1/2深，株距则视苗木假植时间长短和土球、树冠的大小而定。一般土球与土球之间相距15～30cm即可。苗木成行列式栽好后，浇水保持一定湿度即可。

（2）裸根苗木假植。裸根苗木必须当天种植。裸树苗木自起苗开始暴露时间不宜超过8h。当天不能种植的苗木应进行假植。对裸根苗木，一般受取挖沟假植方式，先要在地面挖浅沟，沟深40～60cm。然后将裸根苗木一棵棵紧靠着呈30°斜栽到沟中，使树梢朝向西边或朝向南边。如树梢向西，开沟的方向为东西向；若树梢向南，则沟的方向为南北向。苗木密集斜栽好以后在根蔸上分层覆土,层层插实。以后经常对枝叶喷水,保持湿润。

不同的苗木假植时,最好按苗木种类、规格分区假植,以方便绿化施工。假植区的土质不宜太泥泞,地面不能积水,在周围边沿地带要挖沟排水。假植区内要留出起运苗木的通道。在太阳特别强烈的日子里,假植苗木上面应该设置遮光网,减弱光照强度。对珍贵树种和非种植季节所需苗木,应在合适的季节起苗,并用容器假植。

十、苗木种植前的修剪

树木移植时为平衡树势,提高植树成活率,应进行适度的强修剪。修剪时应在保证树木成活的前提下,尽量照顾不同品种树木自然生长规律和树形。修剪的剪口必须平滑,不得劈裂并注意留芽的方位。超过 2cm 以上的剪口,应用刀削平,涂抹防腐剂。修剪的注意事项如下:

(1)种植前应进行苗木根系修剪,宜将劈裂根、病虫根、过长根剪除,并对树冠进行修剪,保持地上地下平衡。

(2)乔木类修剪应符合下列规定。

①具有明显主干的高大落叶乔木应保持原有树形,适当疏枝,对保留的主侧枝应在健壮芽上短截,可剪去枝条 1/5~1/3。

②无明显主干、枝条茂密的落叶乔木,对干径 10cm 以上树木,可疏枝保持原树形;对干径为 5~10cm 的苗木,可选留主干上的几个侧枝,保持原有树形进行短截。

③枝条茂密具圆头形树冠的常绿乔木可适量疏枝。树叶集生树干顶部的苗木可不修剪。具轮生侧枝的常绿乔木用作行道树时,可剪除基部 2~3 层轮生侧枝。

④常绿针叶树,不宜修剪,只剪除病虫枝、枯死枝、生长衰弱枝、过密的轮生枝和下垂枝。

⑤用作行道树的乔木,定干高度宜大于 3m,第一分枝点以下枝条应全部剪除,分枝点以上枝条酌情疏剪或短截,并应保持树冠原形。

⑥珍贵树种的树冠宜作少量疏剪。

(3)灌木及藤蔓类修剪应符合下列规定:

①带土球或湿润地区带宿土裸根苗木及上年花芽分化的开花灌木不宜作修剪,当有枯枝、病虫枝时应予剪除。

②枝条茂密的大灌木,可适量疏枝。

③对嫁接灌木,应将接口以下砧木萌生枝条剪除。

④分枝明显、新枝着生花芽的小灌木,应顺其树势适当强剪,促生新枝,更新老枝。

⑤用作绿篱的乔灌木,可在种植后按设计要求整形修剪。苗圃培育成型的绿篱,种植后应加以整修。

⑥攀缘类和蔓性苗木可剪除过长部分。攀缘上架苗木可剪除交错枝、横向生长枝。

十一、定植

1.定植的方法

定植应根据树木的习性和当地的气候条件,选择最适宜的时期进行。

(1)将苗木的土球或根蔸放入种植穴内,使其居中。

(2)再将树干立起扶正,使其保持垂直。

(3)然后分层回填种植土,填土后将树根稍向上提一提,使根群舒展开,每填一层土就要用锄把将土压紧实,直到填满穴坑,并使土面能够盖住树木的根茎部位。

(4)检查扶正后,把余下的穴土绕根茎一周进行培土,做成环形的拦水围堰。其围堰的直径应略大于种植穴的直径。堰土要拍压紧实,不能松散。

(5)种植裸根树木时,将原根际埋下 3~5cm 即可,应将种植穴底填土呈半圆土堆,置入树木填土至 1/3 时,应轻提树干使根系舒展,并充分接触土壤,随填土分层踏实。

(6)带土球树木必须踏实穴底土层,而后置入种植穴,填土踏实。

(7)绿篱成块种植或群植时,应由中心向外顺序种植。坡式种植时应由上向下种植。大型块植或不同彩色丛植时,宜分区分块。

(8)假山或岩缝间种植,应在种植土中掺入苔藓、泥炭等保湿透气材料。

(9)落叶乔木在非种植季节种植时,应根据不同情况分别采取以下技术措施:

①苗木必须提前采取疏枝、环状断根或在适宜季节起苗用容器假植等处理。

②苗木应进行强修剪,剪除部分侧枝,保留的侧枝也应疏剪或短截,并应保

留原树冠的 1/3,同时必须加大土球体积。

③可摘叶的应摘去部分叶片,但不得伤害幼芽。

④夏季可搭棚遮阴、树冠喷雾、树干保湿,保持空气湿润;冬季应防风防寒。

⑤干旱地区或干旱季节,种植裸根树木应采取根部喷布生根激素、增加浇水次数等措施。

(10)对排水不良的种植穴,可在穴底铺 10～15cm 沙砾或铺设渗水管、盲沟,以利排水。

(11)栽植较大的乔木时,在定植后应加支撑,以防浇水后大风吹倒苗木。

2.注意事项和要求

(1)树身上、下应垂直。如果树干有弯曲,其弯向应朝当地风方向。行列式栽植必须保持横平竖直,左右相差最多不超过树干一半。

(2)栽植深度。裸根乔木苗,应较原根茎土痕深 5～10cm;灌木应与原土痕齐平;带土球苗木比土球顶部深 2～3cm。

(3)行列式植树,应事先栽好"标杆树"。方法是每隔 20 株左右,用皮尺量好位置,先栽好一株,然后以这些标杆树为瞄准依据,全面开展栽植工作。

(4)灌水堰筑完后,将捆拢树冠的草绳解开取下,使枝条舒展。

十二、树木的养护与管理

1.立支柱

较大苗木为了防止被风吹倒,应立支柱支撑,多风地区尤应注意;沿海多台风地区,往往需埋水泥预制柱以固定高大乔木。

(1)单支柱。用固定的木棍或竹竿,斜立于下风方向,深埋入土 30cm。支柱与树干之间用草绳隔开,并将两者捆紧。

(2)双支柱。用两根木棍在树干两侧,垂直钉入土中。支柱顶部捆一横档,先用草绳将树干与横档隔开以防擦伤树皮,然后用绳将树干与横档捆紧。

行道树立支柱,应注意不影响交通,一般不用斜支法,常用双支柱、三脚撑或定型四脚撑。

2.灌水与排水

树木定植后 24h 内必须浇上第一遍水,定植后第一次灌水称为头水。水要浇透,使泥土充分吸收水分,灌头水的主要目的是通过灌水将土壤缝隙填实,保证树根与土壤紧密结合以利根系发育,故亦称为压水。水灌完后应做一次检查,由于踩不实树身会倒歪,要注意扶正,树盘被冲坏时要修好。之后应连续灌水,尤其是大苗,在气候干旱时,灌水极为重要,千万不可疏忽。常规做法为定植后必须连续灌3次水,之后视情况适时灌水。第一次连续3天灌水后,要及时封堰(穴)。即将灌足水的树盘撒上细面土封住,称为封堰,以免蒸发和土表开裂透风。树木栽植后的浇水量,参见表14—5。

表 14—5　树木栽植后的浇水量

乔木及常绿胸径/m	灌木高度/m	绿篱高度/m	树根直径/cm	浇水量/kg
—	1.2～1.5	1～1.2	60	50
—	1.5～1.8	1.2～1.5	70	75
3～5	1.8～2	1.5～2	80	100
5～7	2～2.5	—	90	200
7～10	—	—	100	250

其他注意事项如下:

(1)各类绿地,应有各自完整的灌溉与排水系统。

(2)对新栽植的树木应根据不同树种和不同立地条件进行适期、适量的灌溉,应保持土壤中有效水分。

(3)已栽植成活的树木,在久旱或立地条件较差、土壤干旱的环境中也应及时进行灌溉,对水分和空气温度要求较高的树种,须在清晨或傍晚进行灌溉,有的还应适当地进行叶面喷雾。

(4)灌溉前应先松土。夏季灌溉宜早、晚进行,冬季灌溉选在中午进行。灌溉要一次浇透,尤其是春、夏季节。

(5)树木周围暴雨后积水应排除,新栽树木周围积水尤应尽快排除。

3.扶直封堰

(1)扶直。浇第一遍水渗入后的次日,应检查树苗是否有倒、歪现象,发现后应及时扶直,并用细土将堰内缝隙填严,将苗木固定好。

(2)中耕。水分渗透后,用小锄或铁耙等工具,将土堰内的土表锄松,称"中耕"。中耕可以切断土壤的毛细管,减少水分蒸发,有利保墒。植树后浇三水之间,都应中耕一次。

(3)封堰。浇第三遍水并待水分渗入后,用细土将灌水堰内填平,使封堰土堆稍高于地面。土中如果含有砖石杂质等物,应挑拣出来,以免影响下次开堰。华北、西北等地秋季植树,应在树干基部堆成30cm高的土堆,以保持土壤水分,并能保护树根,防止风吹摇动,影响成活。

4.中耕除草

①乔木、灌木下的大型野草必须铲除,特别是对树木危害严重的各类藤蔓,例如菟丝子等。

②树木根部附近的土壤要保持疏松,易板结的土壤,在蒸发旺季须每月松土一次。

③中耕除草应选在晴朗或初晴天气,土壤不过分潮湿的时候进行。

④中耕深度以不影响根系生长为限。

5.施肥

(1)树木休眠期和栽植前,需施基肥。树木生长期施追肥,可以按照植株的生长势进行。

(2)施肥量应根据树种、树龄、生长期和肥源以及土壤理化性状等条件而定。一般乔木胸径在 15cm 以下的,每 3cm 胸径应施堆肥 1.0kg;胸径在 15cm 以上的,每 3cm 胸径施堆肥 1.0~2.0kg。

树木青壮年期欲扩大树冠及利于观花、观果植物花、果的形成,应适当增加施肥量。

(3)乔木和灌木均应先挖好施肥环沟,其外径应与树木的冠幅相适应,深度和宽高均为 25~30cm。

(4)施用的肥料种类应视不同的树种、生长期及观赏需求等而定。早期欲扩大冠幅,宜施氮肥,观花、观果树种应增施磷、钾肥。注意应用微量元素和根外施肥的技术,并逐步推广应用复合肥料。

(5)各类绿地常年积肥应广开肥源,以积有机肥为主。有机肥应腐熟后施用。施肥宜在晴天;除根外施肥,肥料不得触及树叶。

6.防护设施

(1)围栏为防止人畜或车辆碰撞树木,可在不影响游览、观赏和景观的条件下,在树木周围用各种栏栅、绿篱或其他措施围栏,兽类笼舍内的树木,必须选用金属材料制成防护罩。

(2)高大乔木在风暴来临前,应以"预防为主,综合防治"的原则,对树木存在根浅、迎风、树冠庞大、枝叶过密以及立地条件差等实际情况,分别采取立支柱、绑扎、加大、扶正、疏枝、打地桩等六项综合措施。预防工作应在六月下旬以前做好。具体方法如下:

①立支柱

在风暴来临前,应逐株检查,凡不符合要求的支柱及其扎缚情况应及时改正。

②绑扎

绑扎是一项临时措施,宜采用 8 号铅丝或绳索绑扎树枝,绑扎点应衬垫橡皮,不得损伤树枝;另一端必须固定;也可多株树串联起来再行固定。

③加土

坑槽内的土壤,出现低洼和积水现象时,必须在风暴来临前加土,使根颈周围的土保持馒头状。

④扶正

一般在树木休眠期进行;但对树身已严重倾斜的树株,应在风暴侵袭前立支柱,绑扎铅丝等工作,待风暴过后做好扶正工作。

⑤疏枝

根据树木立地条件,生长情况,尤其是和架空线有碰撞可能的枝条以及过密的树枝,应采用不同程度的疏枝或短截。

⑥打地桩

打地桩是一项应急措施,主要针对迎风里弄口等树干基部横置树桩,利用人行道边的侧石,将树桩截成树干和侧石等距离的长度,使树桩一端顶住树干基部,一端顶在侧石上,在整个风暴季节,还应随时做好检查、补桩工作。

十三、园林树木的修剪与整形

(一)行道树的修剪与整形

行道树是指在道路两旁整齐列植的树木,同一条道路上树种相同。城市中,干道栽植的行道树,主要的作用是美化市容,改善城区的小气候,夏季增温降温、滞尘和遮阴。行道树要求枝条伸展、树冠开阔、枝叶浓密。冠形依栽植地点的架空线路及交通状况决定,主干道上及一般干道上,采用规则形树冠,修剪整形成杯状、开心形等立体几何形状;在无机动车辆通行的道路或狭窄的巷道内,可采用自然式树冠。

行道树一般使用树体高大的乔木树种,主干高要求在 2～2.5m。城郊公路及街道、巷道的行道树,主干高可达 4～6m 或更高。定植后的行道树要每年修剪扩大树冠,调整枝条的伸出方向,增加遮阴保温效果,同时也应考虑到建筑物的使用与采光。

(二)杯状行道树的修剪与整形

杯状行道树具有典型的三叉六股十二枝的冠形,萌发后选 3～5 个方向不同,分布均匀与主干成 45°夹角的枝条作主枝,其余分期剥芽或疏枝,冬季对主枝留 80～100cm 短截,剪口芽留在侧面,并处于同一平面上,第二年夏季再剥芽疏枝。如幼年法桐顶端优势较强,在主枝呈斜上生长时,其侧芽和背下芽易抽生直立向上生长的枝条,为抑制剪口处侧芽或下芽转上直立生长,抹芽时可暂时保留直立主枝,促使剪口芽侧向斜上生长;

第三年冬季于主枝两侧发生的侧枝中,选 1～2 个作延长枝,并在 80～100cm 处再短剪,剪口芽仍留在枝条侧面,疏除原暂时保留的直立枝、交叉枝等,如此反复修剪,经 3～5 年后即可形成杯状树冠。

骨架构成后,树冠扩大很快,疏去密生枝、直立枝,促发侧生枝,内膛枝可适当保留,增加遮阴效果。上方有架空线路时,勿使枝与线路触及,按规定保持一定距离,一般电话线为 0.5m,高压线为 1m 以上。近建筑物一侧的行道树,为防止枝条扫瓦、堵门、堵窗,影响室内采光和安全,应随时对过长枝条行短截修剪。

(三)开心形行道树的修剪与整形

多用于无中央主轴或顶芽能自剪的树种,树冠自然展开。定植时,将主干留 3m 或者截干,春季发芽后,选留 3～5 个位于不同方向、分布均匀的侧枝进行短剪,促进枝条生长成主枝,其余全部抹去。生长季注意将主枝上的芽抹去,保留 3～5 个方向合适、分布均匀的侧枝。来年萌发后选留侧枝,全部共留 6～10个,使其向四方斜生,并进行短截,促发次级侧枝,使冠形丰满、匀称。

(四)自然式冠形行道树的修剪与整形

在不妨碍交通和其他公用设施的情况下,树木有任意生长的条件时,行道树多采用自然式冠形,如塔形、卵圆形、扁圆形等。

1.有中央领导枝的行道树

如杨树、水杉、侧柏、金钱松、雪松、枫杨等。分枝点的高度按树种特性及树木规格而定,栽培中要保护顶芽向上生长。郊区多用高大树木,分枝点在 4～6m 以上。主干顶端如受损伤,应选择一直立向上生长的枝条或在壮芽处短剪,并把其下部的侧芽抹去,抽出直立枝条代替,避免形成多头现象。

阔叶类树种如毛白杨,不耐重抹头或重截,应以冬季疏剪为主。修剪时应保持冠与树干的适当比例,一般树冠高占 3/5,树干(分枝点以下)高占 2/5。在快车道旁的分枝点高至少应在 2.8m 以上。注意最下的三大枝上下位置要错开,方向匀称,角度适宜。要及时剪掉三大主枝上最基部贴近树干的侧枝,并选留好三大主枝以上层枝,萌生后形成圆锥状树冠。

成形后,仅对枯病枝、过密枝疏剪,一般修剪量不大。

2.无中央领导枝的行道树

选用主干性不强的树种,如旱柳、榆树等,分枝点高度一般为 2～3m,留 5～6 个主枝,各层主枝间距短,使自然长成卵圆形或扁圆形的树冠。每年修剪主要对象是密生枝、枯死枝、病虫枝和伤残枝等。

行道树定干时,同一条干道上分枝点高度应一致,使整齐划一,不可高低错落,影响美观与管理。

(五)花灌木的修剪与整形

花灌木的修剪要观察植株生长的周围环境、光照条件、植物种类、长势强弱及其在园林中所起的作用,做到心中有数,然后再进行修剪与整形。

(1)因树势修剪与整形

幼树生长旺盛,以整形为主,宜轻剪。严格控制直立枝,斜生枝的上位芽有冬剪时应剥掉,防止生长直立枝。一切病虫枝、干枯枝、人为破坏枝、徒长枝等用疏剪方法剪去。丛生花灌木的直立枝,选生长健壮的加以摘心,促其早开花。

壮年树应充分利用立体空间,促使多开花。于休眠期修剪时,在秋梢以下适当部位进行短截,并逐年选留部分根蘖,并疏掉部分老枝,以保证枝条不断更新,保持丰满株形。

老弱树木以更新复壮为主,采用重短截的方法,使营养集中于少数腋芽以萌发壮枝,及时疏删细弱枝、病虫枝、枯死枝。

(2)因时修剪与整形

落叶花灌木依修剪时期可分冬季修剪(休眠期修剪)和夏季修剪(花后修剪)。冬季修剪一般在休眠期进行。夏季修剪在花落后进行,目的是抑制营养生长,增加全株光照,促进花芽分化,保证来年开花。夏季修剪宜早不宜迟,这样有利于控制徒长枝的生长。若修剪时间稍晚,直立徒长枝已经形成。如空间条件允许,可用摘心办法使生出二次枝,增加开花枝的数量。

（3）根据树木生长习性和开花习性进行修剪与整形

春季开花,花芽(或混合芽)着生在二年生枝条上的花灌木。如连翘、榆叶梅、碧桃、迎春、牡丹等灌木是在前一年的夏季高

温时进行花芽分化,经过冬季低温阶段于第二年春季开花。因此,应在花残后叶芽开始膨大尚未萌发时进行修剪。修剪的部位依植物种类及纯花芽或混合芽的不同而有所不同。而连翘、榆叶梅、碧桃、迎春等可在开花枝条基部留2～4个饱满芽进行短截。牡丹则仅将残花剪除即可。

夏秋季开花,花芽(或混合芽)着生在当年生枝条上的花灌木,如紫薇、木槿、珍珠梅等是在当年萌发枝上形成花芽,因此应在休眠期进行修剪。将二年生枝基部留2～3个饱满芽或一对对生的芽进行重剪,剪后可萌发出一些苗壮的枝条,花枝会少些,但由于营养集中会产生较大的花朵。一些灌木如希望当年开两次花的,可在花后将残花及其下的2～3芽剪除,刺激二次枝条的发生,适当增加肥水则可二次开花。

花芽(或混合芽)着生在多年生枝上的花灌木。如紫荆、贴梗海棠等,虽然花芽大部分着生在二年生枝.上,但当营养条件适合时多年生的老干亦可分化花芽。对于这类灌木中进入开花年龄的植株,修剪量应较小,在早春可将枝条先端枯干部分剪除,在生长季节为防止当年生枝条过旺而影响花芽分化时可进行摘心,使营养集中于多年生枝干上。

花芽(或混合芽)着生在开花短枝上的花灌木。如西府海棠等,这类灌木早期生长势较强,每年自基部发生多数萌芽,自主枝上发生大量直立枝,当植株进入开花年龄时,多数枝条形成开花短枝,在短枝上连年开花,这类灌木一般不大进行修剪,可在花后剪除残花,夏季生长旺时,将生长枝进行适当摘心,抑制其生长,并将过多的直立枝、徒长枝进行疏剪。

一年多次抽梢,多次开花的花灌木。如月季,可于休眠期对当年生枝条进行短剪或回缩强枝,同时剪除交叉枝、病虫枝、并生枝、弱枝及内膛过密枝。寒冷地区可进行强剪,必要时进行埋土防寒。生长期可多次修剪,可于花后在新梢饱满芽处短剪(通常在花梗下方第2芽至第3芽处)。剪口芽很快萌发抽梢,形成花蕾开花,花谢后再剪,如此重复。

（六）绿篱的修剪与整形

绿篱是萌芽力、成枝力强,耐修剪的树种,密集呈带状栽植而成,起防范、美化、组织交通和分隔功能区的作用。适宜作绿篱的植物很多,如女贞、大叶黄

杨、小叶黄杨、桧柏、侧柏、冬青、野蔷薇等。

绿篱的高度依其防范对象来决定,有绿墙(160cm 以上)、高篱(120～160cm)、中篱(50～120cm)和矮篱(50cm 以下)。绿篱进行修剪,既为了整齐美观,增添园景,也为了使篱体生长茂盛,长久不衰,高度不同的绿篱,采用不同的整形方式,一般有下列 2 种:

(1)绿墙、高篱和花篱采用较多。适当控制高度,并疏剪病虫枝、干枯枝,任枝条生长,使其枝叶相接紧密成片提高阻隔效果。用于防范的绿篱和玫瑰、蔷薇、木香等花篱,也以自然式修剪为主。开花后略加修剪使之继续开花,冬季修去枯枝、病虫枝。对蔷薇等萌发力强的树种,盛花后进行重剪,使新枝粗壮,篱体高大美观。

(2)中篱和矮篱常用于草地、花坛镶边,或组织人流的走向。这类绿篱低矮,为了美观和丰富园景,多采用几何图案式的修剪整形,如矩形、梯形、倒梯形、篱面浪形等。绿篱种植后剪去高度的 1/3～1/2,修平侧枝,统一高度和侧萌发成枝条,形成紧枝密叶的矮墙,显示立体美。绿篱每年最好修剪 2～4 次,使新枝不断发生、更新和替换老枝。整形绿篱修剪时,顶面与侧面兼顾,不应只修顶面不修侧面,这样会造成顶部枝条旺长,侧枝斜出生长。从篱体横断面看,以矩形和基大上小的梯形较好,下面和侧面枝叶采光充足,通风性能较好,不能任枝条随意生长而破坏造型,应每年多次修剪。

(七)片林的修剪与整形

1.有主干轴的树种(如杨树等)组成片林,修剪时注意保留顶梢。当出现竞争枝(双头现象)只选留一个;如果领导枝枯死折断,应扶立一侧枝代替主干延长生长,培养成新的中央领导枝。

2.适时修剪主干下部侧生枝,逐步提高分枝点。分枝点的高度应根据不同树种、树龄而定。

3.对于一些主干很短,但树已长大,不能再培养成独干的树木,也可以把分生的主枝当作主干培养,逐年提高分枝,呈多干式。

4.应保留林下的灌木、地被和野生花草,增加野趣和幽深感。

(八)藤木类的修剪与整形

在自然风景中,对藤本植物很少加以修剪管理,但在一般的园林绿地中则有以下几种处理方式。

1.棚架式

对于卷须类及缠绕类藤本植物多用此种方式进行修剪与整形。剪整时,应在近地面处重剪,使发生数条强壮主蔓,然后垂直诱引主蔓至棚架的顶部,并使侧蔓均匀地分布架上,则可很快地成为荫棚。除隔数年将病、老或过密枝疏剪外,一般不必每年剪整。

2.凉廊式

常用于卷须类及缠绕类植物,偶尔用吸附类植物。因凉廊有侧方格架,所以主蔓勿过早诱引至廊顶,否则容易形成侧面空虚。

3.篱垣式

多用于卷须类及缠绕类植物。将侧蔓进行水平诱引后,每年对侧枝施行短剪,形成整齐的篱垣形式。为适合于形成长而较低矮的篱垣,通常称为"水平篱垣式",又可依其水平分段层次之多而分为二段式、三段式等,称为"垂直篱垣式",适于形成距离短而较高的篱垣。

4.附壁式

本式多用吸附类植物为材料。方法很简单,只需将藤蔓引于墙面即可自行靠吸盘或吸附根而逐渐布满墙面。例如爬墙虎、凌霄、扶芳藤、常春藤等均用此法。此外,在某些庭院中,有在壁前 20～50cm 处设立格架,在架前栽植植物的,例如蔓性蔷薇等开花繁茂的种类多在建筑物的墙面前采用本法。修剪时应注意使壁面基部全部覆盖,各蔓枝在壁面上应分布均匀,勿使相互重叠交错为宜。在本式修剪与整形中,最易发生的毛病为基部空虚,不能维持基部枝条长期茂密。对此,可配合轻、重修剪以及曲枝诱引等综合措施,并加强栽培管理工作。

5.直立式

对于一些茎蔓粗壮的种类,如紫藤等,可以修剪整形成直立灌木式。此式如用于公园道路旁或草坪上,可以收到良好的效果。

第三节　大树移植

一、大树的选择

从理论上讲,只要时间掌握好,措施合理,任何品种树木都能进行移植,现仅介绍常见移植的树木和采取的方法。

(1)常绿乔木。桧柏、油松、白皮松、雪松、龙柏、侧柏、云杉、冷杉、华山松等。

(2)落叶乔木及珍贵观花树木。国槐、栾树、小叶白蜡、元宝枫、银杏、白玉兰等。根据设计图纸和说明所要求的树种规格、树高、冠幅、胸径、树形(需要注明观赏面和原有朝向)和长势等,到郊区或苗圃进行调查,选树并编号。选择时应注意以下几点:

①要选择接近新栽地生境的树木。野生树木主根发达,长势过旺的,适应能力也差,不易成活。

②不同类别的树木,移植难易不同。一般灌木比乔木移植容易;落叶树比常绿树容易;扦插繁殖或经多次移植须根发达的树比播种未经移植直根性和肉质根类树木容易;叶型细小比叶少而大者容易;树龄小比树龄大的容易。

③一般慢生树选20～30年生;速生树种则选用10～20年生,中生树可选15年生,果树、花灌木为5～7年生,一般乔木树高在4m以上,胸径12～25cm的树木则最合适。

④应选择生长正常的树木以及没有感染病虫害和未受机械损伤的树木。

⑤选树时还必须考虑移植地点的自然条件和施工条件,移植地的地形应平坦或坡度不大,过陡的山坡,根系分布不正,不仅操作困难且容易伤根,不易起出完整的土球,因而应选择便于挖掘处的树木,最好能使起运工具到达树旁。

二、大树移植的时间

如果掘起的大树带有较大的土球,在移植过程中严格执行操作规程,移植后又注意养护,那么,在任何时间都可以进行大树移植。但在实际中,最佳移植时间是早春,因为这时树液开始流动并开始生长、发芽,挖掘时损伤的根系容易愈合和再生,移植后经过从早春到晚秋的正常生长,树木移植的受伤的部分已复原,给树木顺利越冬创造了有利条件。

在春季树木开始发芽而树叶还没全部长成以前,树木的蒸腾还未达到最旺盛时期,此时带土球移植,缩短土球暴露的时间,栽后加强养护也能确保大树的存活。

盛夏季节,由于树木的蒸腾量大,此时移植对大树成活不利,在必要时可加大土球,加强修剪、遮阴、尽量减少树木的蒸腾量,也可成活,但费用较高。

在北方的雨季和南方的梅雨期,由于空气中的湿度较大,因而有利于移植,可带土球移植一些针叶树种。

深秋及冬季,从树木开始落叶到气温不低于－15℃这段时间,也可移植大树;这个期间,树木虽处于休眠状态,但地下部分尚未完全停止活动,故移植时被切断的根系能在这段时间进行愈合,给来年春季发芽生长创造良好的条件,但在严寒的北方,必须对移植的树木进行土面保护,才能达到这一目的。南方地区尤其在一些气温不太低、温度较大的地区一年四季可移植,落叶树还可裸根移植。

三、大树移植前准备工作

(一)操作人员要求

必须具备一名园艺工程师和一名七级以上的绿化工或树木工,才能承担大树移植工程。

(二)基础资料及移植方案

1.应掌握树木情况

品种、规格、定植时间、历年养护管理情况、目前生长情况、发枝能力、病虫害情况、根部生长情况(对不易掌握的要作探根处理)。

2.树木生长和种植地环境必须掌握下列资料

(1)树木与建筑物、架空线、共生树木等间距必须具备施工、起吊、运输的条件。

(2)种植地的土质、地下水位、地下管线等环境条件必须适宜移植树木的生长。

(3)对土壤含水量、pH、理化性状进行分析。

①土壤湿度高,可在根范围外开沟排水,晾土,情况严重的可在四角挖 1m 以下深洞,抽排渗透出来的地下水。

②含杂质受污染的土质必须更换种植土。

(三)移植前措施

(1)5 年内未作过移植或切根处理的大树,必须在移植前 1~2 年进行切根处理。

(2)切根应分期交错进行,其范围宜比挖掘范围小 10cm 左右。

(3)切根时间,可在立春天气刚转暖到萌芽前,秋季落叶前进行。

(四)移植方法

移植方法应根据品种、树木生长情况、土质、移植地的环境条件、季节等因素确定。

(1)生长正常易成活的落叶树木,在移植季节可用带毛泥球灌浆法移植。

(2)生长正常的常绿树,生长略差的落叶树或较难移植的落叶树在移植季节内移植或生长正常的落叶树在非季节移植的均应用带泥球的方法移植。

(3)生长较弱,移植难度较大或非季节移植的,必须放大泥球范围,并用硬材包装法移植。

(五)修剪方法及修剪量

修剪方法及修剪量应根据树木品种、树冠生长情况、移植季节、挖掘方式、运输条件、种植地条件等因素来确定:

(1)落叶树可抽稀后进行强截,留生长枝和萌生的强枝,修剪量可达 6/10~9/10。

(2)常绿阔叶树,采取收缩树冠的方法,截去外围的枝条适当疏稀树冠内部不必要的弱枝,多留强的萌生枝,修剪量可达 1/3~3/5。

(3)针叶树以疏枝为主,修剪量可达 1/5~2/5。

(4)对易挥发芳香油和树脂的针叶树、香樟等应在移植前一周进行修剪,凡 10cm 以上的大伤口应光滑平整,经消毒,并涂保护剂。

(六)定方位扎冠

(1)根据树冠形态和种植后造景的要求,应对树木作好定方位的记号。

(2)树干、主枝用草绳或草片进行包扎后应在树上拉好防风绳。

(3)收扎树冠时应由上至下,由内至外,依次收紧,大枝扎缚处要垫橡皮等软物,不应挫伤树木。

(七)树穴准备

(1)树穴大小、形状、深浅应根据树根挖掘范围泥球大小形状而定,每边留40cm 的操作沟。

(2)树穴必须符合上下大小一致的规格,若含有建筑垃圾、有害物质则必须放大树穴,清除废土换上种植土,并及时填好回填土。

(3)树穴基部必须施基肥。

(4)地势较低处种植不耐水湿的树种时,应采取堆土种植法,堆土高度根据地势而定,堆土范围为最高处面积应小于根的范围或为泥球大小的 2 倍,并分层夯实。

(八)土壤的选择和处理

要选择通气、透水性好,有保水保肥能力,土内水、肥、气、热状况协调的土壤。经多年实践,用泥砂拌黄土(3∶1 最佳)作为移栽后的定植用土比较好,它有三大好处:一是与树根有"亲和力",在栽培大树时,根部与土往往有无法压实的空隙,经雨水的侵蚀,泥砂拌黄土易与树根贴实;二是通气性好,能增高地温,促进根系的萌芽;三是排水性能好,雨季能迅速排掉多余的积水,避免造成根部死亡,旱季浇水能迅速吸收、扩散。

在挖掘过程中要有选择地保留一部分树根际原土,以利于树木萌根。同时必须在树木移栽半个月前对穴土进行杀菌、除虫处理,用 50%托布津或 50%多菌灵粉剂拌土杀菌,用 50%面威颗粒剂拌土杀虫(以上药剂拌土的比例为0.1%)。

第十五章　园林给水排水工程施工

第一节　园林给水排水概述

一、园林用水

园林是群众休息游览的场所,同时又是树木、花草较集中的地方。由于游人活动的需要、植物养护管理的需要及水景用水的补充等,园林绿地的用水量是很大的。解决好园林的用水问题是一项十分重要的工作。园林中用水大致可分为以下几方面:

1.生活用水

如餐厅、内部食堂、茶室、小卖部、消毒饮水器及卫生设备等的用水。

2.养护用水

包括植物灌溉、动物笼舍的冲洗及夏季广场园路的喷洒用水等。

3.造景用水

各种水体(溪涧、湖泊、池沼、瀑布、跌水、喷泉等)的用水。

4.消防用水

园林中的古建筑或主要建筑周围应该设消防栓。

园林中用水除生活用水外,其他方面用水的水质要求可根据情况适当降低。例如无害于植物、不污染环境的水都可用于植物灌溉和水景用水的补给。如条件许可,这类用水可取自园内水体;大型喷泉、瀑布用水量较大,可考虑自设水泵循环使用。

园林给水工程的任务就是如何经济、合理、安全可靠地满足以上四个方面的用水需求。

二、园林给水管网布置

园林给水管网的布置除了要了解园内用水的特点外,园林四周的给水情况也很重要,它往往影响管网的布置方式。一般小型园林的给水可由一点引入。但对较大型园林,特别是地形较复杂的园林,为了节约管材,减少水头损失,有条件的最好多点引水。

1.给水管网基本布置形式

(1)树枝式管网

这种布置方式较简单,省管材。布线形式就像树干分权分枝,它适合于用水点较分散的情况,对分期发展的园林有利。但树枝式管网供水的保证率较差,一旦管网出现问题或需维修时,影响用水面较大。

(2)环状管网

环状管网是把供水管网闭合成环,使管网供水能互相调剂。当管网中的某一管段出现故障,也不致影响供水,从而提高了供水的可靠性。但这种布置形式较费管材,投资较大。

2.管网的布置要点

(1)干管应靠近主要供水点。

(2)干管应靠近调节设施(如高位水池或水塔)。

(3)在保证不受冻的情况下,干管宜随地形起伏敷设,避开复杂地形和难于施工的地段,以减少土石方工程量。

(4)干管应尽量埋设于绿地下,避免穿越或设于园路下。

(5)和其他管道按规定保持一定距离。

3.管道埋深

冰冻地区,管道应埋设于冰冻线以下40cm处。不冻或轻冻地区,覆土深度也不小于70cm。干管管道也不宜埋得过深,埋得过深工程造价高。但也不宜过浅,否则管道易遭破坏。

4.阀门及消防栓

给水管网的交点叫作节点,在节点上设有阀门等附件。为了检修管理方便节点处应设阀门井。阀门除安装在支管和平管的连接处外,为便于检修养护,要求每500m直线距离设一个阀门井。

配水管上安装着消防栓,按规定其间距通常为120m,且其位置距建筑物不得大于5m,为了便于消防车补给水,离车行道不大于2m。

三、园林排水的类型

排水工程的主要任务是把雨水、废水、污水收集起来并输送到适当地点排除,或经过处理之后再重复利用和排除掉。园林中如果没有排水工程,雨水、污水淤积园内,将会使植物遭受涝灾,滋生大量蚊虫并传播疾病;既影响环境卫生,又会严重影响园里的所有游园活动。因此,在每一项园林工程中都要设置良好的排水工程设施。

从需要排除的水的种类来说,园林绿地所排放的主要是雨雪水、生产废水、游乐废水和一些生活污水。这些废、污水所含有害污染物质很少,主要含有一些泥砂和有机物,净化处理也比较容易。

1.天然降水

园林排水管网要收集、输送和排除雨水及融化的冰、雪水。这些天然的降水在落到地面前后,会受到空气污染物和地面泥砂等的污染,但污染程度不高,一般可以直接向园林水体如湖、池、河流中排放。

排除雨水(或雪水),应尽可能利用地面坡度,通过谷、涧、山道,就近排入园中(或园外)的水体,或附近的城市雨水管渠。这项工程一般在竖向设计时应该综合考虑。

除了利用地面坡度外,主要靠明渠排水,埋设管道只是局部的、辅助性的。这样不仅经济实用,而且便于维修。明渠可以结合地形、道路做成一种浅沟式的排水渠,沟中可任植物生长,既不影响园林景观,又不妨碍雨天排水。在人流较集中的活动场所,为了安全起见,明渠应局部加盖。

2.生产废水

盆栽植物浇水时多浇的水,鱼池、喷泉池、睡莲池等较小的水景池排放的水,都属于园林生产废水。这类废水一般也可直接向河流等流动水体排放。面积较大的水景池,其水体已具有一定的自净能力,因此常常不换水,当然也不会排出废水。

3.游乐废水

游乐设施中的水体一般面积不大,积水太久会使水质变坏,所以每隔一定时间就要换水。如游泳池、戏水池、碰碰船池、冲浪池、航模池等,就常在换水时有废水排出。游乐废水中所含污染物不算多,可以酌情向园林湖池中排放。

4.生活污水

园林中的生活污水主要来自餐厅、茶室、小卖部、厕所、宿舍等处。这些污水中所含有机污染物较多，一般不能直接向园林水体中排放，而要经过除油池、沉淀池、化粪池等进行处理后才能排放。如饮食部门污水主要是残羹剩饭菜渣及洗涤的废水，经沉渣、隔油后直接排入就近水体，这种水中含有各种养分，可以用来养鱼，也可以用作水生植物的肥料。水生植物能通过光合作用产生大量的氧溶解在水中，为污水的净化创造良好条件，所以在排放污水的水体中，最好种植根系发达的漂浮植物及其他水生植物。

粪便污水处理应用化粪池，经沉淀、发酵、沉渣、流体，再发酵澄清后，可排入城市污水管，少量的直接排入偏僻的园内水体中，这些水体也应种植水生植物及养鱼，化粪池中的沉渣定期处理，作为肥料。如经物理方法处理的污水无法排入城市污水系统，可将处理后的水再以生化池分解处理后，直接排入附近自然水体。

四、园林排水的特点与体制

1.园林排水的特点

根据园林环境、地形和内部功能等方面与一般城市给水工程情况的不同，可以看出其排水工程具有以下几个主要特点：

(1)地形变化大，适宜利用地形排水。园林绿地中既有平地，又有坡地，甚至还可有山地。地面起伏度大，就有利于组织地面排水。利用低地汇集雨雪水到一处，使地面水集中排除比较方便，也比较容易进行净化处理。地面水的排除可以不进地下管网，而利用倾斜的地面和少数排水明渠直接排入园林水体中，这样可以在很大程度上简化园林地下管网系统。

(2)与园林用水点分散的给水特点不同，园林排水管网的布置却较为集中。排水管网主要集中布置在人流活动频繁、建筑物密集、功能综合性强的区域中，如餐厅、茶室、游乐场、游泳池、喷泉区等地方。而在林地区、苗圃区、草地区、假山区等功能单一而又面积广大的区域，则多采用明渠排水，不设地下排水管网。

(3)管网系统中雨水管多，污水管少。相对而言，园林排水管网中的雨水管数量明显地多于污水管。这主要是因为园林产生污水比较少的缘故。

(4)园林排水成分中，污水少，雨雪水和废水多。园林内所产生的污水，主要是餐厅、宿舍、厕所等的生活污水,基本上没有其他污水源。污水的排放量只占园林总排水量的很小一部分。占排水量大部分的是污染程度很轻的雨雪水和各处水体排放的生产废水和游乐废水。这些地面水常常不需进行处理而可直接排放;或者仅作简单处理后再排除或再重新利用。

(5)园林排水的重复使用可能性很大 由于园林内大部分排水的污染程度不严重,因而基本上都可以在经过简单的混凝澄清、除去杂质后,用于植物灌溉、湖池水源补给等方面,水的重复使用效率比较高。一些喷泉池、瀑布池等,还可以安装水泵,直接从池中汲水,并在池中使用,实现池水的循环利用。

2.园林排水的体制

将园林中的生活污水、生产废水、游乐废水和天然降水从产生地点收集、输送和排放的基本方式,称为排水系统的体制。排水体制主要有分流制与合流制两类(如图 15-1 所示)。

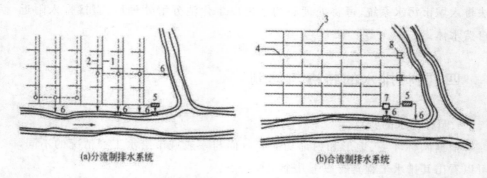

(a)分流制排水系统   (b)合流制排水系统

1-污水管网;2-雨水管网;3-合流制管网;4-截流管;5-污水处理站;
6-出水口;7-排水泵站;8-溢流井

图 15-1 排水系统的体制

(1)分流制排水系统

这种排水体制的特点是"雨、污分流"。因为雨雪水、园林生产废水、游乐废水等污染程度低,不需净化处理就可直接排放,为此而建立的排水系统,称雨水排水系统。为生活污水和其他需要除污净化后才能排放的污水另外建立的一套独立的排水系统,则叫作污水排水系统。两套排水管网系统虽然是一同布置的,但互不相连,雨水和污水在不同的管网中流动和排除。

(2)合流制排水系统

排水特点是"雨、污合流"。排水系统只有一套管网,既排雨水又排污水。这种排水体制已不适于现代城市环境保护的需要,所以在一般城市排水系统的设计中已不再采用。但是,在污染负荷较轻,没有超过自然水体环境的自净能力时,还是可以酌情采用的。一些园林的水体面积较大,水体的自净能力完全能够消化园内有限的生活污水,为了节约排水管网建设的投资,就可以在近期考虑采用合流制排水系统,待以后污染加重了,再改造成分流制系统。

五、园林排水管网的布置形式

1.正交式布置

当排水管网的干管总走向与地形等高线或水体方向大致呈正交时,管网的布置形式就是正交式。这种布置方式适用于排水管网总走向的坡度接近于地面坡度和地面向水体方向较均匀地倾斜时。采用这种布置,各排水区的干管以最短的距离通到排水口,管线长度短管径较小,埋深小,造价较低。在条件允许的情况下,应尽量采用这种布置方式。

2.截流式布置

在正交式布置的管网较低处,沿着水体方向再增设一条截流干管,将污水截流并集中引到污水处理站。这种布置形式可减少污水对于园林水体的污染,也便于对污水进行集中处理。

3.扇形布置

在地势向河流湖泊方向有较大倾斜的园林中,为了避免因管道坡度和水的流速过大而造成管道被严重冲刷的现象,可将排水管网的主干管布置成与地面等高线或与园林水体流动方向相平行或夹角很小的状态。这种布置方式又可称为平行式布置。

4.分区式布置

当规划设计的园林地形高低差别很大时,可分别在高地形区和低地形区各设置独立的、布置形式各异的排水管网系统,这种形式就是分区式布置。低区管网可按重力自流方式直接排入水体的,则高区干管可直接与低区管网连接。如低区管网的水不能依靠重力自流排除,那么就将低区的排水集中到一处,用水泵提升到高区的管网中,由高区管网依靠。

5.辐射式布置

在用地分散、排水范围较大、基本地形是向周围倾斜的和周围地区都有可供排水的水体时,为了避免管道埋设太深和降低造价,可将排水干管布置成分散的、多系统的、多出口的形式。这种形式又叫分散式布置。

6.环绕式布置

环绕式布置是将辐射式布置的多个分散出水口用一条排水主干管串联起来,使主干管环绕在周围地带,并在主干管的最低点集中布置一套污水处理系统,以便污水的集中处理和再利用。

六、园林管渠排水简介

园林中利用管渠排水有以下几种方式:

(一)土明渠

根据原来土质情况挖沟排水。沟的断面有 V 形和梯形两种。前者占地少,但要经常维修,常用于苗圃及花坛、树坛旁;后者占地多,但不易塌方。梯形断面为了便于维修视情况而定,一般采用 1:(1.2~2)。

(二)砖砌或混凝土明沟

明沟的边坡一般采用 1:(0.75~1),纵坡一般采用 0.3% 以上,最小纵坡不得小于 0.2%。

(三)暗渠排水

暗渠是一种地下排水渠道,用以排除地下水,降低地下水位,也可以给一些不耐水的植物创造良好的生长条件。暗渠的构造、布置形式及密度,可视场地要求而定,通常以若干支渠集水,再通过干渠将水排除,场地排水要求高的,可多设支渠,反之则少设。

暗渠渠底纵坡不应小于 0.5%,只要地形等条件许可,坡度值应尽量取大些,以利尽快排除地下水。

(四)雨水口及雨水出水口

1.雨水口

用于承接地面水,并将其引入地下雨水道网中,一般常用混凝土浇制而成,也有用砖砌的。其形状多为四边形。雨水口上面要加格栅,格栅一般用铁木等制成,古典园林中也有用石头制成的,并有优美的图案。雨水口还可以用山石、植物等加以点缀,使之更加符合园林艺术的要求。

雨水口应设在地形最低的地方。在道路上一般每隔200m就要设一个雨水口，并且要考虑到路旁的树木、建筑等的位置。在十字路口设置雨水口要研究道路纵断面的标高，以及水流的方向。纵断面坡度过大的应缩短雨水口的间距，以免因流速过大而损坏园路，第一雨水口与分水线的距离宜在100～150m之间。

2.雨水出水口

园林绿地中雨水出水口的设置标高，应该参照水体的常水位和最高水位来决定。一般说，为了不影响园林的景观，出水口最好设于园内水系的常水位以下，但应考虑雨季水位涨高时不致倒灌而影响排水。在滨海地区的城镇，其水系往往受潮汐涨落的影响，如园林中的雨水要往这些水体中排放，也应采取措施防止倒流。常用的方法是在出水口处安装单向阀门，当水位升高时，单向阀门自动关闭，就可防止水流倒灌。

七、园林喷灌系统

由于绿地、草坪逐渐增多，绿化灌溉工作量已越来越大，在有条件的地方，很有必要采用喷灌系统来解决绿化植物的供水问题。采用喷灌系统对植物进行灌溉，能够在不破坏土壤通气和土壤结构的条件下，保证均匀地湿润土壤；能够湿润地表空气层，使地表空气清爽；还能够节约大量的灌溉用水，比普通浇水灌溉节约水量40％～60％。喷灌的最大优点在于它能使灌水工作机械化，显著提高了灌水的工效。

园林喷灌的形式主要有以下几种：

1.固定式

这种系统有固定的泵站，城区的园林可使用自来水。干管和支管均埋于地下，喷头可固定在管道上也可临时安装。有一种较先进的固定喷头，不用时可以藏在窨井中，使用时只需将阀门打开，喷头就会借助于水的压力而上升到一定高度。工作完毕，关上阀门喷头便自动缩回窨井中，这样喷头操作方便，不妨碍地上活动，但投资较大。

固定式系统需要大量的管材和喷头，但操作方便、节约劳力、便于实现自动化和遥控，适用于需要经常灌溉和灌溉期长的草坪、大型花坛、苗圃、花圃、庭院绿化等。

2.移动式

要求有天然水源,其动力(发电机)水泵和干管支管是可移动的。其使用特点是浇水方便灵活,能节约用水,但喷水作业时劳动强度稍大。

3.半固定式

其泵站和干管固定,但支管与喷头可以移动,也就是一部分固定一部分移动。其使用上的优缺点介于.上述两种喷灌系统之间,主要适于较大的花圃和苗圃使用。以上几种喷灌形式的优缺点,参见表15-1所示。

表15-1　几种喷灌形式的优缺点

形式		优点	缺点
固定式		使用方便,劳动生存率高,省劳动力,运行成本低(高压除外),占地少,喷灌质量好	需要的管材多,投资大(每亩200~500元)
移动式	带管道	投资少,用管道少,运行成本低,动力便于综合利用,喷灌质量好,占地较少	操作不便,移管子时容易损坏作物
	不带管道	投资最少(每亩20~50元),不用管道,移动方便,动力便于综合利用	道路和渠道占地多,一般喷灌质量差
	半固定式	投资和用管量介于固定式和移动式之间,占地较少,喷管质量好,运行成本低	操作不便,移管子时容易损坏作物

第二节　园林给排水土方工程

一、地下管道中线测设

1.测设施工控制桩

在施工时,中线上的各桩将被挖掉,应在不受施工干扰、便于引测和保存点位处测设施工控制桩,用以恢复中线;测设地物位置控制桩,用以恢复管道附属构筑物的位置,如图 15－2 所示。中线控制桩的位置,一般是测设在管道起止点及各转点处中心线的延长线上,附属构筑物控制桩则测设在管道中线的垂直线上。

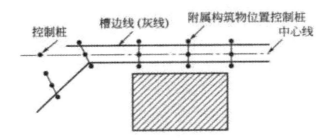

图 15－2　测设施工控制桩图

2.槽口放线

管道中线控制桩定出后,就可根据管径大小、埋设深度以及土质情况,决定开槽宽度,并在地面上钉上边桩,然后沿开挖边线撒出灰线,作为开挖的界限。如图 15－3 所示。

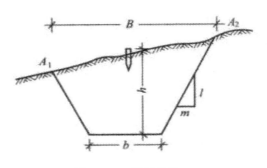

图 15－3　槽口放线

若横断面上坡度比较平缓,开挖宽度可用式(15-1)计算:

$$B = 2mh \qquad\qquad (式\ 15-1)$$

式中,

B——槽底宽度;

h——中线上的挖土深度;

m——管槽放坡系数.

二、地下管道施工测量

管道的埋设要按照设计的管道中线和坡度进行,因此施工中应设置施工测量标志,以使管道埋设符合设计要求。

1.龙门板法

龙门板由坡度板和高程板组成,如图 15-4 所示。沿中线每隔 10~20m 以及检查井处应设置龙门板。中线测设时,根据中线控制桩,用经纬仪将管道中线投测到坡度板上,并钉小钉标定其位置,此钉叫中线钉。各龙门板中线钉的连线标明了管道的中线方向,在连线上挂垂球,可将中线投测到管槽内,以控制管道中线。

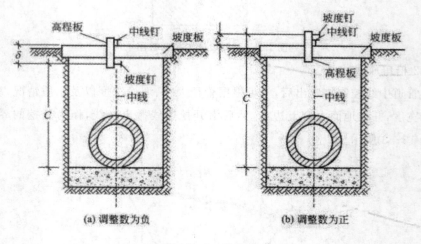

图 15-4 龙门板

为了控制管槽开挖深度,应根据附近的水准点,用水准仪测出各坡度板顶的高程。根据管道设计坡度,计算出该处管道的设计高程,则坡度板顶与管道设计高程之差,就是从坡度板顶向下开挖的深度,通称下反数。下反数往往不是一个整数,并且各坡度板的下反数都不一致,施工、检查都很不方便,因此,为使下反数成为一个整数C,必须计算出每一坡度板顶向上或向下量的调整数δ,如图15-4所示,计算公式为:

$$\delta = C - (H_顶 - H_底) \qquad\qquad (式15-2)$$

式中,

$H_顶$——坡度板顶的高程;

$H_底$——龙门板处管底或垫层底高程;

C——坡度钉至管底或垫层底的距离,即下反数;

δ——调整数。

根据式(15-2)计算出各龙门板的调整数,进而确定坡度钉在高程板上的位置。若调整数为负,表示自坡度板顶往下量δ值,并在高程板上钉上坡度钉,如图15-5(a)所示,若调整数为正,表示自坡度板顶往上量δ值,并在高程板上钉上坡度钉,如图15-5(b)所示。

坡度钉定位之后,根据下反数及时测出开挖深度是否满足设计要求,是检查欠挖或避免超挖的最简便方法。在测设坡度钉时,应注意以下几点。

(1)坡度钉是施工中掌握高程的基本标志,必须准确可靠。为了防止误差超过限值或发生差错,应该经常校测,在重要工序施工(如浇混凝土基础、稳管等)之前和雨雪天之后,一定要做好校核工作,保证高程的准确。

(2)在测设坡度钉时,除校核本段外,还应量测已建成管道或已测设好的坡度钉,以防止因测量误差造成各段无法衔接的事故。

(3)在地面起伏较大的地方,常需分段选取合适的下反数,在变换下反数处,一定要特别注明,正确引测,避免错误。

(4)为了便于施工中掌握高程,每块龙门板上都应写上有关高程和下反数,供随时取用。

(5)如挖深超过设计高程,绝不允许加填土,只能加厚垫层。

高程板上的坡度钉是控制高程的标志,所以坡度钉钉好后,应重新进行水准测量,检查是否有误。施工中容易碰到龙门板,尤其在雨后,龙门板可能有下沉现象,因此还要定期进行检查。

2.平行轴腰桩法

当现场条件不便采用龙门板法时,对精度要求较低的管道,可用本法测设施工控制标志。

开工之前,在管道中线一侧或两侧设置一排平行于管道中线的轴线桩,桩位应落在开挖槽边线以外。平行轴线离管道中线为口,各桩间距离以 10~20m 为宜,各检查井位也相应地在平行轴线上设桩。

为了控制管底高程和中线,在槽沟坡上(距槽底约 1m)打一排与平行轴线桩相对应的桩,这排桩称为腰桩。在腰桩上钉一小钉,并用水准仪测出各腰桩上小钉的高程,小钉高程与该处管底设计高程之差,即为下反数。施工时只需用水准尺量取小钉到槽底的距离,与下反数比较,便可检查是否挖到管底设计高程。

腰桩法施工和测量都比较麻烦,且各腰桩的下反数不一,容易出错。为此,先选定到管底的下反数为某一整数,并计算出各腰桩的高程。然后再测设出各腰桩。并用小钉标明其位置,此时各桩小钉的连线与设计坡度平行,并且小钉的高程与管底设计高程之差为一常数。

三、沟槽开挖

(1)土方工程作业时,应向有关操作人员作详细技术交底,明确施工要求,做到安全施工。

(2)两条管道同槽施工时,开槽应满足下列技术条件:

①两条同槽管道的管底高程差必须满足在上层管道的土基稳定,一般高差不能大于 1m。

②两条同槽管道的管外皮净距离必须满足管道接头所需的工作量。

③加强施工排水,确保两管之间的土基稳定。

(3)在有行人、车辆通过的地方进行挖土作业时,应设护栏及警示灯等安全措施。

(4)挖掘机和自卸汽车,在架空电线下作业时,应遵守安全操作规定。

(5)土方施工时,如发现塌方、滑坡及流砂现象,应立即停工,采取相应措施。

(6)机械挖土必须遵守下列规定:

①挖至槽底时,应留不小于 20mm 厚土层用人工清底,以免扰动基面。

②挖土应与支撑相互配合,应支撑及时。

③对地下已建成的各种设施,如影响施工应迁出,如无法移动时,应采取保护措施。

(7)为维护交通和便民,开槽时应适当搭便桥、留缺口创造条件争取早回填早放行。

(8)应按下列原则确定沟槽边坡：

①明开槽边坡可参照表15—2。

②支撑槽的槽帮坡度为20∶1。

表15—2　明开槽边坡

土壤类别	挖土深度	
	2.5m以内(设2台)	2.5～3.5m(设2台)
砂土	1∶1.5	上1∶1.5;下1∶20
亚砂土	1∶1.25	上1∶1.25;下1∶1.5
粉质黏土	1∶1.0	上1∶1;下1∶1.5
黏土	1∶0.75	1∶1.5

(9)明开槽槽深超过2.5m时,边坡中部应留宽度不小于1m的平台,混合槽的明开部分与直槽间亦应留宽度不小于1m的平台。如在平台上作截流沟,则平台宽度不小于1.5m,如在平台,上打井点,则其宽度应不小于2m。

四、沟槽支槽

1.支撑是防止沟槽(基坑)土方坍塌,保证工程顺利进行及人身安全的重要技术措施。支撑结构应满足下列技术条件：

(1)牢固可靠,符合强度和稳定性要求。

(2)排水沟槽支撑方式应根据土质、槽深、地下水情况、开挖方法、地面荷载和附近建筑物安全等因素确定。重要工程要作支撑结构力学计算。

2.土方拆撑时要保证人身及附近建筑物和各种管线设施等的安全。

3.拆撑后应立即回填沟槽并夯实,严禁挑撑。

4.用槽钢或工字钢配备板作钢板桩的方法施工,镶嵌背板应做到严紧牢固。

5.支撑的基本方法,可分为横板支撑法、立板支撑法,见表15—3。

表 5－3　支撑的基本方法

项目	支撑方式		
	打桩支撑	横板一般支撑	立板支撑
槽深/m	＞4.0	＜3.0	3～4
槽宽/m	不限	约 4.0	≤4.0
挖土方式	机挖	人工	人工
较厚流砂砂层	宜	差	不准使用
排水方法	强制式	明排	两种自选
近旁有高层建筑物	宜	不准使用	不准使用
离河川水域近	宜	不准使用	不准使用

6.撑杠水平距离不得大于 2.5m,垂直距离为 1.0～1.5m,最后一道杠比基面高出 20cm,下管前替撑应比管顶高出 20cm。

7.支撑时每块立木必须支两根撑杠,如属临时点撑,立木上端与上步立木应用扒锯钉牢,防止转动脱落。

8.检查井处应四面支撑,转角处撑板应拼接严密,防止坍塌落土淤塞排水沟。

9.槽内如有横跨、斜穿原有上、下水管道、电缆等地下构筑物时,撑板、撑杠应与原管道外壁保持一定距离,以防沉落损坏原有构筑物。

10.人工挖土利用撑杠搭设倒土板时,必须把倒土板连成一体,牢固可靠。

11.金属撑杠脚插入钢管内,长度不得小于 20cm。

12.每日上班时,特别是雨后和流砂地段,应首先检查撑杠紧固情况,如发现弯曲、倾斜、松动时,应立即加固。

13.上下沟槽应设梯子,不许攀登撑杠,避免摔伤。

14.如采用木质撑杠,支撑时不得用大锤锤击,可用压机或用大号金属撑杠先顶紧,后替入长短适宜(顶紧后再量实际长度)的木撑杠。

15.支撑时如发现因修坡塌方造成的亏坡处,应在贴撑板之前放草袋片一层,待撑杠支牢后,应认真填实,深度大者应加夯或用粗砂代填。

雨季施工,无地下水的槽内也应设排水沟,如处于流砂层,排水沟底应先铺草袋片一层,然后排板支撑。

16.钢桩槽支撑应按以下规定施工:

(1)桩长 L 应通过计算确定。

（2）布桩

①密排桩

有下列情况之一者用密排桩：

a.流砂严重。

b.承受水平推力（如顶管后背）。

c.地形高差很大，土压力过大。

d.作水中围埝。

e.保护高大与重要建筑物。

②间隔桩

常用形式为间隔 0.8～1.0m，桩与桩之间嵌横向挡土板。

（3）桩的型号参照表 15—4。

分类	槽深/m	选用钢桩型号	形势要求
密排	＜5	I4	按实际要求
	5～7	I32	
	7～10	I40	
	10～13	I56	
间隔	＜6	I25～I32	
	7～13	I40～I56	

（4）嵌挡板

按排板与草袋卧板的规定执行，木板厚度为 3～5cm，要求做到板缝严密，板与型钢翼板贴紧，并自下而上及时嵌板。

五、堆土

（1）按照施工总平面布置图.上所规定的堆土范围内堆土，严禁占用农田和交通要道，保持施工范围的道路畅通。

（2）距离槽边 0.8m 范围内不准堆土或放置其他材料。坑槽周围不宜堆土。

（3）用吊车下管时，可在一侧堆土，另一侧为吊车行驶路线，不得堆土。

（4）在高压线和变压器下堆土时，应严格按照电业部门有关规定执行。

（5）不得靠建筑物和围墙堆土，堆土下坡脚与建筑物或围墙距离不得小于 0.5m，并不得堵塞窗户、门口。

(6)堆土高度不宜过高,应保证坑槽的稳定。

(7)堆土不得压盖测量标志、消火栓、煤气、热力井、上水截门井和收水井、电缆井、邮筒等各种设施。

六、运土

(1)有下列情况之一者必须采取运土措施:

①施工现场狭窄、交通频繁、现场无法堆土时。

②经钻探已知槽底有河淤或严重流砂段两侧不得堆土。

③因其他原因不得堆土时。

(2)运土前,应找好存土点,运土时应随挖随运,并对进出路线、道路、照明、指挥、平土机械、弃土方案、雨季防滑、架空线的改造等预先做好安排。

七、回填土

(1)排水工程的回填土必须严格遵守质量标准,达到设计规定的密实度。

(2)沟槽回填土不得带水回填,应分层夯实。严禁用推土机或汽车将土直接倒入沟槽内。

(3)回填土必须保持构筑物两侧回填土高度均匀,避免因土压力不均导致构筑物位移。

(4)应从距集水井最远处开始回填。

(5)遇有构筑物本身抗浮能力不足的,须回填至有足够抗浮条件后,才能停止降水设备运转,防止漂浮。

(6)回填土超过管顶 0.5m 以上,方可使用碾压机械。回填土应分层压实。严禁管顶上使用重锤夯实,还土质量必须达到设计规定密实度。

(7)回填用土应接近最佳含水量,必要时应改善土壤。

第三节　下管方法

一、一般规定

(1)下管应以施工安全、操作方便为原则,根据工人操作的熟练程度、管材重量、管长、施工环境、沟槽深浅及吊装设备供应条件等,合理地确定下管方法。

(2)下管的关键是安全问题。下管前应根据具体情况和需要,制定必要的安全措施。下管必须由经验较多的工人担任指挥,以确保施工安全。

(3)起吊管子的下方严禁站人;人工下管时,槽内工作人员必须躲开下管位置。

(4)下管前应对沟槽进行以下检查,并作必要的处理:

①检查槽底杂物

应将槽底清理干净,给水管道的槽底,如有棺木、粪污、腐朽不洁之物,应妥善处理,必要时应进行消毒。

②检查地基

地基土壤如有被扰动者,应进行处理,冬期施工应检查地基是否受冻,管道不得铺设在冻土上。

③检查槽底高程及宽度

应符合挖槽的质量标准。

④检查槽帮

有裂缝及坍塌危险者必须处理。

⑤检查堆土

下管的一侧堆土过高过陡者,应根据下管需要进行整理。

(5)在混凝土基础上下管时,除检查基础面高程必须符合质量标准外,同时混凝土强度应达到5.0MPa以上。

(6)向高支架上吊装管子时,应先检查高支架的高程及脚手架的安全。

(7)运到工地的管子、管件及闸门等,应合理安排卸料地点,以减少现场搬运。卸料场地应平整。卸料应有专人指挥,防止碰撞损伤。运至下管地点的承插管,承口的排放方向应与管道铺设的方向一致。上水管材的卸料场地及排放场地应清除有碍卫生的脏物。

（8）下管前应对管子、管件及闸门等的规格、质量逐件进行检验,合格者方可使用。

（9）吊装及运输时,对法兰盘面、预应力混凝土管承插口密封工作面、钢管螺纹及金属管的绝缘防腐层,均应采取必要的保护措施,以免损伤;闸门应关好,并不得把钢丝绳捆绑在操作轮及螺孔处。

（10）当钢管组成管段下管时,其长度及吊点距离,应根据管径、壁厚、绝缘种类及下管方法,在施工方案中确定。

（11）下管工具和设备必须安全合用,并应经常进行检查和保养,发现不正常情况,必须及时修理或更换。

二、吊车下管

（1）采用吊车下管时,应事先与起重人员或吊车司机一起勘察现场,根据沟槽深度、土质、环境情况等,确定吊车距槽边的距离、管材存放位置以及其他配合事宜。吊车进出路线应事先进行平整,清除障碍。

（2）吊车不得在架空输电线路下工作,在架空线路一侧工作时,起重臂、钢丝绳或管子等与线路的垂直、水平安全距离应不小于表 15-5 所示的规定。

表 15-5　吊车机械与架空线的安全距离

输电线路电压	与吊车机最高处的垂直安全距离/m(不小于)	与吊车机最高处的水平安全距离/m(不小于)
1kV 以下	1.5	1.5
1~20kV	1.5	2.0
20~110kV	2.5	4.0
154kV	2.5	5.0
220kV	2.5	6.0

（3）吊车下管应有专人指挥。指挥人员必须熟悉机械吊装有关安全操作规程及指挥信号。在吊装过程中,指挥人员应精神集中;吊车司机和槽下工作人员必须听从指挥。

（4）指挥信号应统一明确。吊车进行各种动作之前,指挥人员必须检查操作环境情况,确认安全后,方可向司机发出信号。

（5）绑（套）管子应找好重心，以使起吊平稳。管子起吊速度应均匀，回转应平稳，下落应低速轻放，不得忽快忽慢和突然制动。

三、人工下管

（1）人工下管一般采用压绳下管法，即在管子两端各套一根大绳，下管时，把管子下面的半段大绳用脚踩住，必要时并用铁钎锚固，上半段大绳甩手拉住，必要时并用撬棍拨住，两组大绳用力一致，听从指挥，将管子徐徐下入沟槽。根据情况，下管处的槽边可斜立方木两根。钢管组成的管段，则根据施工方案确定的吊点数增加大绳的根数。

（2）直径 900mm 及大于 900mm 的钢筋混凝土管采用压绳下管法时，应开挖马道，并埋设一根管柱。大绳下半段固定于管柱，上半段绕管柱一圈，用以控制下管。

管柱一般用下管的混凝土管，使用较小的混凝土管时，其最小管径应遵守表 15-6 所示的规定。

管柱一般埋深一半，管柱外周应认真填土夯实。

表 15-6　下管的混凝土管柱最小直径　　　　单位：mm

下管的直径	管柱最小直径
≤1100	600
1250～1350	700
1500～1800	800

马道坡度不应陡于 1：1，宽度一般为管长加 50cm。如环境限制不能开马道时，可用穿心杠下管，并应采取安全措施。

（3）直径 200mm 以内的混凝土管及小型金属管件，可用绳勾从槽边吊下。

（4）吊链下管法的操作程序如下。

①在下管位置附近先搭好吊链架。

②在下管处横跨沟槽放两根（钢管组成的管段应增多）圆木（或方木），其截面尺寸根据槽宽和管重确定。

③将管子推至圆木（或方木）上，两边宜用木楔楔紧，以防管子走动。

④将吊链架移至管子上方，并支搭牢固。

⑤用吊链将管子吊起，撤除圆木（或方木），管子徐徐下至槽底。

（5）下管用的大绳，应质地坚固、不断股、不糟朽、无夹心。其截面直径应参照表 15－7 所示的规定。

表 15－7　下管大绳截面直径　　　　　　　　单位：mm

管子直径			大绳截面直径
铸铁管	预应力混凝土管	混凝土管及钢筋混凝土管	
≤300	≤200	400	20
350～500	300	500～700	25
600～800	400～500	800～1000	30
900～1000	600	1100～1250	38
1100～1200	800	1350～1500	44
—	—	1600～1800	50

（6）为便于在槽内转管或套装索具，下管时宜在槽底垫以木板或方木。在有混凝土基础或卵石的槽底下管时，宜垫以草袋或木板，以防磕坏管子。

第四节　给水管道铺设

一、一般规定

(1)本节内容适用于工作压力不大于 0.5MPa,试验压力不大于 1.0MPa 的承插铸铁管及承插预应力混凝土管的给水管道工程。

(2)给水管道使用钢管或钢管件时,钢管安装、焊接、除锈、防腐应按设计及有关规定执行。

(3)给水管道铺设质量必须符合下列要求:

①接口严密坚固,经水压试验合格。

②平面位置和纵断高程准确。

③地基和管件、闸门的支墩坚固稳定。

④保持管内清洁,经冲洗消毒,化验水质合格。

(4)给水管道的接口工序是保证工程质量的关键。接口工人必须经过训练,并必须按照规程认真操作。对每个接口应编号,记录质量情况,以便检查。

(5)安装管件、闸门等,应位置准确,轴线与管线一致,无倾斜、偏扭现象。

(6)管件、闸门等安装完成后,应及时按设计做好支墩及闸门井等。支墩及井不得砌筑在松软土上,侧向支墩应与原土紧密相接。

(7)在给水管道铺设过程中,应注意保持管子、管件、闸门等内部的清洁,必要时应进行洗刷或消毒。

(8)当管道铺设中断或下班时,应将管口堵好,以防杂物进入。并且每日应对管堵进行检查。

二、预应力混凝土管铺设

1.材料质量要求

(1)预应力混凝土管应无露筋、空鼓、蜂窝、裂纹、脱皮、碰伤等缺陷。

(2)预应力混凝土管承插口密封工作面应平整光滑。必须逐件测量承口内径、插口外径及其椭圆度。对个别间隙偏大偏小的接口,可配用截面直径较大或较小的胶圈。

(3)预应力混凝土管接口胶圈的物理性能,及外观检查,同前述铸铁管所用胶圈的要求。胶圈内环径一般为插口外径的 0.87～0.93 倍,胶圈截面直径的选择,以胶圈滚入接口缝后截面直径的压缩率为 35%～45% 为宜。

2.铺设准备

(1)安装前应先挖接口工作坑。工作坑长度一般为承口前 60cm,横向挖成弧形,深度以距管外皮 20cm 为宜。承口后可按管形挖成月牙槽(枕坑),使安装时不致支垫管子。

(2)接口前应将承口内部和插口外部的泥土脏物清刷干净,在插口端套上胶圈。胶圈应保持平正,无扭曲现象。

3.接口

(1)初步对口要求如下:

①管子吊起不得过高,稍离槽底即可,以使插口胶圈准确地对入承口八字内。

②利用边线调整管身位置,使管子中线符合设计要求。

③必须认真检查胶圈与承口接触是否均匀紧密,不均匀时,用錾子捣击调整,以便接口时胶圈均匀滚入。

(2)安装接口的机械,宜根据具体情况,采用装在特制小车上的顶镐、吊链或卷扬机等。顶拉设备应事先经过设计和计算。

(3)安装接口时,顶、拉速度应缓慢,并应有专人查看胶圈滚入情况,如发现滚入不匀,应停止顶、拉,用錾子调整胶圈位置均匀后,再继续顶、拉,使胶圈到达承插口预定的位置。

(4)管子接口完成后,应立即在管底两侧适当塞土,以使管身稳定。不妨碍继续安装的管段,应及时进行胸腔填土。

(5)预应力混凝土管所使用铸铁或钢制的管件及闸门等的安装,按铸铁管铺设的有关规定执行。

4.铺设质量标准

(1)管道中心线允许偏差 20mm。

(2)插口插入承口的长度允许偏差 ±5mm。

(3)胶圈滚至插口小台。

三、硬聚氯乙烯(UPVC)铺设

1.材料质量要求

(1)硬聚氯乙烯管子及管件,可用焊接、黏结或法兰连接。

(2)硬聚氯乙烯管子的焊接或黏结的表面,应清洁平整,无油垢,并具有毛面。

(3)焊接硬聚氯乙烯管子时,必须使用专用的聚氯乙烯焊条。焊条应符合下列要求:

①弯曲180°两次不折裂,但在弯曲处允许有发白现象。

②表面光滑,无凸瘤和气孔,切断面的组织必须紧密均匀,无气孔和夹杂物。

(4)焊接硬聚氯乙烯管子的焊条直径应根据焊件厚度,按表15-8所示规定。

表 15-8　硬聚氯乙烯管子的选择

焊接厚度/mm	焊接直径/mm
<4	2
4~16	3
>16	4

(5)硬聚氯乙烯管的对焊,管壁厚度大于3mm时,其管端部应切成30°~35°的坡口,坡口一般不应有钝边。

(6)焊接硬聚氯乙烯管子所用的压缩空气,必须不含水分和油脂,一般可用过滤器处理,压缩空气的压力一般应保持在0.1MPa左右。焊枪喷口热空气的温度为220~250℃,可用调压变压器调整。

2.焊接要求

(1)焊接硬聚氯乙烯管子时,环境气温不得低于5℃。

(2)焊接硬聚氯乙烯管子时,焊枪应不断上下摆动,使焊条及焊件均匀受热,并使焊条充分熔融,但不得有分解及烧焦现象。焊条的延伸率应控制在15%以内,以防产生裂纹。焊条应排列紧密,不得有空隙。

3.承插连接

(1)如图15-6所示,采用承插式连接时,承插口的加工,承口可将管端在约 140℃的甘油池中加热软化,然后在预热至 100℃的钢模中进行扩口,插口端应切成坡口,承插长度可按表 15－9 所示的规定,承插接口的环、形间隙宜在 0.15～0.30mm 之间。

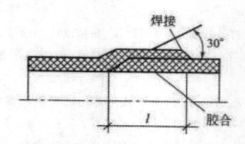

图 15－6　硬聚氯乙烯管承插式连接

表 15－9　硬聚氯乙烯管承插长度　　　　　　单位：mm

管径	25	32	40	50	65	80	100	125	150	200
承插长度	40	45	50	60	70	80	100	125	150	200

(2)承插连接的管口应保持干燥、清洁,黏结前宜用丙酮或二烯管承插式连接氯乙烷将承插接触面擦洗干净,然后涂一层薄而均匀的黏结剂,插口插入承口应插足。黏结剂可用过氯乙烯清漆或过氯乙烯/二氯乙烷(20/80)溶液。

4.管加工

(1)加工硬聚氯乙烯管弯管,应在 130～140℃的温度下进行煨制。管径大于 6.5mm 者,煨管时必须在管内填实 100～110℃的热砂子。弯管的弯曲半径不应小于管径的 3 倍。

(2)卷制硬聚氯乙烯管子时,加热温度应保持为 130～140℃。加热时间应按表 15－10 所示。

表 15－10　卷制硬聚氯乙烯管的加热时间

板材厚度/mm	板材厚度/mm
3～5	5～8
6～10	10～15

(3)聚硬氯乙烯管子和板材,在机械加工过程中,不得使材料本身温度超过 50℃。

5.质量标准

(1)硬聚氯乙烯管子与支架之间,应垫以毛毡、橡胶或其他柔软材料的垫板,金属支架表面不应有尖棱和毛刺。

(2)焊接的接口,其表面应光滑,无烧穿、烧焦和宽度、高度不匀等缺陷,焊条与焊件之间应有均匀的接触,焊接边缘处原材料应有轻微膨胀,焊缝的焊条间无孔隙。

(3)黏结的接口,连接件之间应严密无孔隙。

(4)煨制的弯管不得有裂纹、鼓泡、鱼肚状下坠和管材分解变质等缺陷。

四、水压试验

1.试压后背安装

(1)给水管道水压试验的后背安装,应根据试验压力、管径大小、接口种类周密考虑,必须保证操作安全,保证试压时后背支撑及接口不被破坏。

(2)水压试验,一般在试压管道的两端,各预留一段沟槽不开,作为试压后背。预留后背的长度和支撑宽度应进行安全核算。

(3)预留土墙后背应使墙面平整,并与管道轴线垂直。后背墙面支撑面积根据土质和水压试验压力而定,一般土质可按承压 1.5MPa 考虑。

(4)试压后背的支撑,用一根圆木时,应支于管堵中心,方向与管中心线一致;使用两根圆木或顶铁时,前后应各放横向顶铁一根,支撑应与管中心线对称,方向与管中心线平行。

(5)后背使用顶镐支撑时,宜在试压前稍加顶力,对后背预加一定压力,但应注意加力不可过大,以防破坏接口。

(6)后背土质松软时,必须采取加固措施,以保证试压工作安全进行。

(7)刚性接口的给水管道,为避免试压时由于接口破坏而影响试压,管径 600mm 及大于 600mm 时,管端宜采用一个或两个胶圈柔口。采用柔口时,管道两侧必须与槽帮支牢,以防走动。管径 1000mm 及大于 1000mm 的管道,宜采用伸缩量较大的特制试压柔口盖堵。

(8)管径 500mm 以内的承插铸铁管试压,可利用已安装的管段作为后背。作后背的管段长度不宜少于 30m,并必须填土夯实。纯柔性接口管段不得作为试压后背。

(9)水压试验一般应在管件支墩做完,并达到要求强度后进行。对未做支墩的管件应做临时后背。

2.试压方法及标准

(1)给水管道水压试验的管段长度一般不超过1000m。如因特殊情况,需要超过1000m时,应与设计单位、管理单位共同研究确定。

(2)水压试验前应做好排水设施,以便于试压后管内存水的排除。

(3)管道串水时,应认真进行排气。如排气不良(加压时常出现压力表表针摆动不稳,且升压较慢),应重新进行排气。一般在管端盖堵上部设置排气孔。在试压管段中,如有不能自由排气的高点,宜设置排气孔。

(4)串水后,试压管道内宜保持0.2~0.3MPa水压(但不得超过工作压力),浸泡一段时间,铸铁管1昼夜以上,预应力混凝土管2~3昼夜,使接口及管身充分吃水后,再进行水压试验。

(5)水压试验一般应在管身胸腔填土后进行,接口部分是否填土,应根据接口质量、施工季节、试验压力、接口种类及管径大小等情况具体确定。

(6)进行水压试验应统一指挥,明确分工,对后背、支墩、接口、排气阀等都应规定专人负责检查,并明确规定发现问题时的联络信号。

(7)对所有后背、支墩必须进行最后检查,确认安全可靠时、水压试验方可开始进行。

(8)开始水压试验时,应逐步升压,每次升压以0.2MPa为宜,每次升压后,检查没有问题,再继续升压。

(9)水压试验时,后背、支撑、管端等附近均不得站人,对后背、支撑、管端的检查,应在停止升压时进行。

(10)水压试验压力应按表15-11所示的规定执行。

表15-11　水压试验压力　　　　　单位:MPa

管材种类	工作压力 P	实验压力
光管	P	$P+0.5$且不应小于0.9
铸铁及球墨铸铁管	≤0.5	$2P$
	>0.5	$P+0.5$
预应力、自应力混凝土管	≤0.6	$1.5P$
	>0.6	$P+0.3$
现浇钢筋混凝土灌渠	≥0.1	$1.5P$

(11)水压试验一般以测定渗水量为标准。但直径≤400mm的管道,在试验压力下,如10min内落压不超过0.05MPa时,可不测定渗水量,即为合格。

(12)水压试验采取放水法测定渗水量,实测渗水量不得超过表 15-12 所示规定的允许渗水量。应对压力表进行检验校正。

表 5-12 压力管道严密性试验允许渗水量

管道内径/mm	允许渗水量/[m2/(24h·km)]		
	钢管	铸铁管、球墨铸铁	预应力(自)混凝土管
100	0.28	0.70	1.40
125	0.35	0.90	1.56
150	0.42	1.05	1.72，
200	0.56	1.40.	1.98
250	0.70	1.55	2.22
300	0.85	1.70	2.42
350	0.90	1.80	2.62
400	1.00	1.95	2.80
450	1.05	2.10	2.96
500	1.10	2.20	3.14
600	1.20	2.40	3.44
700	1.30	2.55	3.70
800	1.35	2.70	3.96
900	1.45	2.90	4.20
1000	1.50	3.00	4.42
1100	1.55	3.10	4.50
1200	1.65	3.30	4.70
1300	1.70	—	4.90
1400	1.75		5.00

(13)管道内径大于表规定时,实测渗水量应不大于按(式 15-3)~(式 15-6)计算得出的允许渗水量。

钢管: $Q = 0.05\sqrt{D}$ （式 15-3）

铸铁管、球磨铸铁管: $Q = 0.1\sqrt{D}$ （式 15-4）

预应力、自应力混凝土管: $Q = 0.14\sqrt{D}$ （式 15-5）

现浇钢筋混凝土管渠： $Q = 0.014\sqrt{D}$ （式15—6）

式中,

Q——允许渗水量,m³/(24h·km);

D——管道内径,mm。

五、冲洗消毒

1.接通旧管

(1)给水接通旧管,无论接预留闸门、预留三通或切管新装三通,均必须事先与管理单位联系,取得配合。凡需停水者,必须于前一天商定准确停水时间,并严格按照执行。

(2)接通旧管前,应做好以下准备工作,需要停水者,应在规定停水时间以前完成。

①挖好工作坑,并根据需要做好支撑、栏杆和警示灯,以保证安全。

②需要放出旧管中的存水者,应根据排水量,挖好集水坑,准备好排水机具,清理排水路线,以保证顺利排水。

③检查管件、闸门、接口材料、安装设备、工具等,必须规格、质量、品种、数量均符合需要。

④如夜间接管,必须装好照明设备,并做好停电准备。

⑤切管应事先画出锯口位置,切管长度一般按换装管件有效长度(即不包括承口)再加管径的1/10。

(3)接通旧管的工作应紧张而有秩序,明确分工,统一指挥,并与管理单位派至现场的人员密切配合。

(4)需要停水关闸时,关闸、开闸的工作均由管理单位的人员负责操作,施工单位派人配合。

(5)关闸后,应于停水管段内打开消火栓或用户水龙头放水,如仍有水压,应检查原因,采取措施。

(6)预留三通、闸门的侧向支墩,应在停水后拆除。如不停水拆除闸门的支墩时,必须会同管理单位研究防止闸门走动的安全措施。

(7)切管或卸盖堵时,旧管中的存水流入集水坑,应随即排除,并调节从旧管中流出的水量,使水面与管底保持相当距离,以免污染通水管道。切管前,必须将所切管截垫好或吊好,防止骤然下落。调节水量时,可将管截上下或左右缓缓移动。卸法兰盖堵或承堵、插堵时,也必须吊好,并将堵端支好,防止骤然把堵冲开。

(8)接通旧管时,新装闸门及闸门与旧管之间的各项管件,除清除污物并冲洗干净外,还必须用1‰～2‰的漂粉溶液洗刷两遍,进行消毒后,方可安装。在安装过程中,并应注意防止再受污染。接口用的油麻应经蒸汽消毒,接口用的胶圈和接口工具也均应用漂粉溶液消毒。

(9)接通旧管后,开闸通水时应采取必要的排气措施。

(10)开闸通水后,应仔细检查接口是否漏水,直径400mm及大于400mm的干管,对接口观察应不小于半小时。

(11)新装的管件,应及时按设计标准或管理单位要求做好支墩。

2.放水冲洗

(1)给水管道放水冲洗前应与管理单位联系,共同商定放水时间、取水样化验时间、用水流量及如何计算用水量等事宜。

(2)管道冲洗水速一般应为1～1.5m/s。

(3)放水前应先检查放水线路是否影响交通及附近建筑物的安全。

(4)放水口四周应有明显标志或栏杆,夜间应点警示灯,以确保安全。

(5)放水时应先开出水闸口,再开来水闸门,并做好排气工作。

(6)放水时间以排水量大于管道总体积的3倍,并使水质外观澄清为度。

(7)放水后,应尽量使来水、出水闸门同时关闭。如做不到,可先关出水闸门,但留一两扣先不关死,待将来水闸门关闭后,再将出水闸门全部关闭。

(8)放水完毕,管内存水达24h后,由管理单位取水样化验。

3.水管消毒

(1)给水管道经放水冲洗后,检验水质不合格者,应用漂粉溶液消毒。在消毒前两天取得配合。

(2)管道消毒所用漂粉溶液浓度,应根据水质不合格的程度确定,一般溶液内含有游离氯25～50mg/L。

(3)使用前,应进行检验。漂粉纯度以含氯量25%为标准。当含氯量高于或低于25%时,应以实际纯度调整用量。

(4)漂粉保管时,不得受热受潮、日晒和火烤。漂粉桶盖必须密封;取用漂粉后,应随即将桶盖盖好;存放漂粉的室内不得住人。

(5)取用漂粉时应戴口罩和手套,并注意勿使漂粉与皮肤接触。

(6)溶解漂粉时,先将硬块压碎,在小盆中溶解成糊状,直至残渣不能溶化为止,再用水冲人大桶内搅匀。

(7)用泵向管道内压入漂粉溶液时,应根据漂粉的浓度、压入的速度,用闸门调整管内流速,以保证管内的游离氯含量符合要求。

(8)当进行消毒的管段全部冲满漂粉溶液后,关闭所有闸门,浸泡 24h 以上,然后放净漂粉溶液,再放人自来水,等 24h 后由管理单位取水样化验。

六、雨、冬期施工

1.雨期施工

(1)雨期施工应严防雨水泡槽,造成漂管事故。除按有关雨期施工的要求,防止雨水进槽外,对已铺设的管道应及时进行胸腔填土。

(2)雨天不宜进行接口。如需要接口时,必须采取防雨措施,确保管口及接口材料不被雨淋。雨天进行灌铅时,防雨措施更应严格要求。

2.冬期施工

(1)冬期施工进行石棉水泥接口时,应采用热水拌和接口材料,水温不应超过 50℃。

(2)冬期施工进行膨胀水泥砂浆接口时,砂浆应用热水拌和,水温不应超过 35℃。

(3)气温低于 −5℃时,不宜进行石棉水泥及膨胀水泥砂浆接口;必须进行接口时,应采取防寒保温措施。

(4)石棉水泥接口及膨胀水泥砂浆接口,可用盐水拌和的黏泥封口养护,同时覆盖草帘。石棉水泥接口也可立即用不冻土回填夯实。膨胀水泥砂浆接口处,可用不冻土临时填埋,但不得加夯。

(5)在负温度下需要洗刷管子时,宜用盐水。

(6)冬期进行水压试验,应采取以下防冻措施:

①管身进行胸腔填土,并将填土适当加高。

②暴露的接口及管段均用草帘覆盖。

③串水及试压临时管线均用草绳及稻草或草帘缠包。

④各项工作抓紧进行,尽快试压,试压合格后,即将水放出。

⑤管径较小,气温较低,预计采取以上措施,仍不能保证水不结冻时,水中可加食盐防冻;一般情况不应使用食盐。

第五节　排水管道铺设

一、一般规定

(1)本节内容指普通平口、企口、承插口混凝土管安装,其中包括浇筑平基、安管、接口、浇筑管座混凝土、闭水闭气试验、支管连接等工序。

(2)铺设所用的混凝土管、钢筋混凝土管及缸瓦管必须符合质量标准并具有出厂合格证,不得有裂纹,管口不得有残缺。

(3)刚性基础、刚性接口管道安装方法,分普通法、四合一法、前三合一法、后三合一法共四种,其简化工序如下:

①普通法。即平基、安管、接口、管座四道工序分四步进行。

②四合一法。即平基、安管、接口、管座四道工序连续操作,以缩短施工周期,使管道结构整体性好。

③前三合一法。即将平基、安管、接口三道工序连续操作。待闭水(闭气)试验合格后,再浇筑混凝土管座。

④后三合一法。即先浇筑平基,待平基混凝土达到一定强度后,再将安管、接口、浇筑管座混凝土三道工序连续进行。

(4)管材必须具有出厂合格证。管材进场后,在下管前应做外观检查(裂缝、缺损、麻面等)。采用水泥砂浆抹带应对管口作凿毛处理(小于 $\varphi 800mm$ 外口做处理,等于或大于 $\varphi 800mm$ 里口做处理)。

(5)如不采用四合一与后三合一铺管法时,做完接口,经闭水或闭气检验合格后,方能进行浇筑混凝土包管。

(6)倒撑工作必须遵守以下规定:

①倒撑之前应对支撑与槽帮情况进行检查,如有问题妥善处理后方可倒撑。

②倒撑高度应距管顶 20cm 以上。

③倒撑的立木应立于排水沟底,上端用撑杠顶牢,下端用支杠支牢。

(7)排水管道安装质量,必须符合下列要求:

①纵断高程和平面位置准确,对高程应严格要求。

②接口严密坚固,污水管道必须经闭水试验合格。

③混凝土基础与管壁结合严密、坚固稳定。

(8)凡暂时不接支线的预留管口,应砌死,并用水泥砂浆抹严,但同时应考虑以后接支线时拆除的方便。

(9)新建排水管道接通旧排水管道时,必须事先与市政工程管理部门联系,取得配合。在接通旧污水或合流管道时,必须会同市政工程管理部门制订技术措施,以确保工程质量,施工安全及旧管道的正常运行。进入旧排水管道检查井内或沟内工作时,必须事先和市政工程管理部门联系,并遵守其安全操作的有关规定。

二、稳管

(1)槽底宽度许可时,槽内运管应滚运,槽底宽度不许可滚运时,可用滚杠或特制的运管车运送。在未打平基的沟槽内用滚杠或运管车运管时,槽底应铺垫木板。

(2)稳管前应将管子内外清扫干净。

(3)稳管时应根据高程线认真掌握高程,高程以量管内底为宜,当管子椭圆度及管皮,厚度误差较小时,可量管顶外皮。调整管子高程时,所垫石子石块必须稳固。

(4)对管道中心线的控制,可采用边线法或中线法。采用边线法时,边线的高度应与管子中心高度一致,其位置以距管外皮 10mm 为宜。

(5)在垫块上稳管时,应注意以下两点:

①垫块应放置平稳,高程符合质量标准。

②稳管时管子两侧应立保险杠,防止管子从垫块上滚下伤人。

(6)稳管的对口间隙,管径 700mm 及大于 700mm 的管子按 10mm 掌握,以便于管内勾缝;管径 600mm 以内者,可不留间隙。

(7)在平基或垫块上稳管时,管子稳好后,应用干净石子或碎石从两边卡牢,防止管子移动。稳管后应及时灌注混凝土管座。

(8)枕基或土基管道稳管时,一般挖弧形槽,并铺垫砂子,使管子与土基接触良好。

(9)稳较大的管子时,宜进入管内检查对口,减少错口现象。

(10)稳管质量标准如下:

①管内底高程允许偏差 10mm。

②中心线允许偏差 10mm。

③相邻管内底错口不得大于 3mm。

三、管道安装

(1)管材在施工现场内的倒运要求如下：

①根据现场条件,管材应尽量沿线分孔堆放。

②采用推土机或拖拉机牵引运管时,应用滑扛并严格控制前进速度,严禁用推土机铲推管。

③当运至指定地点后,对存放的每节管应打眼固定。

(2)平基混凝土强度达到设计强度的 50%,且复测高程符合要求后方可下管。

(3)下管常用方法有吊车下管、扒杆下管和绳索溜管等。

(4)下管操作时要有明确分工,应严格遵守有关操作规程的规定施工。

(5)下管时应保证吊车等机具及坑槽的稳定,起吊不能过猛。

(6)槽下运管,通常在平基上通铺草袋和顺板,将管吊运到平基后,再逐节横向均匀摆在平基上,采用人工横推法。操作时应设专人指挥,保障人身安全,防止管之间互相碰撞。

当管径大于管长时,不应在槽内运管。

(7)管道安装,首先将管逐节按设计要求的中心线、高程就位,并控制两管口之间距离(通常为 1.0～1.5cm)。

(8)管径在 500mm 以下普通混凝土管,管座为 90°～120°,可采用四合一法安装;管径在 500mm 以上的管道特殊情况下亦可采用。

(9)管径 500～900mm 普通混凝土管可采用后三合一法进行安装。

(10)管径在 500mm 以下的普通混凝土管,管座为 180°或包管时,可采用前三合一法安管。

四、水泥砂浆接口

(1)水泥砂浆接口可用于平口管或承插口管,用于平口管者,有水泥砂浆抹带和钢丝网水泥砂浆抹带。

（2）水泥砂浆接口的材料，应选用强度等级为 42.5 的水泥，砂子应过 2mm 孔径的筛子，砂子含泥量不得大于 2%。

（3）接口用水泥砂浆配比应按设计规定，设计无规定时，抹带可采取水泥：砂子为 1：2.5（重量比），水灰比一般不大于 0.5。

（4）抹带应与灌注混凝土管座紧密配合，灌注管座后，随即进行抹带，使带与管座结合成一体；如不能随即抹带时，抹带前管座和管口应凿毛、洗净，以利于与管带结合。

（5）管径 700mm 及大于 700mm 的管道，管缝超过 10mm 时，抹带应在管内管缝上部支一垫托（一般用竹片做成），不得在管缝填塞碎石、碎砖、木片或纸屑等。

（6）水泥砂浆抹带操作程序如下：

①先将管口洗刷干净，并刷水泥浆一道。

②抹第一层砂浆时，应注意找正，使管缝居中，厚度约为带厚的 1/3，并压实使与管壁黏结牢固，表面划成线槽，管径 400mm 以内者，抹带可一层成活。

③待第一层砂浆初凝后，抹第二层，并用弧形抹子揎压成形，初凝后，再用抹子赶光压实。

（7）钢丝网水泥砂浆抹带，钢丝网规格应符合设计要求，并应无锈、无油垢。每圈钢丝网应按设计要求，并留出搭接长度，事先截好。

（8）钢丝网水泥砂浆抹带操作程序如下：

①管径 600mm 及大于 600mm 的管子，抹带部分的管口应凿毛；管径 500mm 及小于 500mm 的管子应刷去浆皮。

②将已凿毛的管口洗刷干净，并刷水泥浆一道。

③在灌注混凝土管座时，将钢丝网按设计规定位置和深度插入混凝土管座内，并另加适当抹带砂浆，认真捣固。

④在带的两侧安装好弧形边模。

⑤抹第一层水泥砂浆应压实，使与管壁黏结牢固，厚度为 15mm，然后将两片钢丝网包拢，用 20 号镀锌钢丝将两片钢丝网扎牢。

⑥待第一层水泥砂浆初凝后，抹第二层水泥砂浆厚 10mm，同.上法包上第二层钢丝网，搭茬应与第一层错开（如只用一层钢丝网时，这一层砂浆即与模板抹平，初凝后赶光压实）。

⑦待第二层水泥砂浆初凝后，抹第三层水泥砂浆，与模板抹平，初凝后赶光压实。

⑧抹带完成后,一般 4～6h 可以拆除模板,拆时应轻敲轻卸,不可碰坏带的边角。

(9)直径 700mm 及大于 700mm 的管子的内缝,应用水泥砂浆填实抹平,灰浆不得高出管内壁。管座部分的内缝,应配合灌注混凝土时勾抹。管座以上的内缝应在管带终凝后勾抹,也可在抹带以前,将管缝支上内托,从外部将砂浆填满,然后拆去内托,勾环平整。

(10)直径 600mm 以内的管子,应配合灌注混凝土管座,用麻袋球或其他工具,在管内来回拖动,将流人管内的灰浆拉平。

(11)承插管铺设前应将承口内部及插口外部洗刷干净。铺设时应使承口朝着铺设前进方向。第一节管子稳好后,在承口下部满座灰浆,再将第二节管的插口挤入,保持接口缝隙均匀,然后将砂浆填满接口,填捣密实,口部抹成斜面。挤入管内的砂浆应及时抹光或清除。

(12)水泥砂浆各种接口的养护,均宜用草袋或草帘覆盖,并洒水养护。

(13)水泥砂浆接口质量标准:

①抹带外观不裂缝,不空鼓,外光里实,宽度厚度允许偏差 0～5mm。

②管内缝平整严实,缝隙均匀。

③承插接口填捣密实,表面平整。

五、止水带施工

止水带用于大型管道需设沉降缝的部位,技术要点如下。

(1)止水带的焊接。分平面焊接和拐角焊接两种形式。焊接时使用特别的夹具进行热合,截口应整齐,两端应对正,拐角处和丁字接头处可预制短块,亦可裁成坡角和 V 形口进行热合焊接,但伸缩孔应对准连通。

(2)止水带的安装。安装前应保持表面清洁无油污。就位时,必须用卡具固定,不得移位。伸缩孔对准油板,呈现垂直,油板与端模固定成一体。

(3)浇筑止水带处混凝土。止水带的两翼板,应分别两次浇筑在混凝土中,镶入顺序与浇筑混凝土一致。

立向(侧向)部位止水带的混凝土应两侧同时浇灌,并保证混凝土密实,而止水带不被压偏。水平(顶或底)部位止水带的下面混凝土先浇灌,保证浇灌饱满密实,略有超存。上面混凝土应由翼板中心向端部方向浇筑,迫使止水带与混凝土之间的气体挤出,以此保证止水带与混凝土成整体。

（4）管口处理。止水带混凝土达到强度后，根据设计要求，为加强变形缝防水能力，可

在混凝土的任何一侧，将油板整环剔深 3cm，清理干净后，填充 SWER 水膨胀橡胶胶体或填充 CM－R2 密封膏（也可以用 SWER 条与油板同时镶入混凝土中）。

（5）止水带的材质分为天然橡胶、人工合成橡胶两种，选用时应根据设计文件，或根据使用环境确定。但幅宽不宜过窄，并且有多条止水线为宜。

（6）止水带在安装与使用中，严禁破坏，保证原体完整无损。

六、支管连接

（1）支管接入干管处如位于回填土之上，应做加固处理。

（2）支、干管接人检查井、收水井时，应插入井壁内，且不得突出井内壁。

七、闭水试验

（1）凡污水管道及雨、污水合流管道、倒虹吸管道均必须作闭水试验。雨水管道和与雨水性质相近的管道，除大孔性土壤及水源地区外，可不做闭水试验。

（2）闭水试验应在管道填土前进行，并应在管道灌满水后浸泡 1～2 昼夜再进行。

（3）闭水试验的水位应为试验段上游管内顶以上 2m。如检查井高不足 2m 时，以检查井高为准。

（4）闭水试验时应对接口和管身进行外观检查，以无漏水和无严重渗水为合格。

（5）闭水试验应时实测排水量应不大于表 15－13 规定的允许渗水量。

（6）混凝土、钢筋混凝土管、陶管及管渠管道内径大于表 15－13 所示规定的管径时，实测渗水量应小于按式（15－7）计算的允许渗水量。

表 15－13　无压力管道严密性试验允许渗水量

管道内径/mm	允许渗水量/[m³/(24h·km)]
200	17.60
300	21.60

管道内径/mm	允许渗水量/[m³/(24h·km)]
400	25.00
500	27.95
600	30.60
700	33.00
800	35.35
900	37.50
1000	39.52
1 100	41.45
1 200	43.30
1300	45.00
1400	46.70
1500	48.40
1600	50.00
1700	51.50
1800	53.00
1900	54.48
2000	55.90

$$Q=1.25D \qquad\qquad (式5-7)$$

式中，

Q——允许渗水量，m³/(24h·km)；

D——管道内径，mm。

异型截面管道的允许渗水量可按周长折算为圆形管道计。

在水源缺乏的地区，当管道内径大于700mm时，可按井根数量1/3抽验。

八、与已通水管道连接

(1)区域系统的管网施工完毕，并经建设单位验收合格后，即可安排通水事宜。

(2)通水前应做周密安排及编写连接实施方案，做好落实工作。

（3）对相接管道的结构形式、全部高程、平面位置、截面形状尺寸、水流方向量、全日水量变化、有关泵站与管网关系、停水截流降低水位的可能性、原施工情况、内有毒气体与物质等资料，均应作周密调查与研究。

（4）做好截流，降低相接通管道内水位的实际试验工作。

（5）必须做到在规定的断流时间内完成接头、堵塞、拆堵，达到按时通水的要求。

（6）为了保证操作人员的人身安全，除必须采取可靠措施外，并必须事先做好动物试验、防护用具性能试验、明确监护人，并遵守《排水管道维护安全技术规程》。

（7）待人员培训、机具、器材，安全会议已召开，施工方案均具备时，报告上一级安全部门，验收批准后方可动工。

（8）常用几种接头的方式如下：

①与 φ1500mm 以下圆形混凝土管道连接。在管道相接处，挖开原旧管全部暴露，工作时按检查井开挖预留，而后以旧管外径作井室内宽，顺管道方向仍保持 1m 或略加大些，其他部分仍按检查井通用图砌筑，当井壁砌筑高度高出最高水位，抹面养护 24h 后，即可将井室内的管身上半部砸开，即可拆堵通水。在施工中应注意以下要点：

a.开挖土方至管身两侧时，要求两侧同时下挖，避免因侧向受压造成管身滚动。

b.如管口漏水严重应采取补救措施。

c.要求砸管部位规则、整齐、清堵彻底。

②管径过大或异型管身相接。

a. 如果被接管道整体性好，是混凝土浇筑体时，开挖外露后采用局部砸洞将管道接人。

b. 如果构筑物整体性差，不能砸洞时，及新旧管道高程不能连接时，应会同设计和建设单位研究解决。

九、平、企口混凝土管柔性接口

（1）排水管道 CM－R2 密封膏接口适用于平口、企口混凝土下水管道；环境温度－20～50℃。管口黏结面应保持干燥。

（2）应用 CM－R2 密封膏进行接口施工时，必须降低地下水位，至少低于管底 150mm,槽底不得被水浸泡。

(3)应用 CM－R2 密封膏接口,需根据季节气温选择 CM－R2 密封膏黏度。其应用范围,见表 15－14。

表 15－14　CM－R2 密封膏黏度应用范围

季节	CM－R2 密封膏黏度/Pa·s
夏季(20～50℃)	65000～75000
春秋季(0～20℃)	60000～65000
冬季(－2～0℃)	55000～60000

(4)当气温较低 CM－R2 密封膏黏度偏大,不便使用时,可用甲苯或二甲苯稀释,并应注意防火安全。

(5)CM－R2 密封膏应根据现场施工用量加工配制,必须将盛有 CM－R2 密封膏的容器封严,存放在阴凉处,不得日晒,环境温度与 CM－R2 密封膏存放期的关系,应符合表 15－15 所示的规定。

(6)在安管前,应用钢丝将 CM－R2 及与管皮交界处清刷干净见新面,并用毛刷将浮尘刷净。管口不整齐,亦应处理。

表 15－15　环境温度与 CM－R2 密封膏存放期的关系

环境温度/℃	20～40	0～20	－20～0
存放期	<一个月	<两个月	两个月以上

(7)安装时,沿管口圆周应保持接口间隙 8～12mm。

(8)管道在接口前,间隙需嵌塞泡沫塑料条,成形后间隙深度约为 10mm。

①直径在 800mm 以上的管道,先在管内,沿管底间隙周长的 1/4 均匀嵌塞泡沫塑料条,两侧分别留 30～50mm 作为搭接间隙。在管外,沿上管口嵌其余间隙,应符合图 15－7 所示的规定。

②直径在 800mm 以下的管道,在管底间隙 1/4 周长范围内,不嵌塞泡沫塑料条。但需在管外底沿接口处的基础上挖一个深 150mm、宽 200mm 的弧形槽,以及做外接口。外接口做完后,要将弧形槽用砂填满。

(9)用注射枪将 CM－R2 密封膏注入管接口间隙,根据施工需要调整注射压力在 0.2～0.35MPa。分两次注入,先做底口,后做上口。

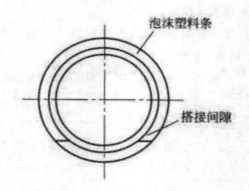

图 15-7　沿上管口嵌其余间隙图

①CM-R2 密封膏一次注入量为注膏槽深的 1/2。且在槽壁两侧均匀粘涂 CM-R2 密封膏,表面风干后用压缝溜子和油工铲抹压修整。

②24h 后,二次注入 CM-R2 密封膏将槽灌满,表面风干后压实。

(10)上口与底口 CM-R2 密封膏的连接上口与底口 CM-R2 密封膏在管底周长 1/4 衔接,CM-R2 密封膏必须充满搭接间隙并连为一体。

当管道直径小于 800mm 时,底口用载有密封膏的土工布条(宽 80mm)在管外底包贴,必须包贴紧密,并与上口 CM-R2 密封膏衔接密实。

(11)施工注意事项

①槽内被水浸泡过或雨淋后,接口部位潮湿时,不得进行接口施工,应风干后进行。必要时可用"02"和"03"堵漏灵刷涂处理,再做 CM-R2 密封膏接口。

②接口时和接口后,应防止管子滚动,以保证 CM-R2 密封膏的黏结效果。

③施工人员在作业期间不得吸烟,作业区严禁明火,并应遵照防毒安全操作规程。如进入管道内操作,要有足够通风环境,管道必须有两个以上通风口,并不得有通风死道。

(12)外观检查

①CM-R2 密封膏灌注应均匀、饱满、连续,不得有麻眼、孔洞、气鼓及膏体流淌现象。

②CM-R2 密封膏与注膏槽壁黏结应紧密连为一体,不得出现脱裂或虚贴。

③当接口检查不合要求时,应及时进行修整或返工。

(13)闭气检验

闭气检验可按部颁《混凝土排水管道工程闭气检验标准》规定进行。

（14）平口混凝土管柔性接口的管道基础与承插口管道的砂石基础相同。

十、承插口管

（1）采用承插口管材的排水管道工程必须符合设计要求，所用管材必须符合质量标准，并具有出厂合格证。

（2）管材在安装前，应对管口、直径、椭圆度等进行检查。必要时，应逐个检测。

（3）管材在装卸和运输时，应保证其完整，插口端用草绳或草袋包扎好，包扎长度不小于 25cm，并将管身平放在弧形垫木上，或用草袋垫好、绑牢，防止由于振动，造成管材破坏，装在车上管身在车外，最大悬臂长度不得大于自身长度的 1/5。

（4）管材在现场应按类型、规格、生产厂地分别堆放，管径 1000mm 以上不应码放，管径小于 900mm 的码垛层数应符合表 15－16 所示的规定。

表 15－16　堆放层数

管内径/mm	300～400	500～900
堆放层数	4	3

每层管身间在 1/4 处用支垫隔开，上下支垫对齐，承插端的朝向，应按层次调换朝向。

（5）管材在装卸和运输时，应保证其完整。对已造成管身、管口缺陷又不影响使用，闭水闭气合格的管材，允许用环氧树脂砂浆，或用其他合格材料进行修补。

（6）吊车下管，在高压架空输电线路附近作业时，应严格遵守电业部门的有关规定，起吊平稳。

（7）支撑槽，吊管下槽之前，根据立吊车与管材卸车等条件，一孔之中，选一处倒撑，为了满足管身长度需要，木顺水条可改用工字钢代替，替撑后，其撑杠间距不得小于管身长度 0.5m。

（8）管道安装对口时，应保持两管同心插入，胶圈不扭曲，就位正确。

（9）胶圈形式，截面尺寸，压缩率及材料性能，必须符合设计规定，并与管材相配套。

（10）砂石垫层基础施工中，槽底不得有积水、软泥，其厚度必须符合设计要求,垫层与腋角填充。

十一、雨水、污水管道

雨水、污水管道施工的程序为测量放线→分段开挖→砂垫层铺设→测量控制→雨水、污水管安装→分层回填、夯实→检查井砌筑→污水管闭水试验→回填土分层夯实→路面施工。

(1)按设计雨水、污水管的中心线,在管道的两端头设置控制点

开挖后采用 J2 光学经纬仪测出管道基础底面的中心线,测量频率 5m/次。

(2)采用水准仪测量控制基槽底面标高和管中心标高,测量频率为 5m/次。误差要求为±10mm 内。

(3)定位放线

先按施工图测出管道的坐标及标高后,再按图示方位打桩放线,确定沟槽位置、宽度和深度,应符合设计要求,偏差不得超过质量标准的有关规定。

(4)挖槽

采用机械挖槽或人工挖槽,槽帮必须放坡,定为 1:0.33,严禁扰动槽底土,机械挖至槽底上 30cm,余土由人工清理,防止扰动槽底原土或雨水泡槽影响基础土质,保证基础良好性,土方堆放在沟槽的一侧,土堆底边有沟边的距离不得小于 0.5m。

(5)地沟垫层处理

要求沟底是坚实的自然土层,如果是松土填成的或底沟是块石都需进行处理,松土层应压实,块石则铲掉上部后铺上一层大于 150mm 厚度的回填土整平压实用后黄砂铺平。

(6)验收

在槽底清理完毕后根据施工图纸检查管沟坐标、深度、平直程度、沟底管基密实度是否符合要求,如果槽底土不符合要求或局部超挖,则应进行换填处理。可用 3:7 灰土或其他砂石换填,检验合格后进行下道工序。

(7)铺设管道的程序

包括管道中线及高程控制、下管和稳管、管道接口处理。

(8)管道中心及高程控制

利用坡度板上的中心钉和高程钉,控制管道中心和高程必须同时进行,使二者同时符合设计要求。

（9）下管和稳管

采用人工下管中的立管压绳下管法，管道应慢慢落到基础上，且应立即校正找直符合设计的高程和平面位置，将管段承口朝来水方向。

（10）管道接口处理

采用水灰比为 1∶9 的水泥捻口灰拌好后，装在灰盘内放在承插口下部，先填下部，由下而上，边填边捣实，填满后用手锤打实，将灰口打满打平为止。

（11）回填

要求回填土过筛，不允许含有机物质或建筑垃圾及大石头等，分层回填，人工夯实，在回填至管顶上 50cm 后，可用打夯机夯实，每层铺厚度控制在 15～20cm。

十二、雨、冬期施工

1.雨期施工

雨期施工应采取以下措施，防止泥土随雨水进入管道，对管径较小的管道，应从严要求。

（1）防止地面径流雨水进入沟槽。

（2）配合管道铺设，及时砌筑检查井和连接井。

（3）凡暂时不接支线的预留管口，及时砌死抹严。

（4）铺设暂时中断或未能及时砌井的管口，应用堵板或干码砖等方法临时堵严。

（5）已做好的雨水口应堵好围好，防止进水。

（6）必须做好防止漂管的措施。

（7）雨天不宜进行接口，如接口时，应采取必要的防雨措施。

2.冬期施工

（1）冬期进行水泥砂浆接口时，水泥砂浆应用热水拌和，水温不应超过 80℃，必要可将砂子加热，砂温不应超过 40℃。

（2）对水泥砂浆有防冻要求时，拌和时应掺氯盐。

（3）水泥砂浆接口，应盖草帘养护。抹带者，应用预制木架架于管带上，或先盖松散稻草 10cm 厚，然后再盖草帘。草帘盖 1～3 层，根据气温选定。

第六节　园林喷灌工程

喷灌是近年来发展较快的一种先进灌水技术,它是把有压力的水经喷头喷洒到地面,像降雨一样对植被进行灌溉。喷灌与沟灌比较,有省水省工省地的优点,对盐碱土的改良也有一定作用,但基本建设投资高,受风的影响较大,超过 3~4 级风时不宜进行。

一、喷灌的技术要求

对喷灌的技术要求有三条:一是喷灌强度应该小于土壤的入渗(或称渗吸)速度,以避免地面积水或产生径流,造成土壤板结或冲刷;二是喷灌的水滴对作物或土壤的打击强度要小,以免损坏植物;三是喷灌的水量应均匀地分布在喷洒面,以使能获得均匀的水量。下面对喷灌强度、水滴打击强度、喷灌均匀度进行说明。

1.喷灌强度

单位时间喷洒在控制面的水深称为喷灌强度,单位常用"mm/h"。计算喷灌强度应大于平均喷灌强度。这是因为系统喷灌的水不可能没有损失地全部喷洒到地面。喷灌时的蒸发、受风后水滴的漂移以及作物茎叶的截留都会使实际落到地面的水量减少。

2.水滴打击强度

水滴打击强度是指单位受水面积内,水滴对土壤或植物的打击动能。它与喷头喷洒出来的水滴的质量、降水速度和密度(落在单位面积上水滴的数目)有关。由于测量水滴打击强度比较复杂,测量水滴直径的大小也较困难,所以在使用或设计喷灌系统时多用雾化指标法,我国实践证明,质量好的喷头 P−d 值在 2500 以上,可适用于一般田作物,而对蔬菜及大田作物幼苗期,P−d 值应大于 3500。园林植物所需要的雾化指标可以参考使用。

3.喷灌均匀度

喷灌均匀度是指在喷灌面积上水量分布的均匀程度。它是衡量喷灌质量好坏的主要指标之一。它与喷头结构、工作压力、喷头组合形式、喷头间距、喷头转速的均匀性、竖管的倾斜度、地面坡度和风速、风向等因素有关。

二、喷灌设备及布置

喷灌机主要是由压水、输水和喷头三个主要结构部分构成的。压水部分通常有发动机和离心式水泵，主要是为喷灌系统提供动力和为水加压，使管道系统中的水压保持在一个较高的水平上。输水部分是由输水主管和分管构成的管道系统。

1.喷头

按照喷头的工作压力与射程来分，可把喷灌用的喷头分为高压远射程、中压中射程和低压近射程三类喷头。而根据喷头的结构形式与水流形状，则可把喷头分为旋转类、漫射类和孔管类三种类型：

（1）旋转类喷头

又称射流式喷头。其管道中的压力水流通过喷头而形成一股集中的射流喷射而出，再经自然粉碎形成细小的水滴洒落在地面。在喷洒过程中，喷头绕竖向轴缓缓旋转，使其喷射范围形成一个半径等于其射程的圆形或扇形。其喷射水流集中，水滴分布均匀，射程达 30m 以上，喷灌效果比较好，所以得到了广泛的应用。这类喷头中，因其转动机构的构造不一样，又可分为摇臂式、叶轮式、反作用式和手持式等四种形式。还可根据是否装有扇形机构而分为扇形喷灌喷头和全圆周喷灌喷头两种形式。

摇臂式喷头是旋转类喷头中应用最广泛的喷头形式。这种喷头的结构是由导流器、摇臂、摇臂弹簧、摇臂轴等组成的转动机构，和由定位销、拨杆、挡块、扭簧或压簧等构成的扇形机构，以及喷体、空心轴、套轴、垫圈、防沙弹簧、喷管和喷嘴等构件组成的。在转动机构作用下，可使喷体和空心轴的整体在套轴内转动，从而实现旋转喷水。

（2）漫射类喷头

这种喷头是固定式的，在喷灌过程中所有部件都固定不动，而水流却是呈圆形或扇形向四周分散开。喷灌系统的结构简单，工作可靠，在公园苗圃或一些小块绿地有所应用。其喷头的射程较短，在 5～10m 之间，喷灌强度大，在 15～20mm/h 以上。但喷灌水量不均匀，近处比远处的喷灌强度大得多。

（3）孔管类喷头

喷头实际上是一些水平安装的管子。在水平管子的顶上分布有一些整齐排列的小喷水孔。孔径仅 1～2mm。喷水孔在管子上有排列成单行的，也有排列为两行以上的,可分别叫作单列孔管和多列孔管。

2.喷头的布置

喷灌系统喷头的布置形式有矩形、正方形、正三角形和等腰三角形四种。在实际工作中采用什么样的喷头布置形式,主要取决于喷头的性能和拟灌溉的地段情况。

三、工程设施

1.水源工程

(1)喷灌渠道宜作防渗处理。行喷式喷灌系统,其工作渠内水深必须满足水泵吸水要求;定喷式喷灌系统,其工作渠内水深不能满足要求时,应设置工作池。工作池尺寸应满足水泵正常吸水和清淤要求;对于兼起调节水量作用的工作池,其容积应通过水量平衡计算确定。

(2)机行道应根据喷灌机的类型在工作渠旁设置。对于平移式喷灌机,其机行道的路面应平直、无横向坡度;若主机跨渠行进,渠道两旁的机行道,其路面高程应相等。

(3)喷灌系统中的暗渠或暗管在交叉、分支及地形突变处应设置配水井,其尺寸应满足清淤、检修要求,在水泵抽水处应设置工作井,其尺寸应满足清淤、检修及水泵正常吸水要求。

2.泵站

(1)自河道取水的喷灌泵站,应满足防淤积、防洪水和防冲刷的要求。

(2)喷灌泵站设置的水泵(及动力机)数,宜为2~4台。当系统设计流量较小时,可只设置一台水泵(及动力机),但应配备足够数量的易损零件。喷灌泵站不宜设置备用泵(及动力机)。

(3)泵站的前池或进水池内应设置拦污栅,并应具备良好的水流条件。前池水流平面扩散角:对于开敞型前池,应小于40°;对于分室型前池,各室扩散角应不大于20°。总扩散角不宜大于60°;前池底部纵坡不应大于1/5。进水池容积应按容纳不少于水泵运行5min的水量确定。

(4)水泵吸水管直径应不小于水泵口径。当水泵可能处于自灌式充水时,其吸水管道上应设检修阀。

(5)水泵的安装高程,应根据减少基础开挖量,防止水泵产生汽蚀,确保机组正常运行的原则,经计算确定。

(6)水泵和动力机基础的设计,应按现行《动力机器基础设计规范》(GB 50040—1996)的有关规定执行。

(7)泵房平面布置及设计要求,可按现行《室外给水设计规范》(GB 50013—2006)的有关规定执行。对于半固定管道式或移动管道式喷灌系统,当不设专用仓库时,应在泵房内留出存放移动管道的面积。

(8)出水管的设置,每台水泵宜设置一根,其直径不应小于水泵出口直径。当泵站安装多台水泵且出水管线较长时,出水管宜并联,并联后的根数及直径应合理确定。

(9)泵站的出水池,水流应平顺,与输水渠应采用渐变段连接。渐变段长度,应按水流平面收缩角不大于 50°来确定。出水池和渐变段应采用混凝土或浆砌石结构,输水渠首应采用砌体加固。出水管口应设在出水池设计水位以下。出水管口或池内宜设置断流设施。

(10)装设柴油机的喷灌泵站,应设置能够储存 10～15 天燃料油的储油设备。

(11)喷灌系统的供电设计,可按现行电力建设的有关规范执行。

3.管网

(1)喷灌管道的布置,应遵守下列规定:

①应符合喷灌工程总体设计的要求。

②应使管道总长度短,有利于水锤的防护。

③应满足各用水单位的需要,管理方便,有利于组织轮灌和迅速分散流量。

④在垄作田内,应使支管与作物种植方向一致。在丘陵山区,应使支管沿等高线布置。在可能的条件下,支管宜垂直于主风向。

⑤管道的纵剖面应力求平顺,减少折点;有起伏时应避免产生负压。

(2)自压喷灌系统的进水口和机压喷灌系统的加压泵吸水管底端,应分别设置拦污栅和滤网。

(3)在各级管道的首端应设进水阀或分水阀。在连接地埋管和地面移动管的出地管上,应设给水栓。当管道过长或压力变化过大时,应在适当位置设置节制阀。在地埋管道的阀门处应建阀门井。

(4)在管道起伏的高处应设排气装置;对自压喷灌系统在进水阀后的干管上应设通气管,其高度应高出水源水面高程。在管道起伏的低处及管道末端应设泄水装置。

(5)固定管道的末端及变坡、转弯和分叉处宜设镇墩。当温度变化较大时，宜设伸缩装置。

(6)固定管道应根据地形、地基和直径、材质等条件来确定其敷设坡度以及对管基的处理。

(7)在管网压力变化较大的部位，应设置测压点。

(8)地埋管道的埋设深度应根据气候条件、地面荷载和机耕要求等确定。

4.施工球

(1)喷灌工程施工、安装应按已批准的设计进行，修改设计或更换材料设备应经设计部门同意，必要时需经主管部门批准。

(2)工程施工，应符合下列程序和要求：

①施工放样 施工现场应设置施工测量控制网，并将它保存到施工完毕；应定出建筑物的主轴线或纵横轴线、基坑开挖线与建筑物轮廓线等；应标明建筑物主要部位和基坑开挖的高程。

②基坑开挖必须保证基坑边坡稳定。若基坑挖好后不能进行下道工序，应预留 15～30cm 土层不挖，待下道工序开始前再挖至设计标高。

③基坑排水应设置明沟或井点排水系统，将基坑积水排走。

④基础处理基坑地基承载力小于设计要求时，必须进行基础处理。

⑤回填砌筑完毕，应待砌体砂浆或混凝土凝固达到设计强度后回填；回填土应干湿适宜，分层夯实，与砌体接触密实。

(3)在施工过程中，应做好施工记录。对于隐蔽工程，必须填写《隐蔽工程记录》，经验收合格后方能进入下道工序施工。全部工程施工完毕后应及时编写竣工报告。

5.泵站施工

(1)泵站机组的基础施工，应符合下列要求。

①基础必须浇筑在未经松动的基坑原状土上，当地基土的承载力小于 0.5MPa（5kgf/cm²）时，应进行加固处理。

②基础的轴线及需要预埋的地脚螺栓或二期混凝土预留孔的位置应正确无误。

③基础浇筑完毕拆模后，应用水平尺校平，其顶面高程应正确无误。

(2)中心支轴式喷灌机的中心支座采用混凝土基础时，应按设计要求于安装前浇筑好。浇筑混凝土基础时，在平地上，基础顶面应呈水平；在坡地上，基础顶面应与坡面平行。

（3）中心支轴式喷灌机中心支座的基础与水井或水泵的相对位置不得影响喷灌机的拖移。当喷灌机中心支座与水泵相距较近时,水泵出水口与喷灌机中心线应保持一致。

6.管网施工

（1）管道沟槽开挖,应符合下列要求。

①应根据施工放样中心线和标明的槽底设计标高进行开挖,不得挖至槽底设计标高以下。如局部超挖则应用相同的土壤填补夯实至接近天然密实度。沟槽底宽应根据管道的直径与材质及施工条件确定。

②沟槽经过岩石、卵石等容易损坏管道的地方应将槽底至少再挖15cm,并用砂或细土回填至设计槽底标高。

③管子接口槽坑应符合设计要求。

（2）沟槽回填应符合下列要求。

①管及管件安装完毕,应填土定位,经试压合格后尽快回填。

②回填前应将沟槽内一切杂物清除干净,积水排净。

③回填必须在管道两侧同时进行,严禁单侧回填,填土应分层夯实。

④塑料管道应在地面和地下温度接近时回填;管周填土不应有直径大于2.5cm的石子及直径大于5cm的土块,半软质塑料管道回填时还应将管道充满水,回填土可加水灌筑。

四、管道及管道附件安装

1.管道安装方法

管道的安装因管道类型的不同而不同,下面介绍几种安装方法:

（1）孔洞的预留与套管的安装。在绿地喷灌及其他设施工程中,地层上安装管道应在钢筋绑扎完毕时进行。工程施工到预留孔部位时,参照模板标高或正在施工的毛石、砖砌体的轴线标高确定孔洞模具的位置,并加以固定。遇到较大的孔洞,模具与多根钢筋相碰时,须经土建技术人员校核,采取技术措施后进行安装固定。对临时性模具应便于拆除,永久性模具应进行防腐处理。预留孔洞不能适应工程需要时,要进行机械或人工打孔洞,尺寸一般比管径大两倍左右。钢管套管应在管道安装时及时套入,放入指定位置,调整完毕后固定。铁皮套管在管道安装时套入。

（2）管道穿基础或孔洞。应校验符合设计要求,室内装饰的种类确定后,可以进行室内地下管道及室外地下管道的安装。安装前对管材、管件进行质量检查并清除污物,按照各管段排列顺序、长度,将地下管道试安装,然后动工,同时按设计的平面位置、与墙面间的距离分出立管接口。

(3)立管的安装应在土建主体的基础上完成、沟槽按设计位置和尺寸留好。检验沟槽,然后进行立管安装,栽立管卡,最后封沟槽。

(4)横支管安装。在立管安装完毕、卫生器具安装就位后可进行横支管安装。

2.管架制作安装

(1)放样。在正式施工或制造之前,制作成所需要的管架模型,作为样品。

(2)画线。检查核对材料多在材料.上画出切割、刨、钻孔等加工位置;打孔、标出零件编号等。

(3)截料。将材料按设计要求进行切割。钢材截料的方法有氧割、机切、冲模落料和锯切等。

(4)平直。利用矫正机将钢材的弯曲部分调平。

(5)钻孔。将经过画线的材料利用钻机在作有标记的位置制孔。有冲击和旋转两种制孔方式。

(6)拼装。把制备完成的半成品和零件按图纸的规定,装成构件或部件,然后经过焊接或铆接等工序使之成为整体。

(7)焊接。将金属熔融后对接为一个整体构件。

(8)成品矫正。将不符合质量要求的成品经过再加工后达到标准,即为成品矫正。一般有冷矫正、热矫正和混合矫正三种。

3. 金属管道安装

(1)金属管道安装前应进行外观质量和尺寸偏差检查,并宜进行耐水压试验,其要求应符合《排水用柔性接口铸铁管、管件及附件》(GB/T 12772—2008)、《低压流体输送用镀锌焊接钢管》(GB/T 3091—2008)、《喷灌用金属薄壁管》(GB/T 24672—2009)等现行标准的规定。

(2)镀锌钢管安装应按现行《工业管道工程施工及验收规范》(GB 50235—2010)执行。

(3)镀锌薄壁钢管、铝管及铝合金管安装,应按安装使用说明书的要求进行。

(4)铸铁管的安装应按下列规定进行:

①安装前,应清除承口内部及插口外部的沥青块及飞刺、铸砂和其他杂质;

用小锤轻轻敲打管子,检查有无裂缝;如有裂缝,应予更换。

②铺设安装时,对口间隙、承插口环形间隙及口转角,应符合表 15－17 所示的规定。

表 15－17　对口间隙、承插口环形间隙及接口转角值

名称	对口最小间隙 / mm	对口最大间隙/ mm		承口标准环形间隙/mm				每个接口允许转角 /(°)
		DN100～DN250	DN300～DN350	DN100～DN250		DN100～DN250		
				标准	允许偏差	标准	允许偏差	
沿直线铺设安装	3	5	5	10	+3 −2	11	+4 −2	—
沿曲线铺设安装	3	7～13	10～14	—	—	—	—	2

注:DN 为管公称内径。

③安装后,承插口应填塞,填料可采用膨胀水泥、石棉水泥和油麻等。

a.采用膨胀水泥和石棉水泥时,填塞深度应为接口深度的 1/2～2/3;填塞时应分层捣实、压平,并及时湿养护。

b.采用油麻时,应将麻拧成辫状填入,麻辫中麻段搭接长度应为 0.1～0.15m。麻辫填塞时应仔细打紧。

4.塑料管道安装

(1)塑料管道安装前应进行外观质量和尺寸偏差的检查,并应符合《建筑排水用硬聚氯乙烯管材》(GB 5836—2006)、《冷热水用聚丙烯管道系统》(GB/T 18742—2002)、《喷灌用低密度聚乙烯管材》(GB/T 3803—1999)等现行标准的规定。对于涂塑软管,不应有划伤、破损,不得夹有杂质。

(2)塑料管道安装前宜进行爆破压力试验,并应符合下列规定:

①试样长度采用管外径的 5 倍,但不应小于 250mm。

②测量试样的平均外径和最小壁厚。

③按要求进行装配，并排除管内空气。

④在 1min 内迅速连续加压至爆破，读取最大压力值。

⑤瞬时爆破环向应力按式(15-8)计算，其值不得低于表 15-18 的规定。

$$\sigma = P_{\max} \frac{D - e_{\min}}{2e_{\min}} - K_t(20 - t) \qquad (\text{式} 15-18)$$

式中，

σ——塑料管瞬时爆破环向应力，MPa 或 kgf/cm²；

$P_{\max}$——最大表压力，MPa 或 kgf/cm²；

D——管平均外径，m 或 mm；

$e_{\min}$——管最小壁厚，m 或 mm；

K_t——温度修正系数，MPa/℃ [kgf/（cm² · ℃）]，硬聚氯乙烯为 0.625 (6.25)，共聚聚丙烯为 0.30 (3.0)，低密度聚乙烯为 0.18 (1.8)；

t——试验温度，℃，一般为 5～35℃。

表 15-18　塑料管瞬时爆破环向应力 σ 值

名称	硬聚氯乙烯管	聚丙烯管	低密度聚乙烯管
σ/MPa(kgf/cm2)	45(450)	22(220)	9.6(96)

⑥对于软塑管，其爆破压力不得低于表 15-19 所示的规定。

表 5-19　软塑料管爆破压力值

工作压力/MPa(kg/cm²)	爆破压力/MPa(kgf/cm²)
0.4(4)	1.3(13)
0.6(6)	1.8(18)

（3）塑料管黏结连接，应符合下列要求：

①黏结前

按设计要求，选择合适的胶黏剂。按黏结技术要求，对管或管件进行预加工和预处理。按黏结工艺要求，检查配合间隙，并将接头去污、打毛。

②黏结

管轴线应对准，四周配合间隙应相等。胶黏剂涂抹长度应符合设计规定。胶黏剂涂抹应均匀，间隙应用胶黏剂填满，并有少量挤出。

③黏结后

固化前管道不应移位，使用前应进行质量检查。

（4）塑料管翻边连接，应符合下列要求。

①连接前

翻边前应将管端锯正、锉平、洗净、擦干。翻边应与管中心线垂直，尺寸应符合设计要求。翻边正反面应平整，并能保证法兰和螺栓或快速接头自由装卸。翻边根部与管的连接处应熔合完好，无夹渣、穿孔等缺陷；飞边、毛刺应剔除。

②连接

密封圈应与管同心。拧紧法兰螺栓时扭力应符合标准。各螺栓受力应均匀。

③连接后

法兰应放入接头坑内；管道中心线应平直，管底与沟槽底面应贴合良好。

（5）塑料管套筒连接，应符合下列要求。

①连接前

配合间隙应符合设计和安装要求。密封圈应装入套筒的密封槽内，不得有扭曲、偏斜现象。

②连接

管子插入套筒深度应符合设计要求。安装困难时，可用肥皂水作润滑剂；可用紧线器安装，也可隔一木块轻敲打入。

③连接后

密封圈不得移位、扭曲、偏斜。

（6）塑料管热熔对接，应符合下列要求。

①对接前

热熔对接管子的材质、直径和壁厚应相同。按热熔对接要求对管子进行预加工，清除管端杂质、污物。管端按设计温度加热至充分塑化而不烧焦；加热板应清洁、平整、光滑。

②对接

加热板的抽出及两管合拢应迅速，两管端面应完全对齐；四周挤出的树脂应均匀；冷却时应保持清洁：自然冷却应防止尘埃侵入；水冷却应保持水质清净。

③对接后

两管端面应熔接牢固，并按 10％进行抽检。若两管对接不齐应切开重新加工对接。完全冷却前管道不应移动。

5.水泥制品管道安装

(1)水泥制品管道安装前应进行外观质量和尺寸偏差的检查,并应进行耐水压试验,其要求应符合现行《自应力钢筋混凝土输水管用塑料嵌件》(JC/T 516—1993)标准的规定。

(2)安装时应符合下列要求:

①承口应向上。

②套胶圈前,承插口应刷净,胶圈上不得粘有杂物,套在插口上的胶圈不得扭曲、偏斜。

③插口应均匀进入承口,回弹就位后,仍应保持对口间隙10~17cm。

(3)在沟槽土壤或地下水对胶圈有腐蚀性的地段,管道覆土前应将接口封闭。

(4)水泥制品管配用的金属管件应进行防锈、防腐处理。

6.螺纹阀门安装

(1)螺纹阀门安装

①场内搬运

场内搬运包括从机器制造厂把机器搬运到施工现场的过程。在搬运中注意人身和设备安全,严格遵守操作规范,防止意外事故发生及机器损坏、缺失。

②外观检查

外观检查是从外观上观察,看机器设备有无损伤、油漆剥落、裂缝、松动及不固定的地方,有效预防才能使施工过程顺利进行,并及时更换、检修缺损之处。

(2)螺纹法兰阀门安装

①加垫

加垫指在阀门安装时,因为管材和其他方面的原因,在螺纹固定时,需要垫上一定形状或大小的铁或钢垫,这样有利于固定和安装。垫料要按不同情况而定,其形状因需要而定,确保加垫之后,安装连接处没有缝隙。

②螺纹法兰

螺纹法兰即螺纹方式连接的法兰。这种法兰与管道不直接焊接在一起,而是以管口翻边为密封接触面,套法兰起紧固作用,多用于铜、铅等有色金属及不锈耐酸管道上。其最大优点是法兰穿螺栓时非常方便,缺点是不能承受较大的压力。也有的是螺纹与管端连接起来,有高压和低压两种。其安装执行活头连接项目。

（3）焊接法兰阀门安装

①螺栓

在拧紧过程中，螺母朝一个方向（一般为顺时针）转动，直到不能再转动为止，有时还需要在螺母与钢材间垫上一垫片，有利于拧紧，防止螺母与钢材磨损及滑丝。

②阀门安装

阀门是控制水流、调节管道内的水重和水压的重要设备。阀门通常放在分支管处、穿越障碍物和过长的管线上。配水干管上装设阀门的距离一般为400～1000m，并不应超过3条配水支管。阀门一般设在配水支管的下游，以便关阀门时不影响支管的供水。在支管上也设阀门。配水支管上的阀门不应隔断5个以上消防栓。阀门的直径一般和水管的直径相同。给水用的阀门包括闸阀和蝶阀。

7.水表安装

水表是一种计量建筑物或设备用水量的仪表。室内给水系统中广泛使用流速式水表。流速式水表是根据在管径一定时，通过水表的水流速度与流量成正比的原理来量测的。

（1）流速式水表按叶轮构造不同，分旋翼式和螺翼式两种。旋翼式的叶轮转轴与水流方向垂直，阻力较大，启步流量和计量范围较小，多为小口径水表，用以测量较小流量。

螺翼式水表叶轮转轴与水流方向平行，阻力较小，启步流量和计量范围比旋翼式水表大，适用于流量较大的给水系统。

①旋翼式水表按计数机件所处的状态又分为干式和湿式两种。干式水表的计数机件和表盘与水隔开，湿式水表的计数机件和表盘浸没在水中，机件较简单，计量较准确，阻力比干式水表小，应用较广泛，但只能用于水中无固体杂质的横管上。湿式旋翼式水表，按材质又分为塑料表与金属表等。

②螺翼式水表依其转轴方向又分为水平螺翼式和垂直螺翼式两种，前者又分为干式和湿式两类，但后者只有干式一种。湿式叶轮水表技术规格有具体规定。

（2）水表安装应注意表外壳上所指示的箭头方向与水流方向一致，水表前后需装检修门，以便拆换和检修水表时关断水流；对于不允许断水或设有消防给水系统的，还需在设备旁设水表检查水龙头（带旁通管和不带旁通管的水表）。水表安装在查看方便、不受曝晒、不致冻结和不受污染的地方。一般设在室内或室外的专门水表井中,室内水表井及安装在资料上有详细图示说明。为了保证水表计量准确,螺翼式水表的上游端应有 8～10 倍水表公称直径的直径管段;其他型水表的前后应有不小于 300mm 的直线管段。水表口径的选择如下:对于不均匀的给水系统,以设计流量选定水表的额定流量,来确定水表的直径;用水均匀的给水系统,以设计流量选定水表的额定流量,确定水表的直径;对于生活、生产和消防统一的给水系统,以总设计流量不超过水表的最大流量决定水表的口径。住宅内的单户水表,一般采用公称直径为 15mm 的旋翼式湿式水表。

五、管道水压试验

1.一般规定

(1)施工安装期间应对管道进行分段水压试验,施工安装结束后应进行管网水压试验。试验结束后,均应编写水压试验报告。对于较小的工程可不做分段水压试验。

(2)水压试验应选用 0.35 或 0.4 级标准压力表。被测管网应设调压装置。

(3)水压试验前应进行下列准备工作如下:

①检查整个管网的设备状况。阀门启闭应灵活,开度应符合要求;排、进气装置应通畅。

②检查地理管道填土定位情况。管道应固定,接头处应显露并能观察清楚渗水情况。

③通水冲洗管道及附件。按管道设计流量连续进行冲洗,直到出水口水的颜色与透明度和进口处目测一致。

2.耐水压试验.

(1)管道试验段长度不宜大于 1000m。

(2)管道注满水后,金属管道和塑料管道经 24h、水泥制品管道经 48h 后,方可进行耐水压试验。

(3)试验宜在环境温度 5℃以上进行,否则应有防冻措施。

(4)试验压力不应小于系统设计压力的 1.25 倍。

(5)试验时升压应缓慢,达到试验压力后,保压 10min,无泄漏、无变形即为合格。

3. 渗水量试验

(1)在耐水压试验保压 10min 期间,如压力下降大于 0.05MPa（0.5kgf/cm²）,则应进行渗水量试验。

(2)试验时应先充水,排净空气,然后缓慢升压至试验压力,立即关闭进水阀门,记录下降 0.1MPa（1kgf/cm²）压力所需的时间 T1（min）;再将水压升至试验压力,关闭进水阀并立即开启放水阀,往量水器中放水,记录下降 0.1MPa（1kgf/cm²）压力所需的时间 T2（min）,测量在 T2 时间内的放水量 W（L）。按式(15－9)计算实际渗水量:

$$q_B = \frac{W}{T_1 - T_2} \times \frac{1000}{L} \qquad\qquad （式 15－9）$$

式中,

q_B——1000m 长管道实际渗水量,L/ min;

L——试验管段长度,m。

(3)实际渗水量按式(15－10)计算:

$$q_B = K_B \sqrt{d} \qquad\qquad （式 15－10）$$

式中 q_B——1000m 长管道允许渗水量,L/ min;

K_B——渗水系数,钢管为 0.05,硬聚氧乙烯管、聚丙烯管为 0.08,铸铁管为 0.10,聚乙烯管为 0.12,钢筋混凝土管、钢丝网水泥管为 0.14;

D——天数。

(4)实际渗水量小于允许渗水量即为合格;实际渗水量大于允许渗水量时,应修补后重测,直至合格为止。

六、工程验收

1. 一般规定

(1)喷灌工程验收前应提交下列文件:全套设计文件、施工期间验收报告、管道水压试验报告、试运行报告、工程决算报告、运行管理办法、竣工图纸和竣工报告。

(2)对于较小的工程,验收前只需提交设计文件、竣工图纸和竣工报告。

2. 施工期间验收

(1)喷灌系统的隐蔽工程,必须在施工期间进行验收,合格后方可进行下道工序。

（2）应检查水源工程、泵站及管网的基础尺寸和高程，预埋铁件和地脚螺栓的位置及深度，孔、洞、沟以及沉陷缝、伸缩缝的位置和尺寸等是否符合设计要求；地埋管道的沟槽深度、底宽、坡向及管基处理，施工安装质量等是否符合设计要求和规范的规定。并应对管道进行水压试验。

（3）隐蔽工程检查合格后，应有签证和验收报告。

3.竣工验收

（1）应审查技术文件是否齐全、正确。

（2）应检查土建工程是否符合设计要求和规范的规定。

（3）应检查设备选择是否合理，安装质量是否达到规范的规定，并应对机电设备进行启动试验。

（4）应进行全系统的试运行，并宜对各项技术参数进行实测。

（5）竣工验收结束后，应编写竣工验收报告。

第十六章 园林铺装工程施工

第一节 园林铺装工程概述

一、铺装结构

铺装一般由地面、地基和附属工程三部分组成。

1.地面

铺装地面的结构形式是多种多样的。在园林中,无论是园路、庭院还是场地,其地面结构比城市道路要简单,典型的地面结构,如图16—1所示。

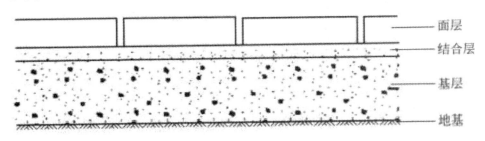

图16—1 地面结构

(1)面层

是铺在最上面的一层,要求其坚固、平稳、耐磨耗,具有一定的粗糙度、少尘性、便于清扫。

(2)基层

一般在土基之上,起承重作用。一般由碎(砾)石、灰土和各种工业废渣等。

(3)结合层

在采用块料铺筑面层时,在面层和基层之间,为了结合和找平而设置的一层。一般用3~5cm的粗砂、水泥砂浆或石灰砂浆即可。

(4)垫层

在路基排水不良或有冻胀、翻浆的路段上为了排水、隔温、防冻的需要,用煤渣土、石灰土等构成。在园林中可以用加强基层的办法,而不另设此层。

2.地基

地基是地面的基础,它能够为铺地提供一个平整的基面,承受地面传下来的荷载,也是保证地面强度和稳定性的重要条件之一。一般砂土或黏性土开挖后用蛙式夯夯实3遍,如无特殊要求,就可直接作为路基。对于未压实的下层填土,经过雨季被水浸润后能使其自身沉陷稳定。

3.附属工程

(1)道牙、边条、槽块

安置在铺地的两侧或四周,使铺地与周围在高程上起衔接作用,并能保护地面,便于排水。道牙一般分为立道牙和平道牙两种形式。园林中道牙可做成多种式样,如用砖、瓦、大卵石等嵌成各种花纹以装饰路缘。边条具有与道牙相同的功能,所不同者,仅用于较轻的荷载处,且在尺度上较小,特别适用于限定步行道、草地或铺砌地面的边界。槽块一般紧靠道牙设置,且地面应稍高于槽块,以便将地面水迅速、充分排除。

(2)明渠及雨水井

明渠是园林中常用的排除雨水的渠道。多设置在园路的两侧,园林中它常成为道路的拓宽。明渠在园林中常用铁算子、混凝土预制铺装,有时还用缝形铺装。

另需注意的是步行道、广场上的"U"形边沟,应选择较细的排水口,以方便行人的安全。

雨水井是收集路面水的构筑物,在园林中常用砖块砌成,并多为矩形。

雨水口是园林铺装中具有功能要求的一个部分,它经常因为有碍观赏而被刻意用一些小品等加以遮挡掩饰,但如果将其精心装饰,便可以作为铺装的点缀而成景。如一花砖地面孔盖收口一改往常传统的铁算子形式,将铺装纹样直接延伸到雨水盖上,既美观统一,又改变了美丽的铺装地纹与突兀的铁算子不协调的现象。

(3)踏步、坡道、礓礤及蹬道

①踏步

当地面坡度超过12°时就应设置踏步(俗称台阶)。在园林中根据造景的需要,踏步可以用天然山石、预制混凝土做成木纹板、树桩等各种形式,装饰园景。

为了夸张山势,造成高耸的感觉,踏步的高度也可增 15cm 以上,以增加趣味。

②坡道

在地面坡度较大之处,本应设踏步,但因通行车辆,又考虑到老年人、儿童和残疾人的车辆、轮椅的行驶而特意设计成坡道。

③礓磜

当坡面较陡时,一般纵坡超过 15% 时为了防滑,可将坡面做成浅阶的坡道,称为礓磜。

④蹬道

其基本形式及尺寸与踏步基本相同。在地形陡峭的地段,可结合地形或利用露岩设置蹬道,当其纵坡大于 60% 时,应做防滑处理,并设扶手栏杆等。

(4)树池和格栅

在有铺装的地面上栽种树木时,树木的周围保留一块铺装的土地,通常把它叫作树池,设置树池和格栅,对于树木尤其是对于大树、古树、名贵树木的生长是非常必要的。据研究证实,土壤的密度过高,透水、透气性不良,是古树衰弱的根本原因;另外,土壤的机械阻抗升高、夏季土温过高等也是影响树木正常生长的因素,而导致这一切的主导因素是大量游人的践踏。因此,设置树池和格栅是十分必要的。常见树池的形状有方、形、圆形、多角形或不规则形等,树池的直径根据需要可大可小,形式可以分为平树池和高、树池两大类。

格栅是设在树池之上的箅子,其作用是覆盖在树池之上,以保护池内的土壤不被践踏。格栅多用铸铁箅子,也可用钢筋混凝土或木条制成。格栅纹样要美观,花格缝隙大小要适、度,以防止人脚误入。

(5)步石与汀石

步石是置于地上的石块,多在草坪、林间、岸边或庭院等较小的空间、使用。可由天然的大小石块或整形的人工石块布置而成,与自然环境相协调。汀石是设置在、水中的步石,一般可在浅滩、溪、涧设置。步石与汀石形式是多种多样的,如图 7-3 所示。

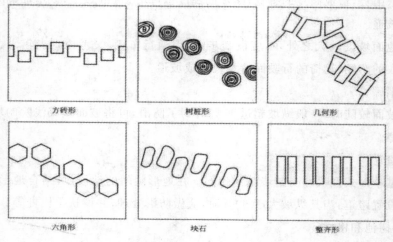

方砖形　　　　　　　　　树桩形　　　　　　　　　几何形

六角形　　　　　　　　　块石　　　　　　　　　整齐形

图 16－2　步石与汀石

二、铺装材料

园林铺装材料除沥青之外,还有一些材料被广为使用,如水泥,大理石、花岗岩等天然石材,木材,陶瓷材料,丙烯树脂、环氧树脂等高分子材料。

(1)沥青

可铺成各种曲线形式的整体路面,如:①沥青路面(车道、人行道、停车场等);②透水性沥青路面(人行道、停车场等);③彩色沥青路面(人行道、广场等)。

(2)混凝土

吸收热量较低,可适用各种曲线形式,坚固耐久的表面可获得多种饰面、大量的颜色和不同的质地,如:①混凝土路面(车道、人行道、停车场、广场等);②水洗小砾石路面(园路、人行道、广场等);③卵石铺砌路面(园路、人行道、广场等);④混凝土板路面(人行道等);⑤彩板路面(人行道、广场等);⑥水磨平板路面(人行道、广场等);⑦仿石混凝土预制板路面(人行道、广场等);⑧混凝土平板瓷砖铺面路面(人行道、广场等);⑨嵌锁形砌块路面(干道、人行道、广场等)。

(3)砖

表面有防滑性、不易产生眩光、颜色范围广、比例好、易维修,但难清洗、易风化。砖铺的路面主要有普通黏土砖路面和砖砌块路面,如:①普通黏土砖路面(人行道、广场等);②砖砌块路面(人行道、广场等);③澳大利亚砖砌块路面

(人行道、广场等)。

(4)花砖

主要有釉面砖、陶瓷砖、透水性花砖,这些铺装材料色泽丰富、装饰性强,式样与造型的自由度大,容易营造出欢快、华丽的气氛。如:①釉面砖路面(人行道、广场等);②陶瓷锦砖路面(人行道、广场等);③透水性花砖路面(人行道、广场等)。

(5)天然石

主要有小料石、花岗岩、天然块石、大理石、铺路石板等材料;其中花岗岩坚固耐久,坚硬质密能支持重量级的交通,但难加工;而铺路石板坚固耐久,但颜色和图案较难满足艺术上的要求,如:①小料石路面(骰石路面)(人行道、广场、池畔等);②铺石路面(人行道、广场等);③天然石砌路面(人行道、广场等)。

(6)砂砾

主要有现浇无缝环氧沥青塑料,机械碎石或砂石、石灰岩、圆卵石、铺路砾石等铺装材料。

机械碎石是用机械将石头碾碎后,再根据碎石的尺寸进行分级,它凹凸的表面会给行人带来不便,但将它铺装在斜坡上却比圆卵石稳固。圆卵石是一种在河床和海底被水冲击而成的小鹅卵石;铺路砾石是一种尺寸为 $15\sim25mm$,由碎石和细鹅卵石织成的天然材料,铺在黏土中或嵌入基础层中,如:①现浇环氧沥青塑料路面(人行道、广场等);②砂石铺面(步行道、广场等);③碎石路面(停车场等);④石灰岩粉路面(公园广场等)。

(7)砂土

用砂土铺装的路面常用在自然的园路上。

(8)土

主要有黏土路面和改善土的路面,质地较松软。

(9)木

主要有木砖、木条、木屑等铺装材料。这种材料的铺装对周围的环境以及游人均有较强的亲和力,如:①木砖路面(园路、游乐场等);②木地板路面(园路、露台等);③木屑路面(园路等)。

(10)草

主要有嵌草铺装和草皮铺装。嵌草铺装即缝间带草的砌块,草种要选用耐践踏、排水性好的品种。因其稳定性强,能承受轻载的车辆,多用于停车场和广场的局部,还有的用在建筑的天井中。

(11)合成树脂

主要有人工草皮、弹性橡胶、合成树脂等材料。①人工草皮路面(露台、屋顶广场等);②弹性橡胶路面(露台、屋顶广场、过街天桥等);③合成树脂路面(体育用)。

三、园路的铺装结构

园林道路是园林的组成部分,起着组织空间、引导游览、联系交通并提供散步休憩场所的作用,既是交通线,又是风景线,园林路网系统把园林的各个景区连成整体,园路本身又是园林风景不可分割的组成部分,所以在考虑道路时,要充分利用地形地貌、植物群落及园路的线形、铺装等要素造景。

1. 园路的作用

园路是贯穿园林的交通脉络,是联系若干个景区和景点的纽带,是构成园景的重要因素,其具体作用如下。

(1)引导游览

园路能组织园林风景的动态序列,它能引导人们按照设计的意愿、路线和角度来欣赏景物的最佳画面、能引导人们到达各功能分区。

(2)组织交通

园路对于园林绿化、维修养护、商业服务、消防安全、职工生活、园务管理等方面的交通运输作用也是必不可少的。

(3)组织空间,构成景色

园林中各个功能分区、景色分区往往是以园路作为分界线。园路有优美的曲线、丰富多彩的路面铺装,两旁有花草树木,还有山、水、建筑、石等,相成一幅幅美丽的画面。

(4)奠定水电工程的基础

园林中的给排水、供电系统常与园路相结合,所以在园路施工时,也要考虑到这些因素。

2. 园路的类型

一般绿地的园路分为以下几种。

(1)主要道路

联系园内各个景区、主要风景点和活动设施的路。通过它对园内外景色进行剪辑,以引导游人欣赏景色。主要道路联系全园,必须考虑通行、生产、救护、消防、游览车辆。道宽 7～8m。

（2）次要道路（支路）

设在各个景区内的路,它联系各个景点、建筑,对主路起辅助作用。考虑到游人的不同需要,在园路布局中,还应为游人由一个景区到另一个景区开辟捷径。要求能通轻型车辆及人力车。道宽 3～4m。

（3）小路

又叫游步道,是深入到山间、水际、林中、花丛供人们漫步游赏的路。含林荫道、滨江道和各种休闲小径、健康步道。双人行走 1.2～1.5m,单人 0.6～1m。健康步道是近年来最为流行的足底按摩健身方式。通过行走卵石路上按摩足底穴位达到健身目的,但又不失为园林一景。

（4）园务路

为便于园务运输、养护管理等的需要而建造的路。这种路往往有专门的入口,直通公园的仓库、餐馆、管理处、杂物院等处,并与主环路相通,以便把物资直接运往各景点。在有古建筑、风景名胜处,园路的设置还应考虑消防的要求。

（5）停车场

园林及风景旅游区中的停车场应设在重要景点进出口边缘地带及通向尽端式景点的道路附近,同时也应按照不同类型及性质的车辆分别安排场地停车,其交通路线必须明确。在设计时要综合考虑场内路面结构、绿化、照明、排水及停车场的性质,配置相应的附属设施。

3.园路结构

园路结构形式有多种,典型的园路结构如图 16-3 所示。

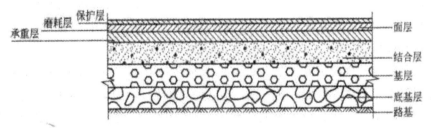

图 16-3 典型的道路面层结构

（1）面层

是路面最上的一层,对沥青面层来说,又可分为保护层、磨耗层、承重层。它直接承受人流、车辆的荷载和风、雨、寒、暑等气候作用的影响,因此要求坚固、平稳、耐磨,有一定的粗糙度,少尘土,便于清扫。

（2）结合层

是采用块料铺筑面层时在面层和基层之间的一层，用于结合、找平、排水。

（3）基层

在路基之上。它一方面承受由面层传下来的荷载，一方面把荷载传给路基，因此，要有一定的强度，一般用碎（砾）石、灰土或各种矿物废渣等筑成。

（4）路基

是路面的基础。它为园路提供了一个平整的基面，承受路面传下来的荷载，并保证路面有足够的强度和稳定性。如果土基的稳定性不良，应采取措施，以保证路面的使用寿命。此外，要根据需要，进行道牙、雨水井、明沟、台阶、种植地等附属工程的设计。

四、园路的线形

园林道路的线形，不仅受到地形、地物、水文、地质等因素的影响和制约，更重要的是要满足园林功能的需要，其一般原则如下：

（1）规划中的园路，有自由、曲线的方式，也有规则、直线的方式，形成两种不同的园林风格。当然采用一种方式为主的同时，也可以用另一种方式补充。不管采取什么式样，园路忌讳断头路、回头路。除非有一个明显的终点景观和建筑。

（2）园路并不是对着中轴，两边平行一成不变的，园路可以是不对称的。

（3）园路也可以根据功能需要采用变断面的形式。如转折处不同宽狭，坐凳、椅处外延边界，路旁的过路亭，还有园路和小广场相结合等等。这样宽狭不一，曲直相济，反倒使园路多变，生动起来，做到一条路上休闲、停留和人行、运动相结合，各得其所。

（4）园路的转弯曲折在天然条件好的园林用地并不成问题，因地形地貌而迂回曲折，十分自然，不在话下。为了延长游览路线，增加游览趣味，提高绿地的利用率，园路往往设计成蜿蜒起伏状态，也可人为地创造一些条件来配合园路的转折和起伏。例如，在转折处布置一些山石、树木，或者地势升降，做到曲之有理，路在绿地中，而不是三步一弯、五步一曲，为曲而曲，脱离绿地而存在。园林中曲与直是相对的，要曲中寓直，灵活应用，曲直自如。要做到"虽由人作，宛如天开"。

（5）园路的交叉要注意几点：

①避免多路交叉：这样路况复杂，导向不明。

②尽量靠近正交：锐角过小，车辆不易转弯，人行要穿绿地。

③做到主次分明：在宽度、铺装、走向上应有明显区别。

④要有景色和特点：尤其三岔路口，可形成对景，让人记忆犹新。

（6）园路在山坡时，坡度≥6％，要顺着等高线作盘山路状，考虑自行车时坡度≤8％，汽车≤15％；如果考虑人力三轮车，坡度≤3％。人行坡度≥10％时，要考虑设计台阶。园路和等高线斜交，来回曲折，增加观赏点和观赏面。

（7）安排好残疾人所到范围和用路。园路的铺装建议采用块料、砂、石、木、预制品等面层，砂土基层即属该类型园路。这是上可透气、下可渗水的园林—生态环保道路。道路的平面线形由直线和曲线组成，如图 16－4（a）所示，曲线包括圆曲线、复曲线等。直线道路在拐弯处应由曲线连接，最简单的曲线就是有一定半径的圆曲线。在一转弯处，可加设复曲线（即由两个不同半径的圆曲线组成）或回头曲线。道路的剖面（竖向）线形则由水平线路、上坡、下坡，以及在变坡处加设的竖曲线组成，如图 16－4（b）所示。

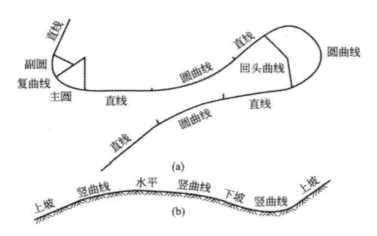

图16－4　园路曲线示意

第二节 园路铺装施工

一、施工准备

施工前准备工程必须综合现场施工情况,考虑流水作业,做到有条不紊。否则,在施工后造成人力、物力的浪费,甚至造成施工停歇。

施工准备的基本内容,一般包括技术准备、物资准备、施工组织准备、施工现场准备和协调工作准备等,有的必须在开工前完成,有的则可贯穿于施工过程中进行。

1.技术准备

(1)做好现场调查工作

①广场底层土质情况调查。

②各种物资资源和技术条件的调查。

(2)做好与设计的结合、配合工作,会同建设单位、监理单位引测轴线定位点、标高控制点以及对原结构进行放线复核。

①熟悉施工图。全面熟悉和掌握施工图的全部内容,领会设计意图,检查各专业之间的预埋管道、管线的尺寸、位置、埋深等是否统一或遗漏,提出施工图疑问和有利于施工的合理化建议。

②进行技术交底。工程开工前,技术部门组织施工人员、质安人员、班组长进行交底,针对施工的关键部位、施工难点以及质量、安全要求、操作要点及注意事项等进行全面的交底,各班组长接受交底后组织操作工人认真学习,并要求落实在各施工环节。

③根据现场施工进度的要求及时提供现场所需材料,防止因为材料短缺而造成停工。

2.物资条件准备

根据施工进度的安排和需要量,组织分期分批进场,按规定的地点和方式进行堆放。材料进场后,应按规定对材料进行试验和检验。

3.施工组织准备

(1)建立健全现场施工管理体制。

（2）现场设施布置应合理、具体、适当。

（3）劳动力组织计划表。

（4）主要机构计划表。

4.现场准备工作

开工前施工现场准备工作要迅速做好，以利工程有秩序地按计划进行。所以现场准备工作进行的快慢，会直接影响工程质量和施工进展。现场开工前应将以下主要工作做好：

（1）修建房屋（临时工棚）

按施工计划确定修缮房屋数量或工棚的建筑面积。

（2）场地清理

在园路工程涉及的范围内，凡是影响施工进行的地上、地下物均应在开工前进行清理，对于保留的大树应确定保护措施。

（3）便道便桥

凡施工路线，均应在路面工程开工前做好维持通车的便道便桥和施工车辆通行的便桥（如通往料场、搅拌站地的便道）。

（4）备料

现场备料多指自采材料的组织运输和收料堆放，但外购材料的调运和贮存工作也不能忽视。一般开工前材料进场应在70％以上。若有运输能力，运输道路畅通，在不影响施工的条件下可随用随运。自采材料的备置堆放，应根据路面结构、施工方法和材料性质而定。

二、路基施工

1.测量放样

（1）造型复测和固定

①复测并固定造型及各观点主要控制点，恢复失落的控制桩。

②复测并固定为间接测量所布设的控制点，如三角点、导线点等桩。

③当路线的主要控制点在施工中有被挖掉或埋掉的可能时，则视当地地形条件和地物情况采用有效的方法进行固定。

（2）路线高程复测

控制桩测好后，马上对路线各点均匀进行水平测量，以复测原水准基点标高和控制点地面标高。

（3）路基放样

①根据设计图表定出各路线中桩的路基边缘、路堤坡脚及路堑坡顶、边沟等具体位置，定出路基轮廓。根据分幅施工的宽度，做好分幅标记，并测出地面标高。

②路基放样时，在填土没有进行压实前，考虑预加沉落度，同时考虑修筑路面的路基标高校正值。

③路基边桩位置可根据横断面图量得，并根据填挖高度及边坡坡度实地测量校核。

④为标出边坡位置，在放完边桩后进行边坡放样。采用麻绳竹竿挂线法结合坡度样板法，并在放样中考虑预压加沉落度。

⑤机械施工中，设置牢固而明显的填挖土石方标志，施工中随时检查，发现被碰倒或丢失立即补上。

2.挖方

挖方是根据测放出的高程，使用挖土机械挖除路基面以上的土方，一部分土方经检验合格用于填方，余土运至有关单位指定的弃土场。

3.填筑

填筑材料是利用路基开挖出的可作填方的土、石等适用材料。作为填筑的材料，应先做试验，并将试验报告及其施工方案提交监理工程师批准。其中路基采用水平分层填筑，最大层厚不超过 30cm，水平方向逐层向上填筑，并形成 2%～4% 的横坡以利排水。

4.碾压

采用振动压路机碾压，碾压时横向接头的轮迹，重叠宽度为 40～50cm，前后相邻两区段纵向重叠 1～1.5m，碾压时做到无漏压、无死角并确保碾压均匀。碾压时，先压边缘，后压中间；先轻压，后重压。填土层在压实前应先整平，并应作 2%～4% 的横坡。当路堤铺筑到结构物附近的地方，或铺筑到无法采用压路机压实的地方，使用人工夯锤予以夯实。

三、块石、碎石垫层施工

1.准备与施工测量

施工前对下基层按质量验收标准进行验收之后，恢复控制线，直线段每 20m 设一桩，曲线段每 10m 设一桩，并在造型两侧边缘 0.3～0.5m 处设标志桩，在标志桩上用红漆示出底基层边缘设计标高及松铺厚度的位置。

2.摊铺

(1)碎石内不应含有有机杂质。粒径不应大于 40mm,粒径在 5mm 及 5mm 以下的不应超过总体积的 40%;块石应选用强度均匀、级配适当和未风化的石料。

(2)块石垫层采用人工摊铺,碎石垫层采用铲车摊铺、人工整平。

(3)必须保证摊铺人员的数量,以保证施工的连续性并保证摊铺速度。

(4)人工摊铺填筑块石大面向下,小面向上,摆平放稳,再用小石块找平,石屑塞填,最后人工压实。

(5)碎石垫层分层铺完后用平板振动器振实,采用一夯压半夯、全面夯实的方法,做到层层夯实。

四、水泥稳定砾石施工

1.材料要求

(1)碎石

骨料最大粒径不应超过 30mm,骨料的压碎值不应大于 20%,硅酸盐含量不宜超过 0.25%。

(2)水泥

采用普通硅酸盐水泥,矿渣硅酸盐水泥,强度等级为 32.5 级。

2.配合比设计

(1)一般规定

根据水泥稳定砾石的标准,确定必需的水泥剂量和混合料的最佳含水量,在需要改善土的颗粒组成时,还包括掺加料的比例。

(2)原材料试验

①施工前,进行下列试验:颗粒分析、液限和塑性指数、相对密度、重型击实试验、碎石的压碎值试验。

②检测水泥的强度等级及初凝、终凝时间。

3.工艺流程

施工放样→准备下承层→拌和→运输→摊铺→初压→标高复测→补整→终压→养生。

（1）测量放样

按 20m 一个断面恢复道路中心桩、边桩,并在桩上标出基层的松铺高程和设计高程。

（2）准备下承层

下基层施工前,对路基进行清扫,然后用振动压路机碾压 3～4 遍,如发现土过干、表面松散,适当洒水;如土过湿,发生弹簧现象,采取开窗换填砂砾的办法处理。上基层施工前,对下基层进行清扫,并洒水湿润。

（3）拌和

稳定料的拌和常设在砂石场,料场内的砂、石分区堆放,并设有地磅,每天开始拌和前,按配合比要求对水泥、骨料的用量准确调试,特别是根据天气变情况,测定骨料的自然含水量,以调整拌和用水量。拌和时确保足够的拌和时间,使稳料拌和均匀。

（4）运输

施工时配备足够的运输车辆,并保持道路畅通,使稳定料尽快运至摊铺现场。

（5）摊铺

机动车道基层、非机动车道基层采用人工摊铺。摊铺时严格控制好松铺数,人工实时对缺料区域进行补整和修边。

（6）压实

摊铺一小段后(时间不超过 3h),用 15t 的振动压路机静压两遍、振压两遍后暂时停止碾压,测量人员立即进行高程测量复核,将标高比设计标高超过 1cm,或 0.5cm 的部位立即进行找补,完毕后用压路机进行振动碾压。碾压时按由边至中,由低至高,由弱至强、重叠 1/3 轮宽的原则碾压,在规定的时间内(不超过 4h)碾压到设计压度,并无明显轮迹时为止。碾压时,严禁压路机在基层上调头或起步时速度过大,碾压轮胎朝正在摊铺的方向。

（7）养生

稳定料碾压后 4h 内,用经水浸泡透的麻袋严密覆盖进行养护,8h 后再自来水浇灌养护 7 天以上,并始终保持麻袋湿润。稳定料终凝之前,严禁用水直接冲刷层表面,避免表面浮砂损坏。

（8）试验

混合料送至现场 0.5h 内,在监理的监督下,抽取一.部分送到业主指定认可的试验室,进行无侧限抗压强度和水泥剂量试验。压实度试验一般采用灌砂法,在压后12h内进行。

五、混凝土面层施工

1.施工流程图

混凝土路面施工流程,如图16-5所示。

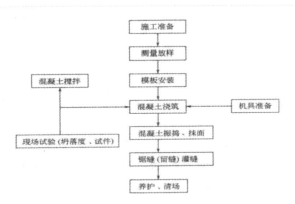

图16-5　混凝土路面施工流程

2.模板安装

混凝土施工使用钢模板,模板长3m,高100m。钢模板应保证无缺损,有足够的刚度,内侧和顶、底面均应光洁、平整、顺直,局部变形不得大于3mm。振捣时模板横向最大挠曲应小于4mm,高度与混凝土路面板厚度一致,误差不超过±2mm。

立模的平面位置和高程符合设计要求,支立稳固准确,接头紧密而无裂缝、前后错位和高低不平等现象。模板接头处及模板与基层相接处均不能漏浆。模板内侧清洁并涂涮隔离剂,支模时用φ1.8螺纹钢筋打入基层进行固定,外侧螺纹钢筋与模板要靠紧,如个别处有空隙加木块,并固定在模板上,如图16-6所示。

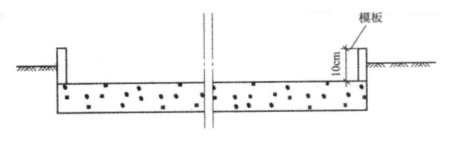

图16-6　两侧加设10cm高的木板

3.原材料、配合比、搅拌要求

混凝土浇筑前,将到场的原材料送到检测单位检验并进行配合比设计,所设计的配合比应满足设计抗压、抗折强度,耐磨、耐久以及混凝土拌和物和易性能等要求。混凝土采用现场强制式机械搅拌,并有备用搅拌机,按照设计配合比拟定每机的拌和量。拌和过程应做到以下几点要求。

(1)砂、碎石必须过磅并满足施工配合比要求。

(2)检查水泥质量,不能使用结块、硬化、变质的水泥。

(3)用水量需严格控制,安排专门的技术人员负责。

(4)原材料按重量计,允许误差不应超过:水泥±1%,砂、碎石±3%,水±1%（外加剂±2%）。

(5)混凝土的坍落度控制在 14～16cm,混凝土每槽搅拌时间控制在90～120s。

4.混凝土运输及振捣

(1)施工前检查模板位置、高程、支设是否稳固和基层平整润湿,模板是否涂遍脱模剂等,合格后方可混凝土施工。混凝土采用泵送混凝土为主,人工运输为辅。

(2)混凝土的运输摊铺、振捣、整平、做面应连续进行,不得中断。如因故中断,应设置施工缝,并设在设计规定的接缝位置。摊铺混凝土后,应随即用插入式和平板式振动器均匀振实。混凝土灌注高度应与模板相同。振捣时先用插入式振动器振混凝土板壁边缘,边角处初振或全面顺序初振一次。同一位置振动时不宜少于20s。插入式振动器移动的间距不宜大于其作用半径的1.5倍,甚至模板的距离应不大于作用半径的0.5倍,并应避免碰撞模板。然后再用平板振动器全面振捣,同一位置的振捣时间,以不再冒出气泡并流出水泥砂浆为准。

(3)混凝土全面振捣后,再用平板振动器进一步拖拉振实并初步整平。振动器往返拖拉2～3遍,移动速度要缓慢均匀,不许中途停顿,前进速度以每分钟1.2～1.5m为宜。

凡有不平之处,应及时辅以人工挖填补平。最后用无缝钢管滚筒进一步滚推表面,使表面进一步提浆均匀调平,振捣完成后进行抹面,抹面一般分两次进行。第一次在整平后,随即进行。驱除泌水并压下石子。第二次抹面须在混凝土泌水基本结束,处于初凝状态但表面尚湿润时进行。用3m直尺检查混凝土表面。抹平后沿横方向拉毛或用压纹器刻纹,使路面混凝土有粗糙的纹理表面。施工缝处理严格按设计施工。

(4)锯缝应及时,在混凝土硬结后尽早进行,宜在混凝土强度达到 5～10MPa 时进行,也可以由现场试锯确定,特别是在天气温度骤变时不可拖延,但也不能过早,过早会导致粗骨料从砂浆中脱落。

(5)混凝土抹面完毕后应及时养护,养护采用湿草包覆盖,养护期为不少于 7 天。混凝土拆模要注意掌握好时间(24h),一般以既不损坏混凝土,又能兼顾模板周转使用为准,可视现场气温和混凝土强度增长情况而定,必要时可做试拆试验确定。拆模时操作要细致,不能损坏混凝土板的边、角。

(6)填缝采用灌入式填缝的施工,应符合下列规定:

①灌注填缝料必须在缝槽干燥状态下进行,填缝料应与混凝土缝壁黏附紧密不渗水。

②填缝料的灌注深度宜为 3～4cm。当缝槽大于 3～4cm 时,可填入多孔柔性衬底材料。填缝料的灌注高度,夏天宜与板面平;冬天宜稍低于板面。

③热灌填缝料加热时,应不断搅拌均匀,直至规定温度。当气温较低时,应用喷灯加热缝壁。施工完毕,应仔细检查填缝料与缝壁黏结情况,在有脱开处,应用喷灯小火烘烤,使其黏结紧密。

六、沥青面层施工

1.施工顺序

沥青路面施工顺序,如图 16-7 所示。

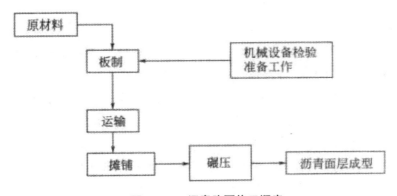

图 16-7 沥青路面施工顺序

2.下封层施工

(1)认真按验收规范对基层严格验收,如有不合要求地段要求进行处理,认真对基层进行清扫,并用森林灭火器吹干净。

(2)在摊铺前对全体施工技术人员进行技术交底,明确职责,责任到人,使每个施工人员都对自己的工作心中有数。

(3)采用汽车式洒布机进行下封层施工。

3.沥青混合料的拌和

沥青混合料由间隙式拌和机拌制,骨料加热温度控制在 17.5～19.0C 之间,后经热料提升斗运至振动筛,经 33.5mm、19mm、13.2mm、5mm 四种不同规格筛网筛分后储存到五个热矿仓中去。沥青采用导热油、加热至 160～170℃,五种热料及矿粉和沥青用料经生产配合比设计确定,最后吹入矿粉进行拌和,直到沥青混合料均匀一致,所有矿料颗粒全部裹覆沥青,结合料无花料,无结团或块或严重粗料细料离析现象为止。沥青混凝土的拌和时间由试拌确定,出厂的沥青混合料温度严格控制在 155～170℃之间。

4.沥青混合料的碾压

(1)压实后的沥青混合料符合压实度及平整度的要求。

(2)选择合理的压路机组合方式及碾压步骤,以达到最佳结果。沥青混合料压实采用钢筒式静态压路机及轮胎压路机或振动压路机组合的方式。压路机的数量根据生产现场决定。

(3)沥青混合料的压实按初压、复压、终压(包括成型)三个阶段进行。压路机以慢而均匀的速度碾压。

(4)沥青混合料的初压符合下列要求:

①初压在混合料摊铺后较高温度下进行,并不得产生推移、发裂,压实温度根据沥青稠度、压路机类型、气温铺筑层厚度、混合料类型经试铺试压确定。

②压路机从外侧向中心碾压。相邻碾压带应重叠 1/3～1/2 轮宽,最后碾压路中心部分,压完全幅为一遍。当边缘有挡板、路缘石、路肩等支档时,应紧靠支挡碾压。当边缘无支挡时,可用耙子将边缘的混合料稍稍耙高,然后将压路机的外侧轮伸出边缘 1.0cm 以上碾压。

③碾压时将驱动轮面向摊铺机。碾压路线及碾压方向不能突然改变而导致混合料产生推移。压路机启动、停止必须减速缓慢进行。

(5)复压紧接在初压后进行,并符合下列要求

复压采用轮胎式压路机。碾压遍数应经试压确定,不少于 4～6 遍,以达到

要求的压实度,并无显著轮迹。

(6)终压紧接在复压后进行。终压选用双轮钢筒式压路机碾压,不宜少于两遍,并无轮迹。采用钢筒式压路机时,相邻碾压带应重叠后轮 1/2 宽度。

(7)压路机碾压注意事项如下:

①压路机的碾压段长度以与摊铺速度平衡为原则选定,并保持大体稳定。压路机每次由两端折回的位置阶梯形的随摊铺机向前推进,使折回处不在同一横断面上。在摊铺机连续摊铺的过程中,压路机不随意停顿。

②压路机碾压过程中有沥青混合料粘轮现象时,可向碾压轮洒少量水或加洗衣粉水,严禁洒柴油。

③压路机不在未碾压成型并冷却的路段转向、调头或停车等候。振动压路机在已成型的路面行驶时关闭振动。

④对压路机无法压实的桥梁、挡墙等构造物接头、拐弯死角、加宽部分及某些路边缘等局部地区,采用振动夯板压实。

⑤在当天碾压成型的沥青混合料层面上,不得停放任何机械设备或车辆,严禁散落矿料、油料等杂物。

5.接缝、修边

(1)摊铺时采用梯队作业的纵缝采用热接缝。施工时将已铺混合料部分留下 10～20cm 宽暂不碾压,作为后摊铺部分的高程基准面,最后做跨缝碾压以消除缝迹。

(2)半幅施工不能采用热接缝时,设挡板或采用切刀切齐。铺另半幅前必须将缝边缘清扫干净,并涂洒少量粘层沥青。摊铺时应重叠在已铺层上 5～10cm,摊铺后用人工将摊铺在前半幅上面的混合料铲走。碾压时先在已压实路面上行走,碾压新铺层 10～15cm,然后压实新铺部分,再伸过已压实路面 10～15cm,充分将接缝压实紧密。上下层的纵缝错开 0.5m,表层的纵缝应顺直,且留在车道的画线位置上。

(3)相邻两幅及上下层的横向接缝均错位 5m 以上。上下层的横向接缝可采用斜接缝,上面层应采用垂直的平接缝。铺筑接缝时,可在已压实部分上面铺设些热混合料使之预热软化,以加强新旧混合料的黏结。但在开始碾压前应将预热用的混合料铲除。

(4)平接缝做到紧密黏结,充分压实,连接平顺。施工可采用下列方法:在施工结束时,摊铺机在接近端部前约 1m 处将熨平板稍稍抬起驶离现场,用人工将端部混合料铲齐后再予以碾压。然后用 3m 直尺检查平整度,趁尚未冷透时垂直刨除端部平整度或层厚不符合要求的部分,使下次施工时成直角连接。

（5）从接缝处继续摊铺混合料前应用 3m 立尺检查端部平整度,当不符合要求时,予以清除。摊铺时应控制好预留高度,接缝处摊铺层施工结束后再用 3m 直尺检查平整度,当有不符合要求者,应趁混合料尚未冷却时立即处理。

（6）横向接缝的碾压应先用双轮钢筒式压路机进行横向碾压。碾压带的外侧放置供压路机行驶的垫木,碾压时压路机位于已压实的混合料层上,伸入新铺层的宽度为 15cm,然后每压一遍向混合料移动 15～20cm,直至全部在新铺层上为止,再改为纵向碾压。当相邻摊铺层已经成型,同时又有纵缝时,可先用钢筒式压路机纵缝碾压一遍,其碾压宽度为 15～20cm,然后再沿横缝作横向碾压,最后进行正常的纵向碾压。

（7）做完的摊铺层外露边缘应准确到要求的线位。修边切下的材料及任何其他的废弃沥青混合料从路上清除。

6.取样和试验

（1）沥青混合料按《公路工程沥青及沥青混合料试验规程》(JTJ 052—2000)的方法取样,以测定矿料级配、沥青含量。混合料的试样,每台拌和机每天取样 1～2 次,并按《公路工程沥青及沥青混合料试验规程》(JTJ052—2000)标准方法对规定基础进行检验。

（2）压实的沥青路面应按《公路路基路面现场测试规程》(JTGF60—2008)要求的方法钻孔取样,或用核子密度仪测定其压实度。

（3）所有试验结果均应报监理工程师审批。

七、几种常见面层铺砌

1.散料类面层铺砌

（1）土路

完全用当地的土加入适量砂和消石灰铺筑。常用于游人少的地方,或作为临时性道路。

（2）草路

一般用在排水良好、游人不多的地段,要求路面不积水,并选择耐践踏的草种,如绊根草、结缕草等。

（3）碎料路

是指用碎石、卵石、瓦片、碎瓷等碎料拼成的路面。图案精美丰富，色彩素艳和谐，风格或圆润细腻或朴素粗犷，做工精细而具有很好的装饰作用和较高的观赏性，有助于强化园林意境，具有浓厚的民族特色和情调，多见于古典园林中。

施工方法：先铺设基层，一般用砂作基层，当砂不足时，可以用煤渣代替。基层厚 20～25cm，铺后用轻型压路机压 2～3 次。面层（碎石层）一般厚 1.4～20cm，填后平整压实。当面层厚度超过 20cm 时，要分层铺压，下层 12～16cm，上层 10cm。面层铺设的高度应比实际高度大些。

现以卵石路面铺设为例，简单介绍其施工方法。

（1）绘制图案

用木桩定出铺装图案的形状，调整好相互之间的距离，再将其固定。然后用铁锹切割出铺装图案的形状，开挖过程中尽可能保证基土的平整。

（2）平整场地

勾勒出图案的边线后，就要用耙子平整场地，在此过程之中还要在平整的场地上放置一块木板，将酒精水准仪放在它的上面。

（3）铺设垫层

在平整后的基层上，铺设一层粗沙（厚度大约为 3cm）。在它的上层再抹上一层约为 6cm 的水泥砂浆（混合比为 7∶1），然后用木板将其压实、整平。

（4）抹平垫层

垫层必须干燥、平整、坚实。如果垫层有毛茬、不平，应该对垫层进行抹平。

（5）填充卵石

按照设计的图案依次将卵石、圆石、碎石镶入水泥砂浆之中。

（6）修整图案

使用泥铲将卵石，上边干的水泥砂浆刮掉，并检查铺装材料是否稳固，如果需要的话还应使用水泥砂浆对其重新加固。

（7）清理现场

最后在水泥砂浆完全凝固之前，用硬毛刷子清除多余的粗沙和无用的材料，但是注意不要破坏刚刚铺好的卵石。

2.块料类面层铺砌

用石块、砖、预制水泥板等做路面的，统称为块料路面。此类路面花纹变化较多，铺设方便，因此在园林中应用较广。块料路面是我国园林传统做法的继承和延伸。块料路面的铺砌要注意几点。

(1)广场内同一空间,园路同一走向,用一种式样的铺装较好。这样几个不同地方不同的铺砌,组成全园,达到统一中求变化的目的。实际上,这是以园路的铺装来表达园路的不同性质、用途和区域。

(2)一种类型铺装内,可用不同大小、材质和拼装方式的块料来组成,关键是用什么铺装在什么地方。例如,主要干道、交通性强的地方,要牢固、平坦、防滑、耐磨,线条简洁大方,便于施工和管理。如用同一种石料,变化大小或拼砌方法。小径、小空间、休闲林荫道,可丰富多彩一些,例如,杭州的竹径通幽,苏州五峰仙馆与鹤所间的仙鹤图与环境融为一体,诗情画意,跃然脚下。

(3)块料的大小、形状,除了要与环境、空间相协调,还要适于自由曲折的线形铺砌,这是施工简易的关键;表面粗细适度,粗可行儿童车,走高跟鞋,细不致雨天滑倒跌伤,块料尺寸模数要与路面宽度相协调;使用不同材质块料拼砌,色彩、质感、形状等对比要强烈。

(4)块料路面的边缘要加固。损坏往往从这里开始。园路是否放侧石,各有己见。要依实而定:①看使用清扫机械是否需要有靠边;②所使用砌块拼砌后,边缘是否整齐;③侧石是否可起到加固园路边缘的目的;④最重要的是园路两侧绿地是否高出路面,在绿化尚未成型时,须以侧石防止水土冲刷。

(5)建议多采用自然材质块料,接近自然,朴实无华,价廉物美,经久耐用。甚至旧料、废料略经加工也可利用。日本有的路面是散铺粗砂而成的,我们过去也有煤屑路面;碎大理石花岗岩板也广为使用,石屑更是常用填料。

施工总的要求是要有良好的路基,并加砂垫层,块料接缝处要加填充物。

①砖铺路面

目前我国机制标准砖的大小为 240mm×115mm×53mm,有青砖和红砖之分。园林铺地多用青砖,风格朴素淡雅,施工简便,可以拼凑成各种图案,以席纹和同心圆弧放射式排列为多。砖铺地适于庭院和古建筑物附近。因其耐磨性差,容易吸水,适用于冰冻不严重和排水良好之处;坡度较大和阴湿地段不宜采用,因易生青苔而行走不便。目前已有采用彩色水泥仿砖铺地,效果较好。日本、欧美等国尤喜用红砖或仿缸砖铺地,色彩明快艳丽。

大青方砖规格为 500mm×500mm×100mm,平整、庄重、大方,多用于古典庭院。

②冰纹路面

冰纹路面是用边缘挺括的石板模仿冰裂纹的地面,石板间接缝呈揪折线,用水泥砂浆勾缝。多为平缝和凹缝,以凹缝为佳。也可不勾缝,便于草皮长出成冰裂纹嵌草路面。还可做成水泥仿冰纹路,即在现浇混凝土路面初凝时,模印冰裂纹图案,表面拉毛,效果也较好。冰路适用于池畔、山谷、草地、林中的游步道。

③混凝土预制块铺路

用模具制成的混凝土方砖铺砌的路面,形状多变,图案丰富(如各种几何图形、花卉、木纹、仿生图案等)。也可添加无机矿物颜料制成彩色混凝土砖,色彩艳丽。路面平整、坚固、耐久。适用于园林中的广场和规则式路段上。也可做成半铺装留缝嵌草路面。

3.胶结料类的面层施工

底层铺碎砖瓦 6～8cm 厚,也可用煤渣代替。压平后铺一层极薄的水泥砂浆(粗砂)抹平、浇水、保养 2～3 天即可,此法常用于小路。也可在水泥路上划成方格或各种形状的花纹,既增加艺术性,也增强实用性。

4.嵌草路面的铺砌

无论用预制混凝土铺路板、实心砌块、空心砌块,还是用顶面平整的乱石、整形石块或石板,都可以铺装成砌块嵌草路面。

施工时,先在整平压实的路基.上铺垫一层栽培壤土作垫层。壤土要求比较肥沃,不含粗颗粒物,铺垫厚度为 100～150mm。然后在垫层上铺砌混凝土空心砌块或实心砌块,砌块缝中半填壤土,并播种草籽。实心砌块的尺寸较大,草皮嵌种在砌间预留的缝中。草缝设计宽度可在 20～50mm 之间,缝中填土达砌块的 2/3 高。砌块下面如上所述用壤土作垫层并起找平作用,砌块要铺装得尽量平整。实心砌块嵌草路面上,草皮形成的纹理是线网状的。空心砌块的尺寸较小,草皮嵌种在砌块中心预留的孔中。砌块与砌块之间不留草缝,常用水泥砂浆黏结。砌块中心孔填土亦为砌块的 2/3 高;砌块下面仍用壤土作垫层找平,使嵌草路面保持平整。空心砌块嵌草路面上,草皮呈点状而有规律地排列。要注意的是,空心砌块的设计制作,一定要保证砌块的结实坚固和不易损坏,因此其预留孔径不能太大,孔径最好不超过砌块直径的 1/3 长。采用砌块嵌草铺装的路面,砌块和嵌草层是道路的结构面层,其下面只能有一个壤土垫层,在结构上没有基层,只有这样的路面结构才有利于草皮的存活与生长。

八、道牙边沟施工

1.路缘石

（1）路缘石的作用

路缘石是一种为确保行人及路面安全、进行交通诱导、保留水土、保护植栽、以及区分路面铺装等而设置在车道与人行道分界处、路面与绿地分界处、不同铺装路面分界处等位置的构筑物。路缘石的种类很多，有标明道路边缘类的预制混凝土路缘石、砖路缘石、石头路缘石，此外，还有对路缘进行模糊处理的合成树脂路缘石。

（2）路缘石设置施工要点

①在公共车道与步行道分界处设置路缘，一般利用混凝土制"步行道车道分界道牙砖"，设置高 15cm 左右的街渠或"L"边沟。如在建筑区内，街渠或边沟的高度则为 10cm 左右。

②区分路面的路缘，要求铺筑高度统一、整齐，路缘石一般采用"地界道牙砖"。设在建筑物入口处的路缘，可采用与路面材料搭配协调的花砖或石料铺筑。在混凝土路面、花砖路面、石路面等与绿色的交界处可不设路缘。但对沥青路面，为保证施工质量，则应当设置路缘。

2.边沟

（1）边沟。所谓的边沟，是一种设置在地面上用于排放雨水的排水沟。其形式多种多样，有铺设在道路上的"L"形边沟，步车道分界道牙砖铺筑的街渠，铺设在停车场内园路上的蝶形边沟，以及铺设在用地分界点、人口等场所的"L"形边沟（"U"字沟）。此外，还有窄缝样的缝形边沟和与路面融为一体的加装饰的边沟。边沟所使用的材料一般为混凝土，有时也采用嵌砌小砾石。"U"形边沟沟算的种类比较多，如混凝土制算、镀锌格栅算、铸铁格栅算、不锈钢格子算等。

（2）边沟的设置要点

①应按照建设项目的排水总体规划指导，参考排放容量和排水坡度等因素，再决定边沟的种类和规模尺寸。

②从总体而言，所谓的雨水排除是针对建筑区内部的雨水排放处理，因此，应在建筑区的出入口处设置边沟（主要是加格栅算的"U"字沟）。

③使用"L"形边沟，如是路宽 6m 以下的道路，应采用 C20 型钢筋混凝土

"L"形边沟。对 6m 以上宽的道路,应在双侧使用 C30 或 C35 钢筋混凝土"L"形边沟。

④"U"形沟,则常选用 240 型或 300 成品预制件。

⑤用于车道路面上的"U"形边沟,其沟算应采用能够承受通行车辆荷载的结构。而且最好选择可用螺栓固定不产生噪声的沟算。

⑥步行道、广场上的"U"形沟沟算,应选择细格栅类,以免行人的高跟鞋陷入其中,在建筑的入口处,一般不采用"L"形边沟排水,而是以缝形边沟,集水坑等设施排水,以免破坏入口处的景观。

道旁"U"形沟,上覆细格栅,既利于排水,又不妨碍行走。路面中部拱起,两边没有边沟,利于排水。

车行道排水多用带铁算子的"L"形边沟和"U"形边沟;广场地面多用蝶形和缝形边沟;铺地砖的地面多用加装饰的边沟,要注重色彩的搭配;平面型边沟水算格栅宽度要参考排水量和排水坡度确定,一般采用 250～300mm;缝形边沟一般缝隙不小于 20mm。

园路路缘石以天然石材为主,缘石高度应低于 20cm 以下,或不使用缘石以保持人与景观之间亲切的尺度。

第三节　广场施工

一、施工准备

1.材料准备

准备施工机具、基层和面层的铺装材料,以及施工中需要的其他材料;清理施工现场。

2.场地放线

按照广场设计图所绘施工坐标方格网,将所有坐标点测设在场地上并打桩定点。然后以坐标桩点为准,根据广场设计图,在场地地面上放出场地的边线、主要地面设施的范围线和挖方区、填方区之间的零点线。

3.地形复核

对照广场竖向设计图,复核场地地形。各坐标点、控制点的自然地坪标高数据,有缺漏的要在现场测量补上。

4.广场场地平整

需要按设计要求对场地进行回填压实及平整,为保证广场基层稳定,对场地平整做以下处理。

(1)清除并运走的场地杂草、转走现场的木方及竹子等建筑材料。

(2)用挖掘机将场地其他多余土方转运到西边场地,用推土机分层摊铺开来,每层厚度控制在 30cm 左右。然后采用两台 15t 压路机对摊铺的大面积场地进行碾压,局部采用人工打夯机夯实。压至场地土方无明显下沉或压路机无明显轮迹为止。按设计要求至少须三次分层摊铺和碾压。对经压路机碾压后低于设计标高及低洼的部位采用人工回填夯实。

(3)人工夯实填土前应初步平整,夯实时要按照一定方向进行,一夯压半夯,夯夯相接,行行相连,每遍纵横交叉,分层夯打。人工夯实部分采用蛙式夯机,夯打遍数不少于 3 遍,对周边等压路机碾压不到的部位应加夯几次。

(4)广场场地平整及碾压完成后,安排测量人员放出广场道路位置,根据设计图纸标高,使道路路基标高略高于设计要求,用 15t 振动压路机对道路再进行一次碾压。采用振动压路机碾压,碾压时横向接头的轮迹,重叠宽度为 40～

50cm,前后相邻两区段纵向重叠1~1.5m,碾压时做到无漏压、无死角并确保碾压均匀。碾压时,先压边缘,后压中间;先轻压,后重压。填土层在压实前应先整平,并应作2%~4%的横坡。当路堤铺筑到结构物附近的地方,或铺筑到无法采用压路机压实的地方,使用夯锤予以夯实。

(5)使道路路基达到设计要求的压实系数。并按设计要求做好压实试验。

(6)场地平整完成后,及时合理安排地下管网及碎石、块石垫层的施工,保证施工有序及各工种交叉作业。

二、花岗石铺装

1.垫层施工

将原有水泥方格砖地面拆除后,平整场地,用蛙式打夯机夯实,浇筑150mm厚素混凝土垫层。

2.基层处理

检查基层的平整度和标高是否符合设计要求,偏差较大的事先凿平,并将基层清扫干净。

3.找水平、弹线

用1∶2.5水泥砂浆找平,作水平灰饼,弹线、找中、找方。施工前一天洒水湿润基层。

4.试拼、试排、编号

花岗石在铺设前对板材进行试拼、对色、编号整理。

5.铺设

弹线后先铺几条石材作为基准,起标筋作用。铺设的花岗石事先洒水湿润,阴干后使用。在水泥焦砟垫层上均匀地刷一道素水泥浆,用1∶2.5干硬性水泥砂浆做黏结层,厚度根据试铺高度决定粘接厚度。用铝合金尺找平,铺设板块时四周同时下落,用橡皮锤敲击平实,并注意找平、找直,如有锤击空声,需揭板重新增添砂浆,直至平实为止,最后揭板浇一层水灰比为0.5的素水泥浆,再放下板块,用锤轻轻敲击铺平。

6.擦缝

待铺设的板材干硬后,用与板材同颜色的水泥浆填缝,表面用棉丝擦拭干净。

7.养护、成品保护

擦拭完成后,面层铺盖一层塑料薄膜,减少砂浆在硬化过程中的水分蒸发,增强石板与砂浆的黏结牢度,保证地面的铺设质量。养护期为 3～5 天,养护期禁止上人上车,并在塑料薄膜上再覆盖硬纸垫,以保护成品。

三、卵石面层铺装

在基础层上浇筑后 3～4 天方可铺设面层。首先打好各控制桩。其次挑选好 3～5cm 的卵石,要求质地好、色泽均匀、颗粒大小均匀。然后在基础层上铺设 1:2 水泥砂浆,厚度为 5cm,接着用卵石在水泥砂浆层嵌入,要求排列美观,面层均匀高低一致(可以一块 1m×1m 的平板盖在卵石,上轻轻敲打,以使面层平整)。面层铺好一块(手臂距离长度)用抹布轻轻擦除多余部分的水泥砂浆。待面层干燥后,应注意浇水保养。

四、停车场草坪 铺装

根据设计图纸要求,停车场的草坪铺装基础素土夯实和碎石垫层后,按园路铺装处理外,在铺好草坪保护垫(绿保)10mm 厚细砂后一定要用压路机辗压 3～4 次,并处理好弹簧土,在确保地基压实度的情况下才允许浇水铺草坪。

五、质量标准

园路与广场各层的质量要求及检查方法如下:

(1)各层的坡度、厚度、标高和平整度等应符合设计规定。

(2)各层的强度和密实度应符合设计要求,上下层结合应牢固。

(3)变形缝的宽度和位置、块材间缝隙的大小以及填缝的质量等应符合要求。

(4)不同类型面层的结合以及图案应正确。

(5)各层表面对水平面或对设计坡度的允许偏差,不应大于 30mm。供排除液体用的带有坡度的面层应做泼水试验,以能排除液体为合格。

(6)块料面层相邻两块料间的高差,不应大于表 16－1 所示的规定。

表 16-1　各种块料面层相邻两块料的高低允许偏差　　　　　单位：mm

序号	块料表层名称	允许偏差
1	条石面层	2
2	普通黏土砖、缸砖和混凝土板面层	1.5
3	水磨石板、陶瓷地砖、水泥花砖和硬质纤维板面层	1
4	大理石、花岗石、拼花木板和塑料地板面层	0.5

（7）水泥混凝土、水泥砂浆、水磨石等整体面层和铺在水泥砂浆上的板块面层以及铺贴在沥青胶结材料或胶黏剂的拼花木板、塑料板、硬质纤维板面层与基层的结合应良好，应用敲击方法检查，不得空鼓。

（8）面层不应有裂纹、脱皮、麻面和起砂等现象。

（9）面层中块料行列（接缝）在5m长度内直线度的允许偏差不应大于表16-2所示的规定。

表 16-2　各类面层块料行列（接缝）直线度的允许偏差　　　　　单位：mm

序号	块料表层名称	允许偏差
1	缸砖、陶瓷锦砖、水磨石板、水泥花砖、塑料板和硬质纤维板	3
2	活动地板面积	2.5
3	大理石、花岗石面层	2
4	其他快聊面层	8

（11）各层的表面平整度，应用2m长的直尺检查，如为斜面，则应用水平尺和样尺检查各层表面平面度的偏差，不应大于表16-3所示的规定。

表 16-3　各层表面平面度的偏差允许值　　　　　单位：mm

序号	层次	材料名称		允许偏差
1	基土	土		15
2	垫层	砂、砂石、碎（卵）石、碎砖		15
		灰土、三合土、炉渣、水泥混凝土		15
		毛地板	10	10
			5	3
		木格栅		5

序号	层次	材料名称	允许偏差
3	结合层	用沥青玛蹄脂做结合层铺设拼花木板、板块和硬质纤维面板	3
		用水泥砂浆做结合层铺设板块面层以及铺设隔离层、填充层	5
		用胶结料做结合层铺设拼花木板、塑料板和纤维板面层	2
4	面层	条石、块石	10
		水泥混凝土、水泥砂浆、沥青混凝土、水泥钢（铁）屑不发火（防爆的）、防渗等面层	4
		缸砖、混凝土块面层	4
		整体的及预制的普通水磨石、水泥花砖和木板面层	3
		整体的及预制的高级水磨石面层	2
		陶瓷锦砖、陶瓷地砖、拼花木板、活动地板、塑料板、硬质纤维板等面层以及面层涂饰	2
		大理石、花岗石面层	1

第十七章　园林水景工程施工

第一节　园林水景工程概述

水景工程是园林工程中涉及面最广、项目组成最多的专项工程之一。狭义上水景包括湖泊、水池、水塘、溪流、水坡、水道、瀑布、水帘、跌水、水墙和喷泉等多种水景。当然就工程的角度而言,对水景的设计施工实际上主要是对盛水容器及其相关附属设施的设计与施工。为了实现这些景观,需要修建诸如小型水闸、驳岸、护坡和水池等工程构筑物以及必要的给排水设施和电力设施等。从而涉及土木工程、防水工程、给排水工程、供电与照明工程、假山工程、种植工程、设备安装工程等一系列相关工程。

一、园林水景工程的作用

1. 美化环境空间

人造水景是建筑空间和环境创作的一个组成部分,主要由各种形态的水流组成。水流的基本形态有镜池、溪流、叠流、瀑布、水幕、喷泉、涌泉、冰塔、水膜、水雾、孔流、珠泉等,若将上述基本形态加以合理组合,又可构成不同姿态的水景。水景配以音乐、灯光形成千姿百态的动态声光立体水流造型,不但能装饰、衬托和加强建筑物、构筑物、艺术雕塑和特定环境的艺术效果和气氛,而且有美化生活环境的作用。

2. 改善小区气候

水景工程可起到类似大海、森林、草原和河湖等净化空气的作用,使景区的空气更加清洁、新鲜、湿润,使游客心情舒畅、精神振奋、消除烦躁,这是由于:

①水景工程可增加附近空气的湿度,尤其在炎热干燥的地区,其作用更加明显。

②水景工程可增加附近空气中的负离子的浓度,减少悬浮细菌数量,改善空气的卫生状况。

③水景工程可大大减少空气中的含尘量,使空气清新洁净。

3.综合利用资源

进行水景工程的策划时,除充分发挥前述作用外,还应统揽全局、综合考虑、合理布局,尽可能发挥以下作用:

①利用各种喷头的喷水降温作用,使水景工程兼作循环冷却池。

②利用水池容积较大,水流能起充氧防止水质腐败的作用,使之兼作消防水池或绿化贮水池。

③利用水流的充氧作用,使水池兼作养鱼池。

④利用水景工程水流的特殊形态和变化,适合儿童好动、好胜、亲水的特点,使水池兼作儿童戏水池。

⑤利用水景工程可以吸引大批游客的特点,为公园、商场、展览馆、游乐场、舞厅、宾馆等招徕顾客进行广告宣传。

⑥水景工程本身也可以成为经营项目,进行各种水景表演。

二、园林理水

园林理水原指中国传统园林的水景处理,今泛指各类园林中水景处理。在中国传统的自然山水园中,水和山同样重要,以各种不同的水形,配合山石、花木和园林建筑来组景,是中国造园的传统手法,也是园林工程的重要组成部分。水是流动的、不定形的,与山的稳重、固定恰成鲜明对比。水中的天光云影和周围景物的倒影,水中的碧波游鱼、荷花睡莲等,使园景生动活泼,所以有"山得水而活,水得山而媚"之说。园林中的水面还可以划船、游泳,或作其他水上活动,并有调节气温、湿度、滋润土壤的功能,又可用来浇灌花木和防火。由于水无定形,它在园林中的形态是由山石、驳岸等来限定的,掇山与理水不可分,所以《园冶》一书把池山、溪涧、曲水、瀑布和埋金鱼缸等都列入"掇山"一章。理水也是排泄雨水、防止土壤冲刷、稳固山体和驳岸的重要手段。

模拟自然的园林理水,常见类型有以下几种:

(1)泉瀑

泉为地下涌出的水,瀑是断崖跌落的水,园林理水常把水源做成这两种形式。水源或为天然泉水,或园外引水或人工水源(如自来水)。泉源的处理,一般都做成石窦之类的景象,望之深邃幽暗,似有泉涌。瀑布有线状、帘状、分流、跌落等形式,主要在于处理好峭壁、水口和递落叠石。水源现在一般用自来水或用水泵抽汲池水、井水等。苏州园林中有导引屋檐雨水的,雨天才能观瀑。

(2)渊潭

小而深的水体,一般在泉水的积聚处和瀑布的承受处。岸边宜做叠石,光线宜幽暗,水位宜低下,石缝间配置斜出、下垂或攀缘的植物,上用大树封顶,造成深邃气氛。

(3)溪涧

泉瀑之水从山间流出的一种动态水景。溪河宜多弯曲以增长流程,显示出源远流长,绵延不尽。多用自然石岸,以砾石为底,溪水宜浅,可数游鱼,又可涉水。游览小径须时缘溪行,时踏汀步,两岸树木掩映,表现山水相依的景象,如杭州"九溪十八涧"。

有时造成河床石骨暴露,流水激端有声,如无锡寄畅园的"八音涧"。曲水也是溪涧的一种,今绍兴兰亭的"曲水流觞"就是用自然山石以理涧法做成的。

(4)河流

河流水面如带,水流平缓,园林中常用狭长形的水池来表现,使景色富有变化。河流可长可短,可直可弯,有宽有窄,有收有放。河流多用土岸,配置适当的植物;也可造假山插入水中形成"峡谷",显出山势峻峭。两旁可设临河的水榭等,局部用整形的条石驳岸和台阶。水上可划船,窄处架桥,从纵向看,能增加风景的幽深和层次感。例如北京颐和园后湖、扬州瘦西湖等。

(5)池塘、湖泊

指成片汇聚的水面。池塘形式简单,平面较方整,没有岛屿和桥梁,岸线较平直而少叠石之类的修饰,水中植荷花、睡莲、荇、藻等观赏植物或放养观赏鱼类,再现林野荷塘、鱼池的景色。湖泊为大型开阔的静水面,但园林中的湖,一般比自然界的湖泊小得多,基本上只是一个自然式的水池,因其相对空间较大,常作为全园的构图中心。

(6)其他

规整的理水中常见的有喷泉、几何型的水池、叠落的跌水槽等,多配合雕塑、花池,水中栽植睡莲,布置在现代园林的入口、广场和主要建筑物前。

三、园林驳岸

园林驳岸是起防护作用的工程构筑物，由基础、墙体、盖顶等组成。驳岸是园林水景的重要组成部分，修筑时要求坚固和稳定，同时，要求其造型要美观，并同周围景色协调。

园林驳岸按断面形状可分为整形式和自然式两类。对于大型水体和风浪大、水位变化大的水体以及基本上是规则式布局的园林中的水体，常采用整形式直驳岸，用石料、砖或混凝土等砌筑整形岸壁。对于小型水体和大水体的小局部，以及自然式布局的园林中水位稳定的水体，常采用自然式山石驳岸，或有植被的缓坡驳岸。自然式山石驳岸可做成岩、矶、崖、岫等形状，采取上伸下收、平挑高悬等形式。

驳岸多以打桩或柴排沉入作为加强基础的措施。选坚实的大块石料为砌块，也有采用断面加宽的灰土层作基础，将驳岸筑于其上。驳岸最好直接建在坚实的土层或岩基土。如果地基疲软，须作基础处理。近年来中国南方园林构筑驳岸，多用加宽基础的方法以减少或免除地基处理工程。驳岸常用条石、块石混凝土、混凝土或钢筋混凝土作基础；用浆砌条石、浆砌块石勾缝、砖砌抹防水砂浆、钢筋混凝土以及用堆砌山石作墙体；用条石、山石、混凝土块料以及植被作盖顶。在盛产竹、木材的地方也有用竹、木、圆条和竹片、木板经防腐处理后作竹木桩驳岸。驳岸每隔一定长度要有伸缩缝。其构造和填缝材料的选用应力求经济耐用，施工方便。寒冷地区驳岸背水面需作防冻胀处理。方法有填充级配砂石、焦砟等多孔隙易滤水的材料；砌筑结构尺寸大的砌体，夯填灰土等坚实、耐压、不透水的材料。

四、园林护坡

在园林中，自然山地的陡坡、土假山的边坡、园路的边坡和湖池岸边的陡坡，有时为了顺其自然不做驳岸，而是改用斜坡伸向水中做成护坡。护坡主要是防止滑坡，减少水和风浪的冲刷，以保证岸坡的稳定。即通过坚固坡面表土的形式，防止或减轻地表径流对坡面的冲刷，使坡地在坡度较大的情况下也不至于坍塌，从而保护了坡地，维持了园林的地形地貌。

护坡的主要类型有以下几种：

（1）块石护坡

在岸坡较陡、风浪较大的情况下，或因为造景的需要，在园林中常使用块石护坡。护坡的石料，最好选用石灰岩、砂岩、花岗岩等顽石。在寒冷的地区还要考虑石块的抗冻性。

（2）园林绿地护坡

①草皮护坡

当岸壁坡角在自然安息角以内，水面上缓坡在 1∶（5～20）间起伏变化是很美的。这时水面以上部分可用草皮护坡，即在坡面种植草皮或草丛，利用密布于土中的草根来固土，使土坡能够保持较大的坡度而不滑坡。

②花坛式护坡

将园林坡地设计为倾斜的图案、文字类模纹花坛或其他花坛形式，既美化了坡地，又起到了护坡的作用。

（3）石钉护坡

在坡度较大的坡地上，用石钉均匀地钉入坡面，使坡面土壤的密实度增长，抗坍塌的能力也随之增强。

（4）预制框格护坡

一般是用预制的混凝土框格，覆盖、固定在陡坡坡面，从而固定、保护了坡面；坡面上仍可种草种树。当坡面很高、坡度很大时，采用这种护坡方式的优点比较明显。因此，这种护坡最适于较高的道路边坡、水坝边坡、河堤边坡等的陡坡。

（5）截水沟护坡

为了防止地表径流直接冲刷坡面，而在坡的上端设置一条小水沟，以阻截、汇集地表水，从而保护坡面。

（6）编柳抛石护坡

采用新截取的柳条十字交叉编织。编柳空格内抛填厚 0.4～0.44m 的块石，块石下设厚 10～20cm 的砾石层以利于排水和减少土壤流失。柳格平面尺寸 1m×1m 或 0.3m×0.3m，厚度为 30～50cm。柳条发芽便成为较坚固的护坡设施。

五、园林喷泉

园林中的喷泉，一般是为了造景的需要，人工建造的具有装饰性的喷水装置。喷泉可以湿润周围空气,减少尘埃,降低气温。喷泉的细小水珠同空气分子撞击,能产生大量的负氧离子。因此,喷泉有益于改善城市面貌和增进居民身心健康。

1.喷泉有很多种类和形式,如果进行大体上的区分,可以分为如下几类:

(1)普通装饰性喷泉

是由各种普通的水花图案组成的固定喷水型喷泉。

(2)与雕塑结合的喷泉

喷泉的各种喷水花与雕塑、水盘、观赏柱等共同组成景观。

喷泉的水源应为无色、无味、无有害杂质的清洁水。喷泉可用城市自来水作为水源,也可用地下水;其他如冷却设备和空调系统的废水也可作为喷泉的水源。

2.喷泉的给水方式有下述几种:

(1)自来水直接给水

流量在 $2\sim3L/s$ 以内的小型喷泉,可直接由城市自来水供水。使用后的水排入园林雨水管网。

(2)泵房加压用后排掉

为了确保喷水有稳定的高度和射程,给水需经过特设的水泵页房加压,喷出后的水仍排入雨水管网。

(3)泵房加压,循环供水

为了确保水具有必要的、稳定的压力,同时节约用水,减少开支,对于大型喷泉,一般采用循环供水。循环供水的方式可以设水泵房。

(4)潜水泵循环供水

将潜水泵直接放置于喷水池中较隐蔽处或低处,直接抽取池水向喷水管及喷头循环供水。这种供水方式的水量有一定限度,因此一般适用于小型喷泉。

(5)高位水体供水

在有条件的地方,可以利用高位的天然水塘、河渠、水库等作为水源向喷泉供水,水用过后排放掉。

为了确保喷水池的卫生,大型喷泉还可设专用水泵,以供喷水池水的循环,使水池的水不断流动;并在循环管线中设过滤器和消毒设备,以消除水中的杂物、藻类和病菌。

喷水池的水应定期更换。在园林或其他公共绿地中,喷水池的废水可以和绿地喷灌或地面洒水等结合使用,作水的二次使用处理。

六、小型水闸

水闸是控制水流出入某段水体的水工构筑物,常设于园林水体的进出水口。水闸在风景名胜区和城市园林中应用比较广泛,主要作用是蓄水和泄水。

(1)水闸按其专门使用的功能可分为以下几种:

①进水闸

设于水体入口,起联系上游和控制进水量的作用。

②节制闸

设于水体出口,起联系下游和控制出水量的作用。

③分水闸

用于控制水体支流出水。

(2)水闸结构由下到上可分为地基、水闸底层结构和水闸上层建筑三部分。

①地基

为天然土层经加固处理而成。水闸基础必须保证当承受上部压力后不发生超限度和不均匀沉陷。

②水闸底层结构

即闸底,为闸身与地基相联系部分。闸底必须承受由于上下游水位差造成跌水急流的冲力,减免由于上下游水位差造成的地基土壤管涌和经受渗流的浮托力。因此闸底要有一定的厚度和长度。

③水闸的上层建筑

水闸的上层建筑又可分为以下三部分:

a.闸墙,亦称边墙,位于闸门之两侧,构成水流范围,形成水槽并支撑岸土使之不坍塌。

b.翼墙,与闸墙相接、转折如翼的部分,便于与上下游河道边坡平顺衔接。

c.闸墩,分隔闸孔和安装闸门的支墩,亦可支架工作桥及交通桥。多用坚固的石材制造,也可用钢筋混凝土制成。闸墩的外形影响水流的通畅程度。

第二节 园林水景工程常用的材料

一、驳岸工程常用材料

驳岸的类型主要有浆砌块石驳岸、桩基驳岸和混合驳岸等。

园林中常见的驳岸材料有花岗石、虎皮石、青石、浆砌块石、毛竹、混凝土、木材、碎石、钢筋、碎砖、碎混凝土块等。

桩基材料有木桩、石桩、灰土桩和混凝土桩、竹桩、板桩等。

(1)木桩

要求耐腐、耐湿、坚固、无虫蛀,如柏木、松木、橡树、榆树、杉木等。桩木的规格取决于驳岸的要求和地基的土质情况,一般直径 10～15cm,长 1～2m,弯曲度(d/Z)小于 1%。

(2)灰土桩

适用于岸坡水淹频繁而木桩又容易腐蚀的地方。混凝土桩坚固耐久,但投资比木桩大。

(3)竹桩、板桩

竹篱驳岸造价低廉,取材容易,如毛竹、大头竹、勒竹、撑篙竹等均可采用。

二、护坡材料

在园林中常用的护坡材料有柳条、块石、草皮预制框格等。

1.编柳抛石护坡

采用新截取的柳条成十字交叉编织。编柳空格内抛填厚 0.2～0.4m 的块石,块石下设厚 10～20cm 的砾石层以利于排水和减少土壤流失。柳格平面尺寸为 1m×1m 或 0.3m×0.3m。

2.块石护坡

护坡石料要求相对密度应不小于 2,如火成岩吸水率超过 1% 或水成岸吸水率超过 1.5%(以重量计)则应慎用;较强的抗冻性,如花岗岩、砂岩、砾岩、板岩等石料,其中以块径 18～25cm、边长比 1∶2 的长方形石料为最好。

3.植被护坡

植被层的厚度随采用的植物种类不同而有所不同。用草皮护坡方式,植被层厚 15～45cm;用花坛护坡,植被层厚 25～60cm;用灌木丛护坡,则灌木层厚 45～180cm。植被层一般不用乔木做护坡植物,因乔木重心较高,有时可因树倒而使坡面坍塌。

4.预制框格护坡

预制框格有混凝土、塑料、铁件、金属网等材料制作的,其每一个框格单元的设计形状和规格大小都可以有许多变化。框格一般是预制生产的,在边坡施工时再装配成各种简单的图形。用锚和矮桩固定后,再往框格中填满肥沃壤土,土要填得高于框格,并稍稍拍实,以免下雨时流水渗入框格下面,冲刷走框底泥土,使框格悬空。

三、喷水池材料

1.结构材料

喷水池的结构与人工水景池相同,也由基础、防水层、池底、压顶等部分组成。

(1)基础材料

基础是水池的承重部分,由灰(3∶7 灰土)和 C10 混凝土层组成。

(2)防水层材料

水池防水材料种类较多。按材料分,主要有沥青类、塑料类、橡胶类、金属类、砂浆、混凝土及有机复合材料等。钢筋混凝土水池还可采用抹五层防水砂浆水泥中加入防水粉的做法。临时性水池则可将吹塑纸、塑料布、聚苯板组合使用,均有很好的防水效果。

(3)池底材料

多用现浇钢筋混凝土池底,厚度应大于 20cm,如果水池容积大,要配双层钢筋网,也可用土工膜作为池底防渗材料。

(4)池壁材料

池壁一般有砖砌池壁、块石池壁和钢筋混凝土池壁三种。池壁厚视水池大小而定,砖砌池壁采用标准砖,M7.5 水泥砂浆砌筑,壁厚≥240mm。钢筋混凝土池壁宜配直径 8mm、12mm 钢筋,C20 混凝土。

(5)压顶材料

压顶材料常用混凝土及块石。

（6）管网材料

喷水池中还必须配套有供水管、补给水管、泄水管和溢水管等管网。

2.衬砌材料

衬砌材料的常见种类有聚乙烯、聚氯乙烯（PVC）、异丁烯橡胶、三元乙丙橡胶（EPDM）薄膜底层衬垫等。

四、管材及附件

1.管材

对于室外喷水景观工程,我国常用的管材是镀锌钢管（白铁管）和非镀锌钢管（黑铁管）。一般埋地管道管径在 70mm 以上时用铸铁管。对于屋内工程和小型移动式水景;可采用塑料管（硬聚氯乙烯）。

在采用非镀锌钢管时,必须做防腐处理。防腐的方法,最简单的为刷油法,即先将管道表面除锈,刷防锈漆两遍（如红丹漆等）,再刷银粉。如管道需要装饰或标志时,可刷调和漆打底,再加涂所需的色彩油漆。埋于地下的铸铁管,外管一律要刷沥青防腐,明露部分可刷红丹漆及银粉。

2.控制附件

控制附件用来调节水量、水压、关断水流或改变水流方向。在喷水景观工程管路常用的控制附件主要有闸阀、截止阀、逆止阀、电磁阀、电动阀、气动阀等。

（1）闸阀

作隔断水流,控制水流道路的启、闭之用。

（2）截止阀

起调节和隔断管中的水流的作用。

（3）逆止阀

又称单向阀,用来限制水流方向,以防止水的倒流。

（4）电磁阀

是由电信号来控制管道通断的阀门,作为喷水工程的自控装置。另外,也可以选择电动阀、气动阀来控制管路的开闭。

第三节　驳岸与护坡施工

园林驳岸和护坡是起防护作用的工程构筑物,由基础、墙体、盖顶等组成,修筑时要求坚固和稳定。选坚实的大块石料为砌块,也有采用断面加宽的灰土层作基础,将驳岸筑于其上。驳岸和护坡最好直接建在坚实的土层或岩基上。如果地基疲软,需做基础处理。

驳岸和护坡每隔一定长度要有伸缩缝。其构造和填缝材料的选用应力求经济耐用、施工方便。寒冷地区驳岸背水面需做防冻胀处理。方法有:填充级配砂石、焦砟等多孔隙易滤水的材料;砌筑结构尺寸大的砌体,夯填灰土等坚实、耐压、不透水的材料。

一、施工准备

(1)驳岸与护坡的施工属于特殊的砌体工程,施工时应遵循砌体工程的操作规程与施工验收规范,同时应注意驳岸和护坡的施工必须放干湖水,亦可分段堵截逐一排空。采用灰土基础以在干旱季节为宜,否则会影响灰土的固结。

(2)为防止冻凝,岸坡应设伸缩缝并兼作沉降缝。伸缩缝要做好防水处理,同时也可采用结合景观的设计使岸坡曲折有度,这样既丰富岸坡的变化,又减少伸缩缝的设置,使岸坡的整体性更强。

(3)为排除地面渗水或地面水在岸墙后的滞留,应考虑设置泄水孔。泄水孔可等距离分布,平均3～5m处可设置一处。在孔后可设倒滤层,以防阻塞(见图17－1)。

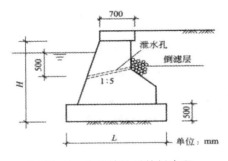

图 17－1　岸坡墙孔后的倒滤层

二、驳岸施工

园林中的各种水体需要有稳定、美观的岸线,并使陆地与水面之间保持一定的比例关系,防止因水岸坍塌而影响水体,因而应在水体的边缘修筑驳岸或进行护坡处理。

由于园林中驳岸高度一般不超过 2.5m,可以根据经验数据来确定各部分的构造尺寸,而省去繁杂的结构计算。园林驳岸的构造及名称如下:

1.压顶

驳岸的顶端结构,一般向水面有所悬挑。

2.墙身

驳岸主体,常用材料为混凝土、毛石、砖等,还有用木板、毛竹板等材料作为临时性的驳岸材料。

3.基础

驳岸的底层结构,作为承重部分,厚度常用 400mm,宽度在高度的 0.6～0.8 倍范围内。

4.垫层

基础的下层,常用材料如矿渣、碎石、碎砖等整平地坪,以保证基础与土层均匀接触。

5.基础桩

增加驳岸的稳定性,是防止驳岸滑移或倒塌的有效措施,同时也兼起加强地基承载能力的作用。材料可以用木桩、灰土桩等。

6.沉降缝

由于墙高不等,墙后土压力、地基沉降不均匀等的变化差异时所必须考虑设置的断裂缝。

7.伸缩缝

避免因温度等变化引起的破裂而设置的缝。一般 10～25m 设置一道,宽度一般采用 10～20mm,有时也兼做沉降缝用。

浆砌块石基础在施工时石头要砌得密实,缝穴尽量减少。如有大间隙应以小石填实。灌浆务必饱满,使渗进石间空隙,北方地区冬季施工可在水泥砂浆中加入 3%～5% 的 $CaCl_2$ 或 $NaCl$,按质量比兑入水中拌匀以防冻,使之正常凝固。倾斜的岸坡可用木制边坡样板校正。浆砌块石缝宽 2～3cm,勾缝可稍高于石面,也可以与石面平或凹进石面。块石护岸由下往上铺砌石料。石块要彼此紧贴。用铁锤打掉过于突出的棱角并挤压上面的碎石使其密实地压入土中。铺后可以在上面行走,试一下石块的稳定性。如人在上面行走石头仍不动,说明质量是好的,否则要用碎石嵌垫石间空隙。

图 17—2 表明驳岸的水位关系。由图可见,驳岸可分为湖底以下部分,常水位至低水位部分、常水位与高水位之间部分和高水位以上部分。高水位以上部分是不淹没部分,主要受风浪撞击和淘刷、日晒风化或超重荷载,致使下部坍塌,造成岸坡损坏。

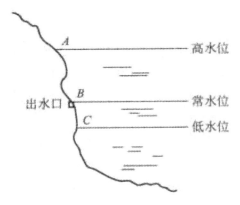

图 17—2　驳岸的水位关系

常水位至高水位部分(B—A)属周期性淹没部分,多受风浪拍击和周期性冲刷,使水岸土壤遭冲刷淤积水中,损坏岸线,影响景观。

常水位到低水位部分(B—C)是常年被淹部分,其主要是湖水浸渗冻胀,剪力破坏,风浪淘刷。我国北方地区因冬季结冻,常造成岸壁断裂或移位。有时因波浪淘刷,土壤被淘空后导致坍塌。以下部分是驳岸基础,主要影响地基的强度。

1.驳岸的造型

按照驳岸的造型形式将驳岸分为规则式驳岸、自然式驳岸和混合式驳岸三种。

规则式驳岸指用块石、砖、混凝土砌筑的几何形式的岸壁,如常见的重力式驳岸、半重力式驳岸、扶壁式驳岸等。规则式驳岸多属永久性的,要求较好的砌筑材料和较高的施工技术。其特点是简洁规整,但缺少变化。

扶壁式驳岸构造要求:

(1)在水平荷重时 $B=0.45H$;在超重荷载时 $B=0.65H$;在水平又有道路荷载时 $B=0.75H$。

（2）墙面板、扶壁的厚度≥20～25cm，底板厚度≥25cm。

自然式驳岸是指外观无固定形状或规格的岸坡处理，如常用的假山石驳岸、卵石驳岸。这种驳岸自然堆砌，景观效果好。

混合式驳岸是规则式与自然式驳岸相结合的驳岸造型。一般为毛石岸墙，自然山石岸顶。混合式驳岸易于施工，具有一定装饰性，适用于地形许可且有一定装饰要求的湖岸。

2.砌石类驳岸

砌石类驳岸是指在天然地基上直接砌筑的驳岸，埋设深度不大，但基址坚实稳固。如块石驳岸中的虎皮石驳岸、条石驳岸、假山石驳岸等。此类驳岸的选择应根据基址条件和水景景观要求确定，既可处理成规则式，也可做成自然式。

图17-3是砌石驳岸的常见构造，它由基础、墙身和压顶三部分组成。基础是驳岸承重部分，通过它将上部重量传给地基。因此，驳岸基础要求坚固，埋入湖底深度不得小于50cm，基础宽度 B 则视土壤情况而定，砂砾土为$(0.35\sim0.4)H$，砂壤土为 $0.45H$，湿砂土为$(0.5\sim0.6)H$，饱和水壤土为 $0.75H$。墙身处于基础与压顶之间，承受压力最大，包括垂直压力、水的水平压力及墙后土壤侧压力。因此，墙身应具有一定的厚度，墙体高度要以最高水位和水面浪高来确定，岸顶应以贴近水面为好，便于游人亲近水面，并显得蓄水丰盈饱满。压顶为驳岸最上部分，宽度30～50cm，用混凝土或大块石做成。其作用是增强驳岸稳定，美化水岸线，阻止墙后土壤流失。图17-4所示是重力式驳岸结构尺寸图，与表17-1配合使用。

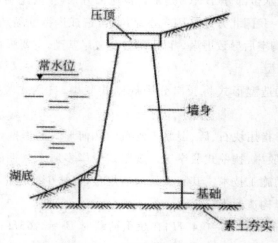

图 17-3 砌石驳岸的构造

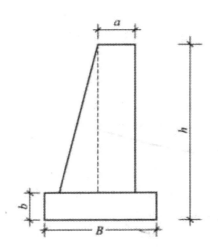

图 17-4　重力式驳岸结构尺寸

表 17-1　常见块石驳岸选用表　　　　　　　单位：cm

h	a	B	b
100	30	40	30
200	50	80	30
250	60	100	50
300	60	120	70
350	60	140	70
400	60	160	70
500	60	200	70

驳岸施工前应进行现场调查，了解岸线地质及有关情况，作为施工时的参考。施工程序如下：

（1）放线

布点放线应依据设计图上的常水位线，确定驳岸的平面位置，并在基础两侧各加宽 20cm 放线。

（2）挖槽

一般由人工开挖，工程量较大时采用机械开挖。为了保证施工安全，对需要放坡的地段，应根据规定进行放坡。

（3）夯实地基

开槽后应将地基夯实。遇土层软弱时需进行加固处理。

（4）浇筑基础

一般为块石混凝土，浇筑时应将块石分隔，不得互相靠紧，也不得置于边缘。

（5）砌筑岸墙

浆砌块石岸墙的墙面应平整、美观；砌筑砂浆饱满，勾缝严密。每隔 25～30m 做伸缩缝，缝宽 3cm，可用板条、沥青、石棉绳、橡胶、止水带或塑料等防水材料填充。填充时应略低于砌石墙面，缝用水泥砂浆勾满。如果驳岸有高差变化，则应做沉降缝，确保驳岸稳固。驳岸墙体应于水平方向 2～4m、竖直方向 1～2m 处预留泄水孔，口径为 120mm×120mm，便于排除墙后积水、保护墙体。也可于墙后设置暗沟，填置砂石排除积水。

（6）砌筑压顶

可采用预制混凝土板块压顶，也可采用大块方整石压顶。顶石应向水中至少挑出 5～6cm，并使顶面高出最高水位 50cm 为宜。砌石类驳岸结构做法，如图 17—5 所示。

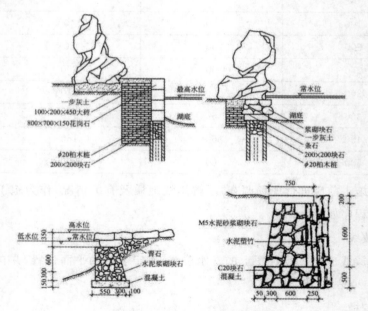

图 17—5　砌石类驳岸结构做法（一）

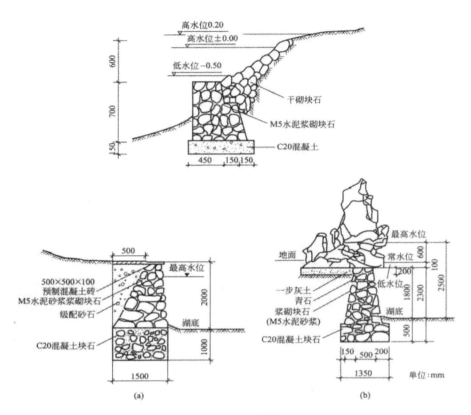

图 17-5　驳岸做法

3.桩基类驳岸

　　桩基是我国古老的水工基础做法,在水利建设中得到广泛应用,直至现在仍是常用的一种水工地基处理手法。当地基表面为松土层且下层为坚实土层或基岩时最宜用桩基。其特点是:基岩或坚实土层位于松土层下,桩尖打下去,通过桩尖将上部荷载传给下面的基岩或坚实土层;若桩打不到基岩,则利用摩擦桩,借摩擦桩侧表面与泥土间的摩擦力将荷载传到周围的土层中,以达到控制沉陷的目的。

　　图 17-6 所示是桩基驳岸结构示意,它由桩基、卡挡石、盖桩石、混凝土基础、墙身和压顶等几部分组成。卡挡石是桩间填充的石块,起保持木桩稳定作用。盖桩石为桩顶浆砌的条石,作用是找平桩顶以便浇灌混凝土基础。基础以上部分与砌石类驳岸相同。

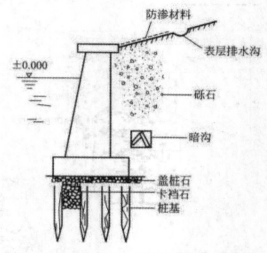

图 17－6　桩基驳岸结构示意图

4.竹篱驳岸、板墙驳岸

竹桩、板桩驳岸是另一种类型的桩基驳岸。驳岸打桩后,基础上部临水面墙身由竹篱(片)或板片镶嵌而成,适于临时性驳岸。竹篱驳岸造价低廉、取材容易、施工简单、工期短,能使用一定年限,凡盛产竹子,如毛竹、大头竹、勒竹、撑篙竹的地方都可采用。施工时,竹桩、竹篱要涂上一层柏油,目的是防腐。竹桩顶端由竹节处截断以防雨水积聚,竹片镶嵌直顺紧密牢固。

由于竹篱缝很难做得密实,这种驳岸不耐风浪冲击、淘刷和游船撞击,岸土很容易被风浪淘刷,造成岸篱分开,最终失去护岸功能。因此,此类驳岸适用于风浪小、岸壁要求不高、土壤较黏的临时性护岸地段。

三、护坡施工

护坡在园林工程中得到广泛应用,原因在于水体的自然缓坡能产生自然、亲水的效果。护坡方法的选择应依据坡岸用途、构景透视效果、水岸地质状况和水流冲刷程度而定。护坡不允许土壤从护面石下面流失。为此应做过滤层,并且护坡应预留排水孔,每隔 25m 左右做 1 个伸缩缝。

对于小水面,当护面高度在 1m 左右时,护坡的做法比较简单,也可以用大卵石等护坡,以表现海滩等的风光。当水面较大,坡面较高,一般在 2m 以上时,则护坡要求较高,多用于砌石块,用 M7.5 水泥砂浆勾缝。压顶石用 MU20 浆砌块石,坡脚石一定要坐在湖底下。

石料要求相对密度大、吸水率小。先整理岸坡,选用 10～25cm 直径的块石。最好是边长比为 1:2 的长方形石料,块石护坡还应有足够的透水性,以减少土壤从护坡上面流失。这就需要块石下面设倒滤层垫底,并在护坡坡脚设挡板。

1.铺石护坡

当坡岸较陡,风浪较大或因造景需要时,可采用铺石护坡。铺石护坡由于施工容易,抗冲刷力强,经久耐用,护岸效果好,还能因地造景,灵活随意,是园林常见的护坡形式。

护坡石料要求吸水率低(不超过 1%)、密度大(大于 $2t/m^3$)和较强的抗冻性,如石灰岩、砂岩、花岗石等岩石,以块径 1.8～25cm、长宽比为 1:2 的长方形石料最佳。铺石护坡的坡面应根据水位和土壤状况确定,一般常水位以下部分坡面的坡度小于 1:4,常水位以上部分采用 1:(1.5～5)。

施工方法如下:首先把坡岸平整好,并在最下部挖一条梯形沟槽,槽沟宽 40～50cm,深 50～60cm。铺石以前先将垫层铺好,垫层的卵石或碎石要求大小一致,厚度均匀,铺石时由下至上铺设。下部要选用大块的石料,以增加护坡的稳定性。铺时石块摆成丁字形,与岸坡平行,一行一行往上铺,石块与石块之间要紧密相贴,如有突出的棱角,应用铁锤将其敲掉。铺后检查一下质量,即当人在铺石上行走时铺石是否移动,如果不移动,则施工质量合乎要求。下一步就是用碎石嵌补铺石缝隙,再将铺石夯实即成。

2.灌木护坡

灌木护坡较适于大水面平缓的坡岸。由于灌木有韧性,根系盘结,不怕水淹,能削弱风浪冲击力,减少地表冲刷,因而护岸效果较好。护坡灌木要具备速生、根系发达、耐水湿、株矮常绿等特点,可选择沼生植物护坡。施工时可直播,可植苗,但要求较大的种植密度。若因景观需要,强化天际线变化,可适量植草和乔木。

3.草皮护坡

草皮护坡适于坡度在 1:(5～20)之间的湖岸缓坡。护坡草种要求耐水湿,根系发达,生长快,生存力强,如假俭草、狗牙根等。护坡做法按坡面具体条件而定,如果原坡面有杂草生长,可直接利用杂草护坡,但要求美观。也有直接在坡面上播草种,加盖塑料薄膜,如在正方砖、六角砖上种草,然后用竹签四角固定作护坡。最为常见的是块状或带状种草护坡,铺草时沿坡面自下而上呈网状铺草,用木方条分隔固定,稍加压踩。若要增加景观层次,丰富地貌,加强透视感,可在草地散置山石,配以花灌木。

第四节 水池施工

水池在园林中的用途很广泛,可用作处理广场中心、道路尽端以及和亭、廊、花架等各种建筑,形成富于变化的各种组合。这样可以在缺乏天然水源的地方开辟水面以改善局部的小气候条件,为种植、饲养有经济价值和观赏价值的水生动植物创造生态条件,并使园林空间富有生动活泼的景观。常见的喷水池、观鱼池、海兽池及水生植物种植池都属于这种水体类型。水池平面形状和规模主要取决于园林总体与详细规划中的观赏与功能要求,水景中水池的形态种类众多,深浅和池壁、池底结构及材料也各不相同。目前国内较为常见的池底结构有以下几种。

(1)灰土层池底

当池底的基土为黄土时,可在池底做 40～45cm 厚的 3：7 灰土层,并每隔 20m 留 1 个伸缩缝。

(2)聚乙烯薄膜防水层池底

当基土微漏,可采用聚乙烯防水薄膜池底做法。

(3)混凝土池底

当水面不大,防漏要求又很高时,可以采用混凝土池底结构。这种结构的水池,如其形状比较规整,则 50m 内可不做伸缩缝。如其形状变化较大,则在其长度约 20m 并在其断面狭窄处,应做伸缩缝。一般池底可贴蓝色瓷砖或加入水泥,进行色彩上的变化,增加景观美感。

常用的水池材料分刚性材料和柔性材料两种。刚性材料以钢筋混凝土、砖、石等为主;而柔性材料则有各种改性橡胶防水卷材、高分子防水薄膜、膨润土复合防水垫等。刚性材料宜用于规则式水池,柔性材料则用于自然式水池较为合适。

一、刚性材料水池

刚性材料水池的一般施工工艺如下:

(1)放样

按设计图纸要求放出水池的位置、平面尺寸、池底标高对桩位。

（2）开挖基坑

一般可采用人工开挖，如水面较大也可采用机挖；为确保池底基土不受扰动破坏，机挖必须保留 200mm 厚度，由人工修整。需设置水生植物种植槽的，在放样时应明确，以防超挖而造成浪费；种植槽深度应视设计种植的水生植物特性而决定。

（3）做池底基层

一般硬土层上只需用 C10 素混凝土找平约 100mm 厚，然后在找平层上浇捣刚性池底；如土质较松软，则必须经结构计算后设置块石垫层、碎石垫层、素混凝土找平层后，方可进行池底浇捣。

（4）池底、壁结构施工

按设计要求，用钢筋混凝土作结构主体的，必须先支模板，然后扎池底、壁钢筋；两层钢筋间需采用专用钢筋撑脚支撑，已完成的钢筋严禁踩踏或堆压重物。

浇捣混凝土需先底板、后池壁；如基底土质不均匀，为防止不均匀沉降造成水池开裂，可采用橡胶止水带分段浇捣；如水池面积过大，可能造成混凝土收缩裂缝的，则可采用后浇带法解决。

如要采用砖、石作为水池结构主体的，必须采用 M7.5～M10 水泥砂浆砌筑底，灌浆饱满密实，在炎热天要及时洒水养护砌筑体。

（5）水池粉刷

为保证水池防水可靠，在作装饰前，首先应做好蓄水试验，在灌满水 24h 后未有明显水位下降后，即可对池底、壁结构层采用防水砂浆粉刷，粉刷前要将池水放干清洗，不得有积水、污渍，粉刷层应密实牢固，不得出现空鼓现象。

二、柔性材料水池

柔性材料水池的一般施工工序如下：

（1）池底基层施工

在地基土条件极差（如淤泥层很深，难以全部清除）的条件下，才有必要考虑采用刚性水池基层的做法。

不做刚性基层时，可将原土夯实整平，然后在原土上回填 300～500mm 的黏性黄土压实，即可在其上铺设柔性防水材料。

（2）水池柔性材料的铺设

铺设时应从最低标高开始向高标高位置铺设;在基层面应先按照卷材宽度及搭接长度要求弹线,然后逐幅分割铺贴,搭接也要用专用胶黏剂满涂后压紧,防止出现毛细缝。卷材底空气必须排出,最后在每个搭接边再用专用自粘式封口条封闭。一般搭接边长边不得小于 80mm,短边不得小于 150mm。

如采用膨润土复合防水垫,铺设方法和一般卷材类似,但卷材搭接处需满足搭接 200mm 以上,且搭接处按 0.4kg/m 铺设膨润土粉压边,防止渗漏产生。

(3)后续保护操作

柔性水池完成后,为保护卷材不受冲刷破坏,一般需在面上铺压卵石或粗砂做保护。

三、水池防渗

水池防渗一般包括池底防渗和岸墙防渗两部分。池底由于不外露,又低于水平面,一般采用铺防水材料,上覆土或混凝土的方法进行防渗,而池岸处于立面,又有一部分露出水面,要兼顾美观,因此岸墙防渗较之池底防渗要复杂些。

(1)常用的防渗方法有以下几种:

①新建重力式浆砌石墙,土工膜绕至墙背后的防渗方法。

这种方法的施工要点是将复合土工膜铺入浆砌石墙基槽内并预留好绕至墙背后的部分,然后在其上浇筑垫层混凝土,砌筑浆砌石墙。若土工膜在基槽内的部分有接头,应做好焊接,并检验合格后方可在其上浇筑垫层混凝土。为保护绕至背后的土工膜,应将浆砌石墙背后抹一层砂浆,形成光滑面与土工膜接触,土工膜背后回填土。土工膜应留有余量,不可太紧。

这种防渗方法主要适用于新建的岸墙。它将整个岸墙用防渗膜保护,伸缩缝位置不需经过特殊处理,若土工膜焊接质量好,土工膜在施工过程中得到良好的保护,这种岸墙防渗方法效果相当不错。

②在原浆砌石挡墙内侧再砌浆砌石墙,土工膜绕至新墙与旧墙之间的防渗方法。这种方法适用于旧岸墙防渗加固。

这种方法中,新建浆砌石墙背后土工膜与旧浆砌石墙接触,土工膜在新旧浆砌石墙之间,与前述方法相比,土工膜的施工措施更为严格。施工时应着重采取措施保护土工膜,以免被新旧浆砌石墙破坏。旧浆砌石墙应清理干净,上面抹一层砂浆形成光面,然后贴上土工膜。新墙应逐层砌筑,每砌一层应及时将新墙与土工膜之间的缝隙填上砂浆,以免石块扎破土工膜。

此方法在池岸防渗加固中造价要低于混凝土防渗墙,但由于浆砌石墙宽度较混凝土墙大,因此会侵占池面面积。

以上介绍的两种方法都是应用土工膜进行防渗,土工膜是主要的防渗材料,因此保证土工膜的质量是采用这两种方法防渗效果好坏的关键。而保证土工膜的质量除严把原材料质量关,杜绝不合格产品外,保证土工膜的焊接质量是一个非常重要的因素。焊接部位是整个土工膜的薄弱环节,焊接质量直接影响着土工膜的防渗效果。

③做混凝土防渗墙上砌料石的方法进行防渗。适用于原有浆砌石岸墙的旧池区改造。

将原浆砌石岸墙勾缝剔掉,清理,在其内侧浇筑 30cm 厚抗冻抗渗强度等级的混凝土,在水面以上外露部分砌花岗岩料石,以保证美观。这种岸墙防渗方法最薄弱的部位是伸缩缝处。在伸缩缝处应设止水带,止水带上部应高于设计常水位,下部与池底防渗材料固定连接,以保证无渗漏通道。这种方法主要用于旧池区的防渗加固,较之浆砌石墙后浇土工膜的方法,这种方法可以减少占用的池区面积,保证防渗加固后池区的蓄水能力和水面面积不会大量减少。

这种方法的防渗材料其实就是混凝土,因此混凝土的质量好坏直接影响着该方法的防渗效果。所以在施工中一定要采取多种措施来保证混凝土的质量。另外料石也有一部分处于设计水位以下,其质量不但影响着美观,在一定程度上也影响着防渗效果。因此保证料石的砌筑质量也是保证岸墙防渗效果的一个重要方面。

(2)保证土工膜焊接质量应注意以下几个问题:

①施工前应注意调节焊膜机至最佳工作状态,保证焊接过程中不出现故障而影响焊接效果,在施工过程中还应注意随时调整和控制焊膜机工作温度、速度。

②将要焊接部位的土工膜清理干净,保证无污垢。

③出现虚焊、漏焊时必须切开焊缝,使用热熔挤压机对切开损伤部位用大于破损直径一倍以上的母材补焊。

④土工膜焊接后,应及时对焊接质量进行检测,检测方法采用气压式检测仪。经过 10 天的现场实测,湖水位一昼夜平均下降 12mm。

(3)保证混凝土的质量应注意以下问题:

①混凝土入仓前应检查混凝土的和易性,和易性不好的混凝土不得入仓。混凝土入仓时,应避免骨料集中,设专人平仓、摊开、布匀。

②基础和墙体混凝土浇筑时,高程控制应严格掌握,由专人负责挂线找平。

③对于斜支模板,支模时把钢筋龙骨与地脚插筋每隔 2m 点焊一道,防止模板在混凝土浇筑过程中上升。

④支模前用腻子刀和砂纸对模板进行仔细清理,不干净的模板不允许使用。

⑤混凝土入仓前把模板缝,尤其是弯道处的模板立缝堵严,防止漏浆。入仓前用清水润湿基础混凝土面,并摊铺 2cm 厚砂浆堵缝。砂浆要用混凝土原浆。混凝土平仓后及时振捣,振捣由专人负责,明确责任段,严格保证振捣质量。混凝土振捣间距应为影响半径的 1/2,即 30 型振捣棒振捣间距为 15cm,50 型振捣棒振捣间距为 25cm,避免漏振和过振。振捣时应注意紧送缓提,避免过快提振捣棒。

⑥模板的加固应使用勾头螺栓,不得用铅丝代替。

(4)保证料石的砌筑质量应注意以下几个方面:

①墙身砌筑前,混凝土墙顶表面清理干净,凿毛并洒水润湿,经验收合格后,进行墙身料石砌筑。

②料石砌筑每 10m 一个仓,每仓两端按设计高程挂线控制高程。仓与仓间设油板,外抹沥青砂浆。平缝与立缝均设 2cm 宽,2cm 深。料石要压缝砌筑,但缝隙错开,缝宽缝深符合设计要求;要求砂浆饱满,石与石咬砌,不出现通缝,保证墙身平顺。

③料石后旧岸墙与料石间的缝隙必须浇筑抗冻抗渗混凝土,以防止料石后的渗漏。混凝土浇筑前应将旧岸墙表面破损的砂浆勾缝剔除,将旧墙表面清理干净,局部旧浆砌石;岸墙损坏较严重处应拆除重新砌筑后再砌筑料石、浇筑混凝土。

④在伸缩缝处,应保证止水带位置,若料石与止水带位置冲突,可将料石背后凿去一块,保证止水带不弯曲、移位,浇筑混凝土时应特别注意将止水带部位振捣密实。

四、水池壁与底板施工缝处理

施工缝采用厚钢板止水带,留设在底板上 $H = 300mm$ 处。施工前先凿去缝内混凝土浮浆及杂物并用水冲洗干净。混凝土浇捣时,应加强接缝处的振捣,使新旧混凝土结合充分密实。

五、水池的给排水系统

1.给水系统

水池的给排水系统主要有直流给水系统、陆上水泵循环给水系统、潜水泵循环给水系统和盘式水景循环给水系统等四种形式。

（1）直流给水系统

直流给水系统将喷头直接与给水管网连接,喷头喷射一次后即将水排至下水道。这种系统构造简单、维护简单且造价低,但耗水量较大。直流给水系统常与假山、盆景配合,作小型喷泉、瀑布、孔流等,适合在小型庭院、大厅内设置。

（2）陆上水泵循环给水系统

该系统设有贮水池、循环水泵房和循环管道,喷头喷射后的水多次循环使用,具有耗水量少、运行费用低的优点。但系统较复杂,占地较多,管材用量较大,投资费用高,维护管理麻烦。此种系统适合各种规模和形式的水景,一般用于较开阔的场所。

（3）潜水泵循环给水系统

该系统设有贮水池,将成组喷头和潜水泵直接放在水池内作循环使用。这种系统具有占地少、投资低、维护管理简单、耗水量少的优点,但是水姿花形控制调节较困难。潜水泵循环给水系统适用于各种形式的中型或小型喷泉、水塔、涌泉、水膜等。

（4）盘式水景循环给水系统

该系统设有集水盘、集水井和水泵房。盘内铺砌踏石构成甬路。喷头设在石隙间,适当隐蔽。人们可在喷泉间穿行,满足人们的亲水感、增添欢乐气氛。该系统不设贮水池,给水均循环利用,耗水量少,运行费用低,但存在循环水易被污染、维护管理较麻烦的缺点。

上述几种系统的配水管道宜以环状形式布置在水池内,小型水池也可埋入池底,大型水池可设专用管廊。一般水池的水深采用 0.4～0.5m,超高为 0.25～0.3m。水池充水时间按 24～48h 考虑。配水管的水头损失一般为 5～10mmH$_2$O/m 为宜。配水管道接头应严密平滑,转弯处应采用大转弯半径的光滑弯头。每个喷头前应有不小于 20 倍管径的直线管段;每组喷头应有调节装置,以调节射流的高度或形状。循环水泵应靠近水池,以减少管道的长度。

2.排水系统

为维持水池水位和进行表面排污,保持水面清洁,水池应有溢流口。常用的溢流形式有堰口式、漏斗式、管口式和连通管式等。大型水池宜设多个溢流口,均匀布置在水池中间或周边。溢流口的设置不能影响美观,并要便于清除积污和疏通管道,为防止漂浮物堵塞管道,溢流口要设置格栅,格栅间隙应不大于管径的 1/4。

为便于清洗、检修和防止水池停用时水质腐败或池水结冰,影响水池结构,池底应有 0.01 的坡度,坡向泄水口。若采用重力泄水有困难时,在设置循环水泵的系统中,也可利用循环水泵泄水,并在水泵吸水口,上设置格栅,以防水泵装置和吸水管堵塞,一般栅条间隙不大于管道直径的 1/4。

六、工程质量要求

(1)砖壁砌筑必须做到横圆竖直,灰浆饱满。不得留踏步式或马牙茬。砖的强度等级不低于 MU10,砌筑时要挑选,砂浆配合比要称量准确,搅拌均匀。

(2)钢筋混凝土壁板和壁槽灌缝之前,必须将模板内杂物清除干净,用水将模板湿润。

(3)池壁模板不论采用无支撑法还是有支撑法,都必须将模板紧固好,防止混凝土浇筑时,模板发生变形。

(4)防渗混凝土可掺用素磺酸钙减水剂,掺用减水剂配制的混凝土,耐油、抗渗性好,而且节约水泥。

(5)矩形钢筋混凝土水池,由于工艺需要,长度较长,在底板、池壁上设有伸缩缝。施工中必须将止水钢板或止水胶皮正确固定好,并注意浇灌,防止止水钢板、止水胶皮移位。

(6)水池混凝土强度的好坏,养护是重要的一环。底板浇筑完后,在施工池壁时,应注意养护,保持湿润。池壁混凝土浇筑完后,在气温较高或干燥情况下,过早拆模会引起混凝土收缩产生裂缝。因此,应继续浇水养护,底板、池壁和池壁灌缝的混凝土的养护期应不少于 14 天。

七、试水

试水工作应在水池全部施工完成后方可进行。试水的主要目的是检验结构安全度,检查施工质量。试水时应先封闭管道孔,由池顶放水入池,一般分几次进水,根据具体情况,控制每次进水高度。从四周上下进行外观检查,做好记录,如无特殊情况,可继续灌水到储水设计标高。同时要做好沉降观察。灌水到设计标高后,停1天,进行外观检查,并做好水面高度标记,连续观察7天,外表面无渗漏及水位无明显降落方为合格。

水池施工中还涉及许多其他工种与分项工程,如假山工程、给排水工程、电气工程、设备安装工程等,可参考本书相关章节和其他有关书籍。

八、室外水池防冻

在我国北方冰冻期较长,对于室外园林地下水池的防冻处理,就显得十分重要了。若为小型水池,一般是将池水排空,这样池壁受力状态是:池壁顶部为自由端,池壁底部铰接(如砖墙池壁)或固接(如钢筋混凝土池壁)。空水池壁外侧受土层冻胀影响,池壁承受较大的冻胀推力,严重时会造成水池池壁产生水平裂缝或断裂。

冬季池壁防冻,可在池壁外侧采用排水性能较好的轻骨料如矿渣、焦砟或砂石等,并应解决地面排水,使池壁外回填土不发生冻胀情况,池底花管可解决池壁外积水(沿纵向将积水排除)。

在冬季,大型水池为了防止冻胀推裂池壁,可采取冬季池水不撤空,池中水面与池外地坪相持平,使池水对池壁压力与冻胀推力相抵消。因此为了防止池面结冰,胀裂池壁,在寒冬季节,应将池边冰层破开,使池子四周为不结冰的水面。

第五节　喷泉工程

一、喷泉的形式

喷泉是园林理水造景的重要形式之一。喷泉常应用于城市广场、公共建筑庭园、园林广场,或作为园林的小品,广泛应用于室内外空间。

喷泉有很多种类和形式,大体可以分为如下四类。

1.普通装饰性喷泉

是由各种普通的水花图案组成的固定喷水型喷泉。

2.与雕塑结合的喷泉

喷泉的各种喷水花型与雕塑、水盘、观赏柱等共同组成景观。

3.水雕塑

用人工或机械塑造出各种抽象的或具象的喷水水形,其水形呈某种艺术性"形体"的造型。

4.自控喷泉

是利用各种电子技术,按设计程序来控制水、光、音、色的变化,从而形成变幻多姿的奇异水景。

二、喷泉对环境的要求

喷泉的布置,首先要考虑喷泉对环境的要求,见表17-2。

表 17-2　喷泉对环境的要求

喷泉环境	参考的喷泉设计
开朗空间(如广场、车站前、公园入口、轴线交叉中心)	宜用规则式水池,水池要高,水姿丰富,适当照明,铺装宜宽、规整,配盆花

喷泉环境	参考的喷泉设计
半围合空间(如街道转角、多幢建筑物前)	多用长形或流线形,水量宜大,喷水优美多彩,层次丰富,照明华丽,铺装精巧,常配雕塑
喧闹空间(如商厦、游乐中心、影剧院)	流线形水池,线形优美,喷水多姿多彩,水形丰富,音、色、姿结合,简洁明快,山石背景,雕塑衬托
幽静空间(如花园小水面.古典园林中、浪漫茶座)	自然式水池,山石点缀,铺装细巧,喷水朴素,充分利用水声,强调意境
庭院空间(如建筑中、后庭)	装饰性水池,圆形、半月形、流线形,喷水自由,可与雕塑、花台结合,池内养观赏鱼,水姿简洁,山、石、树、花相间

三、常用喷头的种类

喷头是喷射各种水柱的设备,其种类繁多,可根据不同的要求选用。

1. 直流式喷头

直流式喷头使水流沿圆筒形或渐缩形喷嘴直接喷出,形成较长的水柱,是形成喷泉射流的喷头之一。这种喷头内腔类似于消防水枪形式,构造简单,造价低廉,应用广泛。如果制成球铰接合,还可调节喷射角度,称为"可转动喷头"。

2.旋流式喷头

旋流式喷头由于离心作用使喷出的水流散射成蘑菇圆头形或喇叭花形。这种喷头有时也用于工业冷却水池中。旋流式喷头,也称"水雾喷头",其构造复杂,加工较为困难,有时还可采用消防使用的水雾喷头代替。

3.环隙式喷头

环隙式喷头的喷水口是环形缝隙,是形成水膜的一种喷头,可使水流喷成空心圆柱,使用较小水量获得较大的观赏效果。

4.散射式喷头

散射式喷头使水流在喷嘴外经散射形成水膜,根据喷头散射体形状的不同可喷成各种形状的水膜,如牵牛花形、马蹄莲形、灯笼形、伞形等。

5.吸气(水)式喷头

吸气(水)式喷头是可喷成冰塔形态的喷头。它利用喷嘴射流形成的负压,吸入大量空气或水,使喷出的水中掺气,增大水的表观流量和反光效果,形成白色粗大水柱,形似冰塔,非常壮观,景观效果很好。

6.组合式喷头

用几种不同形式的喷头或同一形式的多个喷头组成组合式喷头,可以喷射出极其美妙壮观的图案。

四、喷泉的供水

1.直流式供水

直流式供水特点是自来水供水管直接接入喷水池内与喷头相接,给水喷射一次后即经溢流管排走。其优点是供水系统简单,占地小,造价低,管理简单。缺点是给水不能重复利用,耗水量大,运行费用高,不符合节约用水要求;同时由于供水管网水压不稳定,水形难以保证。直流式供水常与假山盆景结合,可做小型喷泉、孔流、涌泉、水膜、瀑布、壁流等,适合于小庭院、室内大厅和临时场所。

2.水泵循环供水

水泵循环供水特点是另设泵房和循环管道,水泵将池水吸入后经加压送入供水管道至水池中,水经喷头喷射后落入池内,经吸水管再重新吸入水泵,使水得以循环利用。其优点是耗水量小,运行费用低,符合节约用水要求;在泵房内即可调控水形变化,操作方便,水压稳定。缺点是系统复杂,占地大,造价高,管理麻烦。水泵循环供水适合于各种规模和形式的水景工程。

3.潜水泵供水

潜水泵供水特点是潜水泵安装在水池内与供水管道相连,水经喷头喷射后落入池内,直接吸入泵内循环利用。其优点是布置灵活,系统简单,占地小,造价低,管理容易,耗水量小,运行费用低,符合节约用水要求。缺点是水形调整困难。潜水泵循环供水适合于中小型水景工程。

随着科学技术的日益发展,大型自控喷泉不断出现,为适应水形变化的需要,常常采取水泵和潜水泵结合供水,充分发挥各自特点,保证供水的稳定性和灵活性,并可简化系统,便于管理。

五、喷泉管道布置

1.喷泉管道要根据实际情况布置。装饰性小型喷泉,其管道可直接埋入土中或用山石、矮灌木遮盖。大型喷泉,分主管和次管,主管要敷设在可通行人的地沟,为了便于维修应设检查井;次管直接置于水池内。管网布置应排列有序,整齐美观。

2.环形管道最好采用十字形供水,组合式配水管宜用分水箱供水,其目的是要获得稳定等高的喷流。

3.为了保持喷水池正常水位,水池要设溢水口。溢水口面积应是进水口面积的 2 倍,要在其外侧配备拦污栅,但不得安装阀门。溢水管要有 3% 的顺坡,直接与泄水管连接。

4.补给水管的作用是启动前的注水及弥补池水蒸发和喷射的损耗,以保证水池正常水位。补给水管与城市供水管相连,并安装阀门控制。

5.泄水口要设于池底最低处,用于检修和定期换水时的排水。管径 100mm 或 150mm,也可按计算确定,安装单向阀门,与公园水体和城市排水管网连接。

6.连接喷头的水管不能有急剧变化,要求连接管至少有其管径长度的 20 倍。如果不能满足时,需安装整流器。

7.喷泉所有的管线都要具有不小于 2% 的坡度,便于停止使用时将水排空;所有管道均要进行防腐处理;管道接头要严密,安装必须牢固。

8.管道安装完毕后,应认真检查并进行水压试验,保证管道安全,一切正常后再安装喷头。为了便于水形的调整,每个喷头都应安装阀门控制。

六、喷水池施工

水池由基础、防水层、池底、池壁、压顶等部分组成。

1.基础

基础是水池的承重部分,由灰土和混凝土层组成。施工时先将基础底部素土夯实(密实度不得小于 85%);灰土层一般厚 30cm (3 份石灰,7 份中性黏土);C10 混凝土垫层厚 10~15cm。

2.防水层

水池工程中,防水工程质量的好坏对水池安全使用及其寿命有直接影响,因此正确选择和合理使用防水材料是保证水池质量的关键。

目前,水池防水材料种类较多,如按材料分,主要有沥青类、塑料类、橡胶类、金属类、砂浆、混凝土及有机复合材料等;如按施工方法分,有防水卷材、防水涂料、防水嵌缝油膏和防水薄膜等。

(1)沥青材料

主要有建筑石油沥青和专用石油沥青两种。专用石油沥青可在音乐喷泉的电缆防潮防腐中使用。建筑石油沥青与油毡结合形成防水层。

(2)防水卷材

品种有油毡、油纸、玻璃纤维毡片、三元乙丙再生胶及603防水卷材等。其中油毡应用最广,三元乙丙再生胶用于大型水池、地下室、屋顶花园作防水层效果较好。603防水卷材是新型防水材料,具有强度高、耐酸碱、防水防潮、不易燃、有弹性、寿命长、抗裂纹等优点,且能在−50~80℃环境中使用。

(3)防水涂料

常见的有沥青防水涂料和合成树脂防水涂料两种。

(4)防水嵌缝油膏

主要用于水池变形缝防水填缝,种类较多。按施工方法的不同分为冷用嵌缝油膏和热用灌缝胶泥两类。

(5)防水剂和注浆材料

防水剂常用的有硅酸钠防水剂、氯化物金属盐防水剂和金属皂类防水剂。注浆材料主要有水泥砂浆、水泥玻璃浆液和化学浆液3种。

水池防水材料的选用,可根据具体要求确定,一般水池用普通防水材料即可。钢筋混凝土水池也可采用抹5层防水砂浆(水泥加防水粉)做法。临时性水池还可将吹塑纸、塑料布、聚苯板组合起来使用,也有很好的防水效果。

3.池底

池底直接承受水的竖向压力,要求坚固耐久。多用钢筋混凝土池底,一般厚度大于20cm;如果水池容积大,要配双层钢筋网。施工时,每隔20m选择最小断面处设变形缝(伸缩缝、防震缝),变形缝用止水带或沥青麻丝填充;每次施工必须由变形缝开始,不得在中间留施工缝,以防漏水。

4.池壁

池壁是水池的竖向部分,承受池水的水平压力,水愈深容积愈大,压力也愈大。池壁一般有砖砌池壁、块石池壁和钢筋混凝土池壁 3 种,如图 6－42 所示。壁厚视水池大小而定,砖砌池壁一般采用标准砖、M7.5 水泥砂浆砌筑,壁厚不小于 240mm。砖砌池壁虽然具有施工方便的优点,但红砖多孔,砌体接缝多,易渗漏,不耐风化,使用寿命短。块石池壁自然朴素,要求垒砌严密,勾缝紧密。混凝土池壁用于厚度超过 400mm 的水池,C20 混凝土现场浇筑。钢筋混凝土池壁厚度多小于 300mm,常用 150～200mm,宜配 φ8mm、φ12mm 钢筋,中心距多为 200mm。

5.压顶

属于池壁最上部分,其作用为保护池壁,防止污水泥沙流入池中,同时也防止池水溅出。对于下沉式水池,压顶至少要高于地面 5～10cm;而当池壁高于地面时,压顶做法必须考虑环境条件,要与景观相协调,可做成平顶、拱顶、挑伸、倾斜等多种形式。压顶材料常用混凝土和块石。

完整的喷水池还必须设有供水管、补给水管、泄水管、溢水管及沉泥池。

七、喷泉的控制方式

喷泉喷射水量、时间和喷水图样变化的控制,主要有以下 3 种方式:

1. 手阀控制

这是最常见和最简单的控制方式,在喷泉的供水管上安装手控调节阀,用来调节各管段中水的压力流量,形成固定的水姿。

2.继电器控制

通常用时间继电器按照设计时间程序控制水系、电磁阀、彩色灯等的起闭,从而实现可以自动变换的喷水水姿。

3.音响控制

声控喷泉是利用声音来控制喷泉水形变化的一种自控泉。它一般由声电转换、放大装置、执行机构、动力设备和其他设备(如管路、过滤器、喷头等)组成。

声控喷泉的原理是将声音信号转变为电信号,经放大及其他一些处理,推动继电器或其电子式开关,再去控制设在水路上的电磁阀的启闭,从而控制喷头水流的通断。这样,随着声音的起伏,人们可以看到喷泉大小、高矮和形态的变化。它能把人们的听觉和视觉结合起来,使喷泉喷射的水花随着音乐优美的旋律而翩翩起舞。这样的喷泉因此也被喻为"音乐喷泉"或"会跳舞的喷泉"。

八、喷泉的照明

水上照明灯具多安装于邻近的水上建筑设备上,此方式可使水面照度分布均匀,但往往使人们眼睛直接或通过水面反射间接地看到光源,使眼睛产生眩光,此时应加以调整。

水下照明灯具多置于水中,导致照明范围有限。灯具为隐蔽和发光正常,安装于水面以下 100～300mm 为佳。水下照明可以欣赏水面波纹,并且由于光是从喷泉下面照射的,因此当水花下落时,可以映出闪烁的光。

1.灯具

喷泉常用的灯具,从外观和构造来分类可以分为灯在水中露明的简易型灯具和密闭型灯具两种。

(1)简易型灯具的颈部电线进口部分备有防水机构,使用的灯泡限定为反射型灯泡,而且设置地点也只限于人们不能进入的场所。其特点是采用小型灯具,容易安装。

(2)密闭型灯具有多种光源的类型,而且每种灯具限定了所使用的灯。例如,有防护型灯、反射型灯、汞灯、金属卤化物灯等光源的照明灯具等。

2.滤色片

当需要进行色彩照明时,在滤色片的安装方法上有固定在前面玻璃处的,一般使用固定滤色片的方式。

国产的封闭式灯具用无色的灯泡装入金属外壳。外罩采用不同颜色的耐热玻璃,而耐热玻璃与灯具间用密封橡胶圈密封,调换滤色玻璃片可以得到红、黄(琥珀)、绿、蓝、无色透明等五种颜色。灯具内可以安装不同光束宽度的封闭式水下灯泡,从而得到几种不同光强。

3.施工要点

(1)照明灯具应密封防水并具有一定的机械强度,以抵抗水浪和意外的冲击。

(2)水下布线,应满足水下电气设备施工相关技术规程规定,为防止线路破损漏电,需常检验。严格遵守先通水浸没灯具、后开灯,再先关灯、后断水的操作规程。

(3)灯具要易于清扫和检验,防止异物随浮游生物的附着积淤。宜定期清扫换水,添加灭藻剂。

（4）灯光的配色，要防止多种色彩叠加后得到白色光，造成消失局部的彩色。当在喷头四周配置各种彩灯时，在喷头背后色灯的颜色要比近在游客身边灯的色彩鲜艳得多。所以要将透射比高的色灯（黄色、玻璃色）安放到水池边近游客的一侧，同时也应相应调整灯对光柱照射部位，以加强表演效果。

（5）电源输入方式　电源线用水下电缆，其中一根应接地，并要求有漏电保护。在电源线通过镀锌铁管在水池底接到需要装灯的地方，将管子端部与水下接线盒输入端直接连接，再将灯的电缆穿入接线盒的输出孔中密封即可。

第十八章　园林照明工程施工

第一节　园林景观照明光源

景观照明的常用光源是白炽灯和高强度气体放电灯。高强度气体放电灯主要包括高压钠灯、高压汞灯和金属卤化物灯等,它们具有光效高、较好的显色性和寿命长等特点,被广泛应用在道路照明上。

(1)高压汞灯功率为 40~2000W ,能使草坪、树木的绿色格外鲜明夺目。使用寿命长,易维修,是目前园林中最合适的光源之一。

(2)金属卤化物灯发光效率高,显色性好,也适用于照射游人多的地方。但没有低瓦数的灯,使用范围受限制。

(3)高压钠灯效率高,多用于节能、照度要求高的场合,如道路、广场、游乐园之中,但不能真实反映绿色。

(4)荧光灯由于照明效果好,寿命长,在范围较小的庭园中尤其适用,但不适用于在广场和低温条件下工作。

(5)白炽灯的光源偏红偏黄,能使红、黄色更美丽显目,被照物体的颜色很少失真,显色性好,故宜做庭园照明和投光照明,但寿命短,维修麻烦。

(6)水下照明彩灯随着社会的发展、科技的进步,以及园林、景观、旅游事业的需要,大量水下彩灯用于喷泉、瀑布、叠水等水景工程,通过彩色的灯光及喷泉的映射,展现出色彩斑斓的城市景观。目前市场上的水下彩灯品种繁多、风格各异、各有千秋。

第二节　园灯的分类

一、路灯

　　路灯是城市环境中反映道路特征的照明装置,它排列于城市广场、街道、高速公路、住宅区以及园林绿地中的主干园路旁,为夜晚交通提供照明之便。路灯在园林照明中设置最广、数量最多,在园林环境空间中作为重要的分划和引导因素,是景观设计中应该特别关注的内容。

　　路灯主要由光源、灯具、灯柱.基座、基础五部分组成。由于路灯所处的环境不同,对照明方式以及灯具、灯柱和基座的造型、布置等也应提出不同的综合要求。路灯在环境中的作用也反映了人们的生理要求和心理需要,在以下的分类中得以体现:

　　1.低位置灯柱

　　这种路灯所处的空间环境,表现出一种亲切温馨的气氛,比较小的间距为行人照明。常设于园林地面或嵌设于建筑物人口踏步,或者墙裙周围较小的环境当中。

　　2.步行街路灯

　　灯柱的高度一般在 1～4m 之间,灯具造型有筒形、横向展开面形、球形和方向可控式罩灯等。这种路灯一般设置于道路的一侧,可等距离排列,也可自由布置,灯具和灯柱造型突出个性,并注重细部处理,以配合人们中近距离的观赏。

　　3.停车场和干道路灯

　　灯柱的高度为 4～12m,通常采用较强的光源和较远的距离 10～50m。

　　4.专用灯和高柱灯

　　(1)专用灯指设置于具有一定规模的区域空间,高度为 6～10m 之间的照明装置,它的照明不局限于交通路面,还包括场所中的相关设施及晚间活动场地。

　　(2)高柱灯也属于区域照明装置,高度一般为 20～40m,组合了多个灯管,可代替多个路灯使用,高柱灯亮度高,光照覆盖面广,能使应用场所的各个空间获得充分的光照,起到良好的照明效果,而且占地面积小,避免了应用场所灯杆林立的杂乱现象,同时,这样做可以节省投资,具有良好的经济性。一般设置于站前的广场、大型停车场、露天体育场、大型展览场地、立交桥等地。

二、地灯

在现代园林中经常采用一种地灯,一般很隐蔽,只能看到所照之景物。此类灯多设在蹬道石阶旁和盛开的鲜花旁和草地中,也可设在公园小径、居民区散步小路、梯级照明、矮树下、喷泉内等地方,安排十分巧妙。地灯属加压水密型灯具,具有良好的引导性及照明特性,可安装于车辆通道步行街。灯具以密封式设计,除了有防水、防尘功能外,亦能避免水分凝结于内部,确保产品可靠和耐用。

三、草坪灯

草坪灯是专门为草坪、花丛、小径旁而设计的灯具,造型不拘一格、独特新颖、丰富多彩,是理想的草坪,点缀装饰精品。草坪灯不仅造型优美、色彩丰富,还应与周围的环境草坪灯大多较矮,安装简单.方便,并可随意调节灯具的照射角度以及光度、光色,夜晚时光线或温馨或亮丽,使园林环境变幻莫测,给人们的生活带来一种浪漫的感觉。

四、其他园灯

除了以上的路灯、地灯和草坪灯以外还有如庭园灯、场灯、壁灯、泛光灯、水下灯、光束等多种形式的灯具和光源。

1.庭园灯

庭园灯灯具外形优美,气质典雅,加之维修简便,容易更换光源,既实用又美观。特别适合于庭院、休息走廊、公园等地方使用。

2.广场灯

广场往往是人们聚集的地方,也是人们休息、游赏城市风景的地方,为使广场有效利用,最好采用高杆灯照明,灯的位置躲避开中央,以免影响集会。为了视觉效果清晰,除了保证良好的照明度和照明分布外,最好选用显色性良好的光源。以休息为主的广场,用暖色调的灯具为宜,另外,为方便维修和节能,可选用荧光灯或汞灯。

3.壁灯

壁灯是一系列壁嵌式的照明灯具。灯具设计新颖,在发挥照明作用的同时,能起到良好的点缀装饰作用,适用于楼道.梯阶等场所的照明。

4.泛光灯

泛光灯是宽光束照明灯具,外形新颖,体积小巧,具有极好的隐蔽性,适应能力强,同时具备良好的密封性能,可防止水分凝结于内,经久耐用。广泛应用于建筑物立面、植物夜景观等地方的照明。

5.水下照明灯具

灯具以压力水密封型设计,最大浸深可达水下 10m,除了有防水功能外,亦有避免水分凝结于内部,确保产品可靠、耐用。此灯具采用最新光源,具有极高的亮度,适用于高照明要求的喷泉溶洞、地下暗河、瀑布等的水下照明。

点光源和线光源。点光源和线光源其实是由一系列的点式光源串接而成的,色彩鲜艳。点光源的强弱、间距不同,再加上不同的控制,能产生闪烁和追逐的效果,再加上其耐用和易弯曲性,极适于勾画各种图案和建筑物的轮廓线。如礼花灯和光束灯等。

6.礼花灯

礼花灯属于中远距离照明灯具,灯具功率大,即开即亮,具有多种不同的组合,多道旋转光束清晰亮丽,广泛应用于大型娱乐广场、音乐喷泉、水幕景观、游乐园、商业大厦、著名景观、重大活动现场等。

7.光束灯

光束灯属于远距离照明灯具。灯具功率大、照射距离远、穿透力强,具有强烈的震撼力,广泛应用于大型娱乐广场、游乐园、商业大厦、著名景观、重大活动现场等。

第三节　园灯安装施工

一、灯架、灯具安装

（1）按设计要求测出灯具（灯架）安装高度，在电杆上画出标记。

（2）将灯架、灯具吊上电杆（较重的灯架、灯具可使用滑轮、大绳吊上电杆），穿好抱箍或螺栓，按设计要求找好照射角度，调好平整度后，将灯架紧固好。

（3）成排安装的灯具其仰角应保持一致，排列整齐。

二、配接引下线

（1）将针式绝缘子固定在灯架上，导线的一端在绝缘子上绑好回头，并分别与灯头线、熔断器进行连接。再将接头用橡胶布和黑胶布半幅重叠各包扎一层。然后，将导线的另一端拉紧，并与路灯干线背扣后进行缠绕连接。

（2）每套灯具的相线应装有熔断器，且相线应接螺口灯头的中心端子。

（3）引下线与路灯干线连接点距杆中心应为 400～600mm，且两侧对称一致。

（4）引下线凌空段不应有接头，长度不应超过 4m，超过时应加装固定点或使用钢管引线。

（5）导线进出灯架处应套软塑料管，并做防水弯。

三、试灯

全部安装工作完毕后，送电、试灯，并进一步调整灯具的照射角度。

第四节　彩灯安装

彩灯安装可按照以下步骤进行：

第一,安装彩灯时,应使用钢管敷设,严禁使用非金属管作敷设支架。

第二,管路安装时,首先按尺寸将镀锌钢管(厚壁)切割成段,端头套丝,缠上油麻,将电线管拧紧在彩灯灯具底座的丝孔上,勿使漏水,这样将彩灯一段一段连接起来。然后按画出的安装位置线就位,用镀锌金属管卡将其固定,固定在距灯位边缘 100mm 处,每管设一卡就可以了。固定用的螺栓可采用塑料胀管或镀锌金属胀管螺栓。不得打入木楔用木螺钉固定,否则容易松动脱落。

第三,管路之间(即灯具两旁)应用不小于 φ6 的镀锌圆钢进行跨接连接。

第四,彩灯装置的配管本身也可以不进行固定,而固定彩灯灯具底座。在彩灯灯座的底部原有圆孔部位的两侧,顺线路的方向开一长孔,以便安装时进行固定位置的调整和管路热胀冷缩时有自然调整的余地。

第五,土建施工完成后,在彩灯安装部位,顺线路的敷设方向拉通线定位。根据灯具位置及间距要求,沿线打孔埋入塑料胀管。把组装好的灯底座及连接钢管一起放到安装位置(也可边固定边组装),用膨胀螺钉将灯座固定。

第六,彩灯穿管导线应使用橡胶铜导线敷设。

第七,彩灯装置的钢管应与避雷带(网)进行连接,并应在建筑物上部将彩灯线路线芯与接地管路之间接以避雷器或放电间隙,借以控制放电部位,减少线路损失。

第八,较高的主体建筑,垂直彩灯的安装一般采用悬挂方法,安装较方便。但对于不高的楼房、塔楼、水箱间等垂直墙面也可采用镀锌管沿墙垂直敷设的方法。

第九,彩灯悬挂敷设时要制作悬具,悬具制作较繁复,主要材料是钢丝绳、拉紧螺栓及其附件,导线和彩灯设在悬具上。彩灯是防水灯头和彩色白炽灯泡。

第十,悬挂式彩灯多用于建筑物的四角无法装设固定式的部位。采用防水吊线灯头连同线路一起悬挂 于钢丝绳上,悬挂式彩灯导线应采用绝缘强度不低于 500V 的橡胶铜导线,截面不应小于 4mm^2。灯头线与干线的连接应牢固,绝缘包扎紧密。导线所载灯具重量的拉力不应超过该导线的允许机械强度,灯的间距一般为 700mm,距地面 3m 以下的位置上不允许装设灯头。

第五节 霓虹灯安装

一、变压器安装

(1)变压器应安装在角钢支架上,其支架宜设在牌匾、广告牌的后面或旁侧的墙面上,支架要埋入固定,埋入深度不得少于120mm;如用胀管螺栓固定,螺栓规格不得小于M10。角钢规格宜在L35mm×35mm×4mm以上。

(2)变压器要用螺栓紧固在支架上,或用扁钢抱箍固定。变压器外皮及支架要做接零(地)保护。

(3)变压器在室外明装其高度应在3m以上,距离建筑物窗口或阳台也应以人不能触及为准,如上述安全距离不足或将变压器明装于屋面、女儿墙、雨篷等人易触及的地方,均应设置围栏并覆盖金属网进行隔离、防护,确保安全。

(4)为防雨、雪和尘埃的侵蚀,可将变压器装于不燃或难燃材料制作的箱内加以保护,金属箱要做保护接零(地)处理。

(5)霓虹灯变压器应紧靠灯管安装,一般隐蔽在霓虹灯板之后,可以减短高压接线,但要注意切不可安装在易燃品周围。安装在室外的变压器,离地高度不宜低于3m,离阳台架空线路等距离不应小于1m。

(6)霓虹灯变压器的铁芯、金属外壳、输出端的一端以及保护箱等均应进行可靠的接地。

二、霓虹灯低压电路安装

(1)对于容量不超过4kW的霓虹灯,可采用单相供电,对超过4kW的大型霓虹灯,需要提供三相电源,霓虹灯变压器要均匀分配在各相上。

(2)在霓虹灯控制箱内一般装设有电源开关、定时开关和控制接触器。

(3)控制箱一般装设在邻近霓虹灯的房间内。为防止在检修霓虹灯时触及高压,在霓虹灯与控制箱之间应加装电源控制开关和熔断器,在检修灯管时,先断开控制箱开关再断开现场的控制开关,以防止造成误合闸而使霓虹灯管带电的危险。

（4）霓虹灯通电后，灯管内会产生高频噪声电波，它将辐射到霓虹灯的周围，会严重干扰电视机和收音机的正常使用。为了避免这种情况发生，只要在低压回路上接装一个电容器就可以了。

三、霓虹灯高压线连接

（1）霓虹灯专用变压器的二次导线和灯管间的连接线，应采用额定电压不低于 15kV 的高压尼龙绝缘线。霓虹灯专用变压器的二次导线与建筑物、构筑物表面之间的距离均不应大于 20mm。

（2）高压导线支持点间的距离，在水平敷设时为 0.5m；垂直敷设时，支持点间的距离为 0.75m。

（3）高压导线在穿越建筑物时，应穿双层玻璃管加强绝缘，玻璃管两端须露出建筑物两侧，长度各为 50～80mm。

4.霓虹灯管安装

（1）霓虹灯管由 φ10～φ20 的玻璃管弯制做成。灯管两端各装一个电极，玻璃管内抽成真空后，再充入氖、氩等惰性气体作为发光的介质，在电极的两端加上高压，电极发射电子激发管内惰性气体，使电流导通灯管发出红、绿、蓝、黄、白等不同颜色的光束。霓虹灯管本身容易破碎，管端部还有高电压，因此应安装在人不易触及的地方，并不应和建筑物直接接触，固定后的灯管与建筑物、构筑物表面的最小距离不宜小于 20mm。

（2）安装霓虹灯灯管时，一般用角铁做成框架，框架既要美观、又要牢固，在室外安装时还要经得起风吹雨淋。安装时，应在固定霓虹灯管的基面上（如立体文字、图案、广告牌和牌匾的面板等），确定霓虹灯每个单元（如一个文字）的位置。灯体组装时要根据字体和图案的每个组成件（每段霓虹灯管）所在位置安设灯管支持件（也称灯架），灯管支持件要采用绝缘材料制品（如玻璃、陶瓷、塑料等），其高度不应低于 4mm，支持件的灯管卡接口要和灯管的外径相匹配。支持件宜用一个螺钉固定，以便调节卡接口与灯管的衔接位置。灯管和支持件要用绑线绑扎牢靠，每段霓虹灯管其固定点不得少于两处，在灯管的较大弯曲处（不含端头的工艺弯折）应加设支持件。霓虹灯管在支持件上装设不应承受应力。

（3）霓虹灯管要远离可燃性物质，其距离至少应在 30cm 以上；和其他管线应有 150mm 以上的间距，并应设绝缘物隔离。

（4）霓虹灯管出线端与导线连接应紧密可靠以防打火或断路。

（5）安装灯管时应用各种玻璃或瓷制、塑料制的绝缘支持件固定。有的支持件可以将灯管直接卡入，有的则可用 φ0.5 的裸细铜线扎紧。安装灯管时且不可用力过猛，再用螺钉将灯管支持件固定在木板或塑料板上。

（6）室内或橱窗里的霓虹灯管安装时，在框架上拉紧已套上透明玻璃管的镀锌钢丝，组成 200～300mm 间距的网格，然后将霓虹灯管用 φ0.5 的裸铜丝或弦线等与玻璃管绞紧即可。

第六节　旗帜的照明灯具安装

旗帜的照明灯具安装应按照以下步骤进行：

第一，由于旗帜会随风飘动，应该始终采用直接向上的照明，以避免眩光。

第二，对于装在大楼顶上的一面独立的旗帜，应在屋顶上布置一圈投光灯具，圈的大小是旗帜能达到的极限位置。将灯具向上瞄准，并略微向旗帜倾斜。根据旗帜的大小及旗杆的高度，可以要用3～8只宽光束投光灯照明。

第三，当旗帜插在一个斜的旗杆上时，从旗杆两边低于旗帜最低点的平面上分别安装两只投光灯具，这个最低点是在无风情况下确定来的。

第四，当只有一面旗帜装在旗杆上，也可以在旗杆上装一圈 PAR 密封型光束灯具。为了减少眩光，这种灯组成的圆环离地至少 2.5m 高，并为了避免烧坏旗帜布料，在无风时，圆环离垂挂的旗帜下面至少有 40cm。

第五，对于多面旗帜分别升在旗杆顶上的情况，可以用密封光束灯分别装在地面上进行照明。为了照亮所有的旗帜，不论旗帜飘向哪一方向，灯具的数量和安装位置取决于所有旗帜覆盖的空间。

第七节　喷水池和瀑布的照明灯具安装

一、喷水池的照明灯具安装

（1）在水流喷射的情况下，将投光灯具装在水池内的喷口后面或装在水流重新落到水池内的落下点下面，或者在这两个地方都装上投光灯具。

（2）水离开喷口处的水流密度最大，当水流通过空气时会产生扩散。由于水和空气有不同的折射率，使投光灯的光在进出水柱时产生二次折射。在"下落点"，水已变成细雨一般。投光灯具装在离下落点大约 10cm 的水下，使下落的水珠产生闪闪发光的效果。

二、瀑布的照明灯具安装

（1）对于水流和瀑布，灯具应装在水流下落处的底部。

（2）输出光通应取决于瀑布的落差和与流量成正比的下落水层的厚度，还取决于流出口的形状所造成水流的散开程度。

（3）对于流速比较缓慢，落差比较小的阶梯式水流，每一阶梯底部必须装有照明。线状光源（荧光灯、线状的卤素白炽灯等）最适合于这类情形。

（4）由于下落水的重量与冲击力，可能冲坏投光灯具的调节角度和排列。所以必须牢固地将灯具固定在水槽的墙壁上或加重灯具。

（5）具有变色程序的动感照明，可以产生一种固定的水流效果，也可以产生变化的水流效果。

第八节　雕塑、雕像的饰景照明灯具安装

对高度不超过 5～6m 的小型或中型雕塑,其饰景照明的方法如下:

第一,照明点的数量与排列,取决于被照目标的类型。要求是照明整个目标,但不要均匀,其目的是通过阴影和不同的亮度,再创造一个轮廓鲜明的效果。

第二,根据被照明目标的位置及其周围的环境确定灯具的位置:

(1)处于地面上的照明目标,孤立地位于草地或空地中央。此时灯具的安装,尽可能与地面平齐,以保持周围的外观不受影响和减少眩光的危险。也可装在植物或围墙后的地面上。

(2)坐落在基座上的照明目标,孤立地位于草地或空地中央。为了控制基座的亮度,灯具必须放在更远一些的地方。基座的边不能在被照明目标的底部产生阴影,也是非常重要的。

(3)坐落在基座上的照明目标,位于行人可接近的地方。通常不能围着基座安装灯具,因为从透视上说距离太近。只能将灯具固定在公共照明杆上或装在附近建筑的立面上,但必须注意避免眩光。

第三,对于塑像,通常照明脸部的主体部分以及像的正面。背部照明要求低得多,或在某些情况下,一点都不需要照明。

第四,虽然从下往上的照明是最容易做到的,但要注意,凡是可能在塑像脸部产生不愉快阴影的方向都不能施加照明。

第五,对某些塑像,材料的颜色是一个重要的要素。一般说,用白炽灯照明有好的显色性。通过使用适当的灯泡——汞灯、金属卤化物灯、钠灯,可以增加材料的颜色。采用彩色照明最好能做一下光色试验。

参考文献

[1]许启德主编. 小型园林工程设计与施工[M]. 湘潭：湘潭大学出版社，2015.05.

[2]邢洪涛，王炼，韩媛编著. 园林山石工程设计与施工[M]. 南京：东南大学出版社，2019.05.

[3]宁平主编. 园林工程管理必读书系 园林工程施工组织设计从入门到精通[M]. 北京：化学工业出版社，2017.08.

[4]朱燕辉主编；李秋晨，曹雷，魏华参编. 园林景观施工图设计实例图解 绿化及水电工程[M]. 北京：机械工业出版社，2018.04.

[5]朱艳辉主编；王悦副主编. 园林景观施工图设计实例图解 土建及水景工程[M]. 北京：机械工业出版社，2017.11.

[6]朱燕辉主编；郭玉京，杨宛迪副主编. 园林景观施工图设计实例图解 景观建筑及小品工程[M]. 北京：机械工业出版社，2018.05.

[7]邹原东主编. 园林工程施工组织设计与管理[M]. 北京：化学工业出版社，2014.05.

[8]潘天阳编. 园林工程施工组织与设计[M]. 北京：中国纺织出版社，2021.06.

[9]白巧丽编. 园林工程从新手到高手 园林种植设计与施工[M]. 北京：机械工业出版社，2021.07.

[10]杨莉莉主编；金周益，潘岳峰副主编. 园林工程施工图设计[M]. 长春：吉林大学出版社，2015.02.

[11]杨群，宋平根主编. 园林工程设计与施工[M]. 成都：西南交通大学出版社，2015.08.

[12]张柏主编. 图解园林工程设计施工[M]. 北京：化学工业出版社，2017.03.

[13]崔星，尚云博主编；桂美根副主编. 园林工程[M]. 武汉：武汉大学出版社，2018.03.

[14]周江红著.园林工程施工及设计[M].长春:吉林教育出版社,2018.06.

[15]张志伟,李莎主编.园林景观施工图设计[M].重庆:重庆大学出版社,2020.08.

[16]王波编著.园林景观工程施工与设计[M].西安:陕西科学技术出版社,2017.12.

[17]何会流主编.园林树木[M].重庆:重庆大学出版社,2019.07.

[18]吕敏,丁怡,尹博岩编著.园林工程与景观设计[M].天津:天津科学技术出版社,2018.01.

[19]宁平主编.园林工程管理必读书系 园林工程招投标与合同管理从入门到精通[M].北京:化学工业出版社,2017.07.

[20]《看图快速学习园林工程施工技术》编委会编;陈远吉,李娜主编;李春秋,宁平副主编.园林土方工程施工[M].北京:机械工业出版社,2014.06.

[21]张媛媛著.园林工程实训指导[M].上海:上海交通大学出版社,2017.07.

[22]冯婷婷,吕东蓬主编;石莺,徐梅副主编.园林工程识图与施工[M].成都:西南交通大学出版社,2016.03.

[23]宁平编.园林工程资料编制从入门到精通[M].北京:化学工业出版社,2017.07.

[24]徐德秀主编;段晓鹃,张家洋副主编;马青主审.园林建筑材料与构造[M].重庆:重庆大学出版社,2019.03.

[25]刘志然,黄晖主编.园林施工图设计与绘制[M].重庆大学出版社有限公司,2015.08.

[26]杨至德主编;马雪梅副主编;朱育帆主审;杨至德,马雪梅,刘米囡,汤辉等编写委员会;何镜堂,仲德崑,张顾,李保峰等审定委员会.园林工程 第4版[M].武汉:华中科技大学出版社,2016.07.

[27]李玉平主编.城市园林景观设计[M].北京:中国电力出版社,2017.03.

[28]宁荣荣,李娜主编.园林水景工程设计与施工从入门到精通[M].北京:化学工业出版社,2017.01.

[29]陈艳丽主编.城市园林绿化工程施工技术[M].北京:中国电力出版社,2017.03.

[30]谷达华主编.园林工程测量[M].重庆:重庆大学出版社,2015.01.

[31]陈艳丽主编.园林工程从新手到高手系列 园林基础工程[M].北京:

机械工业出版社,2015.09.

[32]宁平主编. 园林工程管理必读书系 园林工程施工从入门到精通[M].北京:化学工业出版社,2017.07.

[33]黄晖,王云云. 高等职业教育园林类专业"十二五"规划系列教材 园林制图习题集[M]. 重庆:重庆大学出版社,2019.05.

[34]杨京燕主编. 园林设计与工程实训指导[M]. 杭州:浙江大学出版社,2016.09.

[35]张学礼. 园林景观施工技术及团队管理[M]. 北京:中国纺织出版社,2020.01.